钢结构制造实例与工艺规程编制

陈 达 主编

上海科学技术出版社

图书在版编目(CIP)数据

钢结构制造实例与工艺规程编制 / 陈达主编. —上海：上海科学技术出版社，2015.9
ISBN 978 - 7 - 5478 - 2647 - 8

Ⅰ.①钢… Ⅱ.①陈… Ⅲ.①钢结构-结构构件-生产工艺 Ⅳ.①TU391

中国版本图书馆 CIP 数据核字(2015)第 102411 号

钢结构制造实例与工艺规程编制

陈 达 主编

上海世纪出版股份有限公司
上海 科 学 技 术 出 版 社 出版
(上海钦州南路 71 号 邮政编码 200235)
上海世纪出版股份有限公司发行中心发行
200001 上海福建中路 193 号 www.ewen.co
上海中华商务联合印刷有限公司印刷
开本 787×1092 1/16 印张 27 插页 4
字数 550 千字
2015 年 9 月第 1 版 2015 年 9 月第 1 次印刷
ISBN 978 - 7 - 5478 - 2647 - 8/TG·83
定价：97.00 元

内 容 提 要

全书共分九章,分别为:钢结构概述、钢结构工程施工材料、概论钢结构制作工艺规程编制、概述钢结构制作综合工艺流程工序程序规范内容、近代钢结构在制作中存在的缺陷、展开放样实例、典型钢结构构件制作实例、矫正钢结构构件各种变形、钢结构制作与安全生产;最后为附录资料。

本书对从事钢结构加工制作的技术人员和管理人员具有重要的参考价值,特别是对刚入门的同行,更是一本系统的培训教材。

  我国现代钢结构是从 20 世纪 80 年代开始发展起来的,对钢结构技术系统论说的专著不多。陈达先生从事钢结构技术工作 50 多年,积累了丰富的实践经验。为了适应钢结构的快速发展,他将本人从事钢结构加工制作过程中的宝贵经验进行了系统的总结。这些经验和技术要点源于独特的事例、独特的制作工艺、独特的技术秘诀,希望能为同行在钢结构加工制作施工中遇到的实际问题,提供一点思路和方法。

  本书主要以"钢结构加工制作实例及怎样编制制作工艺规程"为主题,内容为:钢结构加工制作综合工艺流程、工序顺序与工艺流程之关系,钢结构加工制作施工和管理,钢结构制作施工材料,钢结构预拼装。本书特别涉及对钢结构在加工制作中预计会出现的问题,以及防治措施,从技术和管理上都做了详细的论述和规定。

  本书对从事钢结构加工制作的技术人员和管理人员具有重要的参考价值;本书出版后也恳请同行提出宝贵意见。

上海市金属结构行业协会

2014 年 8 月 18 日

本人自 20 世纪 50 年代中期,从事钢结构制作安装工作至今。改革开放前的钢结构主要以非标结构为主,例如:1975 年上海石化总厂直径 60 m、10～32 mm 板厚、19.5 m 高的 5 万 m³ 石油储备油罐(当时为全国直径最大的石油储备油罐),氧气储备球罐,冶炼设备,高炉,转炉,化铁炉,压力容器,重载龙门行车箱形式结构,以及桥式箱形行车等结构。这些结构虽然是非标,但制作安装的技术要求都很高,本人在制作中解决了很多实际技术难题,通过非标结构的加工制作、安装,为后来改革开放建设中钢结构的加工制作、安装积累了很重要的经验。

改革开放以来,经济建设快速发展,国家建设的整体结构也随之有了重大的变革。从事钢结构工作,不仅限于非标结构,而是由非标结构转为重型荷载结构,高层、超高层、桥梁、电厂框架、轻钢等。如宝钢厂房结构(钢柱单件重 68 t、荷载 400 t 的吊车梁)、北仑港电厂锅炉特大吊架大板梁(单件重 105 t)、杨浦大桥、徐浦大桥、金茂大厦、世界广场、国际贸易中心、东方明珠球体、上海中心等新型大跨度轻钢结构,以及大连北良粮仓 60 m 跨度(中间无钢柱)、大连南关岭粮仓 72 m 跨度(中间无钢柱)、北京物流中心 144 m 跨度(中间有钢柱)的转运库等钢结构。

以上典型钢结构项目,本人不仅参与和主管,而且在直接指挥的同时,亲自解决了施工中曾遇到的很多棘手的技术问题,这为回顾总结从事钢结构工作积累了重要题材,也为编著钢结构制造实例与工艺规程编制的书籍奠定了实际素材。

钢结构发展迅速,但是在钢结构加工制作技术实例及制作工艺规程编制方面的书籍却很缺乏;因此,我觉得有必要把过去自己工作过程中掌握的一点经验介绍给广大从事钢结构的同行们,希望可以解决在钢结构加工制作施工中遇到的实际问题,能为大家提供一点思路和方法。本书正是因此而立意编写的。

本书在编写过程中得到上海市金属结构行业协会和领导曹平会长、李肇凯秘书长、陈荣林副秘书长和严建国副秘书长、红马钢结构有限公司王国华董事长等先生很多有益的帮助与支持;同时也得益于参阅相关资料的作用。在此,一并表示衷心感谢。

由于本人水平有限,书中内容难免有不当甚至错误之处,诚挚感谢各位读者的批评和指正!

编者

目 录CONTENTS

第一章 钢结构概论

第一节 钢结构构造特点

钢结构工程是一个系统性强、技术质量要求高、加工制作工序复杂的工程。改革开放以来我国钢结构迅猛发展令世人瞩目,高层、超高层的钢结构建筑高楼大厦,雨后春笋似的矗立在祖国大地上。

一、钢结构基本构件

钢结构的基本构件有梁、柱、大型储油罐、压力容器、桁架、钢塔、桅杆、输送管道、网架、冶炼高炉、纯氧炼钢转炉、电厂框架、粮仓库房等。设计师按各类工程特点,结合结构构造特性,确定所有结构材料及类型,按设计要求,通过加工制作方式经过焊接、螺钉连接或铆钉连接形成空间几何尺寸不变体系,使结构充分满足建筑工程的使用功能。

二、钢结构加工制作特点

钢结构工程结构与其他工程结构的施工工艺有根本的区别,钢结构主材为钢,根据钢结构工程结构特性所需编制的加工制作工艺,同一工程结构的加工制作工艺过程可分为简便与复杂两类,即对某种钢结构构件的加工制作,只需简便工艺过程就可加工制成所需的钢结构构件(如型材加工),但对节点复杂、精度要求高的钢结构构件的加工制作,其工艺过程及工序各个环节要求都很严,有时加工制作工艺中还规定了需要精加工或切削后方可达到质量标准要求。同时,根据设计要求,工艺还规定了加工单位将经验收合格后的构件,在加工厂内按规范标准进行预拼装,以确保钢结构工程整体结构质量。因此,钢结构工程结构的制作工艺应充分满足建筑钢结构工程的使用功能要求。

第二节 钢结构特点

一、钢结构优点

(1) 重量轻、强度高

钢材的结晶密度比混凝土或其他建筑材料的密度高,承载力比其他材料高很多,所以在承受相同荷载的情况下，钢结构件的截面更小，自重量更轻。这一特点可用材料的密度与屈服强度的比值来度量，比值较小则结构越轻。与常用的工程材料相比，钢材的密度与屈服强度之比最小。例如，在相同的跨度和荷载作用下，普通钢屋架重量只有同等跨度钢筋混凝土的 $\frac{1}{3} \sim \frac{1}{4}$。如果采用薄壁型钢屋架则更轻，只有 $\frac{1}{10}$。

由于自重量相对较轻，采用钢结构可减轻地基和基础部分的工程造价，提高结构抵抗地震的作用能力，且便于运输和安装，所以钢结构特别适用于跨度大、高度高、荷载大的结构，也更适用于抗地震、可移动、可装拆的结构。

（2）塑性、韧性好

钢的材质均匀，各向同性，弹性模量大，有良好的塑性和韧性。钢材破坏前会经过很大的塑性变形过程，能吸收和消耗很大能量。钢材塑性好，所以钢结构不会因偶然超载或局部超载发生突然断裂。钢材韧性好，使钢结构较能适应不同温度情况下的振动荷载和冲击荷载作用。地震区的钢结构比其他材料的工程结构更耐震，钢结构是一般地震中损坏最少的结构。钢材是比较理想的弹性体系，钢结构在国民建设中占有很重要的地位。

（3）密封性好

钢材组织非常致密，采用焊接可达到安全密封，一些要求气密性好的耐压容器、大型油库、煤气罐、流体输送管道等结构都采用钢结构。

（4）施工速度快

钢结构由钢板和型材组成，采用机械加工和手工操作相结合，虽然有大量的手工操作，但在专业化的钢结构加工厂加工制作，由于专业技术人员的管理和专业操作者的熟练操作，不仅施工快速方便，而且对已建成的钢结构也易于拆卸、加固或改造，可降低成本、提高经济效益。

（5）环保性能好

采用钢结构可大大减少沙、石、灰的用量，有关工程资料表明，使用 1 t 钢结构可减少 7 t 混凝土用量，从而减轻不可再生资源的浪费。钢结构拆除后可回炉再生使用，有的还可以搬迁复用，大幅度减少建筑垃圾的产生；因此，使用钢结构有利于保护环境、节约资源。

（6）施工噪声低、粉尘少，文明施工程度高

钢结构构件制作等均采用工厂化生产，构件制作完成后运到施工现场，由专业施工人员安装就位，与其他结构类型的建筑物相比较，钢结构施工时所占临时用地很少，建筑工地相对较少机器轰鸣、尘土飞扬，现场管理的文明化施工程度高，非常适宜在人口密集的城市中施工。

二、钢结构缺陷

（1）不可耐火

钢材随着温度升高而弹性模量降低，导致钢材强度下降。温度在 250℃ 以内，钢材的性质变化很小；温度达到 300℃ 以上，钢材强度明显下降；一般认为当温度达到 650℃ 时，

钢材的强度为零。因此,钢结构的抗火性能比钢筋混凝土结构差,一般用于温度不高于250℃的场所。

当钢结构长期受到100℃左右辐射热量时,钢材不会有质的变化;当温度达到150℃以上时,需要隔热层加以保护。需特殊防火要求的建筑,钢结构更需要用耐火材料围护,对于钢结构住宅或高层建筑,应根据建筑重要性的等级和防火规范加以特殊处理,做好防火涂料对钢结构的涂层工作。

（2）耐腐蚀性差

钢材在潮湿环境中易腐蚀,处于有腐蚀性介质的环境中更易生锈,钢材腐蚀严重时,会影响结构的使用寿命;因此,钢结构必须进行防锈处理。钢结构的防护一般采用油漆、热镀锌、热喷涂铝(锌)复合涂层;这些防护并非一劳永逸,需定时重新维修保护;因而,钢结构的维护费用较高。

（3）规格不齐

我国生产的型材品种不能满足建筑市场需求。如 H 型钢规格不齐,方钢管最大规格边长只有 280 mm,冷弯薄壁型钢缺少,可搭接的斜卷型钢少。

（4）品种少

我国普通钢材品种为 Q235 与 Q345 两种,可建筑钢结构高强度低合金钢品种较少,如 Q390、Q420 至今采用很少(Q420 尚未见采用)。

（5）厚度性能无法保证

高层建筑越来越高,钢结构截面及钢材的厚度日趋增大,由于钢材轧制方向决定了钢板厚度方向的性能最差。因而,钢结构中很多构件或节点,普遍存在钢材沿厚度方向受拉的情况。因此,较厚的钢板焊接时往往会在沿厚度方向出现层状撕裂破坏。

第三节　钢结构的应用和发展

钢结构是各类建筑工程结构中应用比较广泛的一种建筑结构。高度高、跨度大的结构,荷载或吊车起重量大的结构,有振动或有较高温度的厂房结构,要求能活动或经常装拆的结构,在地震多发区的房屋结构等,均可考虑采用钢结构。

一、钢结构的应用

（1）大跨度结构

对于大跨度结构,应用钢结构对减轻结构重量有明显的效果;同时,钢结构在大跨度建筑物中的应用,往往能够更好地体现和提升建筑物的自身形象。建筑物中大跨度结构的有飞机库、航空港、粮库、物流转运中心库、火车站、会议厅、体育馆、影剧院等,这些建筑物基本采用钢结构。常用的结构体系主要有框架结构、拱式结构、网架结构、索索结构、悬挂结构、预应力钢结构等。

近几年来,大跨度结构发展很快,首都机场、上海浦东机场都是大跨度网架结构机库,遍布各地区的体育场几乎全是各种形式的大跨度钢结构。

(2)高层建筑

由于钢结构承载力大,在承载相同荷载时,构件截面更小,可以使建筑获得更大的使用空间。因此,商务楼、饭店、公寓等多层、高层、超高层建筑也越来越多地采用钢结构,如北京京伦饭店、上海新锦江宾馆、深圳地王大厦、上海浦东金茂大厦、上海环球金融中心、上海中心广场,改革开放以来中国建造了许多钢结构超高层建筑,发展之快是举世瞩目的。

新中国成立前,中国钢结构高层很少,见表1-1;改革开放以来,在上海建造的部分钢结构高层建筑见表1-2;世界著名钢结构高层建筑见表1-3。

表1-1　新中国成立前中国钢结构建筑(部分)

序号	建 筑 物 名 称	楼高(m)	层数	竣 工 年 代
1	国际饭店	83.8	24	20 世纪 30 年代
2	百老汇大厦(现上海大厦)	76.6	22	20 世纪 30 年代
3	中国银行大厦	69	18	20 世纪 30 年代

表1-2　上海建造的钢结构高层建筑(部分)

编号	建 筑 物 名 称	楼高(m)	层数	用钢量(t)	竣工年份
1	新锦江大酒店	153.09	43	6 300	1 985
2	上海国际贸易中心	155.25	37	11 000	1 987
3	新金桥大厦	212.30	39	6 250	1 996
4	上海证券大厦	177.70	27	9 300	1 997
5	世界广场	199	38	11 700	1 996
6	上海世界金融大厦	210	44	3 860	1 997
7	金茂大厦	420.50	88	19 000	1 998
8	上海国际航运大厦	232	52	6 300	1 998
9	上海国际金融大厦	226	53	9 400	1 998
10	上海申茂大厦	187.50	46	6 900	1 997
11	上海商品交易大厦	156	38	7 000	1 997
12	浦项广场	110.80	26	3 399	1 998
13	上海香港新世界大厦	206	60	6 830	2 001
14	上海正大商业广场	57	10	7 000	2 001
15	上海信息枢纽大厦	288	41	9 150	2 000

(续表)

编号	建 筑 物 名 称	楼高(m)	层数	用钢量(t)	竣工年份
16	上海震旦国际大厦	159.80	37	4 300	2 002
17	上海银行大厦	229.90	50	8 500	2 003
18	上海世茂国际广场	333	60	10 400	2 004
19	上海环球金融中心	492	101	45 000	2 008
20	上海会德丰广场	298	59	10 000	2 010
21	上海中心广场	623	120	在建	在建
22	上海恒隆广场	288	60	9 500	2 010

表1-3 世界著名钢结构高层建筑(部分)

序号	建 筑 物 名 称	国家	地区	高度(m)	层数	竣工年代
1	迪拜塔/哈利法塔	阿联酋	迪拜	828	163	2010
2	台北101大楼	中国	台北	508	101	2004
3	上海环球金融中心大厦	中国	上海	492	101	2008
4	环球贸易广场	中国	香港	484	108	2010
5	国家石油大厦/双峰塔1号楼	马来西亚	吉隆坡	452	88	1998
6	国家石油大厦/双峰塔2号楼	马来西亚	吉隆坡	452	88	1998
7	南京紫峰大厦	中国	南京	450	66	2010
8	西尔斯大厦/韦莱集团大厦	美国	芝加哥	442	108	1974
9	川普国际酒店大厦	美国	芝加哥	423	98	2009
10	金茂大厦	中国	上海	421	88	1999
11	香港国际金融中心二期	中国	香港	412	88	2003
12	广州中信广场	中国	广州	390	80	1996
13	深圳信兴广场地王大厦	中国	深圳	384	69	1996
14	帝国大厦	美国	纽约	381	102	1931
15	中环广场大厦	中国	香港	374	78	1992
16	中国银行大厦	中国	香港	367	70	1989
17	美洲银行大厦	美国	纽约	366	55	2009
18	阿尔玛斯钻石大楼	阿联酋	迪拜	360	68	2008
19	阿联酋大厦塔楼一	阿联酋	迪拜	355	54	2000
20	高雄东帝士85国际广场	中国	高雄	348	85	1997
21	芝加哥怡安中心	美国	芝加哥	346	83	1973

（续表）

序号	建 筑 物 名 称	国 家	地区	高度(m)	层数	竣工年代
22	中环中心	中国	香港	346	73	1998
23	约翰汉考克大厦	美国	芝加哥	344	100	1969
24	瑞汉金玫瑰罗塔纳酒店	阿联酋	迪拜	333	72	2007
25	上海世贸国际广场	中国	上海	333	60	2006
26	民生银行大厦	中国	武汉	331	68	2008
27	中国国际贸易中心第三期	中国	北京	330	74	2009
28	Q1 大厦	澳大利亚	黄金海岸	323	78	2005
29	七星帆船酒店	阿联酋	迪拜	321	60	1999
30	克莱斯勒大厦	美国	纽约	319	77	1930
31	如心广场	中国	香港	319	80	2006
32	纽约时代城堡	美国	纽约	319	52	2007
33	国家银行广场大厦	美国	亚特兰大	317	55	1993
34	联邦银行大厦/第一洲际世界中心	美国	洛杉矶	310	73	1990
35	吉隆坡电讯大厦	马来西亚	吉隆坡	310	55	2001
36	阿联酋大厦塔楼二	阿联酋	迪拜	309	56	2000
37	美国电话电报企业中心	美国	芝加哥	303	64	1990
38	摩根大通大厦	美国	休斯顿	305	75	1982
39	彩虹中心第二期	泰国	曼谷	304	85	1997
40	慎行广场二号大厦	美国	芝加哥	303	64	1990
41	韦斯非高银行广场大厦	美国	休斯顿	302	71	1983
42	王国中心	沙特阿拉伯	利雅得	302	41	2002
43	地标酒店	阿联酋	迪拜	302	63	2008
44	Arraya 办公中心大楼	科威特	科威特	300	60	2009
45	多哈渴望之塔	卡塔尔	多哈	300	36	2006
46	香港港岛东中心	中国	香港	298	69	2008
47	第一银行广场大厦	加拿大	多伦多	298	72	1975
48	上海会德丰广场	中国	上海	298	59	2010
49	尤里卡公寓大楼	澳大利亚	墨尔本	297	91	2006
50	康卡斯特中心	美国	费城	297	57	2008
51	里程碑大厦	日本	横滨	296	73	1993

（续表）

序号	建 筑 物 名 称	国 家	地 区	高度(m)	层数	竣工年代
52	阿联酋王冠中心	阿联酋	迪拜	296	63	2008
53	伟基河畔南 311 号	美国	芝加哥	293	65	1990
54	赛格广场	中国	深圳	292	71	2000
55	美国国际广场	美国	纽约	290	67	1932
56	钥匙大厦	美国	克利夫兰	289	57	1991
57	恒隆广场	中国	上海	288	66	2001
58	自由广场 1 号大厦	美国	费城	288	61	1987
59	千禧大楼	阿联酋	迪拜	285	59	2006
60	明天广场	中国	上海	285	58	2003
61	哥伦比亚中心	美国	西雅图	284	76	1984
62	重庆世贸中心大厦	中国	重庆	283	60	2005
63	长江集团中心	中国	香港	283	63	1999
64	川普大厦	美国	纽约	283	71	1930
65	国家银行广场大厦	美国	达拉斯	281	72	1985
66	大华银行广场一期	新加坡	新加坡	280	66	1992
67	共和广场大厦	新加坡	新加坡	280	66	1995
68	海外联合银行中心	新加坡	新加坡	280	63	1986
69	花旗银行中心大厦	美国	纽约	279	59	1977
70	香港新世界大厦	中国	上海	278	61	2002
71	地王国际商会中心	中国	南宁	276	54	2006
72	斯克希亚广场大厦	加拿大	多伦多	275	68	1989
73	威廉姆斯大厦	美国	休斯顿	275	64	1983
74	武汉世界贸易中心	中国	武汉	273	60	1998
75	文艺复兴大楼	美国	达拉斯	270	56	1975
76	天玺 1 号大厦	中国	香港	270	68	2008
77	天玺 2 号大厦	中国	香港	270	68	2008
78	广州西塔	中国	广州	270	62	2007
79	大鹏国际广场	中国	广州	269	47	2006
80	陆家嘴时代金融中心	中国	上海	269	55	2008
81	21 世纪大楼	阿联酋	迪拜	269	55	2003

（续表）

序号	建筑物名称	国家	地区	高度(m)	层数	竣工年代
82	纳比惠赞那亚大楼	俄罗斯	莫斯科	268	61	2007
83	阿法沙利亚中心	沙特阿拉伯	利雅得	267	30	2000
84	国家银行合作中心大厦	美国	夏洛特	265	60	1992
85	北密西根 900 号大厦	美国	芝加哥	265	66	1989
86	AL Kazim 1 号住宅大楼	阿联酋	迪拜	265	53	2008
87	AL Kazim 2 号住宅大楼	阿联酋	迪拜	265	53	2008
88	交通银行金融大厦	中国	上海	265	50	1999
89	柯林街 120 号大楼	澳大利亚	墨尔本	265	52	1991
90	凯旋宫酒店	俄罗斯	莫斯科	264	61	2005
91	太阳信托广场	美国	亚特兰大	264	60	1993
92	大楼广场三期 G 座	韩国	首尔	264	73	2004
93	川普世界大厦	美国	纽约	262	72	2001
94	水塔广场大厦	美国	芝加哥	262	74	1976
95	港汇广场 1 号塔楼	中国	上海	262	54	2005
96	港汇广场 2 号塔楼	中国	上海	262	54	2005
97	芝加哥水楼	美国	芝加哥	262	86	2009
98	洛杉矶怡安中心	美国	洛杉矶	262	62	1974
99	澳门新葡京酒店	中国	澳门	261	47	2008
100	加拿大信托大厦	加拿大	多伦多	261	53	1990

钢结构的应用不仅限于高层超高层的建筑,甚至 6～8 层、12～16 层的小高层建筑也采用钢结构;同时,小型住宅别墅房正在采用轻型钢结构建筑。据有关数据显示,使用 BH 型钢支座的钢结构与混凝土结构比较,自重可减轻 20％～30％,提高使用面积达 5％～8％。

（3）高耸结构

高耸结构包括电视塔、微波塔、通信塔、输电线路塔、石油化工塔、大气监视塔、火箭发射塔、钻井塔等;许多高耸结构都采用钢结构。

（4）板壳钢结构

要求密闭的容器,如大型储油罐、煤气库、炉壳等,要求能承受很大内力并有高温急剧变化的高炉结构和大直径的高压输油管道都采用钢壳钢结构,还有一些大型水利工程结构的水闸闸门也都采用钢结构制造,如葛洲坝、三峡水电库闸门。

（5）承受重型荷载的结构

重型生产车间,如冶金工业工厂的平炉车间、轧钢车间、冶炼车间、重型机械厂的锻压车间,造船厂的船体装配车间,飞机制造厂装配车间,以及重型厂房的屋架、柱、吊车梁等承重体系,一般都采用钢结构;如宝钢、鞍钢、武钢等都建有各种规模的钢结构厂房。

(6) 轻型钢结构

轻钢结构由以轻型冷弯薄壁型钢、轻型焊接的高频焊接型钢、薄钢板、薄壁钢管、轻型热轧型钢拼接、焊接而成的组合构件为主要受力构件,大量采用轻质围护隔离材料的单层或多层建筑。此类结构主要用于小型房屋建筑、体育馆看台雨篷、小型仓库等采用轻型钢结构,近年来,由薄板做成的折板结构和拱形波纹屋盖结构也在推广使用;但近年来多采用中板(厚度大于 4 mm,小于 20 mm)的板材组合制作成承载结构,如吊车梁、钢柱、屋面梁等构件,其腹板的厚度基本为 6 mm(最厚的腹板不超过 8~10 mm),这些结构用于大型粮库、物流转运站,其跨度 60 m、72 m、144 m(中间有钢柱)的屋面梁,钢柱以及其他厂房结构的钢柱、吊车梁、屋面梁等构件。屋面及墙面采用轻质围护隔离材料,这种把屋面结构和屋盖承重结构及轻质围护材料结合为钢结构体系,具有很低的用钢量,成为一种新型的轻钢结构体系。

(7) 桥梁结构

桥梁结构越来越多,特别是中等跨度的斜拉桥和悬索桥,钢结构在桥梁结构中的应用广泛,例如上海地区的南浦大桥、杨浦大桥、徐浦大桥,江苏的江阴大桥、苏通大桥,铁路两用双层九江大桥等。

(8) 移动式钢结构

由于钢结构强度较高,相对较轻,因此一些经常需要进行拆装的结构,如装配式房屋、水工闸门、升船机、桥式吊车和各种塔式起重机、龙门起重机、缆索起重机等,都采用钢结构。

二、钢结构发展

钢结构是一种具有较大优势的建筑结构,近年来随着我国改革开放进程的加快和钢材产量的不断提高,更加速了钢结构发展。钢结构的开发、计算的改进、新结构体系的应用等方面都有了很大进展。

(1) 高强度钢材的研制开发

钢结构普遍采用的钢材有 Q235(屈服强度=235 N/mm^2)、Q345(屈服强度=345 N/mm^2),Q390(屈服强度=390 N/mm^2)和 Q420(屈服强度=420 N/mm^2)。第一种钢材是普通碳素结构钢,后三种是低合金高强度结构钢。这四种钢材均被刊入我国《钢结构设计规范》(GB50017—2003)。采用高强度钢材可用较少的材料制成高效的结构,对特大跨度结构、超高层建筑和高耸结构极为有利。

(2) 连接材料开发

钢结构加工制作除了钢材制造外,连接材料也是钢结构加工制作的内容,连接材料的开发主要有以下几个方面:

① 焊条匹配。

为配合高强度钢材的应用《钢结构设计规范》(GB50017—2003),工程上规定了与上述四种钢材相匹配的 E43 型(屈服强度＝330 N/mm²)、E50 型(屈服强度＝410 N/mm²)和 E55 型(屈服强度＝440 N/mm²)焊条。

② 高强度螺栓的等级和材料。

高强度螺栓分：8.8 级高强度螺栓,由 35 钢、45 钢(屈服强度＝660 N/mm²),经热处理后制成。10.9 级高强度螺栓,由 20MnTiB(锰、钛硼)钢(屈服强度＝940 N/mm²)制成。此外,还有尚未列入规范的 6.8 级高强度螺栓也在高耸结构安装中普遍使用。

(3) 结构形式的革新和应用

由于建筑形式有了很大的变革,随之钢结构的材料以中、厚板为主,H 型冷弯型钢、钢管(无缝钢管、焊接钢管为网架结构主材)、彩色涂层卷板和镀锌卷板需求量增加;而对不等截面的角钢、工字钢的用量明显减少。

采用 0.5～1 mm 彩色涂层卷板和镀锌卷板,经冷加工制成波纹彩色压型屋面、墙面板、屋面盖板采取搭接咬合与自攻螺钉相结合固定于檩条及支架,墙面板直接采用自攻螺钉固定于墙檩;此类结构形式用于重、轻型厂房结构。

同时,采用彩色涂层卷板经冷加工制成多种规格的保温夹芯板(夹芯,采用聚苯乙烯芯),同样可用于屋面、墙面,连接方法按夹芯板结构形式确定,屋面采取搭接咬合与自攻螺钉相结合固定于檩条,墙面大多采用抽塞式,同样与自攻螺钉相结合固定于墙檩,该结构主要用于轻型厂房和库房结构。

H 型钢是一种经济型断面钢材,与普通工字钢相比,翼缘更宽、侧向刚度较大、绕弱轴转截面惯性矩比工字钢提高一倍以上,其抗弯、抗压、抗扭、抗震能力强,翼缘内外表面平行,便于机械加工和处理,便于结构制作、连接和安装,可使钢结构件用钢量减少 6%～17%。我国现行《钢结构设计规范》GB50017—2003 已列入热轧型钢的有关内容。

压型钢板(又称楼承板)上面扎钢筋浇灌混凝土后,可用做建筑结构的叠合楼板。压型钢板既可代替一部分楼板的下层抗拉钢筋,又可代替模板,而且上层混凝土可以提高钢结构的耐火能力。压型钢板与混凝土组成的合成板是一种施工性能好、经济性好的楼板形式,目前已逐步成钢结构建筑楼面的主流。

(4) 钢和混凝土(S - C 结构)组合构件的应用

钢和混凝土组合构件是一种各取所长的组合,钢的强度高、宜受拉,混凝土则宜受压,两种材料结合,都能充分发挥各自优势。

钢和混凝土组合楼盖,采用混凝土翼板与钢梁通过抗剪连接件,组成一体的组合结构,其组合梁的混凝土部分受压、梁受拉,物尽其用,是一种合理的结构形式。

在高层建筑和多层住宅中,目前已广泛采用钢与混凝土组合梁,其组合结构的计算与构造已被列入新修编的《钢结构设计规范》GB50017—2003,钢结构新形式的开发创新和应用还在继续进行中。

第二章 钢结构工程施工材料

第一节 钢结构常用钢材概述

对于长期从事钢结构加工制作的管理人员和操作者来说,必须了解本行业所用主材料钢的基本知识,特别是常用钢材的知识。

一、钢的基本知识

1. 化学成分对钢的作用和影响

钢中的基本元素是铁(Fe),还包括其他各种化学成分,碳素结构钢中铁占99%,其余是碳(C)和其他元素,这些元素主要是在冶炼过程中留下的杂物,如硅(Si)、锰(Mn)、硫(S)、磷(P)等。普通合金钢中除铁、碳元素外,还含有少量的合金元素,这些元素是冶炼过程中作为调质剂特意加入的,如锰、硅、钒(V)、铜(Cu)、硼(B)、铌(Nb)等。钢中的各种元素成分的细微变化会对钢材的机械性能产生显著影响,现将主要化学元素对钢材性能的影响简要介绍。

① 碳是碳素结构钢中含量仅次于铁的元素。钢的性能随着化学成分的不同而变化,钢根据含碳量的多少分为低碳钢(含碳量低于0.25%)、中碳钢(含碳量为0.25%~0.60%)、高碳钢(含碳量超过0.6%)。碳是影响钢材强度的主要因素,钢材含碳量上升,则强度提高,但塑性韧性下降,尤其是低温冲击韧性下降明显;另外,含碳量上升会使钢材的可锻性、抗腐蚀性、冷弯性能明显下降。因此,结构用钢的含碳量一般不允许超过0.22%,对焊接结构的钢要求低于0.2%。

② 硫是一种有害杂质,它会降低钢的塑性、韧性、可焊性、抗腐蚀性等,硫还会使钢材发生脆裂现象。钢材中的硫含量不得超过0.05%,焊接结构不得超过0.045%。

③ 磷也是一种有害杂质,虽然磷的存在会提高钢材的强度和抗腐蚀性,但却会严重降低钢材的塑性、韧性、可焊性和冷弯性能等;特别是磷会导致钢材发生冷脆现象。钢材中的磷含量一般不允许超过0.045%。

④ 氧和氮都是钢材中的有害杂质,氧的作用与硫类似,会使钢材产生热脆,一般要求其含量低于0.05%;氮的作用则类似于磷,它会使钢材产生冷脆,一般要求其含量低于0.008%。氧和氮在冶炼中容易溢出,且钢材在冶炼过程中根据需要会使用脱氧剂以降低氧含量,所以一般氧、氮元素含量不会超标。

⑤ 锰是一种弱脱氧剂,适量锰能够提高钢材强度,但又不会过多降低塑性和冲击韧性;此外,钢材中的锰能够和硫产生成硫化锰,能消除硫对钢材性能的不利影响。锰可以改善钢材的冷脆性质,但是锰元素含量过高,会导致钢材变脆,降低抗腐蚀能力和可焊性。

⑥ 硅是一种强脱氧剂,硅作为合金元素可以提高钢的强度,对于塑性、冷弯性、冲击韧性、抗腐蚀和可焊性不会产生不良影响;但是,当硅含量过高(超过 1%),会降低钢材的塑性、韧性、抗锈蚀和可焊性;一般碳素钢含硅量为 0.07%～0.30%。

⑦ 钒是作为一种合金元素添加在钢材中的,适量的钒可提高钢材强度和抗锈蚀能力,对钢材的塑性、韧性没有显著影响。

⑧ 为了提高钢的质量,可在钢内掺入铜、镍(Ni)、铬(Cr)及其他金属元素。掺入多种元素炼出来的钢叫合金钢。钢内含铜量在 0.35% 以下能提高钢的强度和抵抗腐蚀的能力。

2. 钢的种类

钢按用途可分为结构钢、工具钢和特殊钢(不锈钢等)。结构钢又分建筑用钢和机械用钢。

按冶炼方法,钢分为转炉钢、平炉钢和电炉钢(特种合金钢)。当前的转炉钢主要采用氧气顶吹钢,以前的侧吹(空气)转炉钢所含杂质多,使钢易脆,质量很差,目前已基本改造成氧气顶吹转炉炼钢。平炉钢质量好,但冶炼的时间长,成本高。氧气顶吹转炉钢质量与平炉钢相当而成本较低。

按脱氧方法,钢又分为沸腾钢(代号为 F)、半镇静钢(代号为 b)、镇静钢(代号为 Z)和特殊镇静钢(代号为 TZ),镇静钢和特殊镇静钢的代号可以省去。镇静钢脱氧充分,但成本较高;沸腾钢脱氧较差,但成本较低;半镇静钢介于镇静钢和沸腾钢之间。为了克服钢材易被锈蚀这一弱点,在冶炼时加入少量合金元素如铜、镍、铬、钼(Mo)、铌、钛(Ti)、钒等,使其在金属基体表面形成保护层,提高钢耐腐蚀性能,这种钢称为耐大气腐蚀钢,简称耐候钢。

按成型的方法,钢又分为轧制钢(热轧、冷轧)、锻钢和铸钢。

按化学成分不同,钢又分为碳素钢和合金钢。在建筑工程中采用的是碳素结构钢、低合金高强度结构钢、优质碳素结构钢以及不锈钢。

二、钢的牌号

1. 钢的牌号表示方法

钢的牌号表示方法的原则是:以化学成分(也就是化学元素)为基准。

牌号中的化学元素采用汉字或国际化学符号表示,如"碳"或"C"、"锰"或"Mn"、"铬"或"Cr"。主要化学元素的化学符号、原子量见表 2-1。

产品名称、用途用其汉字和汉语拼音为牌号的表示方法,一般采用缩写,缩写原则是只用一个汉字或字母,且尽可能地取第一个字,一般不超过两个字,表 2-2 为产品名称及其表示方法。

表 2-1　主要元素的化学符号、原子量

元素名称	化学符号	原子量	元素名称	化学符号	原子量
银	Ag	107.88	碘	I	126.92
铝	Al	26.97	钾	K	39.098
砷	As	74.91	镁	Mg	24.305
金	Au	197.2	锰	Mn	54.93
硼	B	10.82	钼	Mo	95.95
钡	Ba	137.36	钠	Na	22.997
铍	Be	9.02	镍	Ni	58.69
铋	Bi	209.00	磷	P	30.98
溴	Br	79.916	铅	Pb	207.21
碳	C	12.01	铂	Pt	195.23
钙	Ca	40.08	硫	S	32.06
镉	Cd	112.41	硅	Si	28.06
钴	Co	58.94	锡	Sn	118.70
铬	Cr	52.01	钛	Ti	47.90
铜	Cu	63.54	钒	V	50.95
铁	Fe	55.85	钨	W	183.92
锗	Ge	72.60	锌	Zn	65.38
汞	Hg	200.61			

表 2-2　产品名称及其表示方法

中文名称	采用的汉字和汉语拼音		采用代号	字体	中文名称	采用的汉字和汉语拼音		采用代号	字体
	汉字	汉语拼音				汉字	汉语拼音		
平炉	平	ping	P	大写	电器工业用纯铁	电铁	dian tie	DT	大写
酸性侧吹转炉	酸	suan	S	大写	易切削钢	易	yi	Y	大写
碱性侧吹转炉	碱	jian	J	大写	磁钢	磁	ci	C	大写
顶吹转炉	顶	ding	D	大写	碳素工具钢	炭	tan	T	大写
沸腾钢	沸	fei	F	大写	焊条用钢	焊	han	H	大写
半镇静钢	半	ban	b	小写	滚珠轴承用钢	滚	gun	G	大写
铸造生铁	铸	zhu	Z	大写	高级优质钢	高	gao	A	大写
冷铸车轮生铁	冷	leng	L	大写	特级	特	te	E	大写
电器工业用硅钢	电	dian	D	大写	船用钢	船	chuan	C	大写

中文名称	采用的汉字和汉语拼音		采用代号	字体	中文名称	采用的汉字和汉语拼音		采用代号	字体
	汉字	汉语拼音				汉字	汉语拼音		
桥梁钢	桥	qiao	q	小写	铆螺钢	铆螺	maoluo	ML	大写
锅炉钢	锅	guo	g	小写	高频率（电工硅钢用）	高	gao	G	大写
钢轨钢	轨	gui	U	大写	弱磁场（电工硅钢用）	弱	ruo	R	大写
甲类钢	甲	—	A	大写	中磁场（电工硅钢用）	中	zhong	H	大写
乙类钢	乙	—	B	大写	地质钻碳钢管用钢	地质	dizhi	DZ	大写
特类钢	特	—	C	大写					

普通碳素钢的牌号由代表屈服点的字母屈服点数值、质量等级符号、脱氧方法符号等四个部分按顺序组成，例如：Q235-AF。

其符号分别表示：

Q——钢材屈服点"屈"字汉语拼音首位字号；

235——屈服点（强度）（MPa）；

A、B、C、D——质量等级；

F——沸腾钢"沸"字汉语拼音首位字号。

2. 我国现行结构钢编号的方法及国外牌号对照

现行国家编号标准《碳素结构钢》、《低合金高强度结构钢》，把屈服点的"屈"字汉语拼音字母"Q"作为编号的第一个字母。Q235 即表示屈服点为 235 MPa，其化学成分与过去 A3 钢基本一致，Q345 即屈服点为 345 MPa，与原 16 Mn 低合金钢相对应。

国外钢材强度单位虽然改成 N/mm^2（MPa），但一般均以钢材抗拉强度编制。例如日本的 SS400 钢，其抗拉强度为 400 N/mm^2；美国的 SA645 钢，其抗拉强度为 665～793 N/mm^2；德国的 RSA37-2 其抗拉强度为 340～470 N/mm^2。因此，在参照国外钢号时，须认准是屈服强度还是抗拉强度。

第二节　钢材主要性能的影响因素

影响钢材性能的因素很多，本节主要论述钢材冶金缺陷、钢材的硬化、温度等因素对钢材性能的影响。

一、冶金缺陷

钢材的冶金缺陷主要在于偏析夹杂、气孔、夹层、裂纹。偏析是指金属或非金属结晶后的化学成分在钢中分布不均匀。硫、磷偏析会使钢成材后的性能恶化。非金属夹杂是指钢中含有硫化物,氧化物等杂质。气孔是由于氧化铁与碳作用生成的一氧化碳不能完全逸出而形成的。夹层是因为钢锭内的气泡、非金属夹杂等在轧制温度和压力不够时,气泡等杂质被压扁延伸所形成的。此外,因冶炼过程中残留的气泡、杂质、夹渣或由于钢锭冷却、轧制工艺不当等原因,还可能导致钢材内部形成细微裂纹。这些冶炼缺陷都会对钢材的性能造成不良影响。

二、钢材的硬化

钢成材后的硬化有时效硬化和冷作硬化两种。

时效硬化是钢材的强度随时间增长而增长的现象。在发生时效硬化时,钢材的强度(屈服强度和抗拉强度)提高,塑性和冲击韧性降低。常温环境下,时效硬化过程一般较长,但是在高温环境下,钢材时效硬化的进程得以明显加快。为了确定钢材时效硬化后的冲击韧性,常采用人工快速时效的方法,即先使钢材产生一定的塑性变形(10%左右),再加热至250℃左右并保温1 h,然后令其自然冷却。

冷作硬化是当钢材进行冷加工(冲剪、拉等)超过其屈服强度后卸载,出现残余变形,再次加荷时会出现钢材屈服强度有所提高的现象。冷作硬化在使钢材强度提高的同时,会造成材料塑性和冲击韧性下降,增加钢材出现脆性破坏的可能性。

三、温度

环境温度的改变对于钢材的性能有一定影响,在0℃以上,总的趋势是随温度升高,钢材的温度和弹性模量下降,塑性随之提高,但在200℃以内,钢材性能的变化不明显,超过200℃,尤其在430~510℃,钢材强度指标急剧下降,600℃以上时即可以认为钢材失去承载能力。另外需要注意的是在250℃左右,钢材会出现抗拉强度提高,冲击韧性下降的现象,由于在此温度下钢材表面的氧化膜呈蓝色,故这种现象被称为蓝脆现象。在蓝脆温度下加工的钢材,可能引起裂纹,所以尽量避免钢材在蓝脆温度范围区间进行热加工。

第三节 钢结构工程常用钢材

钢结构工程材料是加工制作施工中最基本的物质条件,缺少了材料,无法正常加工制作;钢结构材料的质量是工程质量最根本的基础,如材料质量不符要求,钢结构工程质量也就不可能达到标准。因此,从事钢结构相关负责人应加强常用钢材质量控制,这是提高和保障钢结构工程质量很重要的环节,这需要对钢材的牌号、强度、性能、化学成分等基本知识有一定的了解。

一、钢材牌号与钢的各项要素

1. 钢的要素作用

钢的各项标准是确定钢用途的依据,因材质要素要求不同而决定钢种使用的规定,是使用钢材的原则。例如牌号 Q235 和 Q345 的钢,由于钢的要素不同,故牌号也不同,使用范围也不同。所谓要素实际就是各类牌号钢,除了冶炼和脱氧方法不同之外,各类牌号钢所含金属元素和含量都不同,这些决定了钢材各项要素数值、使用范围和钢号。

2. 常用钢材牌号和要求

钢结构的材料品种繁多,性能差别大,适用于钢结构的钢材只是其中的一部分,钢结构采用的钢材主要有以下几类。

(1) 碳素结构钢

根据现行国家标准《碳素结构钢》(GB/T 700—2006)的有关标准规定,碳素结构钢的牌号由四部分组成:代表屈服点的字号 Q、屈服点数值(N/mm²)、质量等级符号和脱氧方式符号。

碳素结构钢共有 Q195、Q215、Q235、Q255、Q275 五个品种,它们相当于旧标准中的 1号、2 号、3 号、4 号和 5 号钢,五个品种不同强度的碳素钢,随着材料屈服强度数值增大,其含碳量、强度和硬度增大,塑性降低。其中 Q235 在使用、加工和焊接方面综合性能较好,是钢结构经常采用的钢种之一,牌号根据需要可分为 Q235 - A、Q235 - B、Q235 - C、Q235 - D 等。冶炼方法一般由供方自行决定,如需方有特殊要求时可单独加以注明。

碳素结构钢按质量等可分为 A、B、C、D 四级,由 A 到 D 表示钢材由低到高。不同质量等级的钢材对力学性能的要求不同。A 级钢没有冲击功规定,冷弯试验只在需方有要求时才进行;碳、硅、锰的化学成分含量也可以不作为交货条件。B 级、C 级、D 级钢分别要求保证 20℃、0℃、－20℃时夏比 V 型缺口冲击功 A_{kv} 小于 27 J(纵向),且要求提供冷弯试验的合格证明;同时,需提供碳、锰、硅、磷等的化学成分含量保证。

碳素结构钢按其脱氧方法的区别又分沸腾钢、半镇静钢、镇静钢、特殊镇静钢四类。Q235 中 A、B 级有沸腾钢、半镇静钢及镇静钢,C 级全部为镇静钢,D 级全部为特殊镇静钢。以上四类钢,如 Q235 - AF 就表示屈服强度为 235 N/mm² 的 A 级沸腾钢,Q235 - Bb 则表示屈服强度 235 N/mm² 的 B 级半镇静钢,Q235 - C 表示屈服强度为 235 N/mm² 的 C级镇静钢。

(2) 低合金高强度结构钢

低合金钢是在冶炼时添加一种或几种少量合金元素,其总量低于钢材的 5%。低合金钢含有合金元素而具有较高的强度。根据国家现行标准《低合金高强度结构钢》(GB/T 1591—2008)的规定,其表示方法与碳素结构钢类似,低合金钢有 Q295、Q345、Q390、Q420、Q460 等几种。低合金钢交货时应提供屈服强度、极限强度、伸长率和机械性能保证,还必须提供碳、锰、磷、硫、钒、铝和铁的化学成分含量保证。

低合金钢的质量等级分 A、B、C、D、E 五级,E 级要求提供－40℃时的低温冲击韧性试验夏比 V 型缺口冲击功 A_{kv} 值小于 27 J(纵向)。不同质量等级对碳、硫、磷、铝的含量要求也有所区别。低合金钢的质量等级标准中,钢材全部为镇静钢或特殊镇静钢。Q345 - B 表示屈服强度为 $345\,N/mm^2$ 的 B 级镇静钢;Q390 - D 表示屈服强度为 $390\,N/mm^2$ 的 D 级特殊镇静钢。

低合金高强度钢和碳素结构钢都可以采取适当的热处理(如调质处理)进一步提高其强度,例如用于制造高强度螺栓的 45 号优质碳素钢以及 40 硼(40B)、20 锰钛硼(20MnTiB)就是经过调质处理的。

(3)专用结构钢

一些特殊用途的钢结构,如压力容器、桥梁、船舶、锅炉等,为了其特殊受力和工作条件的需要,常采用专用结构钢。专用结构钢常在碳素结构钢或低合金结构钢的基础上冶炼而成,其要求更高,价格也贵。专用结构钢的钢号在相应钢号后再加上专业用途代号(见表 2 - 2)。

随着高层建筑和大跨度结构的发展,对于构件承载力要求越来越高。各种钢结构件的截面、厚度日趋加大。但由于钢材轧制方向性能最差,钢结构中许多构件或节点普遍存在材料沿厚度方向受拉的情况,因此,较厚的钢板存在厚度方向发生层状撕裂破坏的可能性。为了保证结构安全,研究人员专门开发了一种能抗层状撕裂的钢材,这种钢材称之为厚度方向性能钢板,简称 Z 向钢。Z 向钢是一种在母级钢的基础上经过特殊冶炼处理的钢材,其含硫量控制十分严格,沿钢板厚度方向具有较好的延性(如 Q235 及 Q345 的钢中表明存有 Z 向受拉的断面收缩要求,应作为单项附加订货保证项目)。

3. 我国结构钢新旧牌号对照(表 2 - 3)

表 2 - 3　我国结构钢新旧牌号对照表

新标准 GB/T 700—2006		旧标准 GB700—79	
新牌号	说　　明	旧牌号	说　　明
Q195	不分等级,化学成分和力学性能(抗拉强度、伸长率和冷弯性能)均需保证。但轧制薄板和盘条之类产品,力学性能保证项目可根据产品特点和使用要求,在有关标准中另行规定	1号钢	Q195 的化学成分与成本标准 1 号钢的乙类钢 B1 同,力学性能(抗拉强度、伸长率和冷弯性能)与甲类钢 A1 同(A1 的冷弯试验是附加保证条件)。1 号钢没有特类钢
Q215	A级 B级(做常温冲击试验,V 型缺口)	A2 C2	
Q235	A级　不做冲击试验 B级　做常温冲击试验(V 型缺口) C级　做 0℃ 冲击试验(V 型缺口) D级　做 -20℃ 冲击试验(V 型缺口) C 级作为重要焊接结构用	A3 C3 — —	附加保证常温冲击试验,U 型缺口 附加保证常温或 -20℃ 冲击试验,U 型缺口
Q275	不分等级,化学成分和力学性能均需保证	C5	

注:GB/T 700—2006 与 GB700—88 相比,取消了 GB700—88 中的 Q255、Q275 牌号;新增 ISO 630:1995 中的 E275 牌号,改为新的 Q275 牌号;降低部分牌号中的磷、硫含量。

4. 钢材交货状态(表 2-4)

表 2-4　钢材交货状态

名　称	说　明
控轧状态	钢材在热轧或锻造后不再对其进行专门冷处理、冷却后直接交货 目前不少钢厂采用控制轧制,由于终轧温度控制严格,并在轧后采取强制冷却,因而钢的晶粒细化、综合性能较高
冷拉(轧)状态	经冷拉、冷轧等冷加工成型的钢材,不经任何热处理而直接交货的状态,与热轧(锻)状态相比,钢材尺寸精度高、表面质量好,并有较高的力学性能,但存在很多的内应力,极易遭受腐蚀,因而包装、储运均有较严格的要求,一般应保管在库房内
正火状态	钢材出厂前经正火热处理的交货状态称正火状态,比热轧终止温度控制严格,因而刚才组织性能均匀 钢的组织中珠光体数量增多,钢的晶粒细化,有较高的综合力学性能,并有利于改善低碳钢的魏氏组织和过共析钢的渗碳体网状,可为成品的进一步热处理做好组织准备 碳素结构钢、合金结构钢钢材常采用正火状态交货。某些低合金高强度钢如14MnMoVBRE、14CrMnMoVB 钢为了获得贝氏体组织,也要求正火状态交货
退火状态	钢材出厂前经退火热处理的交货状态称为退火状态。退火的目的主要是为了消除和改善前道工序的组织缺陷和内应力,并为后道工序做好组织和性能上的准备 合金结构钢、保证淬透性结构钢、冷镦钢、轴承钢、工具钢、汽轮机叶片用钢、铁素体型不锈钢耐热钢的钢材常用退火状态交货
高温回火状态	钢材出厂前经高温回火热处理的交货状态称为高温回火状态,高温回火有利于彻底消除内应力,提高塑性和韧性 碳素结构钢、合金结构钢、保证淬透性结构钢钢材均可采用高温回火状态交货。某些马氏体型高强度不锈钢、高速工具钢和高强度合金钢,常在淬火(或正火)后进行一次高温回火,使钢中碳化物适当聚集,得到碳化物颗粒较粗大的回火素氏体组织(与球化退火组织相似)。这种交货状态的钢材有很好的切削加工性能
固溶处理状态	钢材出厂前经固溶处理的交货状态称为固溶处理状态。这种状态主要适用于奥氏体型不锈钢材出厂前的处理。通过固溶处理,得到单相奥氏体组织,以提高钢的韧性和塑性,为进一步冷加工(冷轧或冷拉)创造条件,也为进一步沉淀做好组织准备

5. 钢的中外牌号对照(表 2-5)

表 2-5　钢的中外牌号对照

中国 GB	国际标准 ISO	俄罗斯 ГОСТ	美国 ASTM	日本 JIS	德国 DIN	英国 BS	法国 NF
Q195	HR2	Ст. 1 кп Ст. 1 сп Ст. 1 пс	A285MGr. B		S185	S185	S185
Q215 - A Q215 - B	HR1	Ст. 2 кп—2,—3 Ст. 2 пс—2,—3 Ст. 2 сп—2,—3	A283M Gr. C A573M Gr. 58	SS330	USt34—2 RSt34—2	040A12	A34 A34—2NE

(续表)

中国 GB	国际标准 ISO	俄罗斯 ГОСТ	美国 ASTM	日本 JIS	德国 DIN	英国 BS	法国 NF
Q235 - A Q235 - B Q235 - C Q235 - D	Fe360A Fe360D	Ст. 3 кп—2 Ст. 3 кп—3 Ст. 3 кп—4 БСт. 3 кп—2	A570 Gr. A A570 Gr. D A283M Gr. D	SS400	S235JR S235JRG1 S235JRG2	S235JR S235JRG1 S235JRG2	S235JR S235JRG1 S235JRG2
Q255 - A Q255 - B	—	Ст. 4 кп—2 Ст. 4 кп—3 БСт. 4 кп—2	A709M Gr. 36	SM400A SM400B	St44—2	43B	E28—2
Q275	Fe430A	Ст. 5 кп—2 Ст. 5 кс БСт. 5 кс—2	K02901	SS490	S275J2G3 S275J2G4	S275J2G3 S275J2G4	S275J2G3 S275J2G4

6. 优质碳素结构钢的中外牌号对照(表 2 - 6)

表 2 - 6 优质碳素结构钢的中外牌号对照

中国 GB	国际标准 ISO	俄罗斯 ГОСТ	美国		日本 JIS	德国 DIN	英国 BS	法国 NF
			ASTM	UNS				
08F	—	08КП	1008	G10080	S09CK SPHD SPHE S9CK	St22 C10(1. 0301) CK10(1. 1121)	040A10	—
10F	—	10КП	1010	G10100	SPHD SPHE	USt13	040A12	FM10 XC10
15F	—	15КП	1015	G10150	S15CK	Fe360B	Fe360B	Fe360B FM15
08	—	08	1008	G10080	S10C S09CK SPHE	CK10	040A10 2S511	FM8
10	—	10	1010	G10100	S10C S12C S09CK	CK10 C10	040A12 040A10 045A10 060A10	XC10 CC10

7. 优质碳素结构钢的钢号与化学成分(表2-7)

表 2-7　优质碳素结构钢的钢号与化学成分　　　　　　(%)

钢号	C	Si	Mn	P	S	Cr	Ni	Cu
08F	0.05~0.11	≤0.03	0.25~0.50	≤0.035	≤0.035	≤0.10	≤0.30	≤0.25
10F	0.07~0.13	≤0.07	0.25~0.50	≤0.035	≤0.035	≤0.15	≤0.30	≤0.25
15F	0.12~0.18	≤0.07	0.25~0.50	≤0.035	≤0.035	≤0.25	≤0.30	≤0.25
08	0.05~0.11	0.17~0.37	0.35~0.65	≤0.035	≤0.035	≤0.10	≤0.30	≤0.25
10	0.07~0.13	0.17~0.37	0.35~0.65	≤0.035	≤0.035	≤0.15	≤0.30	≤0.25
15	0.12~0.18	0.17~0.37	0.35~0.65	≤0.035	≤0.035	≤0.25	≤0.30	≤0.25
·20	0.17~0.23	0.17~0.37	0.35~0.65	≤0.035	≤0.035	≤0.25	≤0.30	≤0.25
25	0.22~0.29	0.17~0.37	0.50~0.80	≤0.035	≤0.035	≤0.25	≤0.30	≤0.25
30	0.27~0.34	0.17~0.37	0.50~0.80	≤0.035	≤0.035	≤0.25	≤0.30	≤0.25
35	0.32~0.39	0.17~0.37	0.50~0.80	≤0.035	≤0.035	≤0.25	≤0.30	≤0.25
40	0.37~0.44	0.17~0.37	0.50~0.80	≤0.035	≤0.035	≤0.25	≤0.30	≤0.25
45	0.42~0.50	0.17~0.37	0.50~0.80	≤0.035	≤0.035	≤0.25	≤0.30	≤0.25
50	0.47~0.55	0.17~0.37	0.50~0.80	≤0.035	≤0.035	≤0.25	≤0.30	≤0.25
55	0.52~0.60	0.17~0.37	0.50~0.80	≤0.035	≤0.035	≤0.25	≤0.30	≤0.25
60	0.57~0.65	0.17~0.37	0.50~0.80	≤0.035	≤0.035	≤0.25	≤0.30	≤0.25
65	0.62~0.70	0.17~0.37	0.50~0.80	≤0.035	≤0.035	≤0.25	≤0.30	≤0.25
70	0.67~0.75	0.17~0.37	0.50~0.80	≤0.035	≤0.035	≤0.25	≤0.30	≤0.25
75	0.72~0.80	0.17~0.37	0.50~0.80	≤0.035	≤0.035	≤0.25	≤0.30	≤0.25
80	0.77~0.85	0.17~0.37	0.50~0.80	≤0.035	≤0.035	≤0.25	≤0.30	≤0.25
85	0.82~0.90	0.17~0.37	0.50~0.80	≤0.035	≤0.035	≤0.25	≤0.30	≤0.25
15Mn	0.12~0.18	0.17~0.37	0.70~1.00	≤0.035	≤0.035	≤0.25	≤0.30	≤0.25
20Mn	0.17~0.23	0.17~0.37	0.70~1.00	≤0.035	≤0.035	≤0.25	≤0.30	≤0.25
25Mn	0.22~0.29	0.17~0.37	0.70~1.00	≤0.035	≤0.035	≤0.25	≤0.30	≤0.25
30Mn	0.27~0.34	0.17~0.37	0.70~1.00	≤0.035	≤0.035	≤0.25	≤0.30	≤0.25
35Mn	0.32~0.39	0.17~0.37	0.70~1.00	≤0.035	≤0.035	≤0.25	≤0.30	≤0.25
40Mn	0.37~0.44	0.17~0.37	0.70~1.00	≤0.035	≤0.035	≤0.25	≤0.30	≤0.25
45Mn	0.42~0.50	0.17~0.37	0.70~1.00	≤0.035	≤0.035	≤0.25	≤0.30	≤0.25
50Mn	0.48~0.56	0.17~0.37	0.70~1.00	≤0.035	≤0.035	≤0.25	≤0.30	≤0.25
60Mn	0.57~0.65	0.17~0.37	0.70~1.00	≤0.035	≤0.035	≤0.25	≤0.30	≤0.25
65Mn	0.62~0.70	0.17~0.37	0.90~1.20	≤0.035	≤0.035	≤0.25	≤0.30	≤0.25
70Mn	0.67~0.75	0.17~0.37	0.90~1.20	≤0.035	≤0.035	≤0.25	≤0.30	≤0.25

8. 优质碳素结构钢的热处理与力学性能(表2-8)

表2-8 优质碳素结构钢的热处理与力学性能

钢号	试样毛坯尺寸(mm)	热处理温度(℃)			力 学 性 能					交货状态硬度 HBS ≤	
		正火	淬火	回火	R_m (MPa)	σ_s (MPa)	A (%)	Z (%)	A_{kV} (J)	未热处理钢	退火钢
					≥						
08F	25	930	—	—	295	175	35	60	—	131	—
10F	25	930	—	—	315	185	33	55	—	137	—
15F	25	920	—	—	355	205	29	55	—	143	—
08	25	930	—	—	325	195	33	60	—	131	—
10	25	930	—	—	335	205	31	55	—	137	—
15	25	920	—	—	375	225	27	55	—	143	—
• 20	25	910	—	—	410	245	25	55	—	156	—
25	25	900	870	600	450	275	23	50	71	170	—
30	25	880	860	600	490	295	21	50	63	179	—
35	25	870	850	600	530	315	20	45	55	197	—
40	25	860	840	600	570	335	19	45	47	217	187
45	25	850	840	600	600	355	16	40	39	229	197
50	25	830	830	600	630	375	14	40	31	241	207
55	25	820	820	600	645	380	13	35	—	255	217
60	25	810	—	—	675	400	12	35	—	255	229
65	25	810	—	—	695	410	10	30	—	255	229
70	25	790	—	—	715	420	9	30	—	269	229
75	试样	—	820	480	1 080	880	7	30	—	285	241
80	试样	—	820	480	1 080	930	6	30	—	285	241
85	试样	—	820	480	1 130	980	6	30	—	302	255
15Mn	25	920	—	—	410	245	26	55	—	163	—
20Mn	25	910	—	—	450	275	24	50	—	197	—
25Mn	25	900	870	600	490	295	22	50	71	207	—
30Mn	25	880	860	600	540	315	20	45	63	217	187
35Mn	25	870	850	600	560	335	18	45	55	229	197
40Mn	25	860	840	600	590	355	17	45	47	229	207

(续表)

钢号	试样毛坯尺寸(mm)	热处理温度(℃)			力 学 性 能					交货状态硬度HBS ≤	
		正火	淬火	回火	R_m (MPa)	σ_s (MPa)	A (%)	Z (%)	A_{kV} (J)		
					≥					未热处理钢	退火钢
45Mn	25	850	840	600	620	375	15	40	39	241	217
50Mn	25	830	830	600	645	390	13	40	31	255	217
60Mn	25	810	—	—	695	410	11	35	—	269	229
65Mn	25	830	—	—	735	430	9	30	—	285	229
70Mn	25	790	—	—	785	450	8	30	—	285	229

9. 力学性能名词说明(表2-9)

表 2-9　力学性能名词说明

分 类	名 称	代号	单位	说 明
强度——在外力作用下,抵抗变形和断裂的能力	极限强度			材料抵抗外力破坏作用的最大能力
	抗拉强度	R_m	MPa	外力是拉力时的极限强度
	抗压强度	σ_{bc}	MPa	外力是压力时的极限强度
	抗弯强度	σ_{bb}	MPa	外力与材料轴线垂直,并作用后使材料呈弯曲时的极限强度
	抗剪强度	τ	MPa	外力与材料轴线垂直,并对材料呈剪切作用时的极限强度
	抗扭强度	τ_b	MPa	外力是扭转时的极限强度
	屈服点	σ_s	MPa	金属试样在拉伸过程中,负荷不再增加,而试样仍继续发生变形的现象称为"屈服"。发生屈服现象时的应力,称为屈服点或屈服极限
	屈服强度	$\sigma_{0.2}$	MPa	对某些屈服现象不明显的金属材料,测定屈服点比较困难,常把产生0.2%永久变形的应力定为屈服点,这称为屈服强度或条件屈服强度
	持久强度	σ^T	MPa	指金属材料在给定温度(T)下,经过规定时间(t,h)发生断裂时,所承受的应力值
	蠕变极限	$\sigma^T_{\delta/t}$	MPa	金属材料在给定温度(T)下和规定的试验时间(t,h)内,使试样产生一定蠕变变形量($\delta,\%$)的应力值

(续表)

分 类	名 称	代号	单位	说 明
弹性——金属材料在外力作用下产生变形,外力消去后又恢复到原来形状和大小的一种特性	弹性极限	σ_e	MPa	金属能保持弹性变形的最大能力
	比例极限	σ_p	MPa	在弹性变形阶段,金属材料所承受的和应变能保持正比的最大应力
	弹性模量	E	MPa	金属在弹性范围内,外力和变形成比例地增长,即应力与应变成正比例关系时,这个比例系数就称为弹性模量
塑性——材料受力后产生永久变形而不破坏的能力	伸长率	A	%	金属受外力作用被拉断以后,在标距内总伸长长度同原来标距长度相比的百分数
	短试棒求得的伸长率	A_5	%	试棒的标距等于5倍直径为短试棒
	长试棒求得的伸长率	$A_{11.3}$	%	试棒的标距等于10倍直径为长试棒
	断面收缩率	Z	%	金属受外力作用被拉断以后,其横截面的缩小量与原来横截面积相比的百分数
韧性——材料在冲击载荷作用下抵抗破坏的能力	冲击吸收功(冲击功)	A_{kU} A_{kV}	J	一定形状和尺寸的试样在冲击负荷作用下折断时所吸收的功
	冲击韧度(冲击值)	α_{kU} α_{kV}		将冲击吸收功除以试样缺口底部处横截面积所得的商
疲劳——金属材料在受重复或交变应力作用时,虽其所受应力远小于抗拉强度,甚至小于弹性极限,经多次循环后,在无显著外观变形情况下而会发生断裂,这种现象称为疲劳	疲劳极限	σ_{-1}	MPa	金属材料在重复或交变应力作用下,经过 N 周次的应力循环仍不发生断裂时所能承受的最大应力
	疲劳强度	σ_N	MPa	金属材料在重复或交变应力作用下,循环一定周次 N 后断裂时能承受的最大应力

二、常用钢种

1. 碳素结构钢(GB/T 700—2006)

(1)牌号和化学成分(表2-10)

表2-10 碳素结构钢的牌号和化学成分

牌 号	等 级	化学成分(质量分数,%)≤					脱氧方法
		C	Mn	Si	S	P	
Q195	—	0.12	0.50	0.30	0.040	0.035	F、Z
Q215	A	0.15	1.20	0.35	0.050	0.045	F、Z
	B				0.045		

(续表)

| 牌　号 | 等　级 | 化学成分(质量分数,%)≤ | | | | | 脱氧方法 |
		C	Mn	Si	S	P	
Q235	A	0.14~0.22	0.22	0.35	0.050	0.045	F、Z
	B	0.12~0.20	0.20*		0.045		
	C	≤0.18	0.17		0.040	0.040	Z
	D	≤0.17			0.035	0.035	TZ
Q275	A	0.24	1.50	0.35	0.050	0.045	F、Z
	B	0.21			0.045		Z
	C	0.22			0.040	0.040	Z
	D	0.20			0.035	0.035	TZ

注:*经需方同意,Q235B的碳含量可不大于0.22%。

(2) 力学和工艺性能(表 2-11)

表 2-11　碳素结构钢的力学和工艺性能

牌号	等级	屈服强度[1]R_{eH}(N/mm²)≥						抗拉强度[2]R_m(N/mm²)	断后伸长率 A(%)≥					冲击试验(V形缺口)	
		厚度(或直径)(mm)							厚度(或直径)(mm)					温度(℃)	冲击吸收功(纵向)(J)≥
		≤16	>16~40	>40~60	>60~100	>100~150	>150~200		≤40	>40~60	>60~100	>100~150	>150~200		
Q195	—	195	185	—	—	—	—	315~430	33	—	—	—	—	—	—
Q215	A	215	205	195	185	175	165	335~450	31	30	29	27	26	—	—
	B													+20	27
Q235	A	235	225	215	215	195	185	370~500	26	25	24	22	21	—	—
	B													+20	27[3]
	C													0	
	D													-20	
Q275	A	275	265	255	245	225	215	410~540	22	21	20	18	17	—	—
	B													+20	27
	C													0	
	D													-20	

注:① Q195 的屈服强度值仅供参考,不作交货条件。
　　② 厚度大于 100 mm 的钢材,抗拉强度下限允许降低 20 N/mm²。宽带钢(包括剪切钢板)抗拉强度上限不作交货条件。
　　③ 厚度小于 25 mm 的 Q235B 级钢材,如供方能保证冲击吸收功值合格,经需方同意,可不作检验。

（3）特性和用途（表 2-12）

表 2-12　碳素结构钢的特性和用途

牌号	主 要 特 性	用 途 举 例
Q195	含碳、锰量低，强度不高，塑性好，韧性高，具有良好的工艺性能和焊接性能	广泛用于轻工、机械、运输车辆、建筑等一般结构件，自行车、农机配件、五金制品、焊管坯及输送水、煤气等用管、烟筒、屋面板、拉杆、支架及机械用一般结构零件
Q215	含碳、锰量较低，强度比 Q195 稍高，塑性好，具有良好的韧性、焊接性能和工艺性能	用于厂房、桥梁等大型结构件，建筑桁架、铁塔、井架及车船制造结构件，轻工、农业等机械零件，五金工具、金属制品等
Q235	含碳量适中，具有良好的塑性、韧性、焊接性能、冷加工性能，以及一定的强度	大量用于生产钢板、型钢、钢筋，用以建造厂房房架、高压输电铁塔、桥梁、车辆等。其 C、D 级钢含硫、磷量低，相当于优质碳素结构钢，质量好，适于制造对可焊性及韧性要求较高的工程结构机械零部件，如机座、支架、受力不大的拉杆、连杆、销、轴、螺钉（母）、轴、套圈等
Q275	碳及硅锰含量高一些，具有较高的强度，较好的塑性，较高的硬度和耐磨性，一定的焊接性能和较好的切削加工性能，完全淬火后，硬度可达 HBS270～400	用于制造心轴、齿轮、销轴、链轮、螺栓（母）、垫圈、刹车杆、鱼尾板、垫板、农机用型材、机架、耙齿、播种机开沟器架、输送链条等

2. 低合金高强度结构钢（GB/T 1591—2008）

（1）牌号和化学成分（表 2-13）

（2）力学和工艺性能（表 2-14）

（3）特性和用途（表 2-15）

3. 高耐候结构钢（GB/T 4171—2008）

（1）化学成分及力学性能

高耐候结构钢按化学成分分为铜磷钢和铜磷铬镍两类。其牌号表示方法：首位字号"Q"代表屈，第二位数字为屈服强度，第三位字号"G"代表高，第四位字号"N"代表耐，第五位字号"H"代表候，含铬、镍的高耐候钢在牌号后加代号"L"。例如牌号 Q345GNHL，表示屈服点为 345 MPa，含有铬、镍的高耐候钢。

这类钢材适用耐大气腐蚀的建筑结构，产品通常在交货状态下使用，可制作螺栓连接、铆钉连接和焊接结构件，但作为焊接结构用材料时，板厚不应大于 16 mm，其化学成分及力学性能见表 2-16、表 2-17。

（2）表面质量要求

① 钢材表面不得有裂纹、气泡、夹杂、折叠。钢材不得分层。若有上述缺陷，允许清除，深度不得超过钢材公差之半。清除处应圆滑无棱角。型钢表面缺陷不得横向铲除。

② 热轧钢材不允许有其他影响使用的缺陷，但应保证钢材的最小厚度。

③ 冷轧钢板和钢带表面允许有轻微的擦伤，氧化色酸洗后的浅黄色薄膜、折印，深度不大于公差之半的局部麻点、划伤和压痕。

表 2-13　低合金高强度结构钢的牌号和化学成分

牌号	质量等级	化学成分①·②（质量分数,%)														
		C	Si	Mn	P	S	Nb	V	Ti	Cr	Ni	Cu	N	Mo	B	Als
		≤														≥
Q345	A	≤0.20	≤0.50	≤1.70	0.035	0.035										—
	B	≤0.20			0.035	0.035										—
	C	≤0.20			0.030	0.030	0.07	0.15	0.20	0.30	0.50	0.30	0.012	0.10	—	0.015
	D	≤0.18			0.030	0.025										—
	E	≤0.18			0.025	0.020										0.015
Q390	A	≤0.20	≤0.50	≤1.70	0.035	0.035										—
	B	≤0.20			0.035	0.035										—
	C	≤0.20			0.030	0.030	0.07	0.20	0.20	0.30	0.50	0.30	0.015	0.10	—	0.015
	D	≤0.20			0.030	0.025										—
	E	≤0.20			0.025	0.020										0.015
Q420	A	≤0.20	≤0.50	≤1.70	0.035	0.035										—
	B	≤0.20			0.035	0.035										—
	C	≤0.20			0.030	0.030	0.07	0.20	0.20	0.30	0.80	0.30	0.015	0.20	—	0.015
	D	≤0.20			0.030	0.025										—
	E	≤0.20			0.025	0.020										0.015

（续表）

牌号	质量等级	化学成分[①][②]（质量分数，%）														
		C	Si	Mn	P	S	Nb	V	Ti	Cr	Ni	Cu	N	Mo	B	Als
		≤								≤						≥
Q460	C	≤0.20	≤0.60	≤1.80	0.030	0.030	0.11	0.20	0.20	0.30	0.80	0.55	0.015	0.20	0.004	0.015
	D				0.030	0.025										
	E				0.025	0.020										
Q500	C	≤0.18	≤0.60	≤1.80	0.030	0.030	0.11	0.12	0.20	0.60	0.80	0.55	0.015	0.20	0.004	0.015
	D				0.030	0.025										
	E				0.025	0.020										
Q550	C	≤0.18	≤0.60	≤2.00	0.030	0.030	0.11	0.12	0.20	0.80	0.80	0.80	0.015	0.30	0.004	0.015
	D				0.030	0.025										
	E				0.025	0.020										
Q620	C	≤0.18	≤0.60	≤2.00	0.030	0.030	0.11	0.12	0.20	1.00	0.80	0.80	0.015	0.30	0.004	0.015
	D				0.030	0.025										
	E				0.025	0.020										
Q690	C	≤0.18	≤0.60	≤2.00	0.030	0.030	0.11	0.12	0.20	1.00	0.80	0.80	0.015	0.30	0.004	0.015
	D				0.030	0.025										
	E				0.025	0.020										

注：① 型材及棒材 P、S 含量可提高 0.005%，其中 A 级钢上限可为 0.045%。
② 当细化晶粒元素组合加入时，20(Nb+V+Ti)≤0.22%，20(Mo+Cr)≤0.30%。

表 2-14 低合金高强度结构钢的力学和工艺性能①·②·③

牌号	质量等级	拉伸试验①·②·③																断后伸长率 A(%)					
		以下公称厚度(直径,边长)下屈服强度 R_{eL} (MPa)									以下公称厚度(直径,边长)抗拉强度 R_m (MPa)							公称厚度(直径,边长)					
		≤16 mm	>16 mm ~40 mm	>40 mm ~63 mm	>63 mm ~80 mm	>80 mm ~100 mm	>100 mm ~150 mm	>150 mm ~200 mm	>200 mm ~250 mm	>250 mm ~400 mm	≤40 mm	>40 mm ~63 mm	>63 mm ~80 mm	>80 mm ~100 mm	>100 mm ~150 mm	>150 mm ~250 mm	>250 mm ~400 mm	≤40 mm	>40 mm ~63 mm	>63 mm ~100 mm	>100 mm ~150 mm	>150 mm ~250 mm	>250 mm ~400 mm
Q345	A	≥345	≥335	≥325	≥315	≥305	≥285	≥275	≥265	—	470~630	470~630	470~630	470~630	450~600	450~600	—	≥20	≥19	≥19	≥18	≥17	—
	B																						
	C									≥265							450~600	≥21	≥20	≥20	≥19	≥18	≥17
	D																						
	E																						
Q390	A	≥390	≥370	≥350	≥330	≥330	≥310	—	—	—	490~650	490~650	490~650	490~650	470~620	—	—	≥20	≥19	≥19	≥18	—	—
	B																						
	C																						
	D																						
	E																						
Q420	A	≥420	≥400	≥380	≥360	≥360	≥340	—	—	—	520~680	520~680	520~680	520~680	500~650	—	—	≥19	≥18	≥18	≥18	—	—
	B																						
	C																						
	D																						
	E																						

（续表）

拉伸试验[①][②][③]

牌号	质量等级	以下公称厚度（直径、边长）下屈服强度 R_{eL}（MPa）									以下公称厚度（直径、边长）抗拉强度 R_m（MPa）							断后伸长率 A（%）公称厚度（直径、边长）					
		≤16 mm	>16 mm~40 mm	>40 mm~63 mm	>63 mm~80 mm	>80 mm~100 mm	>100 mm~150 mm	>150 mm~200 mm	>200 mm~250 mm	>250 mm~400 mm	≤40 mm	>40 mm~63 mm	>63 mm~80 mm	>80 mm~100 mm	>100 mm~150 mm	>150 mm~250 mm	>250 mm~400 mm	≤40 mm	>40 mm~63 mm	>63 mm~100 mm	>100 mm~150 mm	>150 mm~250 mm	>250 mm~400 mm
Q460	C																						
	D	≥460	≥440	≥420	≥400	≥400	≥380	—	—	—	550~720	550~720	550~720	550~720	530~700	—	—	≥17	≥16	≥16	≥16	—	—
	E																						
Q500	C																						
	D	≥500	≥480	≥470	≥450	≥440	—	—	—	—	610~770	600~760	590~750	540~730	—	—	—	≥17	≥17	≥17	—	—	—
	E																						
Q550	C																						
	D	≥550	≥530	≥520	≥500	≥490	—	—	—	—	670~830	620~810	600~790	590~780	—	—	—	≥16	≥16	≥16	—	—	—
	E																						
Q620	C																						
	D	≥620	≥600	≥590	≥570	—	—	—	—	—	710~880	690~880	670~860	—	—	—	—	≥15	≥15	≥15	—	—	—
	E																						
Q690	C																						
	D	≥690	≥670	≥660	≥640	—	—	—	—	—	770~940	750~920	730~900	—	—	—	—	≥14	≥14	≥14	—	—	—
	E																						

注：① 当屈服不明显时，可测量 $R_{p0.2}$ 代替下屈服强度。
② 宽度不小于 600 mm 扁平材，拉伸试验取横向试样；宽度小于 600 mm 的扁平材、型材及棒材取纵向试样，断后伸长率最小值相应提高 1%（绝对值）。
③ 厚度>250~400 mm 的数值适用于扁平材。

表 2－15 低合金高强度结构钢的特性和用途

牌 号		主 要 特 性	用 途 举 例
GB/T 1591—2008	GB 1591—1988		
Q345	18Nb	含 Nb 镇静钢,性能与 14MnNb 钢相近	起重机、鼓风机、化工机械等
	09MnCuPTi	耐大气腐蚀用钢,低温冲击韧性好,可焊性、冷热加工性能都好	潮湿多雨地区和腐蚀气氛环境的各种机械
	12MnV	工作温度为−70℃低温用钢	冷冻机械,低温下工作的结构件
	14MnNb	性能与 18Nb 钢相近	工作温度为−20～450℃的容器及其他结构件
	16Mn	综合力学性能好,低温性能、冷冲压性能、焊接性能和可切削性能都好	矿山、运输、化工等各种机械
	16MnRE	性能与 16Mn 钢相似,冲击韧性和冷弯性能比 16Mn 好	同 16Mn 钢
Q390	10MnPNbRE	耐海水及大气腐蚀性好	抗大气和海水腐蚀的各种机械
	15MnV	性能优于 16Mn	高压锅炉锅筒、石油、化工容器、高应力起重机械、运输机械构件
	15MnTi	性能与 15MnV 基本相同	与 15MnV 钢相同
	16MnNb	综合力学性能比 16Mn 钢高,焊接性、热加工性和低温冲击韧性都好	大型焊接结构,如容器、管道及重型机械设备
Q420	14MnVTiRE	综合力学性能、焊接性能良好。低温冲击韧性特别好	与 16MnNb 钢相同
	15MnVN	力学性能优于 15MnV 钢。综合力学性能不佳,强度虽高,但韧性、塑性较低。焊接时,脆化倾向大。冷热加工性尚好,但缺口敏感性较大	大型船舶、桥梁、电站设备、起重机械、机车车辆、中压或高压锅炉及容器及其大型焊接构件等

表 2－16 高耐候结构钢的化学成分

牌 号	化学成分(质量分数,%)								
	C	Si	Mn	P	S	Cu	Cr	Ni	其他元素
Q265GNH	≤0.12	0.10～0.40	0.20～0.50	0.07～0.12	≤0.020	0.20～0.45	0.30～0.65	0.25～0.50⑤	①,②
Q295GNH	≤0.12	0.10～0.40	0.20～0.50	0.07～0.12	≤0.020	0.25～0.45	0.30～0.65	0.25～0.50⑤	①,②
Q310GNH	≤0.12	0.25～0.75	0.20～0.50	0.07～0.12	≤0.020	0.20～0.50	0.30～1.25	≤0.65	①,②

（续表）

牌　号	化学成分（质量分数，%）								
	C	Si	Mn	P	S	Cu	Cr	Ni	其他元素
Q355GNH	≤0.12	0.20～0.75	≤1.00	0.07～0.15	≤0.020	0.25～0.55	0.30～1.25	≤0.65	①,②
Q235NH	≤0.13⑥	0.10～0.40	0.20～0.60	≤0.030	≤0.030	0.25～0.55	0.40～0.80	≤0.65	①,②
Q295NH	≤0.15	0.10～0.50	0.30～1.00	≤0.030	≤0.030	0.25～0.55	0.40～0.80	≤0.65	①,②
Q355NH	≤0.16	≤0.50	0.50～1.50	≤0.030	≤0.030	0.25～0.55	0.40～0.80	≤0.65	①,②
Q415NH	≤0.12	≤0.65	≤1.10	≤0.025	≤0.030④	0.20～0.55	0.30～1.25	0.12～0.65⑤	①,②,③
Q460NH	≤0.12	≤0.65	≤1.50	≤0.025	≤0.030④	0.20～0.55	0.30～1.25	0.12～0.65⑤	①,②,③
Q500NH	≤0.12	≤0.65	≤2.0	≤0.025	≤0.030④	0.20～0.55	0.30～1.25	0.12～0.65⑤	①,②,③
Q550NH	≤0.16	≤0.65	≤2.0	≤0.025	≤0.030④	0.20～0.55	0.30～1.25	0.12～0.65⑤	①,②,③

注：① 为了改善钢的性能，可以添加一种或一种以上的微量合金元素：Nb 0.015%～0.060%，V 0.02%～0.12%，Ti 0.02%～0.10%，Alt≥0.020%。若上述元素组合使用时，应至少保证其中一种元素含量达到上述化学成分的下限规定。
　　② 可以添加下列合金元素：Mo≤0.30%，Zr≤0.15%。
　　③ Nb、V、Ti 等三种合金元素的添加总量不应超过 0.22%。
　　④ 供需双方协商，S 的含量可以不大于 0.008%。
　　⑤ 供需双方协商，Ni 的含量下限可不做要求。
　　⑥ 供需双方协商，C 的含量可以不大于 0.15%

表 2-17　高耐候结构钢的力学性能

牌　号	拉伸试验*									180°弯曲试验弯心直径		
	下屈服强度 R_{eL}（N/mm²）≥				抗拉强度 R_m（N/mm²）	断后伸长率 A（%）≥						
	≤16	>16～40	>40～60	>60		≤16	>16～40	>40～60	>60	≤6	>6～16	>16
Q235NH	235	225	215	215	360～510	25	25	24	23	a	a	$2a$
Q295NH	295	285	275	255	430～560	24	24	23	22	a	$2a$	$3a$
Q295GNH	295	285	—	—	430～560	24	24	—	—	a	$2a$	$3a$
Q355NH	355	345	335	325	490～630	22	22	21	20	a	$2a$	$3a$
Q355GNH	355	345	—	—	490～630	22	22	—	—	a	$2a$	$3a$
Q415NH	415	405	395	—	520～680	22	22	20	—	a	$2a$	$3a$

(续表)

牌 号	拉伸试验*					断后伸长率 A（%）$\geqslant$				180°弯曲试验弯心直径		
	下屈服强度 R_{eL}（N/mm²）$\geqslant$				抗拉强度 R_m（N/mm²）							
	$\leqslant 16$	>16 ~ 40	>40 ~ 60	>60		$\leqslant 16$	>16 ~ 40	>40 ~ 60	>60	$\leqslant 6$	$>6\sim 16$	>16
Q460NH	460	450	440	—	570～730	20	20	19	—	a	$2a$	$3a$
Q500NH	500	490	480	—	600～760	18	16	15	—	a	$2a$	$3a$
Q550NH	550	540	530	—	620～780	16	16	15	—	a	$2a$	$3a$
Q265GNH	265	—	—	—	$\geqslant 410$	27	—	—	—	a	—	—
Q310GNH	310	—	—	—	$\geqslant 450$	26	—	—	—	a	—	—

注：1. a 为钢材厚度。

＊表示当屈服现象不明显时，可以采用 $R_{p0.2}$。

④ 钢带允许带缺陷交货，但有缺陷的部分不得超过钢带总长的 8%。

（3）高耐候性结构钢新牌号与旧牌号对照（表 2-18）

表 2-18　高耐候性结构钢新旧牌号及相近牌号对照表

GB/T 4171—2008	GB/T 4171—2000	GB/T 4172—2000	GB/T 18982—2003	TB/T 1979—2003
Q235NH	—	Q235NH	—	—
Q295NH	—	Q295NH	—	—
Q295GNH	Q295GNHL	—	—	09CuPCrNi - B
Q355NH	—	Q355NH	—	—
Q355GNH	Q345GNHL	—	—	09CuPCrNi - A
Q415NH	—	—	—	—
Q460NH	—	—	—	—
Q500NH	—	—	—	—
Q550NH	—	—	—	—
Q265GNH	Q295GNHL	—	—	09CuPCrNi - B
Q310GNH	—	—	Q310GNHLJ	09CuPCrNi - A

4. 焊接结构用耐候钢（GB/T 4172—2000）

焊接结构用耐候钢具有良好的焊接性能，厚度可达 100 mm，编号方法如下：

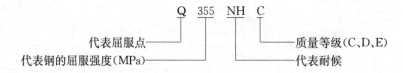

焊接结构用耐候钢的化学成分见表 2-19，力学性能见表 2-20。

表 2-19　焊接结构用耐候钢的化学成分

牌号	统一数字代号	化学成分(质量分数,%)							
		C	Si	Mn	P	S	Cu	Cr	V
Q235NH	L52350	≤0.15	0.15~0.40	0.20~0.60	≤0.035	≤0.035	0.20~0.50	0.48~0.80	
Q295NH	L52950	≤0.15	0.15~0.50	0.60~1.00	≤0.035	≤0.035	0.20~0.50	0.48~0.80	
Q355NH	L53550	≤0.16	≤0.50	0.90~1.50	≤0.035	≤0.035	0.20~0.50	0.48~0.80	0.02~0.10
Q460NH	L54600	0.10~0.18	≤0.50	0.90~1.50	≤0.035	≤0.035	0.20~0.50	0.48~0.80	0.02~0.10

表 2-20　焊接结构用耐候钢的力学性能

牌号	钢材厚度(mm)	屈服点(N/mm²)≥	抗拉强度(N/mm²)	断后伸长率(%)≥	180°弯曲试验	V形冲击试验			
						试样方向	质量等级	温度(℃)	冲击功(J)≥
Q235NH (16CuCr)	≤16	235	360~490	25	d=a	纵向	C	0	
	>16~40	225		25			D	-20	34
	>40~60	215		24	d=2a				
	>60	215		23			E	-40	27
Q295NH (12MnCuCr)	≤16	295	420~560	24	d=2a		C	0	
	>16~40	285		24			D	-20	34
	>40~60	275		23	d=3a				
	>60~100	255		22			E	-40	27
Q355NH (15MnCuCr)	≤16	355	490~630	22	d=2a		C	0	
	>16~40	345		22			D	-20	34
	>40~60	335		21	d=3a				
	>60~100	325		20			E	-40	27
Q460NH (15MnCuCr-QT)	≤16	460	550~710	22	d=2a		C	—	
	>16~40	450		22			D	-20	34
	>40~60	440		21	d=3a				
	>60~100	430		20			E	-40	31

注:1. d—弯心直径;a—钢材厚度。括号内为旧牌号。

2. 交货状态:分热轧(或正火)状态、调质状态交货;Q460NH 可以淬火加回火状态交货。

3. Q235NH、Q295NH 含硅量:下限可到 0.10%,Q355NH 含锰量下限可到 0.60%。

4. 冲击试验结果,按三个试样平均值计算。允许其中一个试样单值低于上表规定值,但不低于规定值的 70%。当采用 5 mm×10 mm×55 mm 或 7.5 mm×10 mm×55 mm 小尺寸试样做冲击试验时,其试验结果应不小于上表规定值的 50% 或 75%。

5. 表面质量与高耐候结构钢相同,但钢带缺陷部分不得超过钢带总长度的 10%。

5. 结构用高强度耐候焊接钢管(YB/T 4112—2002)

结构用高强度耐候钢焊接钢管可用于脚手架、铁塔、支柱、网架结构等;有三个牌号:Q300GNH、Q325 GNH、Q355 GNH;钢管外径、壁厚见表 2-21,外径允许偏差见表 2-22,壁厚允许偏差 2-23。

(1)钢管长度

① 通常长度:外径≤30 mm,长度 2 000~6 000 mm;外径>30~168 mm,长度 2 000~8 000 mm。

② 定尺长度、倍尺长度。应在通常长度范围内。倍尺长度按每倍尺留 3~8 mm 切口余量。定尺长度、总长度允许偏差应符合以下规定:

$$外径 \leqslant \left(30 \, {}^{+15}_{0} \right) mm; 外径 > \left(30 \sim 168 \, {}^{+20}_{0} \right) mm$$

(2)钢管外形要求

钢管弯度不大于 1.5 mm/m;

钢管不圆度不大于外径公差的 75%;

钢管两端截面应与钢管轴线垂直,并应清除毛刺。

(3)钢管质量

可按以下公式计算:

$$W = 0.024\,66(D - S)S$$

式中　W——理论质量(kg/m);

　　　　S——钢管公称壁厚(mm);

　　　　D——钢管公称外径(mm)。

(4)标记示例

$$Q355GNHD_2 \times 2.5S_2 \times 6000$$

表示精度为 D_2、S_2、牌号为 Q355GNH、长度为 6 000 mm 的焊接钢管。

(5)工艺性能

进行压扁试验,焊缝应在与施力方向成 90°的位置上,试验时钢管应承受公称外径压缩 1/3 的压扁试验,压扁后弯曲处外侧不得出现裂缝或裂口。

外径<50 mm 的钢管可用冷弯试验代替压扁试验,冷弯试验不带填充物,弯曲半径等于公称外径的 6 倍,弯曲角度 90°,弯后不得出现裂缝或裂口。

(6)表面质量

表面缺陷应全部清除,清除后壁厚不能小于负偏差。

6. 钢板的规格分类

① 热轧钢板和钢带。钢板厚度 0.5~200 mm,宽度 600~2 000 mm,长度 1 200~6 000 mm。钢板厚度 1.2~25 mm,宽度 600~1 900 mm。

表 2 - 21　结构用高强度耐候焊接钢管的外径、壁厚

外径(mm)	壁厚(mm)																
	2.0	2.2(2.3)	2.5(2.6)	2.8	3.0(2.9)	3.2	3.5(3.6)	4.0	4.5	5.0	5.5(5.4)	6.0	6.5(6.3)	7.0(7.1)
	钢管的理论质量(kg/m)													
21(21.3)	0.94	1.02	1.14	1.26	1.33	1.41								
27(26.9)	1.23	1.34	1.51	1.67	1.78	1.88								
34(33.7)	1.58	1.72	1.94	2.15	2.29	2.43	2.63	2.96						
42(42.4)	1.97	2.16	2.44	2.71	2.89	3.06	3.32	3.75						
48(48.3)	2.27	2.48	2.81	3.12	3.33	3.54	3.84	4.34	4.83	5.30				
60(60.3)	2.86	3.14	3.55	3.95	4.22	4.48	4.88	5.52	6.16	6.78				
76(76.1)	3.65	4.00	4.53	5.05	5.40	5.75	6.26	7.10	7.93	8.75	9.56	10.36		
89(88.9)	4.29	4.71	5.33	5.95	6.36	6.77	7.38	8.38	9.38	10.36	11.33	12.28		
114(114.3)	5.52	6.07	6.87	7.68	8.21	8.74	9.54	10.85	12.15	13.44	14.72	15.98	17.23	18.47
140(139.7)					10.14	10.80	11.78	13.42	15.04	16.65	18.24	19.83	21.40	22.96
168(168.3)							14.20	16.18	18.14	20.10	22.04	23.97	25.89	27.79

注：1. 括号内尺寸表示相应的英制规格。
2. 通常采用公称尺寸，不推荐采用英制尺寸。
3. 外径和壁厚为公称尺寸，密度为 7.58 kg/dm³。

表 2 - 22　结构用高强度耐候焊接钢管的外径允许偏差

外径 D(mm)	尺寸允许偏差(mm)		
	普通精度 D_3	较高精度 D_2	高精度 D_1
21~30	±0.50	±0.25	±0.10
>30~40	±0.50	±0.30	±0.15
>40~50	±0.50	±0.35	±0.20
>50~168	±1.0% D	±0.8% D	±0.5% D

注：钢管以高频直缝焊接方法制造，不作热处理。

表 2 - 23　结构用高强度耐候焊接钢管的壁厚允许偏差

壁厚 S(mm)	尺寸允许偏差(mm)		
	普通精度 S_3	较高精度 S_2	高精度 S_1
2.0	±0.18	±0.15	+0.07 −0.13
2.2		±0.16	
2.5		±0.17	
2.8	±0.20	±0.18	+0.08 −0.16
3.0			
3.2	±0.25	±0.20	+0.10 −0.20
3.5			
4.0		±0.22	
4.5~5.5	±0.29	±0.25	±0.20
>5.5~7.0	±0.32	±0.29	±0.25

　　② 冷轧钢板和钢带。钢板厚度 0.2~5.0 mm，宽度 600~2 000 mm，长度 1 200~2 300 mm，钢带宽度不小于 600 mm。

　　③ 花纹钢板。基本厚度 2.5~8.0 mm。

　　④ 高层建筑结构用钢板。适用于高层建筑钢结构或其他重要结构，其他钢板厚度为 6~100 mm，有 Q235GJ、Q345GJ、Q235GJZ 和 Q345GJZ，均为 C、D、E 质量等级带 Z 标记的为保证厚度方向抗撕裂性能的 Z 向钢。

三、钢结构常用型材

1. 热轧 H 型钢

热轧 H 型钢分为宽翼缘 H 型钢(HW)、中翼缘(HM)、窄翼缘 H 型钢(HN)以及 H 型钢柱(HP)四类。热轧 H 型钢用高×宽×腹板厚×翼缘厚表示,单位为 mm,如 HW250×250×9×14。H 型钢是一种经工字钢发展而来的经济断面型材,与普通工字钢相比,它的翼缘内外表面平行,内外表面无斜面,翼缘端部为直角,与其他构件相连接更加方便。同时,它的截面材料分布更加合理,截面力学性能优于普通工字钢,在截面面积相同的条件下,H 型钢的实际承载力比普通工字钢大,我国积极推广使用 H 型钢。

除了热轧型钢外还有采用钢板与焊接制作工艺制成的 H 型钢(又称 BH)。具体说来就是采用钢板切割成条块后经组合而成,在此基础上再经自动埋弧焊或半自动焊,焊接而成 H 型钢。

热轧工字钢有普通工字钢和轻型工字钢两种。普通工字钢用"I"和截面高度的厘米数表示如"I18"。高度 20 mm 以上的工字钢,同一高度共有 3 种腹板厚度可供选择,分别记为 a、b、c,从 a 类到 c 类工字钢的腹板厚度和翼缘宽度依次递增 2 mm。

2. 热轧槽钢

热轧槽钢有普通槽钢和轻型槽钢两种,槽钢规格用槽钢符号(普通槽钢和轻型槽钢的符号分别为"["和"Q[")和截面高度(单位为 cm)来表示,当腹板厚度不同时,还要标注出腹板厚度类别符号 a、b、c,其规律与工字钢相同。

3. 热轧角钢

热轧角钢分等边角钢和不等边角钢两种。等边角钢标注符号是"∟"(角钢代号)+肢宽×腹厚,如∟100×8;不等边角钢的标注方法是"∟长肢宽×短肢宽×肢厚",如∟100×80×8。

4. 冷弯型薄壁型钢

冷弯型薄壁型钢通常是用厚度为 5~6 mm 的钢板冷弯或模压加工而成,其截面形式和尺寸可按工程要求合理设计。与相同截面面积的热轧型钢相比,其惯性矩大,钢材用量可显著减少,是一种高效经济的材料;但其板壁较薄,对锈蚀影响较为敏感。冷弯薄壁型钢多用于跨度较小、荷载较轻的轻型钢结构中。

5. 轧制普通型钢

(1) 角钢(表 2-24~表 2-28)

(2) 槽钢(表 2-29~表 2-31)

(3) 工字钢(表 2-32~表 2-34)

6. 热轧制 H 型钢和部分 T 型钢

按照《热轧 H 型钢和部分 T 型钢》(GB/T 11263—2010),热轧 H 型钢分为以下几类,即宽翼 HW、中翼 HM、窄翼 HN,还有薄壁 HT 和桩类 HP;部分 T 型钢也分为三类,即宽翼 TW、中翼 TM 和窄翼 TN;见图 2-1、图 2-2 及表 2-35~表 2-38。

表2-24 热轧等边和不等边角钢的规格系列及截面特性

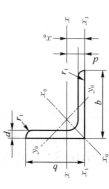

b—边宽度;I—惯性矩;d—边厚度;
W—截面系数;r—内圆弧半径;i—惯性半径;
r_1—边端内圆弧半径;z_0—重心距离

型号	尺寸(mm) b	尺寸(mm) d	尺寸(mm) r	截面面积(cm²)	理论重量(kg/m)	外表面积(m²/m)	参考数值 x-x I_x(cm⁴)	x-x i_x(cm)	x-x W_x(cm³)	x₀-x₀ I_{x0}(cm⁴)	x₀-x₀ i_{x0}(cm)	x₀-x₀ W_{x0}(cm³)	y₀-y₀ I_{y0}(cm⁴)	y₀-y₀ i_{y0}(cm)	y₀-y₀ W_{y0}(cm³)	x₁-x₁ I_{x1}(cm⁴)	Z_0(cm)
2	20	3	3.5	1.132	0.889	0.078	0.40	0.59	0.29	0.63	0.75	0.45	0.17	0.39	0.20	0.81	0.60
	20	4		1.459	1.145	0.077	0.50	0.58	2.36	0.78	0.73	0.55	0.22	0.38	0.24	1.09	0.64
2.5	25	3		1.432	1.124	0.098	0.82	0.76	0.6	1.29	0.95	0.73	0.34	0.49	0.33	1.57	0.73
	25	4		1.859	1.459	0.097	1.03	0.74	0.59	1.62	0.93	0.92	0.43	0.48	0.40	2.11	0.76
3.0	30	3	4.5	1.749	1.373	0.117	1.46	0.91	0.68	2.31	1.15	1.09	0.61	0.59	0.51	2.71	0.85
	30	4		2.276	1.786	0.117	1.84	0.90	0.87	2.92	1.13	1.37	0.77	0.58	0.62	3.63	0.89
3.6	36	3		2.109	1.656	0.141	2.58	1.11	0.99	4.09	1.39	1.61	1.07	0.71	0.76	4.68	1.00
	36	4		2.756	2.163	0.141	3.29	1.09	1.28	5.22	1.38	2.05	1.37	0.70	0.93	6.25	1.04
	36	5		3.382	2.654	0.141	3.95	1.08	1.56	6.24	1.36	2.45	1.65	0.70	1.09	7.84	1.07
4	40	3	5	2.259	1.852	0.157	3.59	1.23	1.23	5.69	1.55	2.01	1.49	0.79	0.96	6.41	1.09
	40	4		3.086	2.422	0.157	4.60	1.22	1.60	7.29	1.54	2.58	1.91	0.79	1.19	8.56	1.13
	40	5		3.791	2.976	0.156	5.53	1.21	1.96	8.76	1.52	3.10	2.30	0.78	1.39	10.74	1.17

（续表）

型号	尺寸 (mm) b	d	r	截面面积 (cm²)	理论重量 (kg/m)	外表面积 (m²/m)	I_x (cm⁴)	i_x (cm)	W_x (cm³)	I_{x0} (cm⁴)	i_{x0} (cm)	W_{x0} (cm³)	I_{y0} (cm⁴)	i_{x0} (cm)	W_{x0} (cm³)	I_{x1} (cm⁴)	Z_0 (cm)
							x-x			x0-x0			y0-y0			x1-x1	
4.5	45	3	5	2.659	2.088	0.177	5.17	1.40	1.58	8.20	1.76	2.58	2.14	0.89	1.24	9.12	1.22
		4		3.486	2.736	0.177	6.65	1.38	2.05	10.56	1.74	3.32	2.75	0.89	1.54	12.18	1.26
		5		4.292	3.369	0.176	8.04	1.37	2.51	12.74	1.72	4.00	3.33	0.88	1.81	15.2	1.30
		6		5.076	3.985	0.176	9.33	1.36	2.95	14.76	1.70	4.64	3.89	0.88	2.06	18.36	1.33
5	50	3	5.5	2.971	2.332	0.187	7.18	1.55	1.96	11.37	1.96	3.22	2.98	1.00	1.57	12.50	1.34
		4		3.897	3.059	0.197	9.26	1.54	2.56	14.70	1.94	4.16	3.82	0.99	1.96	16.69	1.38
		5		4.803	3.770	0.196	11.21	1.53	3.13	17.70	1.92	5.03	4.64	0.98	2.31	20.90	1.42
		6		5.688	4.465	0.196	13.05	1.52	3.68	20.68	1.91	5.85	5.42	0.98	2.63	25.14	1.46
5.6	56	3	6	3.343	2.624	0.221	10.19	1.75	2.48	16.14	2.20	4.08	4.24	1.13	2.02	17.56	1.48
		4		4.390	3.446	0.220	13.18	1.73	3.24	20.92	2.18	5.28	5.46	1.11	2.52	23.43	1.53
		5		4.415	4.251	0.220	16.02	1.72	3.97	25.42	2.17	6.42	6.61	1.10	2.98	29.33	1.57
		8		8.367	6.568	0.219	23.63	1.68	6.03	37.37	2.11	9.44	9.89	1.09	4.16	47.24	1.68
6.3	63	4	7	4.978	3.907	0.248	19.03	1.96	4.13	30.17	2.46	6.78	7.89	1.26	3.29	33.35	1.70
		5		6.143	4.822	0.248	23.17	1.94	5.08	36.77	2.45	8.25	9.57	1.25	3.90	41.73	1.74
		6		7.288	5.721	0.247	27.12	1.93	6.00	43.03	2.43	9.66	11.20	1.24	4.46	50.14	1.78
		8		0.515	7.469	0.247	34.46	1.90	7.75	54.56	2.40	12.25	14.33	1.23	5.47	67.11	1.85
		10		11.657	9.151	0.246	41.09	1.88	9.39	64.58	2.36	14.56	17.33	1.22	6.36	84.31	1.93

（续表）

型号	尺寸（mm） b	d	r	截面面积（cm²）	理论重量（kg/m）	外表面积（m²/m）	x–x I_x（cm⁴）	i_x（cm）	W_x（cm³）	x₀–x₀ I_{x0}（cm⁴）	i_{x0}（cm）	W_{x0}（cm³）	y₀–y₀ I_{y0}（cm⁴）	i_{x0}（cm）	W_{x0}（cm³）	x₁–x₁ I_{x1}（cm⁴）	Z_0（cm）
7	70	4	8	5.570	4.372	0.275	26.39	2.18	5.14	41.80	2.74	8.44	10.99	1.40	4.17	45.74	1.86
		5		6.875	5.397	0.275	32.21	2.16	6.32	51.08	2.73	10.32	13.34	1.39	4.95	57.21	1.91
		6		8.160	6.406	0.275	37.77	2.15	7.48	59.93	2.71	12.11	15.61	1.38	5.67	68.73	1.95
		7		9.424	7.398	0.275	43.09	2.14	8.59	68.35	2.69	13.81	17.82	1.38	6.34	80.29	1.99
		8		10.667	8.373	0.274	48.17	2.12	9.68	76.37	2.68	15.43	19.98	1.37	6.98	91.92	2.03
7.5	75	5	9	7.412	5.818	0.295	39.97	2.33	7.32	63.30	2.92	11.91	16.63	1.50	5.77	70.55	2.04
		6		8.797	6.905	0.294	46.95	2.31	8.64	74.38	2.90	14.02	19.51	1.49	6.67	84.55	2.07
		7		10.160	7.976	0.294	53.57	2.30	9.93	84.96	2.89	16.02	22.18	1.48	7.44	98.71	2.11
		8		11.503	9.030	0.294	59.96	2.28	11.20	95.17	2.88	17.93	24.86	1.47	8.19	112.97	2.15
		10		14.126	11.089	0.293	71.98	2.26	13.64	113.92	2.84	21.48	30.05	1.46	9.56	141.71	2.22
8.0	80	5	9	7.912	6.211	0.315	48.79	2.48	8.34	77.33	3.13	13.67	20.25	1.60	6.66	85.36	2.15
		6		9.397	7.376	0.314	57.35	2.47	9.87	90.98	3.11	16.08	23.72	1.59	7.65	102.50	2.19
		7		10.860	8.525	0.314	65.58	2.46	11.37	104.07	3.10	18.40	27.09	1.58	8.58	119.70	2.23
		8		12.303	9.658	0.314	73.49	2.44	12.83	116.60	3.08	20.61	30.39	1.57	9.46	136.97	2.27
		10		15.126	11.874	0.313	88.43	2.42	15.64	140.09	3.04	24.76	36.77	1.56	11.08	171.74	2.35
9	90	6	10	10.637	8.350	0.354	82.77	2.79	12.61	131.61	3.51	20.63	34.28	1.80	9.95	145.87	2.44
		7		12.301	9.656	0.354	94.83	2.78	14.54	150.47	3.50	33.64	39.18	1.78	11.19	170.30	2.48

（续表）

型号	尺寸(mm) b	d	r	截面面积 (cm²)	理论重量 (kg/m)	外表面积 (m²/m)	x-x I_x (cm⁴)	i_x (cm)	W_x (cm³)	x₀-x₀ I_{x0} (cm⁴)	i_{x0} (cm)	W_{x0} (cm³)	y₀-y₀ I_{y0} (cm⁴)	i_{y0} (cm)	W_{x0} (cm³)	x₁-x₁ I_{x1} (cm⁴)	Z_0 (cm)
9	90	8	10	13.944	10.946	0.353	106.47	2.76	16.42	168.97	3.48	26.55	43.97	1.78	12.35	194.80	2.52
		10		17.167	13.476	0.353	128.58	2.74	20.07	203.90	3.45	32.04	53.26	1.76	14.52	244.07	2.59
		12		20.306	15.940	0.352	149.22	2.71	23.57	236.21	3.41	37.12	63.22	1.75	16.49	293.76	2.67
10	100	6	12	11.932	9.366	0.393	114.95	3.10	15.68	181.98	3.90	25.74	57.92	2.00	12.69	200.07	2.67
		7		13.796	10.830	0.393	131.86	3.09	18.10	208.97	3.89	29.55	57.74	1.99	14.26	233.54	2.71
		8		15.638	12.276	0.393	148.24	3.08	20.47	235.07	3.88	33.24	61.41	1.98	15.75	267.09	2.76
		10		19.261	15.120	0.392	179.51	3.05	25.06	284.58	3.84	40.26	74.35	1.96	18.54	334.48	2.84
		12		22.800	17.898	0.391	208.90	3.03	29.48	330.95	3.81	46.80	86.84	1.95	21.08	402.34	2.91
		14		26.256	20.611	0.391	236.53	3.00	33.73	374.06	3.77	52.90	99.00	1.94	23.44	470.75	2.99
		16		29.627	23.257	0.390	262.53	2.98	37.82	414.16	3.74	58.57	110.38	1.94	25.63	539.80	3.06
11	110	7	12	15.196	11.928	0.433	177.16	3.41	22.05	280.94	4.30	36.12	73.38	2.20	17.51	310.64	2.96
		8		17.238	13.532	0.433	199.46	3.40	24.95	316.49	4.28	40.69	82.42	2.19	19.39	355.20	3.01
		10		21.261	16.960	0.432	242.19	3.38	30.60	384.39	4.25	49.42	99.98	2.17	22.91	444.65	3.09
		12		25.200	19.782	0.431	282.55	3.35	36.05	448.17	4.22	57.62	116.93	2.15	26.15	534.60	3.16
		14		29.056	22.809	0.431	320.71	3.32	41.31	508.01	4.18	65.31	133.40	2.14	29.14	625.16	3.24
12.5	125	8	14	19.750	15.504	0.492	297.03	3.88	32.52	470.89	4.88	53.28	123.16	2.50	25.86	521.01	3.37
		10		24.373	19.133	0.491	361.67	3.85	39.97	573.89	4.85	64.93	149.49	2.48	30.62	651.93	3.45

（续表）

型号	尺寸(mm)			截面面积 (cm²)	理论重量 (kg/m)	外表面积 (m²/m)	参考数值												
							$x-x$			x_0-x_0			y_0-y_0			x_1-x_1	Z_0 (cm)		
	b	d	r				I_x (cm⁴)	i_x (cm)	W_x (cm³)	I_{x0} (cm⁴)	i_{x0} (cm)	W_{x0} (cm³)	I_{y0} (cm⁴)	i_{y0} (cm)	W_{x0} (cm³)	I_{x1} (cm⁴)			
12.5	125	12	14	28.912	22.696	0.491	423.16	3.83	41.17	671.44	4.82	75.96	174.88	2.46	35.03	783.42	3.53		
		14		38.367	26.193	0.490	481.65	3.80	54.16	763.73	4.78	86.41	199.57	2.45	39.13	915.61	3.61		
14	140	10	14	27.373	21.488	0.551	514.65	4.34	50.58	817.27	5.46	82.56	212.04	2.78	39.20	915.11	3.82		
		12		32.512	25.522	0.551	603.68	4.31	59.80	958.79	5.43	96.85	248.57	2.76	45.02	1 099.28	3.90		
		14		37.567	29.490	0.550	688.81	4.28	68.75	1 093.56	5.40	110.47	284.06	2.75	50.45	1 284.22	3.98		
		16		42.539	33.393	0.549	770.24	4.26	77.46	1 221.81	5.36	123.42	318.67	2.74	55.55	1 470.07	4.06		
16	160	10	16	31.502	24.729	0.630	779.53	4.98	66.70	1 237.30	6.27	109.36	321.76	3.20	52.76	1 365.33	4.31		
		12		37.441	29.391	0.630	916.58	4.95	78.98	1 455.68	6.24	128.67	377.49	3.18	60.74	1 639.57	4.39		
		14		43.296	33.987	0.629	1 048.36	4.92	90.95	1 665.22	6.20	147.17	431.70	3.16	68.24	1 914.68	4.47		
		16		49.067	38.518	0.629	1 175.08	4.89	102.63	1 865.57	6.17	164.89	484.59	3.14	75.31	2 190.82	4.55		
18	180	12	16	42.241	33.159	0.710	1 321.35	5.59	100.82	2 100.10	7.05	165.00	542.61	3.58	78.41	2 332.80	4.89		
		14		48.896	38.383	0.709	1 514.48	5.56	116.25	2 407.42	7.02	189.14	621.53	3.56	88.38	2 723.48	4.97		
		16		55.467	43.542	0.709	1 700.99	5.54	131.13	2 703.37	6.98	212.40	698.60	3.55	97.83	3 115.29	5.05		
		18		61.955	48.634	0.708	1 875.12	5.50	145.64	2 988.24	6.94	234.78	762.01	3.51	105.14	3 502.43	5.13		
20	200	14	18	54.642	42.894	0.788	2 103.55	6.20	144.70	3 343.26	7.82	236.40	863.83	3.98	111.82	3 734.10	5.46		
		16		62.013	48.680	0.788	2 366.15	6.18	163.65	3 760.89	7.79	265.93	971.41	3.96	123.96	4 270.39	5.54		
		18		69.301	54.401	0.787	2 620.64	6.15	182.22	4 164.54	7.75	294.48	1 007.74	3.94	135.52	4 808.13	5.62		
		20		76.505	60.056	0.787	2 867.30	6.12	200.42	4 554.55	7.72	322.06	1 118.04	3.93	146.55	5 347.51	5.69		
		24		90.661	71.168	0.785	3 338.25	6.07	236.17	5 294.97	7.64	374.41	1 381.53	3.90	166.65	6 457.16	5.87		

表 2 - 25 热轧不等边角钢规格系列

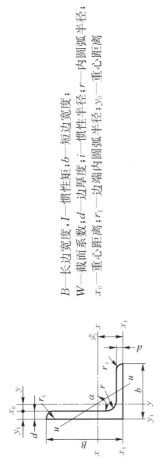

B—长边宽度;b—短边宽度;I—惯性矩;
W—截面系数;d—边厚度;i—惯性半径;r—内圆弧半径;
x₀—重心距离;r₁—边端内圆弧半径;y₀—重心距离

型号	尺寸(mm)				截面面积 (cm²)	理论重量 (kg/m)	外表面积 (m²/m)	参考数值													
	B	b	d	r				x−x			y−y			x₁−x₁		y₁−y₁		u−u			
								I_x (cm⁴)	i_x (cm)	W_x (cm³)	I_y (cm⁴)	i_y (cm)	W_y (cm³)	I_{x1} (cm⁴)	y_0 (cm)	I_{y1} (cm⁴)	x_0 (cm)	I_u (cm⁴)	i_u (cm)	W_u (cm³)	$\tan\alpha$
2.5/1.6	25	16	3	3.5	1.162	0.912	0.080	0.70	0.78	0.43	0.22	0.44	0.19	1.56	0.86	0.43	0.42	0.14	0.34	0.16	0.392
			4		1.499	1.176	0.079	0.88	0.77	0.55	0.27	0.43	0.24	2.09	0.90	0.59	0.46	0.17	0.34	0.20	0.381
3.2/2	32	20	3	3.5	1.492	1.171	0.102	1.53	1.01	0.72	0.46	0.55	0.30	3.27	1.08	0.82	0.49	0.28	0.43	0.25	0.382
			4		1.939	1.522	0.101	1.93	1.00	0.93	0.57	0.54	0.39	4.37	1.12	1.12	0.53	0.35	0.42	0.32	0.374
4/2.5	40	25	3	4	1.890	1.484	0.127	3.08	1.28	1.15	0.93	0.70	0.49	5.39	1.32	1.59	0.59	0.56	0.54	0.40	0.385
			4		2.467	1.936	0.127	3.93	1.36	1.49	1.18	0.69	0.63	8.53	1.37	2.14	0.63	0.71	0.54	0.52	0.381
4.5/2.8	45	28	3	5	2.149	1.687	0.143	4.45	1.44	1.47	1.34	0.79	0.62	9.10	1.47	2.23	0.64	0.80	0.61	0.51	0.383
			4		2.806	2.203	0.143	5.69	1.42	1.91	1.70	0.78	0.80	12.13	1.51	3.00	0.68	1.02	0.60	0.66	0.380
5/3.2	50	32	3	5.5	2.431	1.908	0.161	6.24	1.60	1.84	2.02	0.91	0.82	12.49	1.60	3.31	0.73	1.20	0.70	0.68	0.404
			4		3.177	2.494	0.160	8.02	1.59	2.39	2.58	0.90	1.06	16.65	1.65	4.45	0.77	1.53	0.69	0.87	0.402

（续表）

型号	尺寸(mm) B	b	d	r	截面面积 (cm²)	理论重量 (kg/m)	外表面积 (m²/m)	x-x I_x (cm⁴)	i_x (cm)	W_x (cm³)	y-y I_y (cm⁴)	i_y (cm)	W_y (cm³)	x_1-x_1 I_{x1} (cm⁴)	y_0 (cm)	y_1-y_1 I_{y1} (cm⁴)	x_0 (cm)	u-u I_u (cm⁴)	i_u (cm)	W_u (cm³)	tanα
5.6/3.6	56	36	3	6	2.743	2.153	0.181	8.88	1.80	2.32	2.92	1.03	1.05	17.54	1.78	4.70	0.80	1.73	0.79	0.87	0.408
			4		3.590	2.818	0.180	11.45	1.79	3.03	3.76	1.02	1.37	23.39	1.82	6.33	0.85	2.23	0.79	1.13	0.408
			5		4.415	3.466	0.180	13.86	1.77	3.71	4.49	1.01	1.65	29.25	1.87	7.94	0.88	2.67	0.78	1.36	0.404
6.3/4	63	40	4	7	4.058	3.185	0.222	16.49	2.02	3.87	5.23	1.14	1.70	33.30	2.04	8.63	0.92	3.12	0.88	1.40	0.398
			5		4.993	3.920	0.222	20.02	2.00	4.74	6.31	1.12	2.71	41.63	2.08	10.86	0.95	3.76	0.87	1.71	0.396
			6		5.908	4.638	0.221	23.36	1.96	5.59	7.29	1.11	2.43	49.98	2.12	13.12	0.99	4.34	0.86	1.99	0.393
			7		6.802	5.339	0.221	26.53	1.98	6.40	8.24	1.10	2.78	58.07	2.15	15.47	1.03	4.97	0.86	2.29	0.389
7/4.5	70	45	4	7.5	4.547	3.570	0.226	23.17	2.26	4.86	7.55	1.29	2.17	45.92	2.24	12.26	1.02	4.40	0.98	1.77	0.410
			5		5.609	4.403	0.225	27.95	2.23	5.92	9.13	1.28	2.65	57.10	2.28	15.39	1.06	5.40	0.98	2.19	0.407
			6		6.647	5.218	0.225	32.54	2.21	6.95	10.62	1.26	3.12	68.35	2.32	18.58	1.09	6.35	0.98	2.59	0.404
			7		7.657	6.011	0.225	37.22	2.20	8.03	12.01	1.25	3.75	79.99	2.36	21.84	1.13	7.16	0.97	2.94	0.402
(7.5/5)	75	50	5	8	6.125	4.808	0.245	34.86	2.39	6.83	12.61	1.44	3.30	70.00	2.40	21.04	1.17	7.41	1.10	2.74	0.435
			6		7.260	5.699	0.245	41.12	2.38	8.12	14.70	1.42	3.88	84.30	2.44	25.37	1.21	8.54	1.08	3.19	0.435
			8		9.467	7.431	0.244	52.39	2.35	10.52	18.53	1.40	4.99	112.50	2.52	34.23	1.29	10.87	1.07	4.10	0.429
			10		11.590	9.098	0.244	62.71	2.33	12.79	21.96	1.38	6.04	140.80	2.60	43.43	1.36	13.10	1.06	4.99	0.423

参 考 数 值

（续表）

型号	尺寸(mm) B	b	d	r	截面面积 (cm²)	理论重量 (kg/m)	外表面积 (m²/m)	I_x (cm⁴)	i_x (cm)	W_x (cm³)	I_y (cm⁴)	i_y (cm)	W_y (cm³)	I_{x1} (cm⁴)	y_0 (cm)	I_{y1} (cm⁴)	x_0 (cm)	I_u (cm⁴)	i_u (cm)	W_u (cm³)	tanα
8/5	80	50	5	8	6.375	5.005	0.255	41.96	2.56	7.78	12.83	1.42	3.32	85.21	2.60	21.05	1.14	7.66	1.10	2.74	0.388
			6		7.560	5.935	0.255	49.49	2.56	9.25	14.95	1.41	3.91	102.53	2.65	25.41	1.18	8.85	1.08	3.20	0.387
			7		8.724	6.848	0.255	56.16	2.54	10.58	16.96	1.39	4.48	119.33	2.69	29.82	1.21	10.18	1.08	3.70	0.384
			8		9.867	7.745	0.254	62.83	2.52	11.92	18.85	1.38	5.03	136.41	2.73	34.32	1.25	11.38	1.07	4.16	0.381
9/5.6	90	56	5	9	7.212	5.661	0.287	60.45	2.90	9.92	18.32	1.59	4.21	121.32	2.91	29.53	1.25	10.98	1.23	3.49	0.385
			6		8.557	6.717	0.286	71.03	2.88	11.74	21.42	1.58	4.96	145.59	2.95	35.58	1.29	12.90	1.23	4.13	0.384
			7		9.880	7.756	0.286	81.01	2.86	13.49	24.36	1.57	5.70	169.60	3.00	41.71	1.33	14.67	1.22	4.72	0.382
			8		11.183	8.779	0.286	91.03	2.85	15.27	27.15	1.56	6.41	194.17	3.04	47.93	1.36	16.34	1.21	5.29	0.380
10/6.3	100	63	6	10	9.617	7.550	0.320	99.06	3.21	14.64	30.94	1.79	6.35	199.71	3.24	50.50	1.43	18.42	1.38	5.25	0.394
			7		11.111	8.722	0.320	113.45	3.20	16.88	35.36	1.78	7.29	233.00	3.28	59.14	1.47	21.00	1.38	6.02	0.394
			8		12.584	9.878	0.319	127.37	3.18	19.08	39.39	1.77	8.21	266.32	3.32	67.88	1.50	23.50	1.37	6.78	0.391
			10		15.467	12.142	0.319	153.81	3.15	23.32	47.12	1.74	9.98	333.06	3.40	85.73	1.58	28.33	1.35	8.24	0.387
10/8	100	80	6	10	10.637	8.350	0.354	107.04	3.17	15.19	61.24	2.40	10.16	199.83	2.95	102.68	1.97	31.65	1.72	8.37	0.627
			7		12.301	9.656	0.354	122.73	3.16	17.52	70.08	2.39	11.71	233.20	3.00	119.98	2.01	36.17	1.72	9.60	0.626
			8		13.944	10.946	0.353	137.92	3.14	19.81	78.58	2.37	13.21	266.61	3.04	137.37	2.05	40.58	1.71	10.80	0.625
			10		17.167	13.476	0.353	166.87	3.12	24.24	94.65	2.35	16.12	333.63	3.12	172.48	2.13	49.10	1.69	13.12	0.622

（续表）

型号	尺寸(mm)				截面面积 (cm²)	理论重量 (kg/m)	外表面积 (m²/m)	参考数值														
	B	b	d	r				x−x			y−y			x₁−x₁		y₁−y₁		u−u			
								I_x (cm⁴)	i_x (cm)	W_x (cm³)	I_y (cm⁴)	i_y (cm)	W_y (cm³)	I_{x1} (cm⁴)	y_0 (cm)	I_{y1} (cm⁴)	x_0 (cm)	I_u (cm⁴)	i_u (cm)	W_u (cm³)	$\tan\alpha$
11/7	110	70	6	10	10.637	8.350	0.354	133.37	3.54	17.85	42.92	2.01	7.90	265.78	3.53	69.08	1.57	25.36	1.54	6.53	0.403
			7		12.301	9.656	0.354	153.00	3.53	20.60	49.01	2.00	9.09	310.07	3.57	80.82	1.61	28.95	1.53	7.50	0.402
			8		13.944	10.946	0.353	172.04	3.51	23.30	54.87	1.98	10.25	354.39	3.62	92.70	1.65	32.45	1.53	8.45	0.401
			10		17.167	13.476	0.353	208.39	3.48	28.54	65.88	1.96	12.48	443.13	3.70	116.83	1.72	39.20	1.51	10.29	0.397
12.5/8	125	80	7	11	14.096	11.066	0.403	227.98	4.02	26.86	74.42	2.30	12.01	454.99	4.01	120.32	1.80	43.81	1.76	9.92	0.408
			8		15.989	12.551	0.403	256.77	4.01	30.41	83.49	2.28	13.56	519.99	4.06	137.85	1.84	49.15	1.75	11.18	0.407
			10		19.712	15.474	0.402	312.04	3.98	37.33	100.67	2.26	16.56	650.09	4.14	173.40	1.92	59.45	1.74	13.64	0.404
			12		23.351	18.330	0.402	364.41	3.95	44.01	116.67	2.24	19.43	780.39	4.22	209.67	2.00	69.35	1.72	16.01	0.400
14/9	140	90	8	12	18.038	14.160	0.453	365.64	4.50	38.48	120.69	2.59	17.34	730.53	4.50	195.79	2.04	70.83	1.98	14.31	0.411
			10		22.261	17.475	0.452	445.50	4.47	47.31	140.03	2.56	21.22	913.20	4.58	245.92	2.12	85.82	1.96	17.48	0.409
			12		26.400	20.724	0.451	521.59	4.44	55.87	169.79	2.54	24.95	1096.09	4.66	296.89	2.19	100.21	1.95	20.54	0.406
			14		30.456	23.908	0.451	594.10	4.42	64.18	192.10	2.51	28.54	1279.26	4.74	348.82	2.27	114.13	1.94	23.52	0.403

（续表）

型号	尺寸(mm)				截面面积 (cm²)	理论重量 (kg/m)	外表面积 (m²/m)	参考数值													
	B	b	d	r				x-x			y-y			x1-x1		y1-y1		u-u			
								I_x (cm⁴)	i_x (cm)	W_x (cm³)	I_y (cm⁴)	i_y (cm)	W_y (cm³)	I_{x1} (cm⁴)	y_0 (cm)	I_{y1} (cm⁴)	x_0 (cm)	I_u (cm⁴)	i_u (cm)	W_u (cm³)	$\tan\alpha$
16/10	160	100	10	13	25.315	19.872	0.512	668.69	5.14	62.13	205.03	2.85	26.56	1 362.89	5.24	336.59	2.28	121.74	2.19	21.92	0.390
			12		30.054	23.592	0.511	784.91	5.11	73.49	239.06	2.82	31.28	1 635.56	5.32	405.94	2.36	142.33	2.17	25.79	0.388
			14		34.709	27.247	0.510	896.30	5.08	84.56	271.20	2.80	35.83	1 908.50	5.40	476.42	2.43	162.23	2.16	29.56	0.385
			16		39.281	30.835	0.510	1 003.04	5.05	95.33	301.60	2.77	40.24	2 181.79	5.48	548.22	2.51	182.57	2.16	33.44	0.382
18/10	180	110	10	14	28.373	22.273	0.571	956.25	5.80	78.96	278.11	3.13	32.49	1 940.40	5.89	447.22	2.44	166.50	2.42	26.88	0.376
			12		33.712	26.464	0.571	1 124.72	5.78	93.53	325.03	3.10	38.32	2 328.38	5.98	538.94	2.52	194.87	2.40	31.66	0.374
			14		38.967	30.589	0.570	1 235.91	5.75	107.76	369.55	3.08	43.97	2 716.60	6.06	631.95	2.59	222.30	2.39	36.32	0.372
			16		44.139	34.649	0.569	1 443.05	5.72	121.64	411.85	3.06	49.44	3 105.15	6.14	726.46	2.67	248.94	2.38	40.87	0.369
20/12.5	200	125	12		37.912	29.761	0.641	1 570.90	6.44	116.73	483.16	3.57	49.99	3 193.85	6.54	787.74	2.83	285.79	2.74	41.23	0.392
			14		43.867	34.436	0.640	1 800.97	6.41	134.65	550.83	3.54	57.44	3 726.17	6.62	922.47	2.91	326.58	2.73	47.34	0.390
			16	14	49.739	39.045	0.639	2 023.35	6.38	152.18	615.44	3.52	64.69	4 258.86	6.70	1 058.86	2.99	366.21	2.71	53.32	0.388
			18		55.526	43.588	0.639	2 238.30	6.35	169.33	677.19	3.49	71.74	4 792.00	6.78	1 197.13	3.06	404.83	2.70	59.18	0.385

注：1. 括号内型号不推荐使用。
2. 截面图中的 $r_1=1/3d$ 及表中 r 值的数据用于孔型设计，不做交货条件。

表 2-26 等边角钢边宽度、边厚度尺寸允许偏差

型　号	允许偏差（mm）	
	边宽度 b	边厚度 d
2～5.6	±0.8	±0.4
6.3～9	±1.2	±0.6
10～14	±1.8	±0.7
16～20	±2.5	±1.0

表 2-27 不等边角钢边宽度、边厚度尺寸允许偏差

型　号	允许偏差（mm）	
	边宽度 b	边宽度 b
2.5/1.6～5.6/3.6	±0.8	±0.4
6.3/4～9/5.6	±1.5	±0.6
10/6.3～14/9	±2.0	±0.7
16/10～20/12.5	±2.5	±1.0

表 2-28 角钢通常长度

型　号		长度（m）	型　号		长度（m）
等边角钢	不等边角钢		等边角钢	不等边角钢	
2～9	2.5/1.6～9/5.6	4～12	16～20	16/10～20/12.5	6～9
10～14	10/6.3～14/9	～419			

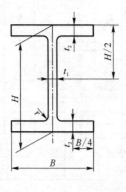

图 2-1 轧制 H 型钢

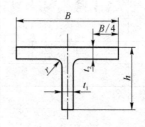

图 2-2 部分 T 型钢

表 2-29　热轧普通槽钢的尺寸、截面面积、理论重量及截面特性

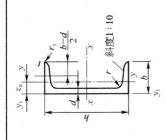

h—高度；b—腿宽度；d—腰厚度；t—平均腿厚度；
r—内圆弧半径；r_1—腿端圆弧半径；I—惯性矩；
W—截面系数；i—惯性半径；z_0—y 轴与 y_1、y_1 轴间距

型号	尺寸(mm)						截面面积 (cm²)	理论重量 (kg/m)	参考数值							
	h	b	d	t	r	r_1			$x-x$			$y-y$			y_1-y_1	z_0 (cm)
									W_x (cm³)	I_x (cm⁴)	i_x (cm)	W_y (cm³)	I_y (cm⁴)	i_y (cm)	I_{y1} (cm⁴)	
5	50	37	4.5	7.0	7.0	3.5	6.928	5.438	10.4	26.0	1.94	3.55	8.30	1.10	20.9	1.35
6.3	63	40	4.8	7.5	7.5	3.8	8.451	6.634	16.1	50.8	2.45	4.50	11.9	1.19	28.4	1.36
8	80	43	5.0	8.0	8.0	4.0	10.248	8.045	25.3	101	3.15	5.79	16.6	1.27	37.4	1.43
10	100	48	5.3	8.5	8.5	4.2	12.748	10.007	39.7	198	3.95	7.80	25.6	1.41	54.9	1.52
12.6	126	53	5.5	9.0	9.0	4.5	15.692	12.318	62.1	391	4.95	10.2	38.0	1.57	77.1	1.59
14a	140	58	6.0	9.5	9.5	4.8	18.516	14.535	80.5	564	5.52	13.0	53.2	1.70	107	1.71
14b	140	60	8.0	9.5	9.5	4.8	21.316	16.733	87.1	609	5.35	14.1	61.1	1.69	121	1.67
16a	160	63	6.5	10.0	10.0	5.0	21.962	17.240	108	866	6.28	16.3	73.3	1.83	144	1.80
16b	160	65	8.5	10.0	10.0	5.0	25.162	19.752	117	935	6.10	17.6	83.4	1.82	161	1.75
18a	180	68	7.0	10.5	10.5	5.2	25.699	20.174	141	1 270	7.04	20.0	98.6	1.96	190	1.88
18b	180	70	9.0	10.5	10.5	5.2	29.299	23.000	152	1 370	6.84	21.5	111	1.95	210	1.84
20a	200	73	7.0	11.0	11.0	5.5	28.837	22.637	178	1 780	7.86	24.2	128	2.11	244	2.01

（续表）

型号	尺寸(mm)						截面面积 (cm²)	理论重量 (kg/m)	参考数值							
	h	b	d	t	r	r_1			$x-x$			$y-y$			y_1-y_1	z_0 (cm)
									W_x (cm³)	I_x (cm⁴)	i_x (cm)	W_y (cm³)	I_y (cm⁴)	i_y (cm)	I_{y1} (cm⁴)	
20b	200	75	9.0	11.0	11.0	5.5	32.837	25.777	191	1 910	7.64	25.9	144	2.09	268	1.95
22a	220	77	7.0	11.5	11.5	5.8	31.846	24.999	218	2 390	8.67	28.2	158	2.23	298	2.10
22b	220	79	9.0	11.5	11.5	5.8	36.246	28.453	234	2 570	8.42	30.1	176	2.21	326	2.03
25a	250	78	7.0	12.0	12.0	6.0	34.917	27.410	270	3 370	9.82	30.6	176	2.24	322	2.07
25b	250	80	9.0	12.0	12.0	6.0	39.917	31.335	282	3 530	9.41	32.7	196	2.22	353	1.98
25c	250	82	11.0	12.0	12.0	6.0	44.917	35.260	295	3 690	9.07	35.9	218	2.21	384	1.92
28a	280	82	7.5	12.5	12.5	6.2	40.034	31.427	340	4 760	10.9	35.7	218	2.33	388	2.10
28b	280	84	9.5	12.5	12.5	6.2	45.634	35.823	366	5 130	10.6	37.9	242	2.30	428	2.02
28c	280	86	11.5	12.5	12.5	6.2	51.234	40.219	393	5 500	10.4	40.3	268	2.29	463	1.95
32a	320	88	8.0	14.0	14.0	7.0	48.513	38.083	475	7 600	12.5	46.5	305	2.50	552	2.24
32b	320	90	10.0	14.0	14.0	7.0	54.913	43.107	509	8 140	12.2	49.2	336	2.47	593	2.16
32c	320	92	12.0	14.0	14.0	7.0	61.313	48.131	543	8 690	11.9	52.6	374	2.47	643	2.09
36a	360	96	9.0	16.0	16.0	8.0	60.910	47.814	660	11 900	14.0	63.5	455	2.73	818	2.44
36b	360	98	11.0	16.0	16.0	8.0	68.110	53.466	703	12 700	13.6	66.9	497	2.70	880	2.37
36c	360	100	13.0	16.0	16.0	8.0	75.310	59.118	746	13 400	13.4	70.0	536	2.67	948	2.34
40a	400	100	10.5	18.0	18.0	9.0	75.068	58.928	879	17 600	15.3	78.8	592	2.81	1 070	2.49
40b	400	102	12.5	18.0	18.0	9.0	83.086	65.208	932	18 600	15.0	82.5	640	2.78	1 140	2.44
40c	400	104	14.5	18.0	18.0	9.0	91.068	71.488	986	19 700	14.7	86.2	688	2.75	1 220	2.42

表 2－30　经供需双方协议可供应的热轧普通槽钢

型号	尺寸(mm)						截面面积 (cm²)	理论重量 (kg/m)	参 考 数 值							
									$x-x$			$y-y$			y_1-y_1	z_0 (cm)
	h	b	d	t	r	r_1			W_x (cm³)	I_x (cm⁴)	i_x (cm)	W_y (cm³)	I_y (cm⁴)	i_y (cm)	I_{y1} (cm⁴)	
6.5	65	40	4.3	7.5	7.5	3.8	8.547	6.709	17.0	55.2	2.54	4.59	12	1.19	28.3	1.38
12	120	53	5.5	9.0	9.0	4.5	15.362	12.059	57.7	346	4.75	10.2	37.4	1.56	77.7	1.62
24a	240	78	7.0	12.0	12.0	6.0	34.217	26.860	254	3 050	9.45	30.5	174	2.25	325	2.10
24b	240	80	9.0	12.0	12.0	6.0	39.017	30.628	274	3 280	9.17	32.5	194	2.23	355	2.03
24c	240	82	11.0	12.0	12.0	6.0	43.817	34.396	293	3 510	8.96	34.5	213	2.21	388	2.00
27a	270	82	7.5	12.5	12.5	6.2	39.284	30.838	323	4 360	10.5	35.5	216	2.34	393	2.13
27b	270	84	9.5	12.5	12.5	6.2	44.684	35.077	347	4 690	10.3	37.7	239	2.31	428	2.06
27c	270	86	11.5	12.5	12.5	6.2	50.084	39.316	372	5 020	10.1	39.8	261	2.28	467	2.03
30a	300	85	7.5	13.5	13.5	6.2	43.902	34.463	403	6 050	11.7	41.1	260	2.43	467	2.17
30b	300	87	9.5	13.5	13.5	6.8	49.902	39.173	433	6 500	11.4	44.0	289	8.41	515	2.13
30c	300	89	11.5	13.5	13.5	6.8	55.902	43.883	463	6 950	11.2	46.4	316	2.38	560	2.09

表 2－31　热轧轻型槽钢的尺寸、截面面积、理论重量及截面特性

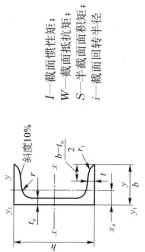

I—截面惯性矩；
W—截面抵抗矩；
S—半截面面积矩；
i—截面回转半径

（续表）

型号	尺寸（mm）						截面面积（cm²）	理论重量（kg/m）	X_0（cm）	截面特性								
	h	b	t_w	t	r	r_1				x－x				y－y				$y_1－y_1$
										I_x（cm⁴）	W_x（cm³）	S_x（cm³）	i_x（cm）	I_y（cm⁴）	W_{ymax}（cm³）	W_{ymin}（cm³）	i_y（cm）	I_{y1}（cm⁴）
5	50	32	4.4	7.0	6.0	2.5	6.16	4.84	1.16	22.8	9.1	5.6	1.92	5.6	4.8	2.8	0.95	13.9
6.5	65	36	4.4	7.2	6.0	2.5	7.51	5.70	1.24	48.6	15.0	9.0	2.54	8.7	7.0	3.7	1.08	20.2
8	80	40	4.5	7.4	6.5	2.5	8.98	7.05	1.31	89.4	22.4	13.3	3.16	12.8	9.8	4.8	1.19	28.2
10	100	46	4.5	7.6	7.0	3.0	10.94	8.59	1.44	173.9	34.8	20.4	3.99	20.4	14.2	6.5	1.37	43.0
12	120	52	4.8	7.8	7.5	3.0	13.28	10.43	1.54	303.9	50.6	29.6	4.78	31.2	20.2	8.5	1.53	62.8
14	140	58	4.9	8.1	8.0	3.0	15.65	12.28	1.67	491.1	70.2	40.8	5.60	45.4	27.1	11.0	1.70	89.2
14a	140	62	4.9	8.7	8.0	3.0	16.98	13.33	1.87	544.8	77.8	45.1	5.66	57.5	30.7	13.3	1.84	116.9
16	160	64	5.0	8.4	8.5	3.5	18.12	14.22	1.80	747.0	93.4	54.1	6.42	63.3	35.1	13.8	1.87	122.2
16a	160	68	5.0	9.0	8.5	3.5	19.54	15.34	2.00	823.3	102.9	59.4	6.49	78.8	39.4	16.4	2.01	157.1
18	180	70	5.1	8.7	9.0	3.5	20.71	16.25	1.94	1 086.3	120.7	69.8	7.24	86.0	44.4	17.0	2.04	163.6
18a	180	74	5.1	9.3	9.0	3.5	22.23	17.45	2.14	1 190.7	132.3	76.1	7.32	105.4	49.4	20.0	2.18	206.7
20	200	76	5.2	9.0	9.5	4.0	23.40	18.37	2.07	1 522.0	152.2	87.8	8.07	113.4	54.9	20.5	2.20	213.3
20a	200	80	5.2	9.7	9.5	4.0	25.16	19.75	2.28	1 672.4	167.2	95.9	8.15	138.6	60.8	24.2	2.35	269.3
22	220	82	5.4	9.5	10.0	4.0	26.72	20.97	2.21	2 109.5	191.8	110.4	8.89	150.6	68.0	25.1	2.37	281.4
22a	220	87	5.4	10.2	10.0	4.0	28.81	22.62	2.46	2 327.3	211.6	121.1	8.99	187.1	76.1	30.0	2.55	361.3
24	240	90	5.6	10.0	10.0	4.0	30.64	24.05	2.42	2 901.1	241.8	138.8	9.73	207.6	85.7	31.6	2.60	387.4
24a	240	95	5.6	10.7	10.0	4.0	33.89	25.82	2.67	3 181.2	265.1	151.3	9.83	253.6	95.0	37.2	2.78	488.5
27	270	95	6.0	10.5	11.0	4.5	35.23	27.66	2.47	4 163.3	308.4	177.6	10.87	261.8	105.8	37.3	2.73	477.5
30	300	100	6.5	11.0	12.0	5.0	40.47	31.77	2.52	5 808.3	387.2	224.0	11.98	326.6	129.8	43.6	2.84	582.9
33	330	105	7.0	11.7	13.0	5.0	46.52	36.52	2.59	7 984.1	483.9	280.9	13.10	410.1	158.3	51.8	2.97	722.2
36	360	110	7.5	12.6	14.0	6.0	53.37	41.90	2.68	10 815.5	600.9	349.6	14.24	513.5	191.3	61.8	3.10	898.2
40	400	115	8.0	13.5	15.0	6.0	61.53	48.30	2.75	15 219.6	761.0	444.3	15.73	642.3	233.1	73.4	3.23	1 109.2

注：轻型槽钢的通常长度，5～8 为 5～12 m；10～18 为 5～19 m；20～40 为 6～19 m。

表2-32 热轧普通工字钢的尺寸、截面面积、理论重量及截面特性

h—高度;b—腿宽度;d—腰厚度;t—平均腿厚度;
r—内圆弧半径;r₁—腿端圆弧半径;I—惯性矩;
W—截面系数;i—惯性半径;S—半截面的静力矩

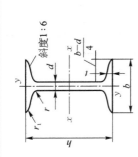

型号	尺寸(mm)						截面面积 (cm²)	理论重量 (kg/m)	参考数值						
	h	b	d	t	r	r₁			$x-x$				$y-y$		
									I_x (cm⁴)	W_x (cm³)	i_x (cm)	$I_x:S_x$	I_y (cm⁴)	W_y (cm³)	i_y (cm⁴)
10	100	68	4.5	7.6	6.5	3.3	14.345	11.261	245	49.0	4.14	8.59	33.0	9.72	1.52
12.6	120	74	5.0	8.4	7.0	3.5	18.118	14.223	488	77.5	5.20	10.8	46.9	12.7	1.61
14	140	80	5.5	9.1	7.5	3.8	21.516	16.890	712	102	5.76	12.0	64.4	16.1	1.73
16	160	88	6.0	9.9	8.0	4.0	26.131	20.513	1 130	141	6.58	13.8	93.1	21.2	1.89
18	180	94	6.5	10.7	8.5	4.3	30.756	24.143	1 660	185	7.36	15.4	122	26.0	2.00
20a	200	100	7.0	11.4	9.0	4.5	35.578	27.929	2 370	237	8.15	17.2	158	31.5	2.12
20b	200	102	9.0	11.4	9.0	4.5	39.578	31.069	2 500	250	7.96	16.9	169	33.1	2.06
22a	220	110	7.5	12.3	9.5	4.8	42.128	33.070	3 400	309	8.99	18.9	225	40.9	2.31
22b	220	112	9.5	12.3	9.5	4.8	46.528	36.524	3 570	325	8.78	18.7	239	42.7	2.27
25a	250	116	8.0	13.0	10.0	5.0	48.541	38.105	5 020	402	10.2	21.6	280	48.3	2.40
25b	250	118	10.0	13.0	10.0	5.0	53.541	42.030	5 280	423	9.94	21.3	309	52.4	2.40
28a	280	122	8.5	13.7	10.5	5.3	55.404	43.492	7 110	508	11.3	24.6	345	56.6	2.50

（续表）

型号	尺寸(mm) h	b	d	t	r	r₁	截面面积 (cm²)	理论重量 (kg/m)	x-x I_x (cm⁴)	W_x (cm³)	i_x (cm)	$I_x:S_x$	I_y (cm⁴)	y-y W_y (cm³)	i_y (cm)
28b	280	124	10.5	13.7	10.5	5.3	61.004	47.888	7 480	534	11.1	24.2	379	61.2	2.49
32a	320	130	9.5	15.0	11.5	5.8	67.156	52.717	11 100	692	12.8	27.5	460	70.8	2.62
32b	320	132	11.5	15.0	11.5	5.8	73.556	57.741	11 600	726	12.6	27.1	502	76.0	2.61
32c	320	134	13.5	15.0	11.5	5.8	79.956	62.765	12 200	760	12.3	26.8	544	81.2	2.61
36a	360	136	10.0	15.8	12.0	6.0	6.480	60.037	15 800	875	14.4	30.7	552	81.2	2.69
36b	360	138	12.0	15.8	12.0	6.0	83.680	65.689	16 500	919	14.1	30.3	582	84.3	2.64
36c	360	140	14.0	15.8	12.0	6.0	90.880	71.341	17 300	962	13.8	29.9	612	87.4	2.60
40a	400	142	10.5	16.5	12.5	6.3	86.112	67.598	21 700	1 090	15.9	34.1	660	93.2	2.77
40b	400	144	12.5	16.5	12.5	6.3	94.112	73.878	22 800	1 140	15.6	33.6	692	96.2	2.71
40c	400	146	14.5	16.5	12.5	6.3	102.112	80.158	23 900	1 190	15.2	33.2	727	99.6	2.65
45a	450	150	11.5	18.0	13.5	6.8	102.446	80.420	32 200	1 430	17.7	38.6	855	114	2.89
45b	450	152	13.5	18.0	13.5	6.8	111.446	87.485	33 800	1 500	17.4	38.0	894	118	2.84
45c	450	154	15.5	18.0	13.5	6.8	120.446	94.550	35 300	1 570	17.1	37.6	938	122	2.79
50a	500	158	12.0	20.0	14.0	7.0	119.304	93.654	46 500	1 860	19.7	42.8	1 120	142	3.07
50b	500	160	14.0	20.0	14.0	7.0	129.304	101.504	48 600	1 940	19.4	42.4	1 170	146	3.01
50c	500	162	16.0	20.0	14.0	7.0	139.304	109.354	50 600	2 080	19.0	41.8	1 220	151	2.96
56a	560	166	12.5	21.0	14.5	7.3	135.435	106.316	65 600	2 340	22.0	47.7	1 370	165	3.18
56b	560	168	14.5	21.0	14.5	7.3	146.635	115.108	68 500	2 450	21.6	47.2	1 490	174	3.16
56c	560	170	16.5	21.0	14.5	7.3	157.835	123.900	71 400	2 550	24.3	46.7	1 560	183	3.16
63a	630	176	13.0	22.0	15.0	7.5	154.658	121.407	93 900	2 980	24.5	54.2	1 700	193	3.31
63b	630	178	15.0	22.0	15.0	7.5	167.258	131.298	98 100	3 160	24.2	53.5	1 810	204	3.29
63c	630	180	17.0	22.0	15.0	7.5	179.858	141.189	10 200	3 300	23.8	52.9	1 920	214	3.27

表 2－33 经供需双方协议可供应的普通工字钢

型号	尺寸(mm)						截面面积 (cm²)	理论重量 (kg/m)	参考数值						
	h	b	d	t	r	r_1			x－x					y－y	
									I_x (cm⁴)	W_x (cm³)	i_x (cm)	$I_x : S_x$ (cm)	I_y (cm⁴)	W_y (cm³)	i_y (cm⁴)
12	120	74	5.0	8.4	7.0	3.5	17.818	13.987	436	72.7	4.99	10.3	46.9	12.7	1.62
24a	240	116	8.0	13.0	10.0	5.0	47.741	37.477	4 570	381	9.77	20.7	280	48.4	2.42
24b	240	118	10.0	13.0	10.0	5.0	52.541	41.245	1 800	400	9.57	20.4	297	50.4	2.38
27a	270	122	8.5	13.7	10.5	5.3	54.554	42.825	6 550	485	10.9	23.8	345	56.6	2.51
27b	270	124	10.5	13.7	10.5	5.3	59.954	47.064	6 870	509	10.7	22.9	366	58.9	2.47
30a	300	126	9.0	14.4	11.0	5.5	61.254	48.084	8 950	597	12.1	25.7	400	63.5	2.55
30b	300	128	11.0	14.4	11.0	5.5	67.254	52.794	9 400	627	11.8	25.4	422	65.9	2.50
30c	300	130	13.0	14.4	11.0	5.5	73.254	57.504	9 850	657	11.6	26.0	445	68.5	2.46
55a	550	166	12.5	21.0	14.5	7.3	134.185	105.335	62 900	2 290	21.6	46.9	1 370	164	3.19
55b	550	168	14.5	21.0	14.5	7.3	145.185	113.970	65 600	2 390	21.2	46.4	1 420	170	3.14
55c	550	170	16.5	21.0	14.5	7.3	156.185	122.605	68 400	2 490	20.9	45.8	1 480	175	3.08

表 2－34 热轧轻型工字钢的尺寸、截面面积、理论重量及截面特性

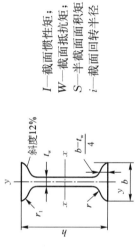

I—截面惯性矩；
W—截面抵抗矩；
S—半截面面积矩；
i—截面回转半径

（续表）

型号	尺寸(mm)							截面面积(cm²)	理论重量(kg/m)	参 考 数 值							
	h	b	d	t	r	r₁				x-x				y-y			
										I_x (cm⁴)	W_x (cm³)	i_x (cm)	$I_x:S_x$	I_y (cm⁴)	W_y (cm³)	i_y (cm⁴)
I10	100	55	4.5	7.2	7.0	2.5	12.05	9.46	198	39.7	23.0	17.9	4.06	6.5	1.22
I12	120	64	4.8	7.3	7.5	3.0	14.71	11.55	351	58.4	33.7	27.9	4.88	8.7	1.38
I14	140	73	4.9	7.5	8.0	3.0	17.43	13.68	572	81.7	46.8	41.9	5.73	11.5	1.55
I16	160	81	5.0	7.8	8.5	3.5	20.24	15.89	873	109.2	62.3	58.6	6.57	14.5	1.70
I18	180	90	5.1	8.1	9.0	3.5	23.38	18.35	1 288	143.1	81.4	82.6	7.42	18.4	1.88
I18a	180	100	5.1	8.3	9.0	3.5	25.38	19.92	1 431	159.0	89.8	114.2	7.51	22.8	2.12
I20	200	100	5.2	8.4	9.5	4.0	26.81	21.04	1 840	184.0	104.2	115.4	8.28	23.1	2.08
I20a	200	110	5.2	8.6	9.5	4.0	28.91	22.69	2 027	202.7	114.1	154.9	8.37	28.2	2.32
I22	220	110	5.4	8.7	10.0	4.0	30.62	24.04	2 554	232.1	131.2	157.4	9.13	28.6	2.27
I22a	220	120	5.4	8.9	10.0	4.0	32.82	25.76	2 792	253.8	142.7	205.9	9.22	34.3	2.50
I24	240	115	5.6	9.5	10.5	4.0	34.83	27.35	3 465	288.7	163.1	198.5	9.97	34.5	2.39
I24a	240	125	5.6	9.8	10.5	4.0	37.45	29.40	3 801	316.7	177.9	260.0	10.07	41.6	2.63
I27	270	125	6.0	9.6	11.0	4.5	40.17	31.54	5 011	371.2	210.0	259.6	11.17	41.5	2.54
I27a	270	135	6.0	10.2	11.0	4.5	43.17	33.89	5 500	407.4	229.1	337.5	11.29	50.0	2.80

（续表）

| 型号 | 尺寸(mm) | | | | | | 截面面积 (cm²) | 理论重量 (kg/m) | 参考数值 | | | | | | |
| | h | b | d | t | r | r_1 | | | $x-x$ | | | | $y-y$ | | |
									I_x (cm⁴)	W_x (cm³)	i_x (cm)	$I_x:S_x$	I_y (cm⁴)	W_y (cm³)	i_y (cm⁴)
I30	300	135	6.5	10.2	12.0	5.0	46.48	36.49	7 084	472.3	267.8	337.0	12.35	49.9	2.69
I30a	300	145	6.5	10.7	12.0	5.0	49.91	39.18	7 776	518.4	292.1	435.8	12.48	60.1	2.95
I33	330	140	7.0	11.2	13.0	5.0	54.62	42.25	9 845	596.6	339.2	419.4	13.52	59.9	2.79
I36	360	145	7.5	12.3	14.0	6.0	62.86	48.56	13 377	743.2	423.3	515.8	14.71	71.2	2.89
I40	400	155	8.0	13.0	15.0	6.0	72.44	56.08	18 932	946.6	540.1	666.3	16.28	86.0	3.05
I45	450	160	8.6	14.2	16.0	7.0	86.03	65.18	27 446	1 219.8	699.0	806.9	18.18	100.9	3.12
I50	500	170	9.5	15.2	17.0	7.0	97.84	76.81	39 295	1 571.8	905.0	1 041.8	20.04	122.6	3.26
I55	550	180	10.3	16.5	18.0	7.0	114.43	89.83	55 155	2 005.6	1 157.7	1 353.0	21.95	150.3	3.44
I60	600	190	11.1	17.8	20.0	8.0	132.46	103.98	75 456	2 515.2	1 455.0	1 720.1	23.07	181.1	3.60
I65	650	200	12.0	19.2	22.0	9.0	152.80	119.94	101 412	3 120.4	1 809.4	2 170.1	25.76	217.0	3.77
I70	700	210	13.0	20.8	24.0	10.0	175.03	138.18	134 609	3 846.0	2 235.1	2 733.3	27.65	260.3	3.94
I70a	700	210	15.0	24.0	24.0	10.0	201.67	158.31	152 706	4 363.0	2 547.5	3 243.5	27.52	308.9	4.01
I70b	700	210	17.5	28.2	24.0	10.0	234.14	183.80	175 374	5 010.7	2 941.6	3 914.7	27.37	372.8	4.09

注：轻型工字钢的通常长度：I10～I18为5～19 m；I20～I70为6～19 m。

表2-35 宽、中、窄翼缘H型钢的截面尺寸、截面面积、理论重量和截面特性

类别	型 号(高度×宽度)	截面尺寸(mm)				截面面积(cm²)	理论重量(kg/m)	截面特性参数					
		H×B	t_1	t_2	r			惯性矩(cm⁴)		惯性半径(cm)		截面模数(cm³)	
								I_x	I_y	i_x	i_y	W_x	W_y
HW	100×100	100×100	6	8	10	21.90	17.2	383	134	4.18	2.47	76.5	26.7
	125×125	125×125	6.5	9	10	30.31	23.8	847	294	5.29	3.11	136	47.0
	150×150	150×150	7	10	13	40.55	31.9	1 660	564	6.39	3.73	221	75.1
	175×175	175×175	7.5	11	13	51.43	40.3	2 900	984	7.50	4.37	331	112
	200×200	200×200	8	12	16	64.28	50.5	4 770	1 600	8.61	4.99	477	160
		#200×204	12	12	16	72.28	56.7	5 030	1 700	8.35	4.85	503	167
	250×250	250×250	9	14	16	92.18	72.4	10 800	3 650	10.8	6.29	867	292
		#250×255	14	14	16	104.7	82.2	11 500	3 880	10.5	6.09	919	304
	300×300	#294×302	12	12	20	108.3	85.0	17 000	5 520	12.5	7.14	1 160	365
		300×300	10	15	20	120.4	94.5	20 500	6 760	13.1	7.49	1 370	450
		300×305	15	15	20	135.4	106	21 600	7 100	12.6	7.24	1 440	466
	350×350	#344×348	10	16	20	146.0	115	33 300	11 200	5.1	8.78	1 940	646
		350×350	12	9	20	173.9	137	40 300	13 600	15.2	8.84	2 300	776
	400×400	#388×402	15	15	24	179.2	141	49 200	16 300	16.6	9.52	2 540	809
		#394×398	11	18	24	187.6	147	56 400	18 900	17.3	10.0	2 860	951
		400×400	13	21	24	219.5	172	66 900	22 400	17.5	10.1	3 340	1 120
		#400×408	21	21	24	251.5	197	71 100	23 800	16.8	9.73	3 560	1 170
		#414×405	18	28	24	296.2	233	93 000	31 000	17.7	10.2	4 490	1 530

（续表）

类别	型号 (高度× 宽度)	截面尺寸 (mm)				截面面积 (cm²)	理论重量 (kg/m)	惯性矩 (cm⁴)		惯性半径 (cm)		截面模数 (cm³)	
		$H \times B$	t_1	t_2	r			I_x	I_y	i_x	i_y	W_x	W_y
HW	400×400	#428×407	20	35	24	361.4	284	119 000	39 400	18.2	10.4	5 580	1 930
		*458×417	30	50	24	529.3	415	187 000	60 500	18.8	10.7	8 180	2 900
		*498×432	45	70	24	770.8	605	298 000	94 400	19.7	11.1	12 000	4 370
HM	150×100	148×100	6	9	13	27.25	21.4	1 040	151	6.17	2.35	140	30.2
	200×150	194×150	6	9	16	39.76	31.2	2 740	508	8.30	3.57	283	67.7
	250×175	244×175	7	11	16	56.24	44.1	6 120	985	10.4	4.18	502	113
	300×200	294×200	8	12	20	73.03	57.3	11 400	1 600	12.5	4.69	779	160
	350×250	340×250	9	14	20	101.5	79.7	21 700	3 650	14.6	6.00	1 280	292
	400×300	390×300	10	16	24	136.7	107	38 900	7 210	16.9	7.26	2 000	481
	450×300	440×300	11	18	24	157.4	124	56 100	8 110	18.9	7.18	2 550	541
	500×300	482×300	11	15	28	146.4	115	60 800	6 770	20.4	6.80	2 520	451
		488×300	11	18	28	164.4	129	71 400	8 120	20.8	7.03	2 930	541
	600×300	582×300	12	17	28	174.5	137	103 000	7 670	24.3	6.63	3 530	511
		588×300	12	20	28	192.5	151	118 000	9 020	24.8	6.85	4 020	601
		#594×302	14	23	28	222.4	175	137 000	10 600	24.9	6.90	4 620	701
HN	100×50	100×50	5	7	10	12.16	9.54	192	14.9	3.98	1.11	38.5	5.96
	125×60	125×60	6	8	10	17.01	13.3	417	29.3	4.95	1.31	66.8	9.75

（续表）

类别	型 号（高度×宽度）	截面尺寸(mm)				截面面积(cm²)	理论重量(kg/m)	截面特性参数					
		H×B	t_1	t_2	r			惯性矩(cm⁴)		惯性半径(cm)		截面模数(cm³)	
								I_x	I_y	i_x	i_y	W_x	W_y
HN	150×75	150×75	5	7	10	18.16	14.3	679	49.6	6.12	1.65	90.6	13.2
	175×90	175×90	5	8	10	23.21	18.2	1 220	97.6	7.26	2.05	140	21.7
	200×100	198×99	4.5	7	13	23.59	18.5	1 610	114	8.27	2.20	163	23.0
		200×100	5.5	8	13	27.57	21.7	1 880	134	8.25	2.21	188	26.8
	250×125	248×124	5	8	13	32.89	25.8	3 560	255	10.4	2.78	287	41.1
		250×125	6	9	13	37.87	29.7	4 080	294	10.4	2.79	326	47.0
	300×150	298×149	5.5	8	16	41.55	32.6	6 460	443	12.4	3.26	433	59.4
		300×150	6.5	9	16	47.53	37.3	7 350	508	12.4	3.27	490	67.7
	350×175	346×174	6	9	16	53.19	41.8	11 200	792	14.5	3.86	649	91.0
		350×175	7	11	16	63.66	50.0	13 700	985	14.7	3.93	782	113
	#400×150	#400×150	8	13	16	71.12	55.8	18 800	734	16.3	3.21	942	97.9
	400×200	396×199	7	11	16	72.16	56.7	20 000	1 450	16.7	4.48	1 010	145
		400×200	8	13	16	84.12	66.0	23 700	1 740	16.8	4.54	1 190	174
	#450×150	#450×150	9	14	20	83.41	65.5	27 100	793	18.0	3.08	1 200	106
	450×200	466×199	8	12	20	84.95	66.7	29 000	1 580	18.5	4.31	1 300	159
		450×200	9	14	20	97.41	76.5	33 700	1 870	18.6	4.38	1 500	187

(续表)

类别	型　号（高度×宽度）	截面尺寸（mm）				截面面积（cm²）	理论重量（kg/m）	截面特性参数					
		H×B	t_1	t_2	r			惯性矩（cm⁴）		惯性半径（cm）		截面模数（cm³）	
								I_x	I_y	i_x	i_y	W_x	W_y
HN	500×150	#500×150	10	16	20	98.23	77.1	38 500	907	19.8	3.04	1 540	121
	500×200	496×199	9	14	20	101.3	79.5	41 900	1 840	20.3	4.27	1 690	185
		500×200	10	16	20	114.2	89.6	47 800	2 140	20.5	4.33	1 910	214
		#506×201	11	19	20	131.3	103	56 500	2 580	20.8	4.43	2 230	257
	600×200	596×199	10	15	24	121.21	95.1	69 300	1 980	23.9	4.04	2 330	199
		600×200	11	17	24	135.2	106	78 200	2 280	24.1	4.11	2 610	228
		#606×201	12	20	24	135.3	120	91 000	2 720	24.4	4.21	3 000	271
	700×300	#692×300	13	20	28	211.5	166	172 000	9 020	28.6	6.53	4 980	602
	700×300	700×300	13	24	28	235.5	185	201 000	10 800	29.3	6.78	5 760	722
	*800×300	*792×300	14	22	28	243.4	191	254 000	9 930	32.3	6.39	6 400	662
		*800×300	14	26	28	267.4	210	292 000	11 700	33.0	6.62	7 290	782
		*890×299	15	23	28	270.9	213	345 000	10 300	35.7	6.16	7 760	688
	*900×300	*900×300	16	28	28	309.8	243	411 000	12 600	36.4	6.39	9 140	843
		*912×302	18	34	28	364.0	286	498 000	15 700	37.0	6.56	10 900	1 040

注：1. "#"表示非常用规格。
2. "*"表示目前国内尚未生产。
3. 型号属同一范围内的产品，其内侧尺寸高度是一致的。
4. 截面面积计算公式为：$t_1(H-2t_2)+2Bt_2+0.858r^2$。

表 2-36 宽、中、窄翼缘 H 型钢尺寸、外形的允许偏差(mm)

项 目		允 许 偏 差	图 示
高度 H	(型号)高度<400	±2.0	
	400~600	±3.0	
	≥600	±4.0	
宽度 B	(型号)宽度<100	±2.0	
	100~200	±2.5	
	≥200	±3.0	
厚度	t_1	<16	±0.7	
		16~25	±1.0	
		25~40	±1.5	
		≥40	±2.0	
	t_2	<16	±1.0	
		16~25	±1.5	
		25~40	±1.7	
		≥40	±2.0	
长度	≤7 m	+40	
	>7 m	长度每增加 1 m 或不足 1 m 时,在上述正偏差基础上加 5 mm	
翼缘斜度 T	(型号)高度≤300	$T≤1.0\%B$,但允许偏差的最小值为 1.5 mm	
	(型号)高度>300	$T≤1.2\%B$,但允许偏差的最小值为 1.5 mm	
弯曲度	(型号)高度≤300	≤长度的 0.15%	适用于上下、左右大弯曲
	(型号)高度>300	≤长度的 0.10%	
中心偏差 S	(型号)高度≤300 且(型号)高度≤200	±2.5	$S=\dfrac{b_1-b_2}{2}$
	(型号)高度>300 或(型号)高度>200	±3.5	
腹板弯曲度 W	(型号)高度<400	≤2.0	
	400~600	≤2.5	
	≥600	≤3.0	
端面斜度 e		$e≤1.6\% H$(或 B),但允许偏差的最小值为 3.0 mm	

表 2－37　部分 T 型钢的截面尺寸、截面面积、理论重量和截面特性

类别	型号(高度×宽度)	截面尺寸(mm)					截面面积(cm²)	理论重量(kg/m)	截面特性参数						重心(cm)	对应H型钢系列型号
		h	B	t_1	t_2	r			惯性矩(cm⁴) I_x	I_y	惯性半径(cm) i_x	i_y	截面模数(cm³) W_x	W_y	C_x	型号
TW	50×100	50	100	6	8	10	10.95	8.56	16.1	66.9	1.21	2.47	4.03	13.4	1.00	100×100
	62.5×125	62.5	125	6.5	9	10	15.16	11.9	85.0	147	1.52	3.11	6.91	23.5	1.19	125×125
	75×150	75	150	7	10	13	20.28	15.9	66.4	282	1.81	3.73	10.8	37.6	1.37	150×150
	87.5×175	87.5	175	7.5	11	13	25.71	20.2	115	492	2.11	4.37	15.9	56.2	1.55	175×175
	100×200	100	200	8	12	16	32.14	25.2	185	801	2.40	4.99	22.3	80.1	1.73	200×200
		#100	204	12	12	16	36.14	28.3	256	851	2.66	4.85	32.4	83.5	2.09	
	125×250	125	250	9	14	16	46.09	36.2	412	1820	2.99	6.29	39.5	146	2.08	250×250
		#125	255	14	14	16	52.34	41.1	589	1940	3.36	6.09	59.4	152	2.58	
	150×300	#147	302	12	12	20	54.16	42.5	858	2760	3.98	7.14	72.3	183	2.83	300×300
		150	300	10	15	20	60.22	47.3	798	3380	3.64	7.49	63.7	225	2.47	
		150	305	15	15	20	67.72	53.1	1110	3550	4.05	7.24	92.5	233	3.02	
	175×350	#172	348	10	16	20	73.00	57.3	1230	5620	4.11	8.78	84.7	323	2.67	350×350
		175	350	12	19	20	86.94	68.2	1520	6790	4.18	8.84	104	388	2.86	
	200×400	#194	402	15	15	24	89.62	70.3	2480	8130	5.26	9.52	158	405	3.69	400×400
		#197	398	11	18	24	93.80	73.6	2050	9460	4.67	10.0	123	476	3.01	
		200	400	13	21	24	109.7	86.1	2480	11200	4.75	10.1	147	560	3.21	

（续表）

类别	型号(高度×宽度)	h	B	t_1	t_2	r	截面面积(cm²)	理论重量(kg/m)	I_x	I_y	i_x	i_y	W_x	W_y	重心(cm) C_x	对应H型钢系列型号
TW	200×400	#200	408	21	21	24	125.7	98.7	3650	11900	5.39	9.73	229	584	4.07	400×400
		#207	405	18	28	24	148.1	116	3620	15500	4.95	10.2	213	766	3.68	400×400
		#214	407	20	35	24	180.7	142	4380	19700	4.92	10.4	250	967	3.90	400×400
TM	74×100	74	100	6	9	13	13.63	10.7	51.7	75.4	1.95	2.35	8.80	15.1	1.55	150×100
	97×150	97	150	6	9	16	19.88	15.6	125	254	2.50	3.57	15.8	33.9	1.78	200×150
	122×175	122	175	7	11	16	28.12	22.1	289	492	3.20	4.18	29.1	56.3	2.27	250×175
	147×200	147	200	8	12	20	36.52	28.7	572	802	3.96	4.69	48.2	80.2	2.82	300×200
	170×250	170	250	9	14	20	50.76	39.9	1020	1830	4.48	6.00	73.1	146	3.09	350×250
	200×300	195	300	10	16	24	68.37	53.7	1730	3600	5.03	7.26	108	240	3.40	400×300
	220×300	220	300	11	18	24	78.69	61.8	2680	4060	5.84	7.18	150	270	4.05	450×300
	250×300	241	300	11	15	28	73.23	57.5	3420	3380	6.83	6.80	178	226	4.90	500×300
		244	300	11	18	28	82.23	64.5	3620	4060	6.64	7.03	184	271	4.65	500×300
	300×300	291	300	12	17	28	87.25	68.5	6360	3830	8.54	6.63	280	256	6.39	600×300
		294	300	12	20	28	96.25	75.5	6710	4510	8.35	6.85	288	301	6.08	600×300
		#297	302	14	23	28	111.2	87.3	7920	5290	8.44	6.90	339	351	6.33	600×300

表 2-38　部分 T 型钢的尺寸、外形允许偏差(mm)

项　目		允许偏差	图　示
高度 h	(型号)高度<200	+4.0 -6.0	
	200～300	+5.0 -7.0	
	≥300	+6.0 -8.0	
翼缘翘曲 e	连接部位	$e \leqslant B/200$ 且 $e \leqslant 1.5$	
	一般部位 B≤150 B>150	$e \leqslant 2.0$ $e \leqslant B/150$	

注:其他部位的允许偏差,按对应规格的 H 型钢部位的允许偏差。

7. 高频焊接型钢(表 2-39)

表 2-39　普通高频焊接薄壁 H 型钢的型号及截面特性

序号	截面尺寸(mm)				截面面积(cm^2)	理论重量(kg/m)	$x-x$			$y-y$		
	H	B	t_w	t_f			I_x(cm^4)	W_x(cm^3)	i_x(cm)	I_y(cm^4)	W_y(cm^3)	I_y(cm)
1	100	50	2.3	3.8	5.35	4.20	90.71	18.14	4.12	6.68	2.67	1.12
2		50	3.2	4.5	7.41	5.82	122.77	24.55	4.07	9.4	3.76	1.13
3		100	4.5	6.0	15.96	12.53	291.00	58.20	4.27	100.07	20.01	2.50
4		100	6.0	8.0	21.04	16.52	369.05	73.81	4.19	133.48	26.70	2.52
5**	120	120	3.2	4.5	14.35	11.27	396.84	66.14	5.26	129.63	21.61	3.01
6			4.5	6.0	19.26	15.12	515.53	85.92	5.17	172.88	28.81	3.00
7	150	75	3.2	4.5	11.26	8.84	432.11	57.62	6.19	31.68	8.45	1.68
8			4.5	6.0	15.21	11.94	565.38	75.38	6.10	42.29	11.28	1.67
9		100	3.2	4.5	13.51	10.61	551.24	73.50	6.39	75.04	15.01	2.36
10		100	4.5	6.0	18.21	14.29	720.99	96.13	6.29	100.10	20.02	2.34
11		150	4.5	6.0	24.21	19.00	1 032.21	137.63	6.53	337.60	20.02	3.73
12		150	6.0	8.0	32.04	25.15	1 331.43	177.52	6.45	450.24	45.01	3.75
13*	200	100	3.0	3.0	11.82	9.28	764.71	76.47	8.04	50.04	10.01	2.06
14		100	3.2	4.5	15.11	11.86	1 045.92	104.59	8.32	75.05	15.01	2.23
15			4.5	6.0	20.46	16.06	1 378.62	137.86	8.21	100.14	20.03	2.21
16			6.0	8.0	27.04	21.23	1 786.89	178.69	8.13	133.66	26.73	2.22

（续表）

序号	截面尺寸（mm）				截面面积（cm²）	理论重量（kg/m）	$x-x$			$y-y$		
	H	B	t_w	t_f			I_x（cm⁴）	W_x（cm³）	i_x（cm）	I_y（cm⁴）	W_y（cm³）	I_y（cm）
17*			3.2	4.5	19.61	15.40	1 475.97	147.60	8.68	253.18	33.76	3.59
18	200	150	4.5	6.0	26.46	20.77	1 943.34	194.33	8.57	337.64	45.02	3.57
19			6.0	8.0	35.04	27.51	2 524.60	252.46	8.49	450.33	60.04	3.58
20		200	6.0	8.0	43.04	33.79	3 262.30	326.23	8.71	1 067.00	106.70	4.98
21*			3.0*	3.0	14.82	11.63	1 507.14	120.57	10.08	97.71	15.63	2.57
22**			3.2	4.5	18.96	14.89	2 068.56	165.48	10.44	146.55	23.45	2.78
23		125	4.5	6.0	25.71	20.18	2 738.60	219.09	10.32	195.49	31.28	2.76
24			4.5	8.0	30.53	23.97	3 409.75	272.78	10.57	260.59	41.70	2.92
25	250		6.0	8.0	34.04	26.72	3 569.91	285.59	10.24	260.84	41.73	2.77
26*			3.2	4.5	21.21	16.65	2 407.62	192.61	10.65	253.19	33.76	3.45
27		150	4.5	6.0	28.71	22.54	3 185.21	254.82	10.53	337.68	45.02	3.43
28			4.5	8.0	34.53	27.11	3 995.60	319.65	10.76	450.18	60.92	3.61
29			6.0	8.0	38.04	29.86	4 155.77	332.46	10.45	450.42	60.06	3.44
30		200	6.0	8.0	46.04	36.14	5 327.47	426.20	10.76	1 067.09	106.71	4.81
31*			3.2	4.5	22.81	17.91	3 604.41	240.29	12.57	253.20	33.76	3.33
32		150	4.5	6.0	30.96	24.30	4 785.96	319.06	12.43	337.72	45.03	3.30
33			4.5	8.0	36.78	28.87	5 976.11	398.41	12.75	450.22	60.03	3.50
34			6.0	8.0	41.04	32.22	6 262.44	417.50	12.35	450.51	60.07	3.31
35		200	6.0	8.0	49.04	38.50	7 968.14	531.21	12.75	1 067.18	106.72	4.66
36*			3.2	4.5	24.41	19.16	5 086.36	290.65	14.43	253.22	33.76	3.22
37		150	4.5	6.0	33.21	26.07	6 773.70	387.07	14.28	337.76	45.03	3.19
38			6.0	8.0	44.04	34.57	8 882.11	507.55	14.20	450.60	60.08	3.20
39	350		4.5	6.0	36.21	28.42	7 661.31	437.79	14.55	536.19	61.28	3.85
40		175	4.5	8.0	43.03	33.78	9 586.21	547.78	14.93	714.84	81.70	4.08
41			6.0	8.0	48.04	37.71	10 051.96	574.40	14.47	715.18	81.74	3.86
42		200	6.0	8.0	48.04	37.71	10 051.96	574.40	14.47	715.18	81.70	4.08
43		150	4.5	8.0	41.28	32.40	11 344.49	567.22	16.58	450.29	60.04	3.30
44	400	200	6.0	8.0	55.04	43.21	15 125.98	756.30	16.58	1 067.36	106.74	4.40
45			4.5	9.0	53.19	41.75	15 852.08	792.60	17.26	1 200.29	120.03	4.75

注：1. *表示规格翼缘宽度不符合 GBJ17 或 CECS102 的要求，应根据 GBJ17 或 CECS102，按翼缘有效宽度计算。

2. 当钢材采用 Q345 或更高级别的钢种时，** 的规格翼缘宽度不符合 GBJ17 或 CECS102 的要求，应根据 GBJ17 或 CECS102，按翼缘有效宽度计算。

8. 冷弯型钢

冷弯型钢是用固定带钢在连续辊或冷弯成形的同时进行高频焊接的型材,如方钢管;另一种 C、Z 型钢(又称檩条)是采用定尺带钢专用机械冷轧成材的。

（1）方形空心型钢（表 2-40）

表 2-40　冷弯方形空心型钢

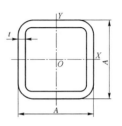

A—边长;
t—厚度
规格范围:
$A \times A \times t = 20 \times 20 \times 2.0 \sim 280 \times 280 \times 12.5$
执行标准:GB6728,DIN59411

边长(mm) $A \times A$	壁厚(mm) t	理论质量 (kg/m)	截面面积 (cm²)	惯性矩 (cm⁴)	截面模数 (cm³)	回转半径 (cm)
20×20	2.0	1.05	1.34	0.69	0.69	0.72
30×30	3.0	2.361	3.008	3.5	2.333	1.078
40×40	4.0	4.198	5.347	11.064	5.532	1.438
50×50	4.0	5.454	6.947	23.725	9.49	1.847
60×60	4.0	6.71	8.55	43.6	14.5	2.26
70×70	4.0	7.97	10.1	72.1	20.6	2.67
80×80	4.0	9.22	11.8	111	27.8	3.07
90×90	4.0	10.5	13.4	162	36.0	3.48
100×100	4.0	11.7	14.95	226	45.3	3.89
120×120	6.0	20.749	26.432	562.094	93.683	4.611
125×125	6.0	21.7	27.63	641	103	4.82
140×140	10.0	37.5	47.5	1 268	181	5.15
150×150	6.0	26.4	33.63	1 150	153	5.84
160×160	10	43.7	55.7	1 990	249	5.97
180×180	8.0	41.5	52.8	2 546	283	6.94
200×200	8.0	46.5	59.2	3 567	357	7.75
220×220	10.0	62.6	79.7	5 675	516	8.43
250×250	10.0	72.0	91.7	8 568	685	9.67
260×260	10.0	75.1	95.7	9 715	747	10.1
280×280	12.5	99.7	127	14 690	1 049	10.8

（2）矩形空心型钢（表 2 - 41）

表 2 - 41　冷弯矩形空心型钢

A—长边；
B—短边；
t—壁厚
规格范围：
$A \times B \times t = 40 \times 20 \times 2.0 \sim 360 \times 200 \times 12.5$
执行标准：GB6728，DIN59411

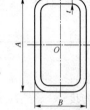

长边边长(cm) A	短边边长(cm) B	壁厚(cm) t	理论质量(kg/m)	截面面积(cm²)	惯性矩(cm⁴)		截面模数(cm³)		回转半径(cm)	
					I_x	I_y	z_x	z_y	i_x	i_y
40	20	2.0	1.68	2.14	4.05	1.34	2.03	1.34	1.38	0.79
50	30	3.0	3.303	4.208	12.827	5.696	5.13	3.797	1.745	1.163
60	40	3.0	4.245	5.408	25.374	13.436	8.458	6.718	6.166	1.576
80	40	3.0	5.187	6.608	52.246	17.552	13.061	8.776	2.811	1.629
90	60	4.0	8.594	10.947	117.499	62.387	26.111	20.795	3.275	2.387
100	60	4.0	9.22	11.8	153	68.7	30.5	22.9	3.60	2.42
110	70	5.0	12.7	16.1	251	124	45.6	35.5	3.94	2.77
120	80	4.0	11.7	15.0	295	157	49.1	39.3	4.44	3.24
140	80	4.0	13.0	16.6	430	180	61.4	45.1	5.09	3.30
160	80	6.0	20.75	26.432	835.936	280.8	104.49	70.2	5.62	3.26
180	100	6.0	24.5	31.2	1 309.5	523.8	145.5	104.8	6.48	4.1
200	100	8.0	34.0	43.2	2 091	705	209	141	6.95	4.04
200	150	6.0	31.1	39.63	2 270	1 460	227	194	7.56	6.06
220	140	8.0	41.5	52.8	3 389	1 685	308	241	8.01	5.65
250	150	8.0	46.5	59.2	4 886	2 219	391	296	9.08	6.12
260	180	8.0	51.5	65.6	6 145	3 493	473	388	9.68	7.30
300	200	10.0	72.0	91.7	11 110	5 969	741	591	11.0	8.07
320	200	10.0	75.1	95.7	13 020	6 330	814	633	11.7	8.13
350	150	12.0	86.8	110.5	16 100	4 210	921	562	12.1	6.17
360	200	12.5	99.7	127	20 780	8 380	1 154	838	12.8	8.12

（3）C形型钢（内卷边槽钢）（表 2－42）

表 2－42　冷弯内卷边槽钢的尺寸、截面面积、理论重量及截面特性

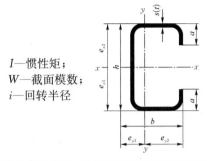

I—惯性矩；
W—截面模数；
i—回转半径

截面尺寸(mm)				截面面积 (cm^2)	理论重量 (kg/m)	重心(cm)		截面参数					
								$x-x$			$x-y$		
h	b	a	$s(t)$			e_{y1}	e_{x1}	I_x (cm^4)	W_x (cm^3)	i_x (cm)	I_y (cm^4)	W_y (cm^3)	i_y (cm)
40	40	9	2.5	2.960	2.323	1.651	2.0	7.753	3.876	1.618	5.679	2.418	1.385
60	30	10	2.5	3.010	2.363	1.043	3.0	16.009	5.336	2.306	3.353	1.713	1.055
60	30	10	3.0	3.495	2.743	1.036	3.0	16.077	6.025	2.274	3.688	1.878	1.021
60	30	15	2.5	3.260	2.559	1.183	3.0	16.780	5.593	2.268	4.129	2.273	1.125
60	30	15	3.0	3.795	2.979	1.179	3.0	19.002	6.334	2.237	4.599	2.527	1.100
80	40	15	2.5	4.260	3.344	1.449	4.0	41.379	10.349	3.117	9.236	3.657	1.479
80	40	15	3.0	4.995	3.921	1.444	4.0	47.579	11.894	3.086	10.342	4.125	1.452
80	50	25	2.5	5.260	4.129	2.161	4.0	50.950	12.737	3.112	20.178	7.108	1.958
80	50	25	3.0	6.195	4.863	2.158	4.0	58.927	14.731	3.084	23.175	8.156	1.934
100	50	20	2.5	5.510	4.325	1.853	5.0	84.932	16.986	3.925	19.889	6.321	1.899
100	50	20	3.0	6.495	5.098	1.848	5.0	98.560	19.712	3.895	22.802	7.235	1.873
100	60	20	2.5	6.010	4.718	2.282	5.0	96.818	19.363	4.013	30.790	8.282	2.263
100	60	20	3.0	7.095	5.569	2.276	5.0	112.678	22.535	3.985	35.480	9.530	2.236
120	50	20	2.5	6.010	4.718	1.709	6.0	130.706	21.784	4.663	21.261	6.461	1.880
120	50	20	3.0	7.095	5.569	1.705	6.0	152.109	25.351	4.630	24.391	7.402	1.854
120	60	20	2.5	6.510	5.110	2.116	6.0	147.967	24.661	4.767	32.941	8.483	2.249
120	60	20	3.0	7.695	6.040	2.111	6.0	172.647	28.774	4.736	37.987	9.768	2.221
140	50	20	2.5	6.510	5.110	1.588	7.0	188.502	26.928	5.380	22.423	6.572	1.855
140	50	20	3.0	7.695	6.040	1.583	7.0	219.848	31.406	5.345	25.733	7.532	1.828
140	60	20	2.5	7.010	5.503	1.974	7.0	212.137	30.305	5.500	34.786	8.642	2.227

（续表）

截面尺寸(mm)				截面面积 (cm²)	理论重量 (kg/m)	重心(cm)		截面面参数					
								x-x			x-y		
h	b	a	$s(t)$			e_{y1}	e_{x1}	I_x (cm⁴)	W_x (cm³)	i_x (cm)	I_y (cm⁴)	W_y (cm³)	i_y (cm)
140	60	20	3.0	8.295	6.511	1.969	7.0	248.006	35.429	5.467	40.132	9.956	2.199
160	60	20	3.0	8.895	6.982	1.846	8.0	339.955	42.494	6.182	41.989	10.109	2.172
160	70	20	3.0	9.495	7.453	2.229	8.0	376.933	47.116	6.300	61.266	12.843	2.540
180	60	20	3.0	9.495	7.453	1.739	9.0	449.695	49.966	6.881	43.611	10.235	2.143
180	70	20	3.0	10.095	7.924	2.106	9.0	496.693	55.188	7.014	63.712	13.019	2.512
200	60	20	3.0	10.095	7.924	1.644	10.0	578.425	57.842	7.569	45.041	10.342	2.112
200	70	20	3.0	10.695	8.395	1.996	10.0	636.643	63.644	7.715	65.883	13.167	2.481
250	40	15	3.0	10.095	7.924	0.790	12.50	773.495	61.879	8.753	14.809	4.614	1.211
300	40	15	3.0	10.095	7.924	0.790	12.50	773.495	61.879	8.753	14.809	4.614	1.211
300	40	15	3.0	11.595	9.102	0.707	15.0	1 231.616	81.107	10.306	15.356	4.664	1.150
400	50	15	3.0	15.195	11.928	0.783	20.0	2 837.843	141.892	13.666	28.888	6.851	1.378

（4）Z 形型钢（卷边 Z 形型钢）（表 2-43）

表 2-43　弯卷边 Z 型钢的尺寸、截面面积、理论重量及截面特性

i—回转半径；
W—截面模数；
I—惯性矩；
r—圆弧半径

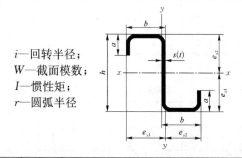

截面尺寸(mm)				截面面积 (cm²)	理论重量 (kg/m)	重心(cm)		截面参数					
								x-x			y-y		
h	b	a	$s(t)$			e_{y1}	e_{x1}	I_x (cm⁴)	W_x (cm³)	i_x (cm)	I_y (cm⁴)	W_y (cm³)	i_y (cm)
70	40	40	2.5	5.261	4.13	3.875	3.5	31.517	9.005	2.448	34.393	8.875	2.557
70	50	20	2.5	4.761	3.737	4.875	3.5	36.631	10.466	2.774	36.355	7.457	2.763
70	50	20	3	5.595	4.392	4.85	3.5	42.233	12.067	2.747	41.548	8.566	2.725
80	50	25	2.5	5.261	4.13	4.875	4	50.96	12.74	3.112	41.999	8.615	2.825

（续表）

截面尺寸(mm)				截面面积 (cm²)	理论重量 (kg/m)	重心(cm)		截面参数					
								$x-x$			$y-y$		
h	b	a	$s(t)$			e_{y1}	e_{x1}	I_x (cm⁴)	W_x (cm³)	i_x (cm)	I_y (cm⁴)	W_y (cm³)	i_y (cm)
80	50	25	3	6.195	4.863	4.85	4	58.943	14.736	3.085	48.18	9.934	2.789
90	40	20	2	3.887	3.051	3.9	4.5	47.126	10.472	3.482	17.204	4.411	2.104
90	40	20	2.5	4.761	3.737	3.875	4.5	56.679	12.595	3.45	20.328	5.246	2.066
100	45	20	2	4.287	3.365	4.4	5	65.428	13.086	3.907	23.359	5.286	2.329
100	45	20	2.5	5.261	4.13	4.375	5	79.002	15.8	3.875	27.608	6.31	2.291
100	45	20	2	4.487	3.522	4.4	5.5	82	14.909	4.275	23.26	5.286	2.277
110	45	20	2.5	5.511	4.326	4.375	5.5	99.169	18.031	4.242	27.61	6.311	2.238
120	45	20	2	4.687	3.679	4.4	6	100.816	16.803	4.638	23.26	5.286	2.228
120	45	20	2.5	5.761	4.522	4.375	6	122.091	20.349	4.604	27.611	6.311	2.189
130	50	20	2	5.087	3.993	4.9	6.5	130.168	20.026	5.028	30.517	6.228	2.449
130	50	20	2.5	6.261	4.915	4.875	6.5	158.055	24.316	5.024	36.363	7.459	2.41
140	50	20	2.5	5.287	4.15	4.9	7	155.101	22.157	5.416	30.517	6.228	2.403
140	50	20	2	6.511	5.111	4.875	7	188.52	26.931	5.381	36.364	7.459	2.363
150	50	20	2.5	5.487	4.307	4.9	7.5	182.677	24.357	5.77	30.518	6.228	2.358
150	50	20	2	6.761	5.307	4.875	7.5	222.239	29.632	5.737	36.366	7.46	2.319
160	50	20	2.5	5.687	4.464	4.9	8	212.996	26.625	6.12	30.519	6.228	2.317
160	50	20	2	7.011	5.504	4.875	8	259.338	32.417	6.028	36.367	7.46	2.278
170	60	20	2.5	6.287	4.935	5.9	8.5	274.384	32.28	6.606	49.036	8.311	2.793
170	60	20	2	7.761	6.092	5.875	8.5	335.016	39.414	6.57	58.784	10.006	2.752
170	60	20	2.5	9.195	7.218	5.85	8.5	392.563	46.184	6.534	67.606	11.557	2.712
180	60	20	2	6.487	5.092	5.9	9	313.951	34.883	6.875	49.036	8.311	2.749
180	60	20	2.5	8.011	6.289	5.875	9	383.564	42.618	6.92	58.785	10.006	2.709
180	60	20	3	9.495	7.454	5.85	9	449.734	49.97	6.882	67.609	11.557	2.668
190	60	20	2.5	6.687	5.249	5.9	9.5	356.77	37.554	7.304	49.037	8.311	2.708
190	60	20	3	8.261	6.485	5.875	9.5	436.117	45.907	7.266	58.787	10.006	2.668
190	60	20	2	9.795	7.689	5.85	9.5	511.652	53.858	7.227	67.611	11.557	2.627
200	60	20	2.5	6.887	5.406	5.9	10	402.913	40.291	7.649	49.038	8.312	2.668
200	60	20	3	8.510	6.681	5.875	10	492.8	49.28	7.609	56.788	10.006	2.628
200	60	20	2	10.095	7.925	5.85	10	578.468	57.847	7.57	67.613	11.558	2.588
215	75	20	2.5	9.635	7.564	7.375	10.75	670.514	62.373	8.342	106.574	14.451	2.326
215	75	20	3	11.445	8.984	7.35	10.75	789.334	73.426	8.305	123.386	16.787	3.283

四、钢结构工程对钢材的要求

钢材的选择既要确定所用钢材的钢号，又要满足应有的机械性能和化学成分保证项目。选材必须保证结构安全可靠、经济合理。一般来讲，钢材的质量越高，其价格也越高。因此，不应盲目选用高强度高标号钢材，而是应当根据结构的不同特点选择适当的钢材。一般符合钢结构要求的钢材应满足下列基本要点。

① 较高的抗拉强度 fu 和屈服点 fy 较高。fy 是衡量结构承载能力的指标，fy 高则可减轻结构自重，节约钢材和降低造价。fu 是衡量钢材经过较大变形后的抗拉能力，它直接反映了钢材内部组织的优劣，同时 fu 高可增加结构的安全保障。

② 塑性和韧性好，结构在静载和动载作用下有足够的应变能力，既可减轻结构脆性破坏的倾向，又能通过较大的塑性变形调整局部应力，同时又具有较好的抵抗重复荷载作用的能力。

③ 有良好的工艺性能（包括冷加工、热加工和可焊性）。良好的工艺性能要求钢材不仅要易于加工成各种形式的结构，而且不会因加工而对结构的强度、塑性、韧性等造成较大的不利影响。

④ 耐久性好。主要是根据结构的具体环境条件，要求钢材具有适应低温、高温和防腐蚀性能力。建筑钢结构工程中的钢材具体要求：强度性能、塑性性能、钢材的物理性能标准、冷弯性能、冲击韧性；这些性能决定了钢材的延性，抗冷脆性、抗疲劳性质，最终能达到耐久性。

按以上要求，钢结构设计规范具体规定，钢材应具有抗拉强度、伸长率、屈服点和磷、硫含量的合格保证，焊接结构还应具有冷弯试验合格保证，对某些受动力荷载的结构以及重要的受拉或受弯的结构，应具有常温或负温冲击韧性的合格保证。

⑤ 钢材价格合理。

⑥ 钢材表面质量要求，不允许存在以下缺陷：

a. 裂纹，由于轧制件在冷却过程中产生的应力而造成在其表面分布不均的缺陷；

b. 夹杂，轧制件表面存在的非金属杂物，延轧制方向延伸，随机任意分布；

c. 轧入氧化铁皮或凹坑，热轧前的钢坯上存在表面的氧化皮清除不充分所造成的缺陷；

d. 压痕（凹陷）和轧痕（凸起），因轧辊或夹持辊破坏而造成的缺陷；

e. 划伤和沟槽，在轧件同轧辊相对运动时，因摩擦而对轧件造成的机械损伤；

f. 重皮，由于钢锭表面冷淬，重皮和结疤未清除干净，轧制时形成的鳞片状细小表面缺陷；

g. 气泡，因冶炼和浇注钢锭过程中脱氧不良而造成的缺陷；

h. 热拉裂，在钢坯加工过程中的缺陷；

i. 结疤和疤痕，是一些重叠物质，形状和大小不尽相同，分布也不规则，局部同基本金属相连，其中还有较多的非金属夹杂物或氧化铁皮；

j. 锈蚀；

k. 麻点。

五、钢材质量控制要点

1. 质量合格证明文件的审核

① 化学成分应控制在允许偏差范围内(表2-44)。

表 2-44　碳素钢和低合金钢成品化学成分允许偏差

化 学 成 分	规定化学成分范围(%)	允许偏差(%)	
		上偏差	下偏差
C	—	0.03^* 0.02^*	0.02
Mn	≤0.80 >0.80	0.05 0.1	0.03 0.08
Si	≤0.35 >0.35	0.03 0.05	0.03 0.05
S	≤0.050	0.005	
P	≤0.050 0.05~0.15	0.005 0.01	0.01
V	≤0.20	0.02	0.01
Ti	≤0.20	0.02	0.02
Nb	0.015~0.050	0.005	0.005
Cu	≤0.40	0.05	0.05
Pb	0.15~0.35	0.03	0.03

注：* 0.03%适用碳素结构钢,0.02%适用于低合金高强度钢。

② 力学性能应控制在规定值。

2. 外表质量的检测

钢材表面常见缺陷已在钢材表面要求中讨论过,这里讨论控制钢材的缺陷措施。

① 依据《热轧钢板表面质量的一般要求》(GB/T 14977—2008),标准严格控制钢材表面常见缺陷。

② 测量缺陷深度和大小时,应先清除缺陷附近的氧化铁皮后再进行测量。

③ 点状缺陷如是孤立的,可在其点状缺陷圆之外再扩大 50 mm 做个圆,用来确定缺陷的影响面积。

④ 缺陷如是聚集的、不连续的一群,可在其缺陷之外 50 mm,作矩形或方形为缺陷影响面积。若此种缺陷靠近材料边缘,则以所作矩形或方形在板材内的面积为准。

⑤ A、B、C、D、E 五个等级检测缺陷的深度：

a. A 级不允许缺陷,所有缺陷都要修补；

b. B 级允许的缺陷深度列于表 2-45,但不考虑其数量。

表 2-45 B 级缺陷的深度限度

钢板公称厚度(mm)	缺陷最大允许深度(mm)	钢板公称厚度(mm)	缺陷最大允许深度(mm)
5	0.2	40~80	0.5
7~25	0.3	>80	0.6
25~40	0.4		

c. C 级允许的缺陷深度列于表 2-46,且总的影响面积不得大于检验面积的 5%,但缺陷不需修补。

表 2-46 C 级和 D 级缺陷的深度限度

钢板公称厚度(mm)	缺陷最大允许深度(mm)	钢板公称厚度(mm)	缺陷最大允许深度(mm)
5	0.4	40~80	0.8
7~25	0.5	≥80	0.9
25~40	0.6		

d. D 级允许的缺陷深度同 C 级相同,且总的影响面积不得大于检验面积的 5%,但缺陷需修补。

e. E 级的缺陷超过表 2-46 最大允许深度,需要修补。

3. 缺陷修补方法

① 修磨所有 A、D、E 级缺陷,超标的 B、C 级缺陷应局部或整个表面修磨干净,修磨面应光滑地过渡到板材表面,其宽深比不小于 6:1。

② $t < 7.5$ mm 的,修磨后的厚度不得比最小允许厚度小 3 mm。

③ $t \geqslant 7.5 \sim 15$ mm 的,修磨后的厚度不得比最小允许厚度小 0.4 mm。

④ $t \geqslant 15$ mm 的,修磨后的厚度不得比公称厚度小 7%,在任何情况下,修磨后的厚度应不得比公称厚度小 3 mm。

⑤ 单个修磨面积应不大于 0.25 m²。

⑥ 一面面积不小于 12 m² 的钢板,修磨面积应不超过一面面积的 5%,一面面积不小于 12 m² 的钢板,修磨面积应不超过一面面积的 2%。

⑦ 两个修磨面之间的距离,应不大于它们的平均宽度。

⑧ 如不能修磨,那么经业主、质检部门或监理单位同意,可以先铲凿、再修磨、再焊补、最后磨平。

⑨ 焊补必须供应商提出申请,绘图证明焊接部位,编制焊补工艺,焊后必须经无损检测,并进行焊后热处理。此类资料均需归纳档案保存备查。

4. 要点提示

材料若存在缺陷,特别是有夹层和裂纹的钢板及型材,在未经证实缺陷已经消除的情况下,此类钢材无论如何是不能使用的,这是任何人无权改变的。

5. 内在质量的抽查和复验

① 一般板材的抽查和复验。

在审核板材质量证明文件时,往往会发现板材的化学成分和力学性能有不符要求的情况,这时必须对板材取样试验。如复验的结果仍不合格,则应退货,或根据情况分析后降级处理。只有设计单位有权表示,板材的化学成分和力学性能虽然在某些方面不符要求,但仍可在工程中使用。

② 厚度方向性能钢板有特殊复验要求。

③ Z15 级的钢板,可根据用户要求逐张或按批抽查复验,根据现实情况强调逐张复验很有必要。一般是指由同一炉罐号,同一热处理制度的钢坯轧制而成的钢板,其总重量不大于 25 t,且同一批钢板的公称厚度之差与该批中最小钢板厚度的比值不得超过 20%。

④ Z25 级和 Z35 级的钢板必须逐张复验。

⑤ 在钢板轧制方向任一端的中部截取做 6 个 Z 向抗拉试样的试块。

⑥ 复验时只做 3 个 Z 向抗拉试验,另 3 个试块料是备用的。

⑦ 试块加工成圆形试样,见表 2-47,试样的平行长度应不小于 1.5 倍直径。

表 2-47 Z 向性能试样的直径

板厚 a(mm)	试样直径 d_0(mm)	板厚 a(mm)	试样直径 d_0(mm)
$a \leqslant 25$	$d_0 = 6$	$a > 25$	$d_0 = 10$

⑧ 试样应尽可能在整个厚度内加工出来,如厚度不够,则可在两端焊接夹挂端。

⑨ 必须抽样分析硫的含量。

⑩ 必须核算碳当量 C_{eq}(%),公式为:

$$C_{eq} = C + \frac{Mn}{6} + \frac{Si}{24} + \frac{Cr}{40} + \frac{Mo}{4} + \frac{V}{14}$$

其计算值应符合表 2-48。

表 2-48 碳当量 C_{eq} 和焊接裂纹敏感性指数 P_{cm} 的规定

牌 号	交货状态	C_{eq}(%)		P_{cm}(%)	
		$\leqslant 50$ mm	$50 \sim 100$ mm	$\leqslant 50$ mm	$50 \sim 100$ mm
Q235GJ	热轧或正火	$\leqslant 0.36$	$\leqslant 0.36$	$\leqslant 0.26$	
Q235GJZ	热轧或正火	$\leqslant 0.42$	$\leqslant 0.44$	$\leqslant 0.29$	
Q235GJ					
Q235GJZ	TMCP	$\leqslant 0.38$	$\leqslant 0.40$	$\leqslant 0.24$	$\leqslant 0.26$

⑪ 要核算焊接裂纹敏感指数 P_{cm}(%),公式为:

$$P_{cm} = C + \frac{Si}{30} + \frac{Mn}{20} + \frac{Cu}{20} + \frac{Ni}{60} + \frac{Cr}{20} + \frac{Mo}{15} + \frac{V}{10} + 5B$$

其计算值应符合表 2-48。

⑫ 只有质量证明文件上所有的数据都合格,复验报告上的硫含量和厚度方向的断面收缩率都合格,碳含量或焊接裂纹指数两者之一合乎要求的厚度方向性能钢板,才能使用。

六、钢材的合理选用

钢材选用的原则是既要保证结构的安全可靠,充分满足使用要求,又要最大可能地节约钢材,降低造价。为保证承重结构的承载力和防止在特定条件下可能出现的脆性破坏,钢材的选用应考虑以下因素。

1. 钢板厚度分类

钢板按厚度一般可分为中厚钢板、薄钢板。我国一般称厚度在 4.0 mm 以上的为中厚板(其中 4~20 mm 者为中板,20~60 mm 者为厚板,60 mm 以上者为特厚板),0.4~4.0 mm 的为薄板,0.02 mm 以下为极薄带材。钢带又称带钢,是宽度较窄、长度很长的薄板,其表面质量好,尺寸精度高,便于加工,大多数成卷供应。中板又分为平板和轧制成卷筒后再开平剪断成材供应。热轧钢板分类见表 2-49。

表 2-49 热轧钢板的分类

分 类	厚度范围(mm)	宽长度范围(mm)
特厚板	>60	1 200~5 000
厚 板	20~60	600~3 000
中厚板	4.0~20	600~3 000
薄 板	0.2~4.0	500~2 500
带 材	<6	20~1 500

2. 结构的重要性

结构和构件按其用途、部位和破坏后果的严重性可分为重要、一般和次要三类,不同类别的结构和构件应选择不同的钢材。

3. 荷载性质

结构承受的荷载可分为静力荷载和动力荷载两种。对承受动力荷载的结构应选择塑性、冲击韧性较好的钢材,对于承受静力荷载作用的结构则可选择质量一般的钢材。

4. 连接方法

钢结构的连接有焊接和非焊接之分,焊接结构由于在焊接过程中不可避免的会产生焊接应力、焊接变形和缺陷,因此应选择碳、硫、磷含量低,塑性、韧性和可焊性都较好的钢材。对于非焊接结构,如采用高强螺栓连接的结构,这些要求就可适当放宽。

5. 结构的工作环境

腐蚀作用对钢材性能的影响很大,在低温下工作的构件,尤其是焊接结构,应选择具有良好抵抗低温脆断性能的镇静钢,结构可能出现的最低温度应高于钢材的冷脆转变温度。当周围有腐蚀性介质时,应对钢材的抗锈蚀性作相应要求。

除温度外结构所处的其他环境也应加以考虑。

6. 钢材厚度

厚度大的钢材不仅强度较低,而且塑性、冲击韧性和可焊性也较差。因此,厚度大的焊接结构应采用材质较好的钢材。

七、钢材的破坏形式

钢材在各种因素作用下会发生两种不同性质的破坏,即塑性破坏和脆性破坏;这两种形式的破坏特征具有明显区别。

塑性破坏是指材料在破坏之前有明显的变形,吸收大量的能量,从发生变形到最终破坏要持续较长时间。塑性破坏由于构件的应力达到材料的极限强度而产生,例如低碳钢在常温静载单向拉伸作用下的破坏就是一种典型的塑性破坏。塑性破坏的断口呈纤维状,色泽发暗。塑性破坏由于在破坏之前变形很大,时间较长,易于被人们发现和补救,因此,塑性破坏的危害性相对较小。

脆性破坏是指材料在破坏前没有什么显著变形,吸收能量很小,破坏突然发生。构件破坏时的计算应力可能小于钢材的屈服强度,破坏的断口平整并呈光泽的晶粒状。由于脆性破坏前没有明显预兆,不能及时察觉和补救,而且个别构件的断裂常引起整个结构塌毁,后果严重,损失较大。因此,在钢结构施工过程中要特别注意材料和构件质量的监控,严防构件出现脆性破坏。

第四节　钢结构工程常用辅助材料及围护材料

钢结构工程的材料分主材、辅材和维护材料。主材为钢材(钢板、型钢等);辅材为连接材料(焊材、螺栓、铆钉、油漆、防火涂料等材料);围护材料为薄金属镀锌、彩色涂层压型板、檩条、夹芯板、保温棉。本节讨论钢结构工程常用辅材及围护材料的相关知识。

一、焊接主要材料

1. 手工焊焊条

(1) 焊条型号分类和表示方法

焊条型号根据熔敷金属的力学性能、药皮类型、焊接位置和使用电流种类划分,其型号表示方法见图 2 - 3。

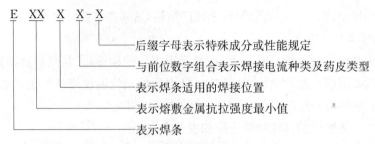

图 2-3 药皮焊条的表示方法

例如 E5016,E 表示焊条,50 表示熔敷金属的抗拉强度不小于 50 N/mm^2,1 表示适用的焊接位置为平、立、横、仰(如为 2,则仅为平焊或平角焊);6 表示适用的电流种类为交流或直流反接(如为 5,则表示仅适用直流反接);无后缀,表示无特殊的化学成分或力学性能要求。

(2)焊条标准型号(表 2-50)

此表依据《碳素钢焊条》GB/T 5117—1995,仅录 E43 条例和 E50 系列,其中常用的是 E4315、E4316、E5015、E5016;另有 E4328 和 E5018,是药皮中含有 30% 的铁粉,焊接效率很高,用于重要结构。

表 2-50 我国焊条标准型号的部分摘录

焊 条 型 号	药 皮 类 型	焊 接 位 置	电 流 种 类
E43 系列,熔敷金属抗拉强度≥420 MPa			
E4300	特殊型	平、立、仰、横	交流或直流正、反接
E4301	钛铁矿型		
• E4303	钛钙型		
E4310	高纤维素钠型		直流反接
E4311	高纤维素钾型		交流或直流反接
E4312	高钛钠型	平、立、仰、横	交流或直流正接
E4313	高钛钾型		交流或直流正、反接
• E4315	低氢钠型		直流反接
• E4316	低氢钾型		交流或直流反接
E4320	氧化铁型	平	交流或直流正、反接
		平角焊	交流或直流正接
E4322		平	交流或直流正接
E43 系列,熔敷金属抗拉强度≥420 MPa			
E4323	铁粉钛钙型	平、平角焊	交流或直流正、反接
E4324	铁粉钛型		

(续表)

焊条型号	药皮类型	焊接位置	电流种类
E43 系列，熔敷金属抗拉强度≥420 MPa			
E4327	铁粉氧化铁型	平	交流或直流正、反接
		平角焊	交流或直流正接
· E4328	铁粉低氢型	平、平角焊	交流或直流反接
E50 系列，熔敷金属抗拉强度≥490 MPa			
E5001	钛铁矿型	平、立、仰、横	交流或直流正、反接
· E5003	钛钙型		
E5010	高纤维素钠型		直流反接
E5011	高纤维素钾型		交流或直流反接
E5014	铁粉钛型		交流或直流正、反接
· E5015	低氢钠型		直流反接
· E5016	低氢钾型		交流或直流反接
· E5018	铁粉低氢钾型		
E5018M	铁粉低氢型		直流反接
E5023	铁粉钛钙型	平、平角焊	交流或直流正、反接
E5024	铁粉钛型		交流或直流正、反接
E5027	铁粉氧化铁型	平、平角焊	交流或直流正接
E5028	铁粉低氢型		交流或直流反接
E5048		平、仰、横、立向下	

（3）常用标准结构钢材手工电弧焊焊条选配（表2-51）

表 2-51 我国常用标准结构钢材手工电弧焊焊条选配表

钢 材							手工电弧焊焊条				
牌号	等级	抗拉强度 R_m (MPa)	屈服强度 σ_s (MPa)		冲击功		型号示例	熔敷金属性能			
			$\delta \leqslant 16$ (mm)	$\delta > 50 \sim 100$ (mm)	T (℃)	A_{kV} (J)		抗拉强度 σ_b (MPa)	屈服强度 σ_s (MPa)	伸长率 A (%)	冲击功≥27 J时实验温度 (℃)
Q235	A	375～460	235	205 ③			E4303①	420	330	22	0
	B				20	27	E4303①				0
	C				0	27	E4328 E4315				-20
	D				-20		E4316				-30

（续表）

钢材							手工电弧焊焊条				
牌号	等级	抗拉强度 R_m (MPa)	屈服强度 σ_s(MPa)		冲击功		型号示例	熔敷金属性能			
			$\delta\leqslant16$ (mm)	$\delta>50\sim100$ (mm)	T (℃)	A_{kV} (J)		抗拉强度 σ_b (MPa)	屈服强度 σ_s (MPa)	伸长率 A (%)	冲击功≥27 J 时实验温度 (℃)
Q295	A	390~570	295	235	20	34	E4303①	420	330	22	0
	B						E4315 E4316				−30
							E4328				−20
Q345	A	470~630	345	275			E5003①	490	390	20	0
	B				20	34	E5003① E5015 E5016 E5018				−30
	C				0	34	E5015 E5016 E5018				
	D				−20	34					
	E				−40	27	②				②
Q390	A	490~650	390	330			E5015 E5016	490	390	22	−30
	B				20	34					
	C				0	34	E5515 - D8 E5516 - D8	540	440	17	
	D				−20	34					
	E				−40	27	②				②
Q420	A	520~680	420	360							−30
	B				20	34					
	C				0	34	E5515 - D8 E5516 - D8	540	440	17	
	D				−20	34					
	E				−40	27					②
Q460	C	550~720	460	400	0	34	E6015 - D1 E6016 - D1	590	490	15	30
	D				−20	34					
	E				−40	27	②				②

注：① 用于一般、非重大结构；② 由供求双方协商；③ 板厚 $\delta>60\sim100$ mm 时的 σ_s 值。

（4）焊条型号和母材匹配原则

建筑钢结构中使用的碳素钢和低合金高强度钢，按以下原则选用焊条及相关要求：

① 焊缝金属的力学性能抗拉强度、塑性和冲击韧性达到母材金属标准的指标下限值。

② 对于重要结构工程的结构件,当板厚或截面尺寸较大、连接点较复杂、刚性较大时,应使用低氢型焊条,以提高接头抗冷裂能力。

③ 由不同强度的钢材组成的接头,按强度较低的钢材选用焊条类型。

④ 大型结构可选用熔敷速度较高的铁粉焊条。

⑤ 熔敷金属的化学成分见表2-52,力学性能见表2-53。

表2-52 常用碳素钢焊条的型号与熔敷金属的化学成分 (质量分数,%)

焊条型号	C	Si	Mn	P	S	Cr	Ni	Mo	V	Mn、Cr、Ni、Mo、V 总和
E4303	≤0.12	—	—	≤0.040	≤0.035	—	—	—	—	—
E4315	≤0.12	≤0.90	≤1.25	≤0.040	≤0.035	≤0.20	≤0.30	≤0.30	≤0.08	≤1.50
E4316	≤0.12	≤0.90	≤1.25	≤0.040	≤0.035	≤0.20	≤0.30	≤0.30	≤0.08	≤1.50
E4328	≤0.12	≤0.90	≤1.25	≤0.040	≤0.035	≤0.20	≤0.30	≤0.30	≤0.08	≤1.50
E5003	≤0.12	—	—	≤0.040	≤0.035	—	—	—	—	—
E5015	≤0.12	≤0.75	≤1.60	≤0.040	≤0.035	≤0.20	≤0.30	≤0.30	≤0.08	≤1.75
E5016	≤0.12	≤0.75	≤1.60	≤0.040	≤0.035	≤0.20	≤0.30	≤0.30	≤0.08	≤1.75
E5018	≤0.12	≤0.75	≤1.60	≤0.040	≤0.035	≤0.20	≤0.30	≤0.30	≤0.08	≤1.75

表2-53 常用碳素钢焊条熔敷金属的拉伸性能与焊缝金属的冲击性能

焊条型号	熔敷金属的拉伸性能(≥)					焊缝金属的冲击性能(≥)			
	σ_b (MPa)	R_m (MPa)	δ(%)			试验温度 (℃)	冲击吸收功 A_{kV}(J)		
			C	B	A		C	B	A
E43 系列焊条									
E4303	420	330	22	25	27	0	27	70	75
E4315	420	330	22	25	27	−30	27	80	90
E4316	420	330	22	25	27	−30	27	80	90
E4328	420	330	22	25	27	−20	27	60	70
E5003	490	400	20	23	25	0	27	70	75
E5015	490	400	22	25	27	−30	27	80	90
E5016	490	400	22	25	27	−30	27	80	90
E5018	490	400	22	25	27	−30	27	80	90

⑥ 常用药皮焊条型号同牌号的对照见表 2-54。

表 2-54 常用药皮焊条型号同药皮焊条牌号的对照

系　列	型　号	牌　号	系　列	型　号	牌　号
E43	E4303	J422	E50	E5003	J502
	E4315	J427		E5015	J507
	E4316	J426		E5016	J506
	E4328	J426Fe		E5018	J506Fe

（5）部分国内外药皮焊条的参考对照（表 2-55）

表 2-55 部分常用国内外药皮焊条的参考对照

上焊总厂产品牌号	中国 GB	日　本		美国 AWS	瑞典 ESAB	西德 DIN	俄罗斯 ГОСТ	国际标准化组织 ISO
		神钢	JIS					
SH·J422	E4303	TB-32	D4303				Э42	
SH·J426	E4316	LB-26 LBM-26	D4316	E6016			Э42A	
SH·J427	E4315			E6015			Э42A	
SH·J502	E5003	LTB-50	D5003		OK50.40		Э50	E5142RR24
SH·J506	E5016	LB-50A	D5016	E7016			Э50A	
SH·J507	E5015			E7015			Э50A	
SH·E7018	E5018	LB-52	D5016	E7018	OK48.00	E5153B10	Э50A	E515B12020H

2. 埋弧焊焊接材料

（1）埋弧焊焊丝

埋弧焊焊丝相关信息见表 2-56～表 2-59。

表 2-56 埋弧焊用碳钢焊的牌号与化学成分（摘自 GB/T 5293—1999）（质量分数，%）

牌号	C	Si	Mn	P	S	Cr	Ni	Cu	其他元素总和
低锰碳钢焊丝									
H08A	≤0.10	≤0.03	0.03～0.60	≤0.030	≤0.030	≤0.20	≤0.30	≤0.20	≤0.50
中锰碳钢焊丝									
H08MnA	≤0.10	≤0.07	0.80～1.10	≤0.030	≤0.030	≤0.20	≤0.30	≤0.20	≤0.50
高锰碳钢焊丝									
H10Mn2	≤0.12	≤0.07	1.50～1.90	≤0.035	≤0.035	≤0.20	≤0.30	≤0.20	≤0.50

表 2‑57　埋弧焊用碳钢焊剂和焊丝组合的熔敷金属的拉伸性能

焊剂和焊丝型号*	R_m(MPa)	σ_s(MPa)	A_{kV}(J)
F4××‑H×××	415～550	≥330	≥22
F5××‑H××××	480～650	≥400	≥22

注：*F表示焊剂,F后的数字代表熔敷金属抗拉强度,数字后的××分别表示试件的焊态及熔敷金属冲击吸收功≥27 J时的试验温度,H×××表示焊丝牌号。

表 2‑58　埋弧焊用碳钢焊剂和焊丝组合的熔敷金属的冲击性能

焊剂和焊丝型号*	A_{kV}(J)	T(℃)	焊剂和焊丝型号*	A_{kV}(J)	T(℃)
F××0‑H×××	≥27	0	F××0‑H×××	≥27	−40
F××2‑H×××	≥27	−20	F××2‑H×××	≥27	−50
F××3‑H×××	≥27	−30	F××3‑H×××	≥27	−60

注：*F表示焊剂,F××后的数字代表熔敷金属冲击吸收功≥27 J时的试验温度。

表 2‑59　常用标准结构钢埋弧焊焊接材料选配表

钢　材		焊接材料示例
牌　号	等　级	
Q235	A、B、C	F4A0‑H08A
	D	F4A2‑H08A
Q295	A	F5004‑H08A[①]、H08MnA[②]
	B	F5004＋H08A[①]、H08MnA[②]
Q345	A	F5004＋H08A[①]、H08MnA[②]、H10Mn2[②]
	B	F5014‑、F5011‑H08MnA[②]、H10Mn2[②]
	C	F5024‑、F5021‑H08MnA[②]、H10Mn2[②]
	D	F5034‑、F5031‑H08MnA[②]、H10Mn2[②]
	E	F5041‑[③]
Q390	A、B	F5011‑H08MnA[①]、H10Mn2[②]、H08MnMoA[③]
	C	F5021‑H08MnA[①]、H10Mn2[②]、H08MnMoA[③]
	D	F5031‑H08MnA[①]、H10Mn2[②]、H08MnMoA[③]
	E	F5041‑[③]
Q420	A、B	F6011‑H10Mn2[②]、H08MnMoA[②]
	C	F6021‑H10Mn2[②]、H08MnMoA[②]
	D	F6031‑H10Mn2[②]、H08MnMoA[②]
	E	F6041‑[③]

（续表）

钢 材		焊接材料示例
牌 号	等 级	
	C	F6021－H08Mn2MoA[②]
Q460	D	F6031－H08Mn2MoA[②]
	E	F6041－[③]

注：① 薄板 I 形坡口对接；② 中厚板坡口对接；③ 供需双方协议。

（2）焊剂

焊剂的选择应视母材成分、性能与焊丝相匹配使用。在选择焊剂时应注意以下几点：

① 对于碳素钢和低合金钢，应保证机械性能。

② 对于不同等级的异种钢接头，一般按强度等级较低的钢材选用抗裂性较好的焊接材料。

③ 焊剂的常用组合为高猛高硅焊剂（HJ431）与低锰（H08A）或含锰（H08MnA）焊丝相配合，低锰或无锰高硅焊剂与高锰焊丝（H10Mn2）相配使用。

④ 焊剂不应受潮结块。焊剂在使用前必须烘干，烘干温度一般为：酸性焊剂（如HJ431、HJ430）250～300℃，烘烤时间为 2 h；碱性焊剂（如 HJ250、HJ260）一般为 300～400℃，2 h 烘烤后使用。使用中回收的焊剂应经筛选，去除杂物后烘干，方可与新焊剂配比使用。车间要定期回收焊剂以免浪费。

（3）常用焊剂的型号（图 2－4）

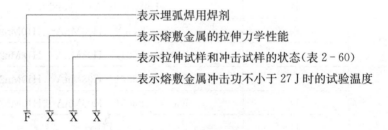

图 2－4　常用焊剂型号的含义

表 2－60　试样状态

焊 剂 型 号	试 样 状 态
FXAX－H×××	焊态
FXPX－H×××	焊后热处理状态

（4）常用焊剂的牌号

① 熔炼焊剂（图 2－5）。

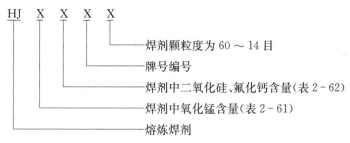

图 2-5 熔炼焊剂牌号的含义

表 2-61 熔炼焊剂牌号第一位数字系列

牌 号	焊 剂 类 型	氧化锰含量(%)
HJ1XX	无 锰	<2
HJ2XX	低 锰	2~15
HJ3XX	中 锰	15~30
HJ4XX	高 锰	>30

表 2-62 熔炼焊剂第二位数字系列

牌 号	焊 剂 类 型	二氧化硅含量(%)	氟化钙含量(%)
HJX1X	低硅低氟	<10	<10
HJX2X	中硅低氟	10~20	<10
HJX3X	高硅低氟	>30	<10
HJX4X	低硅中氟	<10	10~30
HJX5X	中硅中氟	10~30	10~30
HJX6X	高硅中氟	>30	10~30
HJX7X	低硅高氟	<10	>30
HJX8X	中硅高氟	10~30	>30
HJX9X	其他		

熔炼焊剂的化学成分列于表 2-63,最常用的熔炼焊剂是 HJ330、HJ431。

表 2-63 结构钢用熔炼焊剂的标准化学成分 (质量分数,%)

焊剂型号	焊剂类型	SiO_2	Al_2O_3	MnO	CaO	MgO	TiO_2	CaF_2	FeO	S	P	R_2O (K_2O+ Na_2O)
HJ130	无锰高硅低氟	35~40	12~16	—	10~18	14~19	7~11	4~7	2.0	≤0.05	≤0.05	—
HJ230	低锰高硅低氟	40~46	10~17	5~10	8~14	10~14	—	7~11	≤1.5	≤0.05	≤0.05	—
HJ250	低锰中硅中氟	18~22	18~23	5~8	4~8	12~16	—	23~30	≤1.5	≤0.05	≤0.05	≤3.0

（续表）

焊剂型号	焊剂类型	SiO_2	Al_2O_3	MnO	CaO	MgO	TiO_2	CaF_2	FeO	S	P	R_2O (K_2O+Na_2O)
HJ330	中锰高硅低氟	44~48	≤4.0	22~26	≤3.0	16~20	—	3~6	≤1.5	≤0.06	≤0.08	≤1.0
HJ350	中锰中硅中氟	30~35	13~18	14~19	10~18	—	—	14~20	≤1.0	≤0.06	≤0.07	
HJ360	中锰高硅中氟	33~37	11~15	20~26	4~7	5~9	—	10~19	≤1.0	≤0.1	≤0.1	
HJ430	高锰高硅低氟	38~45	≤5	38~47	≤6	—	—	5~9	≤1.8	≤0.06	≤0.08	
HJ431	高锰高硅低氟	40~44	≤4	34~38	≤6	5~8	—	3~7	≤1.8	≤0.06	≤0.08	
HJ433	高锰高硅低氟	42~45	≤3	44~47	≤4	—	—	2~4	≤1.8	≤0.06	≤0.08	≤0.5

② 烧结焊剂（图 2-6）。

图 2-6　烧结焊剂牌号的含义

表 2-64　烧结焊剂第一位数字系列

焊剂牌号	熔渣渣系类型	主要组分范围
SJ1XX	氟碱型	$CaF_2 \geq 15\%$　$CaO+MgO+MnO+CaF_2 > 50\%$　$SiO_2 \leq 20\%$
SJ2XX	高铝型	$Al_2O_3 \geq 20\%$　$Al_2O_3+CaO+MgO > 45\%$
SJ3XX	硅钙型	$CaO+MgO+SiO_2 > 60\%$
SJ4XX	硅锰型	$MnO+SiO_2 > 50\%$
SJ5XX	铝钛型	$Al_2O_3+TiO_2 > 45\%$
SJ6XX	其他型	

常用烧结焊剂的化学成分列于表 2-65。

表 2-65　结构钢常用烧结焊剂的化学成分

型　号	焊剂类型	组　成　成　分
SJ101	氟碱型	$SiO_2+TiO_2 = 25\%, CaO+MgO = 30\%, Al_2O_3+MnO = 25\%, CaF_2 = 20\%$
SJ301	硅钙型	$SiO_2+TiO_2 = 40\%, CaO+MgO = 25\%, Al_2O_3+MnO = 25\%, CaF_2 = 10\%$

实际制作中，常将 Q345B 钢板、H10Mn2 焊丝与 SJ101 烧结焊剂配合使用，效果很不错。

3. CO_2 气体保护焊焊接材料

对于碳钢和一般低合金结构钢均必须使用 H08Mn2Si 低合金钢焊丝,必要时还应根据冲击韧性及其他要求(减少飞溅等)通过焊丝添加适当的微量元素。对于 Q420、Q460低合金钢焊丝的选择应根据母材强度及冲击韧性要求用含钼或专用焊丝进行合理匹配,并必须符合《气体保护电弧焊用碳钢、低合金钢焊丝》(GB/T 8110—2008)的规定。

大型、重型及特殊钢结构工程中主要构件的重要焊接节点采用的 CO_2 气体质量应符合国家标准《焊接用二氧化碳》(GB/T 2537—1993)优等品的要求,即其二氧化碳体积分数不得低于 99.9%,水蒸气与乙醇质量分数不得高于 0.005%,并不得检验出液态水。

(1) CO_2 气体保护焊焊剂材料(表 2-66)

表 2-66　CO_2 气体保护焊焊剂材料

项　目	组分含量(%)		
	优等品	一等品	合格品
二氧化碳含量(体积分数)≥	99.99	99.7	99.5
液态水	不得检出	不得检出	不得检出
油	不得检出	不得检出	不得检出
水蒸气+乙醇含量(质量分数)≤	0.005	0.02	0.05
气味	无异味	无异味	无异味

注:1. 对以非发酵法所做的二氧化碳、乙醇含量不作规定。
　　2. 优等品用于大型钢结构工程中的低合金高强度结构钢,特别是厚钢板,以及约束力大的节点的焊接;一等品用于碳素结构的厚板焊接;合格品用于轻钢结构的中薄钢板焊接。

(2) 气体保护焊焊丝(表 2-67~表 2-69)

表 2-67　气体保护焊用碳钢焊丝的牌号与化学成分　　(质量分数,%)

型号	C	Si	Mn	P	S	Cr	Ni	Mo	其　他	表以外其他元素总量
ER49-1	~0.11	1.80~0.95	1.80~2.10	≤0.030	≤0.030	≤0.20	≤0.30	—	Cu≤0.50	—
ER50-2	≤0.07	0.40~0.70	0.90~1.44	≤0.025	≤0.035	—	—	—	Ti0.05~0.15 Zr0.02~0.12 Al0.05~0.15 Cu≤0.50	≤0.50
ER50-3	0.06~0.15	0.45~0.75	0.90~1.44	≤0.025	≤0.035	—	—	—	Cu≤0.50	≤0.50
ER50-4	0.07~0.15	0.65~0.85	1.00~1.50	≤0.025	≤0.035	—	—	—	Cu≤0.50	≤0.50

（续表）

型号	C	Si	Mn	P	S	Cr	Ni	Mo	其 他	表以外其他元素总量
ER50-5	0.07~0.19	0.30~0.60	0.90~1.40	≤0.025	≤0.035	—	—	—	Al0.50~0.90 Cu≤0.50	≤0.50
ER50-6	0.06~0.15	0.80~1.15	1.40~1.85	≤0.025	≤0.035	—	—	—	Cu≤0.50	≤0.50
ER50-7	0.07~0.15	0.50~0.80	1.50~2.00	≤0.025	≤0.035	—	—	—	Cu≤0.50	≤0.50

表 2-68 气体保护焊用碳钢焊丝的力学性能

焊丝型号	保护气体	抗拉强度 R_m(MPa)	屈服强度 σ_s(MPa)	断后伸长率 A(%)	试验温度 T(℃)	冲击吸收功 A_{kV}(J)
		≥				≥
ER49-1	CO_2	500	420	22	室温	47
ER50-2	CO_2	500	420	22	−29	27
ER50-3	CO_2	500	420	22	−18	27
ER50-4	CO_2	500	420	22	—	不要求
ER50-5	CO_2	500	420	22	—	不要求
ER50-6	CO_2	500	420	22	−29	27
ER50-7	CO_2	500	420	22	−29	27

表 2-69 常用钢材同 CO_2 气体保护焊[1] 实芯焊丝匹配

牌号	等级	焊丝型号示例	熔敷金属性能[4]				
			抗拉强度 R_m(MPa)	屈服强度 σ_s(MPa)	断后伸长率 A(%)	冲击吸收功	
						T(℃)	A_{kV}(J)
Q235	A	ER49-1[2]	490	372	20	20	47
	B						
	C	ER50-6	500	420	22	−30	27
	D					−20	
Q345	A	ER49-1[2]	490	372	20	20	47
	B	ER50-3	500	420	22	−20	27
	C	ER50-2	500	420	22	−30	27
	D						
	E	[3]	[3]			[3]	

注：[1] 含 Ar-CO_2 混合气体保护焊。
[2] 用于一般结构，其他用于重大结构。
[3] 供需协议。
[4] 中熔敷金属性能均为最小值。

（3）药芯焊丝

① 焊丝断面（图2-7）。

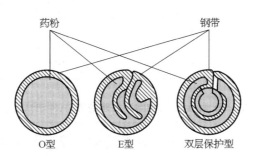

图2-7　常用药芯焊丝的断面

② 型号（图2-8）。

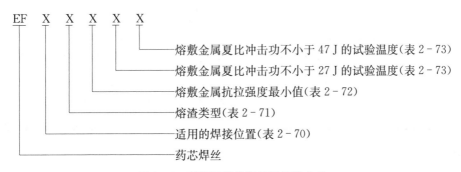

图2-8　碳钢用药芯焊丝型号的含义

表2-70　EF后第一位数字表示的含义（焊接位置）

第 一 位 数 字	适用的焊接位置
0	平焊和横焊
1	全位置焊

表2-71　EF后第二位数字表示的含义（熔渣类型）

第二位数字	药 芯 类 型	保护气体	电流极性种类	适 用 性
1	氧化钛型	CO_2	焊丝接正	单道和多道焊
2	氧化钛型	CO_2	焊丝接正	单道焊
3	氧化钙—氟化物型	CO_2	焊丝接正	单道和多道焊
4	—	自保护	焊丝接正	单道和多道焊
5	—	自保护	焊丝接负	单道和多道焊
G	—	—	—	单道和多道焊
GS	—	—	—	单道焊

表 2-72　EF 后第三位数字的表示含义(熔敷金属的抗拉强度)

第三位数字	R_m(MPa)	σ_s(MPa)	$A(\%)$
43	430	340	22
50	500	410	22

表 2-73　EF 后第四、五位数字表示的含义(冲击试验的温度)

第四位数字	温度(℃)	冲击吸收功(J)	第五位数字	温度(℃)	冲击吸收功(J)
0	—		0	—	
1	+20		1	+20	
2	0		2	0	
3	−20	≥27	3	−20	≥47
4	−30		4	−30	
5	−40		5	−40	

③ 牌号。

关于牌号,迄今尚无统一标准,由各公司自定。各种牌号中,第一、第二位数字表示熔敷金属抗拉强度 R_m 的最小值,例如 50 即表示熔敷金属的 $R_m \geqslant 50$ N/mm²,即 $\sigma_b \geqslant 50$ MPa,最后一位数字表示渣系,例如 2 表示氧化钛型酸性渣系,7 表示氟钙碱性渣系。

部分国产常用气保护药芯焊丝产品牌号及相关内容见表 2-74。

日本的药芯焊丝用得很多。日本迄今也无药芯焊丝的统一标准,其牌号、成分、性能均由有关公司自定,现列于表 2-75 参考。

④ 熔嘴。

a. 日本产 SES-15 熔嘴型号、规格及用途见表 2-76;配用焊丝的规格与化学成分见表 2-77。

b. 国产熔嘴。

钢管、$\Phi12\times4$、材质为优质碳碳素结构钢。

型号与钢材、焊丝的匹配见表 2-78,助焊剂为 YF-15。

药皮的配方见表 2-79。

c. 非熔化嘴。

非熔化嘴的材料是陶瓷,仅助焊剂导向,自身不熔化,无消耗。

d. 助焊剂。

无论日产还是国产,电渣焊用助焊剂的牌号都是 YF-15,见表 2-80。

表 2－74 部分国产常用气保护药芯焊丝产品牌号、成分、性能

产地	牌号	熔敷金属化学成分（%）									熔敷金属力学性能							说明
		C	Mn	Si	S	P	Ni	Cr	Cu	Mo	R_m (MPa)	σ_s (MPa)	A (%)	AkV (J) 0℃	-20℃	-30℃	-40℃	
北京钢铁焊材有限公司	GL－YJ502(Q)	≤0.10 *0.07	≤1.60 1.31	≤0.60 0.35	≤0.030 0.011	≤0.030 0.018					≥500 564	≥410 492	≥22 27	≥47 108	≥27 76			氧化钛型渣系全位置焊接
	GL－YJ507(Q)	≤0.10 *0.07	≤1.60 1.28	≤0.60 0.33	≤0.030 0.010	≤0.030 0.015	≤0.50 0.40				≥500 560	≥400 481	≥22 28	≥47 112		≤27 58		氟钙型碱性渣系平、横位置焊接
	GL－YJ602(Q)	≤0.010 *0.08	≤1.60 1.30	≤0.60 0.39	≤0.030 0.013	≤0.030 0.017	≤1.10 0.86			≤0.35 0.16	≥590 635	≥490 560	≥19 25	≥47 112		≥27 76		氧化钛型渣系全位置焊接
	GL－YJ502Ni(Q)	≤0.10 *0.07	≤1.30 1.23	≤0.60 0.37	≤0.030 0.012	≤0.030 0.018	0.75~1.25 0.88				≥500 570	≥410 510	≥22 27	≥27			≥27 58	氧化钛型渣系低温冲击韧性好 用于D、E级钢全位置焊
	GL－YJ502CrNiCu(Q)	≤0.010 *0.07	≤1.60 1.11	≤0.60 0.34	≤0.030 0.012	≤0.030 0.017	0.3~0.6 0.44	0.25~0.5 0.42	0.25~0.45 0.39		≥500 580	≥410 512	≥22 27	≥47 114				氧化钛型渣系 用于耐候钢全位置焊接
北京宝鸡钢焊业有限公司	PK－YJ507(C)	≤0.10	≤1.75	≤0.50	≤0.030	≤0.030					≥490		≥22		≥47			低氢型、冲击韧性好
	PK－YJ507	≤0.10	≤1.75	≤0.50	≤0.030	≤0.030					≥490		≥22			≥28		低氢型
天津三英焊业有限公司	SQJ507	≤0.10	≤1.8	≤0.6	≤0.03	≤0.03					≥490 520	≥420 440	≥22 28	≥47 130	≥47 70			低氢型、但工艺性好 用于全位置焊接
	SQJ501	≤0.12	≤1.6	≤0.6	≤0.03	≤0.03					≥510 550	≥410 450	≥22 28	≥47 90	≥47 70			氧化钛型 用于全位置焊接
	SQJ601	≤0.12	≤2.0	≤0.8	≤0.03	≤0.03					≥590 620	≥490 560	≥19 25	≥47 90	≥47 70			氧化钛型、全位置焊 用于Q420、Q460高强钢

表 2 – 75　日本各厂生产的 CO_2 气体保护药芯焊丝

产地	牌号	熔敷金属化学成分(%)								熔敷金属扩散氢 $[H]$ (mL/100 g)	σ_s (MPa)	R_m (MPa)	A (%)	A_{kV} (J)			说　明
		C	Si	Mn	P	S	Ni	Cr	Cu					20℃	0℃	−20℃	
新日铁	FC – 1	0.06	0.50	1.02	0.012	0.010				3.5	460	540	31		88		适用于 R_m 为 400、490 MPa 级钢的全位置、高效焊接
	FC – 2	0.07	0.42	1.10	0.012	0.010	0.87			3.0	510	590	28		92	49	低温冲击韧性好，适用于厚板多层焊
神钢	DW – 50W	0.06	0.35	1.06	0.013	0.008	0.38	0.54	0.39		510	590	27	140			用于 R_m 为 400 及 490 MPa 级耐候钢、全位置焊
	DW – 100	0.05	0.45	1.35	0.013	0.009					510	570	30	110			用于 R_m 为 400 及 490 MPa 级钢的全位置焊

表 2－76　SES－15 熔嘴的型号、规格和用途

熔嘴型号	药皮厚度(mm)	熔 化 嘴		适用板厚(mm)	配用焊丝	用 途
		直径(mm)	长度(mm)			
SES－15A	2	8 10	500 700	14 以上	实芯焊丝	用于两面水冷钢成型块的接头
		12	1 000 1 200	16 以上		
SES－15B	1	8 10	500 700	12 以上 14 以上		仅用于单面水冷铜成型块的接头
		12	1 000 1 200	16 以上		
SES－15E	3	8 10	500 700			用于两面水冷钢成型块的接头(水冷钢成型块的槽宽 40 mm 以上)
		12	1 000 1 200			
SES－15F	1.6	10	500 700 1 000 1 200			用于箱形柱的焊接
SES－15B	1	10	500 700	12 以上	药芯焊丝	两面水冷钢成型块的接头
		12	1 000 1 200			

表 2－77　SES－15 熔嘴配用焊丝的规格与化学成分

型 号	合金体系	直径	化学成分(%)					说 明
			C	Mn	Mo	P	S	
Y-CM	Mn-Mo	2.4 −0.2	0.08	1.67	0.48	0.011	0.006	用于 $R_m =$ 490 MPa
Y-CS	Mn		0.07	1.3	—	0.010	0.010	

表 2－78　国产熔嘴、焊丝、钢材、助焊剂的匹配

熔嘴型号	焊 丝	板厚(mm)	钢 材	助推剂
YZ－2	H08Mn2Mo	110	Q345	YF－15
YZ－2	H10Mn2	38		

表 2-79　国产熔嘴的药皮配方

型号	锰矿粉	滑石粉	石英砂	萤石	钛白粉	金红石	白云石	中碳锰铁	硅铁	钼铁	钛铁
	含量(%)							含量(g/kg)			
Yz-2	36	21	14	19	5	3	2	100	155	144	100
Yz-2	36	21	19	14	5	3	2	—	—	—	—

表 2-80　国产助焊剂形成繁荣熔渣的成分　　　　　（质量分数,%）

助焊剂型号	SiO_2	MnO	CaO	MgO	其　他
Yf-15	41.5	17.4	13.4	13.0	9.4

二、紧固件连接材料

紧固件连接是一种通过螺栓、铆钉等紧固件产生紧固力,从而把连接件连接成一体的连接方法。紧固件连接需制孔,对构件截面有一定的削弱,有时在构造上还必须增设辅助连接件,故构造较复杂,用料较多。但钢结构紧固连接的紧固工具和工艺均较简单,加工、拆装、维护方便,易于实施,进度和质量也容易保证,所以紧固件连接在钢结构安装连接中得到广泛运用。由于铆钉连接在建筑钢结构施工中运用较少,因此本部分主要介绍普通螺栓和高强度螺栓的材料和特性。

1. 螺栓材料及分类

螺栓按照性能等级分 3.6、4.6、4.8、5.6、6.8、8.8、9.8、10.9、12.9 九个等级。其中 8.8 级以上(含 8.8 级)螺栓材质为低碳合金钢或中碳钢,并经过热处理(淬火、回火),为高强度螺栓;8.8 级以下通称普通螺栓。螺栓性能标号由两部分数字组成,分别表示螺栓的公称抗拉强度和材质的屈强比,如性能为 10.9 级的螺栓含义为:第一部分数字"10"为螺栓材质公称抗拉强度(N/mm^2)1/100;第二部分数字"9"为螺栓材质屈强比的 10 倍,即其屈强比为 0.9;两部分数字的乘积"10×9=90"为螺栓材质公称屈服强度(MPa)的1/10。

(1) 普通螺栓

建筑钢结构中常用的普通螺栓牌号为 Q235,很少采用其他牌号的钢材制作。

建筑钢结构使用的普通螺栓,一般为六角头螺栓。螺栓的标记通常为 Md×z,其中 d 为螺栓规格(即直径),z 为螺栓公称长度。

普通螺栓的通用规格为 M18、M10、M12、M16、M20、M24、M30、M36、M42、M48、M56 和 M64 等。

普通螺栓按照形式可分六角头螺栓、双头螺栓和沉头螺栓等,按精度可分为 A、B、C 三个等级。A、B 为精制螺栓,C 为粗制螺栓,钢结构用连接螺栓除特别注明的外,一般即为普通粗制 C 级螺栓。

其代号用字号为 M 与公称直径表示。按照螺栓的加工精度,A、B 级螺栓为精制螺栓,用毛坯钢材在车床上加工而成,螺栓直径应和螺栓孔径一样,并且不允许在组装的螺栓孔中有"错位"现象,螺栓杆和螺栓孔之间空隙很小,适用拆装结构或连接部位需传递较大剪力的重要结构的安装中。A 级螺栓直径的加工只允许负公差,具体规定为 $-0.27 \sim -0.33$ mm;B 级螺栓直径加工同样只允许负公差,具体规定为 $-0.34 \sim -0.52$ mm。

C 级螺栓通称粗制螺栓,由未经加工的圆钢压制而成。C 级螺栓直径较螺栓孔径小 $1.0 \sim 2.0$ mm,二者之间存在较大空隙,受剪承载力较小,因此一般不考虑使用 C 级螺栓进行抗剪,常用 C 级螺栓在钢结构安装中做临时固定之用。在重要连接中,采用粗制螺栓连接时须加特殊支托(牛腿或剪力板)来承受剪力。

地脚螺栓分一般地脚螺栓、直角地脚螺栓、锤头螺栓、锚固地脚螺栓四种。一般地脚螺栓和直角地脚螺栓是在浇制混凝土基础时预埋在基础混凝土之中用以固定钢构件的。

(2)高强度螺栓

高强度螺栓是用优质碳素钢或低合金钢制成的一种特殊螺栓。8.8 级高强度螺栓采用 35 号钢、45 号钢(屈服强度 = 660 N/mm^2),经热处理后制成;20MnTiB 钢(屈服强度 = 940 N/mm^2)制成 10.9 级。此外,还有尚未列入规范的 6.8 级高强度螺栓也在结构安装中使用。高强度螺栓连接具有安装简便、迅速、承载力高、受力性能好、安全可靠的优点。高强度螺栓的连接已经成为继铆钉连接之后发展起来的一种新型结构连接形式,目前已发展为当今钢结构连接的主要手段之一。

高强度螺栓从外形上可分为大六角头和扭剪型两种,按性能等级可分为 8.8 级、10.9 级、12.9 级三种。目前我国使用的大六角高强度螺栓连接副由一个螺栓、一个螺母、两个垫圈(螺头和螺母两侧各一个垫圈)组成;扭剪型高强度螺栓连接副由一个螺栓、一个螺母、一个垫圈组成。螺栓、螺母、垫圈在组成连接副时,其性能等级要相互匹配。

高强度螺栓按连接形式分为摩擦型连接、承压型连接、拉张型连接三种。摩擦型连接和承压型连接均属抗剪连接螺栓:摩擦型连接是通过板、件间的抗滑力传递抗剪力的,以板件之间出现滑动作为其承载力的极限状态;承压型高强度螺栓种类很多,有施加预应力的或施加 50% 预应力的,有紧配式的和打入式的,也有正常孔型的,都是以板层间出现滑动作为正常使用状态(即荷载为极限状态)的方法。使用这种方法进行高强度螺栓承载能力计算与普通螺栓连接完全相同。高强度螺栓受拉连接是螺栓杆轴力方向受拉的连接。

2. 螺栓的储运和保管

① 储运和供应。

螺栓正常成套出厂,有螺栓、螺母、垫圈组成连接副。其中,高强度螺栓连接副由制造厂按批配套供货,出厂合格证、高强度螺栓连接副的形式、尺寸及技术条件等均应符合现行国家标准的规定。

② 仓库保管。

高强度螺栓连接副按包装箱注明的规格、批号、编号、供货日期进行清理,分类保管,存放在室内仓库中,堆积不要高于三层,室内应进行防潮处理,长期保持干燥,防止螺栓生锈和被脏物沾污,防止扭矩系数发生变化。螺栓堆存时其底层距地面应架空约 300 mm。

经长期存放的高强度螺栓连接副在使用前,应再次作全面质量检查,开箱后发现有异常现象时,也应进行检验,经鉴定合格后再使用。

三、围护材料

压型钢板是以冷轧薄钢板为基板,经镀锌后覆以彩色涂层材料,再经辊压机弯曲成型的表面具有波纹的一种金属压型板材,它具有成型方便,施工速度快捷、外形美观、重量较轻、生产效率高等诸多优点,因为便于工业化和商品化生产,所以被广泛用于建筑屋面及墙面。

1. 压型钢板的分类

在工程方面,往往用压型钢板的波形截面进行区分,主要有:

① 高波板,波高大于 75 mm,适用于屋面板。

② 中波板,波高 50～75 mm,适用于楼面板(又称楼承板)及中小跨度的屋面板。

③ 低波板,波高小于 50 mm,适用于墙面板。

2. 压型钢板的质量要求

压型钢板的基材,材质应符合设计要求和现行国家的相关标准,其中,钢材应符合现行国家标准《碳素结构钢》(GB/T 700—2006)中的 Q215 和 Q235 牌号规定,或《低合金高强度结构钢》(GB/T 1591—2008)中的 Q345 或其他牌号钢材的质量要求。热镀锌钢板或彩色镀锌钢板(有机涂层)的力学性能,工艺性能,涂层性能应符合《建筑用压型钢板》(GB/T 12755—2008)的有关规定。

由于压型钢板在建筑工程中也经常用于楼面板(又称楼承板)永久性支撑模板和钢筋混凝土,叠合为一起,因此,不仅要求有一定的力学性能和防腐性能,而且要求要有必要的防火能力,满足设计和规范的要求。

建筑物在采用的围护板材以及建筑屋面与楼面的承重板材时,镀锌钢板应用于无侵蚀环境;彩色涂层压型钢板可用于弱侵蚀及中等侵蚀环境,并应根据侵蚀条件选用相应的涂层系列。

3. 压型钢板的选用原则

有保温隔热要求时可采用压型钢板内加设矿棉等轻质保温层的做法形成保温隔热屋(墙)面。压型钢板的屋面坡度可选用 1/6～1/20;当屋面排水面积较大或地处大雨量区及板型为中波板时,应选用 1/10～1/12 的坡度;当采用长尺度压型板,可采用 1/15～1/20 的屋面坡度;当为扣压式或咬合式压型板(无穿透面紧固件)时,可采用 1/20 的屋面坡度;对暴雨或大雨量地区的压型板屋面应进行排水验算。

一般永久性大型建筑选用的屋面承重压型钢板宽度与基板宽度(一般为 1 000 mm)之比为覆盖系数,应用时在满足承载力及刚度的条件下宜尽量选用覆盖系数小的板型。

4. 常用压型板规格

(1) 压型板厚度

常用屋面和墙面单层压型钢板,其厚度广泛采用 0.5 mm 的涂层彩板。楼板用压型钢板,其厚度为 0.8～1.2 mm。选用时可参照现行国家标准和生产厂家提供的技术资料。

（2）常用规格

常用的屋面和墙面单层压型钢板规格见表 2-81,常用的楼板用压型钢板规格见表 2-82。

表 2-81　常用屋面和墙面单层压型钢板规格

序号	型　号	截　面　简　图	展开宽度（mm）	有效宽度（mm）	适用部位
1	YX35-125-750（V125）		1 000	750	墙面内外板、屋面底板
2	YX130-300-600（W600）		1 000	600	
3	YX52-600（U600）		724	600	屋面
4	YX51-360（角驰Ⅱ）		500	360	
5	YX51-380-760（角驰Ⅲ）		1 000	760	屋面
6	YX114-333-666		1 000	666	屋面
7	YX28-150-750		1 000	750	
8	YX28-205-820		1 000	820	
9	YX15-225900		1 000	900	墙面内外板、屋面底板
10	YX12-110-880		1 120	880	
11	YX10-105-840		1 000	840	

(续表)

序号	型号	截面简图	展开宽度（mm）	有效宽度（mm）	适用部位
12	YX32 - 210 - 840		1 000	840	屋面墙面
13	YX25 - 1210 - 840		1 000	840	
14	YX30 - 160 - 800		1 000	800	屋面墙面
15	YX26 - 205 - 820		1 000	820	墙面
16	YX75 - 600（AP60）		1 000	600	屋面
17	YX28 - 200 - 740（AP740）		1 000	740	墙面
18	YX51 - 421		600	421	屋面
19	YX59 - 450		600	450	

表 2-82 常用楼板用压型钢板规格

序号	型号	截面简图	展开宽度（mm）	有效宽度（mm）	适用部位
1	YX51 - 240 - 720		1 000	720	开口式
2	YX75 - 200 - 600（U200）		1 000	600	
3	YX76 - 344 - 688（U688）		1 000	688	开口式

（续表）

序号	型 号	截 面 简 图	展开宽度 （mm）	有效宽度 （mm）	适用 部位
4	YX46 - 200 - 600		1 000	600	
5	YX66 - 240 - 720		1 300	720	闭口式
6	YX51 - 190 - 760		1 250	760	
7	YX65 - 185 - 555		1 000	550	闭口式
8	YX65 - 185 - 555		1 250	550	闭口式

5. 铝及铝合金压型板

（1）铝及铝合金压型板的型号，合金牌号、供应状态和规格（表2-83）

表2-83 铝及铝合金压型板的型号、合金牌号、供应状态和规格 （mm）

型 号	合金牌号	供应状态	波高	波距	厚 度	宽度	长 度
V25 - 150 I	L1 - L6 LF21	Y	25	150	0.6～1.0	635	1 700～6 200
V25 - 150 II						935	
V25 - 150 III						970	
V25 - 150 IV						1 170	
V60 - 187.5		Y、Y2	60	187.5	0.9～1.2	826	
V25 - 300		Y2	25	300	0.6～1.0	985	1 700～5 000
V35 - 115		Y、Y2	35	115	0.7～1.2	720	≥1 700
V35 - 115 I			35	115	0.7～1.2	710	
V35 - 125 II			35	125	0.7～1.2	807	
V130 - 550			130	550	1.0～1.2	625	≥6 000
V173			173	—	0.9～1.2	387	≥1 700
Z295		Y	—	—	0.6～1.0	295	1 200～2 500

注：如需要其他板型或规格的压型板，供需双方可另行协商。

（2）铝及铝合金压型板的板型（图 2-9）

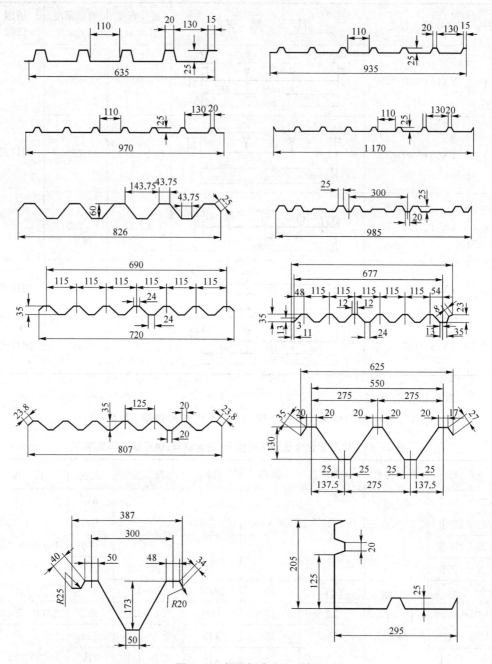

图 2-9　铝及铝合金压型板

（3）压型钢板连接件的性能和用途

连接件泛水板、包边、包角板一般采用与压型板相同的材料，用折弯机加工。由于泛水板、包边、包角板等配件（包括落水管、天沟等）都是根据工程实际所需单独设计的，故除外形尺寸偏差外，没有统一的要求和标准。

6. 螺钉

压型钢板的连接除了板间的搭接外,还需要使用定形连接件,例如自攻螺钉。自攻螺钉分为自攻自钻螺钉和打孔螺钉,前面钻头,后面丝扣,在专用电钻卡固定下操作,孔洞与螺钉匹配紧固质量好。打孔后再攻丝扣的自攻螺钉施工程序多,紧固质量不如前一种,目前广泛使用自钻自攻螺钉,见表 2-84。

表 2-84　压型钢板常用主要连接件

名　　称	性　　能	用　　途	备　　注
单向固定螺栓	抗剪力 2.7 t 抗拉力 1.5 t	屋面高波压型钢板与固定支架的连接	
单向连接螺栓	抗剪力 1.34 t 抗拉力 0.8 t	屋面高波压型钢板侧向搭接部位的连接	
连接螺栓		屋面高波压型钢板与屋面檐口挡水板、封檐板的连接	
自攻螺钉（二次攻）	表面硬度: 50～58HRC	墙面压型钢板与墙梁的连接	
钩螺栓		屋面低波压型钢板与檩条的连接,墙面压型钢板与墙梁的连接	
铝合金拉铆钉	抗剪力 0.2 t 抗拉力 0.3 t	屋面低波压型钢板、墙面压型钢板侧向搭接部位的连接,泛水板之间、包角板之间与压型钢板搭接部位的连接	

由于自攻螺钉近几年多由国外引进,例如瑞士 SFS 工业集团研究和生产的施百达螺钉和特制锋系列自攻螺钉成为钢结构建筑业的首选,尺寸大部分沿用英制,其常用规格直径需换算成公称直径,参见表 2-85。

表 2-85 自攻螺钉公称直径

规格(直径级数)	6	8	10	12	14
公称直径(mm)	3.45	4.20	4.8	5.5	6.5

7. 常用夹芯板的规格和用途(表 2-86)

表 2-86 常用保温夹芯板板型

序号	型号	截面简图	有效宽度 (mm)	适用部位
1	YJYB1		1 000	墙面
2	JB42-333-1000		1 000	屋面
3	YJYB2 (承插式)		1 000	墙面
4	JB45-500-1000		1 000	屋面
5	JB40-320-960		960	屋面
6	JB40-305-960		960	屋面
7	JB35-125-750		750	墙面

8. 上海市《轻质隔热夹芯板》Q/IZFA001-90 摘录

(1) 型号表示方法(图 2-10)

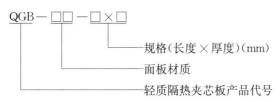

$$QGB - \square\square - \square \times \square$$

规格(长度×厚度)(mm)

面板材质

轻质隔热夹芯板产品代号

图 2-10　轻质隔热夹芯板型号表示方法

(2) 标记示例 QGB-5-3000×75

面板为彩色钢板,规格为:长 3000 mm、厚度 75 mm 的轻质隔热夹芯板。表 2-87 为各种厚度夹芯板的参数。

表 2-87　各种厚度夹芯板参数

代　　号	GG	LL	LG	GZ	LZ	ZZ
板厚(mm)	50	75	100	150	200	250
理论板重(kg/m²)	10	10.44	10.89	11.79	12.69	13.59
上面板	彩钢板	彩铝板	彩钢板	彩钢板	彩铝板	装饰板
下面板	彩钢板	彩铝板	彩铝板	装饰板	装饰板	装饰板

注:1. 按用户要求,装饰板可用保丽板、胶合板、红泥塑料板等。
　　2. 夹芯板厚度有:40,50,75,100,150,200,250(mm)等七种规格,宽度为 0.965~1.2 m,长度不限。
　　3. 夹芯板材料有:聚苯乙烯、玻璃棉、岩(矿)棉、聚氨酯四种。

(3) 夹芯板的性能与技术要求(表 2-88~表 2-91)

表 2-88　彩钢夹芯板(聚苯乙烯芯)板厚与理论重量

板厚(mm)	40	50	75	100	150	200	250
理论重量(kg/m²)	10.3	10.5	11.0	11.5	12.5	13.5	14.5

表 2-89　薄型彩钢面聚苯乙烯夹芯板传热系数

板厚(mm)	50	75	100	150	200	250
传热系数 [W/(m²·K)]	0.663	0.442	0.331	0.221	0.166	0.133

表 2-90　夹芯板允许垂直荷载　　　　(kN/m²)

夹芯板厚 (mm)	钢板高(mm)						
	2.5	3.5	4.0	5.0	5.5	6.0	7.5
50	15	12	10	8	7	6	4
75	25	21	19	15	14	12	9

夹芯板厚	钢板高(mm)						
（mm）	2.5	3.5	4.0	5.0	5.5	6.0	7.5
100	35	30	28	23	21	19	15
150	56	50	47	41	38	36	28

表 2 - 91　夹芯板允许最大跨度

（用于不上人屋面,控制挠度 $f \leqslant L/240$）　　　　　　　（m）

荷载(kN/m²)	夹芯板厚(mm)					
	50	75	100	150	200	250
0.25	5.1	6.9	8.0	9.9	11.4	12.8
0.50	3.7	4.9	5.7	7.0	8.0	9.0
1.00	2.5	3.4	4.0	4.9	5.7	6.4
1.50	1.9	2.7	3.5	4.4	4.6	5.2
2.00	1.4	2.1	2.8	3.5	4.0	4.5

（4）岩棉、矿渣棉夹芯板

这类夹芯板是用彩色钢板作面层,以非燃材料岩棉、矿渣棉板为芯材,用双组分聚氨酯为胶黏剂,经连续加热加压复合成型,定尺同步切割而成。这类夹芯板的自重、导热、压缩强度、吸水性等各项指标比聚氨酯和聚苯泡沫塑料的差,但它具有高达 600℃ 的使用温度、不燃性 A 级的突出特点,因而有一定的使用范围,适合用于防火等级要求高的建筑物的轻型板材。岩棉不含石棉、氟利昂的材料。耐火时间按厚度而定,厚度 50 mm 可耐火 1 h,厚度 75 mm 可耐火 1.5 h,厚度 100 mm 可耐火 2 h。达到同样隔热、保温效果的三种材料厚度,岩棉夹芯板厚 50 mm,加气混凝土厚 152 mm,挤压成型空心混凝土厚 456 mm。岩棉、矿渣棉夹芯板的密度不应小于 100^{+10}_{+20} kg/m³。岩棉夹芯板重量很轻,与具有相同隔热、保温性能的黏土砖相比,其重量只有黏土砖的 $\frac{1}{8} \sim \frac{1}{20}$。

岩棉夹芯板可使用 20 年以上,具有良好的吸音性,可防噪声。

（5）聚氨酯夹芯板

作为建筑板材,聚氨酯泡沫塑料的燃烧性能应符合《建筑材料燃烧性能分级方法》(B2)的规定。行业标准《金属面硬质聚氨酯夹芯板》(JC/T868—2000)规定:厚度小于 50 mm 时,偏差为 ±2 mm;厚度为 50～100 mm 时,偏差为 ±3 mm。

聚氨酯夹芯板又称 PU 夹芯板,可分为屋面板和墙板,墙板按墙面的排列方式分为竖向墙板和横向墙板,竖向墙板的连接方式一般为承插口式连接,横向墙板一般为上下搭接和隐藏式两种。常用规格:厚度 30,40,50,60,70,80,100(mm);有效宽度 1 m,长度＜12 m。聚氨酯泡沫塑料密度 30 kg/m³,热导率 0.022～0.027 W/(m·K)。

聚氨酯夹芯板具有重量轻、保温隔热性能好、防火性能好等特点,被广泛用于厂房、大型公共建筑,例如体育馆、会展中心、机场等建筑。

(6) 聚苯乙烯芯板

聚苯乙烯芯板又称 EPS 夹芯板,是以彩色钢板为面层,以阻燃聚苯乙烯泡沫塑料为芯材,用双组分聚氨酯作为胶黏剂,经连续加热加压复合成型,定尺同步切割而成。聚苯板密度分为三级,第一类为不承受负荷的,第二、三类承受负荷,第三类密度为 20 kg/m³ 左右,我国建材标准《金属面聚苯乙烯芯板》JC689—1998 规定其体积密度不小于 18 kg/m³,热导率应不大于 0.041 W/(m·K),其阻燃性为离火后 2 s 内自熄。聚苯乙烯芯板表面比较平整、装饰性好,但防火性能较低,应用在一定程度上受到限制,一般用于冷库、临时建筑和防火要求低的厂房等。

(7) 夹芯板的检验

彩色钢板板的原材料检验标准有:《金属面聚苯乙烯夹芯板》JC689—1998;《金属面硬质聚氨酯夹芯板》JC/T868—2000;《金属面岩棉矿棉夹芯板》JC/T869—2000。

9. 彩色涂层钢板的用途和使用寿命

由于彩色涂层钢板的用途和使用环境条件不同,影响其使用寿命的因素比较多,彩色涂层钢板的使用寿命根据使用功能可分为以下几种:装饰性使用寿命、涂层翻修的使用寿命和极限使用寿命。

根据我国目前常用的彩板种类和正常使用的环境来看,建筑用彩色涂层钢板的使用寿命大体上是:装饰性使用寿命 8~12 年,翻修使用寿命 12~20 年,极限使用寿命 20 年以上。

10. 压型钢板密封材料

压型金属板工程密封材料分为防水密封材料和保温隔热材料两种。防水密封材料主要使用密封胶和密封胶带,密封胶应为中性硅酮胶,包装多为简装,并用推进器(挤膏枪)使力挤出;密封胶带是一种双面有胶黏剂的带状材料,多用于彩板与彩板之间的纵向搭接缝层中。隔热密封材料主要有软泡沫材、玻璃棉、聚苯乙烯泡沫板材、石棉材及聚氨酯现场发泡封堵材,这些材料主要用于封堵保温房屋的保温板材或卷材不能达到的部位。

四、钢结构涂装材料

钢结构的锈蚀是一个潜移默化的进程,它不仅会造成结构自身的经济损失,还会直接影响生产和安全。钢材本身虽不是燃烧体,它却易导热怕火烧,普通建筑钢的热导率是 67.63 W/(m·K)。随着温度的升高,钢材的机械力学性能,诸如屈服强度、抗压强度、弹性模量以及承载力等都迅速下降,温度达到 600℃时,强度几乎等于零。因此,在火灾情况下,钢结构不可避免地会产生扭曲变形,最终导致结构垮塌毁坏。所以,做好钢结构的防腐和防火工作具有重要的意义。

为了减轻或防止结构的腐蚀,提高钢结构的耐火等级,目前国内外通用的做法是在钢结构表面进行涂装防护。涂装防护是利用涂料的涂层使被涂物与环境隔离,从而达到防腐和防火的目的,延长被涂物的使用寿命,提高其耐火等级。涂层的质量是影响涂装防护效果的关键因素,而涂层的质量除了与涂料的质量有关外,还与涂装之前钢构件表面的除锈、漆膜厚度、涂装的施工工艺条件和其他诸多因素相关。

1. 钢结构防腐涂料

我国涂料产品按《涂料产品分类、命名和型号》(GB/T 2705—2003)的规定,以涂料基料中主要成膜物质为基础,若成膜物质为混合树脂,则以漆膜中起主要作用的一种树脂为基础进行分类、命名。

我国涂料分为十七类,它们的代号见表 2 - 92,建筑钢结构工程常用的一般防腐涂料是油脂性系列、酚醛系列、醇酸系列、环氯系列、氯化橡胶系列、沥青系列、聚氨酯系列。

表 2 - 92　涂料类别代号

代　号	涂料类别	代　号	涂料类别
Y	油脂漆类	X	烯树脂类
T	天然树脂类	B	丙烯酸漆类
F	酚醛树脂类	Z	聚酯漆类
L	沥青漆类	H	环氧树脂类
C	醇酸树脂类	S	聚氨酯漆类
A	氨基树脂类	W	元素有机漆类
Q	硝基漆类	J	橡胶漆类
M	纤维素漆类	E	其他漆类
G	过氯乙烯漆类		

2. 钢结构防火涂料

① 防火涂料分类。

钢结构防火涂料是施涂于建筑物及构筑物的钢结构表面,能形成防火隔热保护层,以提高钢结构耐火极限。钢结构防火涂料按其涂层厚度及性能特点可分为:

B 类薄涂型钢结构防火涂料涂层,厚度一般为 2～7 mm,在一定装饰效果高温时膨胀耐火隔热,耐火极限可达 0.5～2.0 h;

H 类厚涂型钢结构防火涂料,其涂层厚度一般为 8～50 mm,粒状表面,密度较小,热导率低,耐火极限可达 0.5～3.0 h,又称钢结构防火隔热涂料。

② 钢结构防火涂料的技术条件与性能指标,用于制造防火涂料的原料应预先检验,不得使用石棉材料和苯类溶剂。

③ 防火涂料应是碱性或偏碱性;复层涂料应相互配套;底层涂料应能同普通的防锈漆配合使用。

④ 涂层干后不应存在刺激性气味;燃烧时一般不产生浓烟和有害人体健康的气味。

第三章　钢结构制作工艺规程编制

钢结构制作工艺规程,是确保钢结构构件加工制作质量的指导性技术文件,是加工制作过程中实施操作的依据和法规。按工艺规程加工制作,对质量、进度、安全都具有有效的保证。但在实际工作中,对工艺规程的重要性认识程度不一,特别是当生产任务重、进度紧迫的情况下,往往得不到全方位的执行,这是不应出现的。原则性问题,应彻底根治。

第一节　钢结构制作工艺规程的重要性

钢结构制作工艺规程是确保构件制作质量的前提。

一、严格执行钢结构制作工艺规程

钢结构制作工艺规程签发后,生产过程中相关管理人员及操作者必须认真执行,不可以任何借口、任何理由违背工艺规程施工,更不可擅自更改工艺规程。

事物总是在不断地变化和发展,工艺规程不是一成不变的,而总是在生产实践中不断改进和完善。因此,一切生产管理人员和操作者在实施工艺规程过程中,有权对工艺规程内容提出问题,但无权任意更改工艺规程内容。当发觉工艺规程内容存在疑问时,应及时向有关部门或工艺员汇报,征得意见,如主管部门和工艺员对所提问题认为无须修改原规程,在这样的情况下,一切生产人员必须不折不扣地执行工艺规程内容,任何人不得违背工艺规程内容行事。

工艺规程是确保钢结构工程构件制作质量的指导性文件。钢结构的加工制作是一个复杂而特殊的过程,主要在于钢结构产品是由许多零部件组合而成的,这些零部件的加工过程,都必须经过很多工序,有的零部件还需精加工后才可组合,构件体形不一、重量不一、质量要求不一、加工工艺过程不一,钢结构整体要求高、允许偏差较小,有的工程还需经预拼装检验整个制作过程中每道工序的制作质量精度,而且除极少机加工零件之外,其他均是大量的手工操作,因此,随机性和不稳定性也多。钢结构工程加工制作的质量比一般工业产品质量更难掌控,因而必须高度重视钢结构制作工艺规程的编制,提高工艺质量,这是控制钢结构构件制作质量最切实的途径之一。

钢结构制作工艺规程理念包含以下内容。

① 工艺:加工制作钢结构产品全过程中具体的操作法规。工艺内容中不仅规定了加

工制作的方法,而且还规定了设备工夹胎具、技术标准和各项具体的要求,如材料使用规定、各工序阶段性工作及质量具体要求、生产工艺流程布局规定。通过对以上所规定的内容实施工作,将原材料或半成品转变成产品的方法和过程称之为工艺。

②工艺规程:每件产品的制作工艺规程是由专人负责拟定,并经多方研讨修改而成的规范的工艺技术文件。工艺规程除规定全方位制作原则条款之外,还对各个工序规定了操作程序和关键部位的具体操作细则及要求。无论加工制作何种钢构件,都必须按工艺规程所规定的内容实施,从事钢结构的人员都应严格执行。

③工艺过程:由若干个顺序排列的工艺所组成,原材料(毛坯)依次通过这些工序的加工变成为成品。所谓工序,就是指一个(或一组)工人在一个固定的工作地点,对一个或几个工作工件所连续的那一部分加工过程。工序是工艺过程的基本单元。为了便于分析和描述其复杂的工序,在工序内又分出工步。

产品的生产过程包括一系列工作,如产品设计、生产组织准备和技术准备、原材料采购、保管和运输、材料拼焊接、材料预处理、切割下料、零部件的机加工、矫正、组装、总组装、焊接、预拼装、调整、除锈、涂装、编号、包装等。这些工作是生产过程中直接改变生产对象的形状、尺寸和材料经处理后的性能,使它变为成品的过程称之为工艺过程。

二、工艺规程在生产中的作用、分类及形式

1. 工艺规程在生产准备和生产中的作用

①工艺规程控制,是生产技术准备的主要内容之一。工艺规程是组织生产的重要依据,如原材料准备、工艺装配的设计与制作、技术与劳动力均衡、场地安排、生产进度、技术规范、质量验收标准、尺寸公差规定、防止焊接变形措施、焊接规范要求等都在工艺规程中作了明确的规定。编制先进而又切合实际的工艺规程,可以使生产有序进行,有利于生产进度、质量、安全,从而降低成本提高经济效益。

②工艺规程在生产中的作用。工艺规程签发后,在生产过程中相关管理人员和操作者必须严格执行的纪律性文件,它对生产、进度、质量等起实施依据性使之有章可循。因此,任何人都不可以任何借口、任何理由不执行工艺规程。

③工艺规程是生产过程中指导性技术文件,它对每道工序的工作步骤、关键部位的疑难问题都做了详细的说明和规定。因此,不仅对操作者提供了技术指导,还对生产组织及计划调度人员起到纲领性的指导作用。

2. 工艺规程的分类

以文件作用性质分类,工艺规程可分成纲领性文件、指导性文件、操作性文件。

(1)纲领性文件。主要通过路线卡形式概述内容及作用,以工序为单位表达制造全部工艺过程,指导管理人员和技术人员了解产品全过程,以便组织生产和编制工艺文件,使操作者熟悉上下工序间的工作关系。路线卡中的主要内容有工序序号、工种、作业区、工序名称和内容、使用工艺装配、定额工时等。

(2)指导性文件。主要内容有两大类:一是以工艺守则形式概述其内容及作用,是纪

律性文件,详细规定了生产过程中有关人员应遵守的工艺纪律,一般按工种或工序进行编制,如加工工艺守则、装配工艺守则、焊工工艺守则等;二是以工艺规范形式概述其内容及作用,是对工艺过程中技术要求的统一规定,适用于大批量生产、产品单一或工艺过程不变的场合。

(3) 操作性文件。一类是以工艺过程卡形式,以单个零件制作为对象,详细说明整个工艺过程的工艺文件,用来指导操作方法,工艺卡中通常包含零件的工艺特性、材料、形状和尺寸、工艺装备的选择、各工艺步骤的操作方法、所应用的工艺装配、工时定额等;另一类是以典型工艺卡的形式,即当批量生产结构相同或相似、规格不一的产品,可采用典型卡的形式(格式与工艺过程卡类似)。

(4) 工艺规程的实施　钢结构构件加工制作每道工序的质量是确保工程构件整体质量的基础。每道工序的质量要达到规范要求,首要的是将工艺规程不折不扣地落实于每道工序的工作上。因此,从事钢结构加工制作的同行们,大家共同重视钢构件在工序加工制作时工艺规程的实施与落实,确保钢结构构件加工的制作质量。

第二节　钢结构制作工艺规程的编制

一、编制钢结构制作工艺规程方法

1. 编制工艺规程原则

编制工艺规程的原则是在一定条件下,以最快、最少的劳动力,以最低的成本,最好的质量,可靠地加工出符合图纸和技术要求的产品。制定工艺规程时注意以下三方面问题。

① 技术上的先进性。在制定工艺规程时,要了解国内外本行业工艺技术的发展,经过必要的工艺试验,采用先进的工艺和工艺装配。

② 经济上的合理性。在一定的生产条件下,可能会出现多个能保证工件技术要求的工艺方案,在这样的情况下,应全面考虑并且经过核算对比,选择经济上最合理的方案。例如,CO_2气体的使用,如选择混合气体,其价格每瓶比纯气体高三分之二,所起作用并不明显,但成本明显上升。

③ 创造良好的劳动条件。在编制工艺规程时要特别注意操作者所在场地应具有良好的劳动条件,对存在的问题应采取措施予以改善,使生产者处于心情舒适的条件下工作。例如,钢结构制作现场,以前仰焊全靠手工操作,劳动强度大且效率低,现改为陶瓷衬垫,以平焊替代仰焊,既改善劳动条件,又提高生产效率。

2. 编制工艺规程步骤

① 了解工程项目整个概况。

② 分解设计图纸,对图纸技术要求全面透彻了解,同时将图中的要点一一笔录,仔细审核图纸各部位节点尺寸,对疑点、复杂难点及个人设想汇集成文交设计单位解答和确认。然后,按设计确切要求内容,有针对性地将其编写于工艺规程内容之中。

③ 拟定工艺规程方案。

a. 分析所有钢材的可焊性,选择焊接方法和焊材,结合实际确定适合构件制作工艺的工艺装配(设计工夹胎具)。

b. 确定工序、工步和各环节的操作程序。

c. 确定各工序、工步的具体操作方法和技术要点,包括隐蔽处焊接、油漆等都得明确规定要求,规定工序零、部件及半成品交接规定条文。例如,对于切割工序,切割后的零件应修正并经矫正符合要求后,流向下道工序,否则不允许将不符合要求的零件流向任何工序。

d. 拟定制作工艺规程草案后,与相关部门人员共同研讨,修改为加工单位制作工艺规程内容,然后交设计、业主、监理单位认可后,方可成为正式工艺规程技术文件。

二、编制工艺规程内容

工艺文件主要包括两方面:一是制作要领书,要领书内容主要按设计技术说明总则制订(又称钢结构制作原则工艺);二是钢结构制作细则工艺,即加工制作具体方法和要求。

1. 加工制作要领书主要内容

① 总则:工艺内容适用范围参考文件遵循规定、设计变更协议等问题的处理原则和对操作人员的交底及检验所采用的标准。

② 在一般事项中应涵盖工程概况,简要描述工程项目的特征、工程内容和范围、钢结构的特点、加工制作进度表、工厂概况、作业分工组织体系、加工制作系统图、厂区布置图、厂区位置图、构件搬运路线图、工厂设备使用机器一览表等内容。

③ 人员考核、焊工培训、焊工考试、特殊工种持证上岗、制作和检测人员资质考核。

④ 制作工艺审定、焊接工艺评定方法、焊接工艺程序、防止焊接变形措施、焊接质量标准和焊接检测方法规定、材料预处理和材料排版、拼接焊等。

⑤ 构件预拼装。编制预拼装工艺、预拼装程序、方法、检测规定、整改修正规定范围。

⑥ 检验涵盖内容为工厂内部产品检测标准、产品尺寸允许误差和修正要领。

⑦ 除锈涂装。材料及零件表面除锈等级、采用何种方法除锈规定、涂料品种、涂层厚度、涂装操作工艺规定。

⑧ 构件编号、规范包装、发运和服务至施工安装现场。

2. 加工制作工艺细则主要内容

① 加工作业流程。工装专用工夹胎具、设计和制作各工序加工程序的环节、要点及操作方法都必须有具体的要求和规定。

② 材料采购的实际尺寸、材料检测、保管和规范发放、钢材预处理、剩余料的退库规定、生产场地布局、技术力量平衡。

③ 重视各类余量及误差。放样下料,包括展开过程和制作样板误差、板厚处理、号料时工艺余量,包括气割、切割、刨铣热加工、焊接收缩余量等都必须按规范要求做好工艺余

量工作。

④ 工序质量检查设专人负责,把质量检查工作贯穿于生产全过程,更重要的是把质量问题消除在萌芽状态,杜绝将不符合要求的零件混流。

⑤ 对焊工的要求和规定。焊工超过六个月的资证,必须重新考核。焊工所焊焊缝必须有焊工、工厂钢印代号,便于跟踪追查质量问题。

⑥ 装配。分组装和总组装、装配前后的工作规定。如:零、部件不符要求(对变形件未矫正)不允许装配;基准面和基准线未准确确定不允许装配;坡口、衬垫板与规范不符不允许装配;在装配前,未对焊道两侧打磨除锈和预热工作不允许装配。又如,定位焊的位置一般规定不宜焊于正焊道内,如特殊情况必须要焊,也必须按相应的焊接规范要求进行,装配完工后必须做好工艺支撑的加固,确保起吊安全可靠。

⑦ 交工。交工时通常采用检测项目表或专用检测项目表。

第三节　建筑钢结构工艺员工作的重要性

一、工艺员工作的特殊性

1. 工艺员是技术主导者

编制钢结构制作工艺规程的工艺员,在钢结构加工制作过程中起着重要作用。工艺规程、工序、工步及各个环节上的具体操作程序和方法,均由工艺员掌控,确切地讲工艺员是钢结构加工制作技术主导者。工艺员有时还得亲自动手操作示范。工艺员起承上启下主导作用:上接设计施工图纸和技术文件,通过全面了解和分析设计所有要求,启下是与生产一线人员融合在一起,将自己所编制的工艺规程内容,通过各种措施使之成为生产者的行动,这样可使生产者结合自己的实际,更好地发挥他们的技能才华和经验智慧。

工艺员结合工程项目构件的特点,编制一整套结合实际的可行性工艺规程,关联到满足技术要求、产品质量、生产进度、生产效率、安全生产等各个方面,最终可降低成本,达到提高经济效益的目的,可见工艺员肩负的工作责任重要。

2. 工艺员自身应具备的条件

建筑钢结构工程在我国已有近百年历史,改革开放以来,钢结构的建设迅猛发展,随之我国引进、吸收和深化了很多新技术、新材料、先进工艺、先进设备,建筑钢结构工艺已成为一项方兴未艾的建筑结构产业。根据钢结构的发展需要,对编制钢结构构件制作工艺规程的工艺员的要求也应随之提高,具体有以下几方面。

① 必备的文化知识相当于大专以上(含大专),中专和高中文化的人员应具有钢结构制作及管理工作六年以上,并具有突出实际经验。

② 精通审阅各类钢结构设计图纸,能分析图中难题并提出合理建议。

③ 精通钢结构所用钢材材质、牌号、特性和应用范围。

④ 熟悉焊接材料焊丝、焊剂、焊条应用范围和匹配。

⑤ 具有刻苦学习,不怕苦、不怕累、工作认真负责、善于帮助他人和参与企业管理的思想作风。

3. 工艺员应达到的岗位工作能力

① 熟知钢结构施工制作、安装和安全生产及验收的各项规范。

② 制定钢结构生产工艺流程和工程施工组织设计,在工艺实施全过程中有较好的实际应变能力。

③ 严格按质量保证体系要求,进行有目标的管理、编制工艺规程,在施工过程中协同做好工艺实施工作。

④ 熟练掌握钢结构制作常规工艺和典型结构的工艺规程制订及实施运用,同时合理预算使用材料,精通展开放样、划线号料工作。

⑤ 随时可示范各类构件装配、冷热加工、钢结构模具设计制作和使用操作、矫正各种变形构件(包括材料矫正),熟悉气割、铆接、防腐工艺规范。

4. 工艺员应有的岗位职责

① 负责工程项目全过程的施工。按工程项目的特点制订切实可行的施工工艺或施工方案,结合工程实际所需设计独特的新的施工模夹具。

② 解决钢结构工程施工全过程中出现的各种技术问题,如制作中的装配、防止焊接变形措施、矫正、预拼装、除锈、涂装、安装等各项相关技术问题。

③ 按工程结构所需做好焊接工艺评定,及首件试制和施工、设备的检测,如焊接参数、材料试验等报告汇集成册存放。

④ 对工艺规程的编制要有所创新,在制订工厂常规工艺即通用工艺的同时,应不断掌控和贯彻执行新工艺、新技术、新材料、新装备。

⑤ 要到施工现场去。钢结构加工制作车间和施工安装工地是钢结构工程施工全过程中的实施天地,虽然在制作安装施工中都有工艺规程和施工方案,但实际施工中有时对某些问题的处理,会超越工艺规程的相关内容,在现场可以学到从书本上学不到的知识,了解到在办公室和焊接试验室碰不到的问题。实践知识是宝贵经验的财富,它会使人们开拓思路增长才干,并且可以帮助我们修正错误;因此,工艺员要多到生产车间和施工工地一线去。

⑥ 工艺基础管理工作。工艺员不能局限于编制工艺规程,更重要的在于管理好,工艺流程的实施,具体应做好以下几方面:

a. 工艺员应尽一切努力参加生产会议,了解工艺规程在生产过程中实施执行情况,同时掌控技术参数和工艺装备使用效率,做到有的放矢地检查存在的问题,协助生产一线解决难题。

b. 编制工厂常规工艺(又称通用工艺),将常用的工艺参数编成手册,做到生产人员人手一册,工作时可按手册规定执行,这样就能不必事无巨细样样去问工艺员,工艺员可抽出时间学习新工艺、新技术、新材料及新设备,掌握新知识充实工艺规程,用于新产品。

c. 编制产品制作工艺,可依常规工艺为基础(通用工艺),编制产品制作工艺时有些内容可注明"参照常规工艺某部分即可",不必要面面俱到,力求简化。

　　d. 技术交流实际是工艺员工艺基础管理的主要组成部分。工艺初稿编制的拟定是以构件产品的特点和技术要求为依据,将工艺初稿推向生产一线人员,主要使生产人员了解要求、知晓那些环节应特别注意精心操作,同时听取各方合理建议,为定稿工艺做好准备。这样可使工艺规程实际化,可达到可行性较强的工艺规程。

　　5. 施工中各项变更签证

　　① 钢材利用率:国家规定型材定 6% 的余量,钢板为 8% 的余量,若业主来料规格不符要求,严重影响利用率,则工艺员有责任将问题向业主讲清楚,并提出增加补偿材料报告,认可签证。

　　② 图纸修改增加构件重量,图纸修改增加人工和辅材,工程量增加引起构件重量的增加,材料代用增加的重量等增补。

　　上述变更内容属工程量增加之范围,工艺员应在施工过程中及时对所需增补的内容一一做好书面记录,报设计、业主和监理,经负责人审核认可签证。如这些工作待完工后再去办理,则可能影响了确切的具体增补数额,应尽早校对做好签证工作。

　　6. 工程总结工作

　　钢结构工程结构件制作安装竣工后的总结工作,是工艺员职责范围重要工作之一。怎样做好这项工作,关键在于重视工程全过程各个环节和各个阶段的施工实际情况,一个不漏地给予总结。通过总结吸取经验和教训,即工艺内容在实施过程中哪些方面应改进和提高,哪些方面属先进和实用;这样才能不断提高工艺员自身编制工艺规程的水平。同时还应做好总结资料的汇集归档,利于将来查阅。

二、工艺员工作质量的关键性

　　工艺员的工作质量是决定编制工艺规程质量的关键,虽然工艺员具有一定的条件才能胜任工艺员工作。如果工艺员以为自身既有文化又有工作经验,而满足于现状,不再积极学习新知识,则意味着倒退,必然影响工作质量。因此,工艺员应不断学习新工艺、新材料等知识,经常总结工作得失,提高自身工作质量,这样才能把钢结构构件制作工艺规程编制工作真正做好。

第四章 钢结构制作综合工艺流程工序程序规范

第一节 钢结构制作综合工艺流程与生产工序关系

钢结构制作综合工艺流程是代表性的生产流水线流程顺序,任何钢结构的加工制作都可参照这一流程顺序。综合工艺流程是工程结构件加工制作生产全过程的工序,又可称之为钢结构加工制作通用工艺流程顺序。

一、钢结构制作综合工艺流程与一般结构和典型结构(特殊结构件)工艺流程的关系

综合工艺流程的内容涵盖了一般结构和典型结构及其他非标构件的制作工艺流程。典型结构制作工艺流程除参照综合工艺流程顺序外,还必须按各类典型结构的特殊要求增设、调整部分工序流程的格局和具体的工作步骤,否则不能适应典型结构的制造要求。

二、钢结构制作工艺规程与钢结构制作综合工艺流程及生产工序的关系

工艺规程与工艺流程、生产工序,应该讲是一个整体的几个方面,钢结构加工制作工艺规程涵盖了工艺流程和生产工序顺序。工艺流程与生产工序密切相关(也可称为工序流程顺序),生产过程中每道工序其实就是生产流水线上每个流程点,虽然工序与流程点名词有所区别,但其涵盖的内容所起的作用是相同的,不同之处在于流程点只起名词作用,而每道工序的要求既严格又具体,如加工制作的材料规格、材质、各工序的操作方法、技术规范、质量标准和相关规定等都在工艺流程内容内,对工序作了明确规定,这些规定是通过生产过程中每道工序去实施落实的。

从广义上讲,一个钢结构加工制作工厂,其生产流水线正确与否,取决于工艺流程的合理布局,有了合理的布局会使生产流水线顺利进行,反之会使生产流水线局部出现倒流、脱节等不正常现象,从而影响生产。因此,钢结构制作工艺流程布局正确与否是钢结构加工制作工厂在生产过程中能否顺利进行的关键。

为了便于概述综合工艺流程相关内容,本书将整个综合工艺流程分成三个阶段,见图4-1。

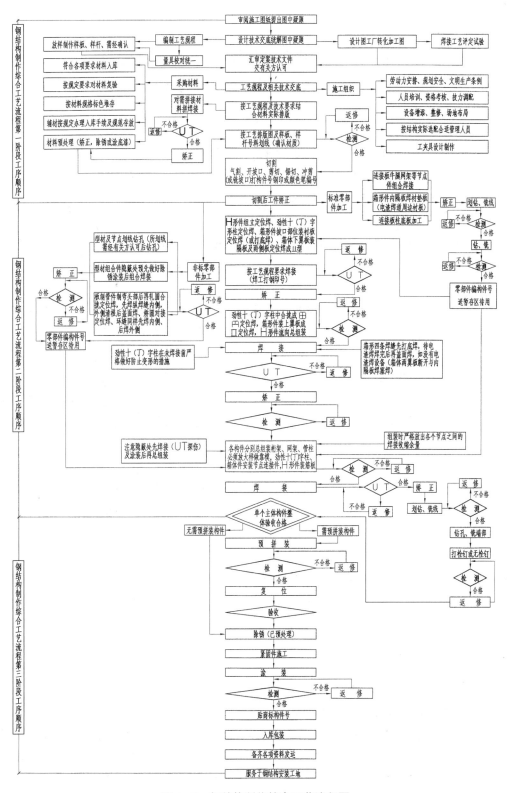

图 4-1　钢结构制作综合工艺流程图

第二节　钢结构制作综合工艺流程
第一阶段工序程序规范

一、审阅设计施工图纸

审阅钢结构施工图纸时,要注意审阅顺序及分析方法,具体有以下几方面:

① 确认设计文件是否齐全,设计文件包括设计图、施工图、图标技术说明和变更等;

② 构件几何尺寸和相关构件的连接尺寸是否标注齐全和正确;

③ 节点是否清楚,构件之间的连接形式是否合理;

④ 材料表内构件的数量是否符合工程实际数量;

⑤ 加工符号、焊接符号是否齐全、清楚、标注方法是否符合国家相关标准和规定;

⑥ 结合本单位的设备和技术条件,考虑能否满足图纸要求的技术标准;

⑦ 必须将图中各项要求全部掌控。如设计技术要求、相关技术规范,特别是关键性的技术条例应做好审阅笔录,将其内容纳入钢结构制作工艺规程内容之中。

建筑钢结构重要工程中结构节点,全由施工单位按设计院设计图为依据进行自行设计施工详图后,提供设计院认可。然后,工厂转化为钢结构正式施工制作详图。

审图过程中,凡是需机加工的零、部件,必须用红笔注明加放加工余量,并将规定和要求编于钢结构制作工艺规程内容中,这样可使施工人员及操作者一目了然。

二、设计技术交底

施工管理人员在技术交底会上必须做到一听(认真听设计师讲述),二记(将设计师交底内容仔细笔录),三问(对交底内容边听边思索,对不清之处及时提问,直至弄清问题)。

施工管理人员一定不能在对技术及相关问题尚未弄清,或处于一知半解的情况下就急于编写各类施工技术文件,这种急于求成的思想要不得。必须坚持求教务实的工作态度,在真正了解相关技术问题的基础上,方可编制各类技术文件。

通过设计技术交底,虽然对疑难之处得到解决,但在实际工作过程中往往会发现新的问题。此时,应及时与相关负责人员沟通,达成共识解决问题,切记不得擅自修改施工图。

三、深化钢结构设计图

我国建筑钢结构工程设计采用的是两个阶段设计法:第一阶段是由建筑工程设计单位进行结构设计,确定结构构件截面大小并计算出各种负荷情况下的结构内力;第二阶段主要由施工和钢结构制作单位根据设计单位的结构设计方案,进行钢结构工程的深化设计,编撰深化设计图纸。深化设计图纸是为了构件制作所用,是下料、节点件加工、组装、总组装和安装等施工的依据。因此,深化设计主要包括钢结构制作构造设计、节点设计和连接节点的参数计算。深化设计图纸数量较多,主要包括装配图、构件加工制作图和节点详图,这些图纸要求标注详尽。

钢结构深化设计图绘出构件装配图、构件加工尺寸与内力及主要节点构造,还必须在详图设计中补充进行部分构造设计与连接的计算,具体内容如下。

1. 结构构件构造设计

结构构件的构造设计主要是根据现行《钢结构设计规范》GB50017—2003 中的构造规定,细化结构设计主要有以下内容:钢柱、桁架、支撑、节点连接件(包括节点连接板)设计和放样;桁架或大跨度实腹梁起拱构造与设计;梁支座加劲肋或纵横加劲肋构造设计;组合截面构件缀板、填板布置、构造;板件构件变截面构造设计;螺栓群或焊接群的布置与构造;拼接、焊接坡口及构造切槽构造,张紧可调圆钢支撑构造,隔撑、弹簧、椭圆孔、板铰、滚轴支座。橡胶支座、抗剪键、托座、连接板、刨边及人孔、手孔等细部构选、构件运输单元横隔设计。

2. 钢结构安装施工时的构造设计

钢结构安装施工时构造设计主要根据现行《钢结构设计规范》GB50017—2014 和《钢结构工程施工质量验收规范》GB50205—2012 中的构造规定。如方便安装施工临时固定加劲板主要有以下几种常见的措施内容:施工施拧最小构造;现场组装的定位;焊接、夹具耳板等设计等。

3. 构造及连接计算

构造及连接计算主要是根据现行《钢结构设计规范》GB50017—2014 中的规定进行计算。如遇到规范中尚未规定的特殊计算内容,须连同设计、业主和施工承包方共同协商采用试验或电脑仿真计算为工程构造及连接计算提供依据。主要由以下几种常见内容:一般连接节点的焊缝长度与螺栓数量计算;小件拼接计算;材料或构件焊接变形调整余量及加工余量计算;起拱拱度、高强螺栓连接长度、材料量及几何尺与相贯线等计算。

4. 钢结构的起拱计算

钢结构的起拱主要用于大跨度钢结构构件,为改善外观和使用条件,可将横向受力构件制作时预先制成起拱。起拱值大小的确定有多种方法,以下是常见的几类计算起拱值的方法。

(1)经验预估

对于跨度 $L \geqslant 15$ m 的三角形屋架或跨度 $L \geqslant 24$ m 的梯形或平行弦屋架,当无曲折时宜起拱,起拱度约为跨度的 $\dfrac{1}{500}L$。设计图中需要进行起拱的屋架和桁架,在钢结构深化设计阶段应按起拱后的几何尺寸和杆件长进行绘制(包括箱形行车梁的起拱)。这种起拱方法简便易行,在过去的钢结构深化设计中广为运用;但这种经验预估方法也有其局限性,对于现代结构复杂的大跨度空间钢结构起拱值的确定需计算。

(2)计算确定

《钢结构设计规范》GB50017—2014 规定,起拱值一般为恒载标准值加 1/2 活载标准值所产生的挠度值。当仅为改善外观条件时,构件挠度应取在恒载和活载标准值作用下的挠度值减去起拱度。

对于结构跨度较大的构件起拱值的确定,还可采用有限元分析软件反向加载构件自重,通过迭代计算取得。

5. 连接点的计算

连接节点的计算主要依据等强原则,根据现行《钢结构设计规范》GB50017—2014 中规定进行。节点的连接形式主要有以三种:焊接节点;螺栓节点;栓焊连接节点。具体计算本文不讨论,可参照相关标准。

6. 深化设计图主要内容

① 主要图纸种类。

② 图纸目录。

③ 钢结构设计总说明,内容一般应有设计依据、设计荷载、工程概况、材料、焊接、焊接质量等级、高强螺栓摩擦面抗滑移系数、预拉力构件加工、预装、除锈和涂装等施工要求及注意事项等。

④ 构件装配图,主要供现场安装用。依据钢结构设计图,以同一类构件系统如屋盖、刚架、吊车梁、钢柱、平台等为绘制对象,绘制本系统构件的平面布置图和剖面布置图及所有构件的编号,布置图尺寸应标明各构件的定位尺寸、轴线关系、标高,还应有构件表、设计总说明等。

⑤ 构件加工制作图。按设计图及布置图中的构件编制,主要供构件加工制作用,如放样、号料、切割、节点件成形、组装、总组装、焊接、除锈、涂装和构件发运出厂的单元图。绘图时应主要表示绘制每一构件的图形零件及组合之间的关系,并对每一构件中的零件进行编号,编制各构件的材料表和本图构件的加工说明等。绘制桁架式构件时,应放大样确定杆件端部尺寸和节点板尺寸。

⑥ 安装节点详图。详图中一般不再绘制节点详图,当构件详图无法清楚表示构件相互连接处的构造关系时,可绘制相关的节点详图。

7. 深化设计图绘制方法

(1)装配图的绘制方法

绘制结构的平面、立面布置图,构件以粗单线或简单外形图表示,并在其旁侧注明标号,对规律布置的较多同号物件,也可以指引线统一注明标号。

构件编号一般应标注在表示构件的主要平面、剖面图上,在一张图上同一构件编号不宜在不同图形中重复表示。

细节不同(如孔、切槽等)的构件均应单独编号,对安装关系相反的构件,一般可将标号加注角标来区别,杆件编号均有字首代号,一般可采用同音的拼音字母。每一构件均应与轴线有定位的关系尺寸,对槽钢、C 型钢截面应标示肢背方向。平面布置图一般可用 1∶100、1∶200 比例。图中剖面宜利用对称关系、参照关系或转折剖面简化图形。

(2)构件加工制作图的绘制方法

构件图以粗实线绘制。每一构件均应按布置图上的构件编号绘制成详图,构件编号用粗线标注在图形下方,图纸内容及深度能满足加工制作要求。一般包括:构件本身的定位尺寸、几何尺寸;标注所有组成构件的零件间的相互定位尺寸连接关系;标注所有零件间的连接焊缝符号及零件上的孔、洞及其相互关系尺寸;标注零件的切口、切槽、裁切的大样尺寸;构件上材料编号及材料表;有关本图构件制作说明(相关布置图号、制孔要求、焊接要求)。

构件的图形应尽量按实际位置绘制,以较多尺寸的一面为主要投影面,必要时再以仰视(俯视)或侧视图作为补充投影,或加画剖面图。

构件与构件的连接部位,应按设计图提供的内力及节点构造进行连接计算,确定螺栓与焊缝的布置,选定螺栓数量、焊脚高度及焊缝长度,对组合截面构件还应确定缀板的截面与间距。对连接板、节点板、加劲板等,按构造要求进行配置放样并进行必要的计算。

构件图一般应选用合适的比例绘制(1:20、1:15、1:50),对于较长、较高的构件,其长度、高度与截面尺寸可以用不同的比例表示。构件中每一零件均应编零件号,编号应尽量按主次部位顺序编制,相反零件可用相同编号,但在材料表中的正反栏内注明。材料表中应注明零件规格、数量、重量及制作要求(如刨边、热煨等),对焊接构件宜在材料表中附加构件重量 1.5% 的焊缝重量。

图中所有尺寸均以"mm"为单位(标高除外),一般尺寸标注宜分别标注构件控制尺寸、各零件相关尺寸。对斜尺寸应注明其斜度;当构件为多弧形构件时,应分别标明每一弧形尺寸相对应的曲率半径。

对较复杂的零件或交汇尺寸应由放大样(比例不小于 1:5)或绘制展开图来确定尺寸。构件间以节点板相连时,应在节点板连接孔中心线上注明斜度及相连的构件号。

(3) 深化钢结构设计图的计算机绘制

钢结构深化设计图的绘制是一项耗费大量人力和物力的工作,为提高工作效率国内外开发了一批钢结构软件,极大地推动了钢结构建筑产业的发展,据了解有以下国内外软件。

① 国内开发较早的软件有建科院 PKPM 系列 STS 钢结构设计软件、同济大学 3D3S 钢结构设计软件;但这些软件在钢结构详图的绘制上还有待完善。

② 国外的钢结构详图绘制软件则进入了成熟的运用阶段,在这里介绍较为先进的两款国外的三维钢结构实体详图设计系统 Stru CAD 和 Xsteel。

Stru CAD 是由英国 Ace CAD 公司开发的三维结构详图设计软件,已为世界上许多国家和地区的用户成功使用,它包括 CAD、CAM、CAE 等一系列模块,能满足钢结构工程建设中从设计到施工制造全过程的要求。Stru CAD 的型钢库包含了世界上主要型钢生产国的各种类型、各种型号的型钢(包括我国生产的各种型钢)。同时用户可以根据自己的工作需要,把自己定义的型钢类型和型号添加到库中。Stru CAD 模型的建立过程类似于 Auto CAD 的建模过程,它提供了许多专门的三维建模辅助工具,可以随时通过漫游环境从任意角度查看模型的整体和细部情况,并可以随时生成二维施工图纸,对设计进行检查。节点库包含了三百多种节点类型,常用的节点都可以在节点库中直接选择,系统提供的节点允许用户进行编辑。可以用系统提供的节点衍生出自己需要的节点,自动成图,自动生成材料表。

Xsteel 是由 Tekla-xsteel 公司开发的一套钢结构 3D 实体模型专业软件，拥有整合 3D 及 2D 之间的 Database 物体导向功能。Xsteel 可自动产生 2D Shop drawing & BOM（数量计算自动化、电脑化）；提供完整的 2D 图面编修功能；提供快速的动态收放功能；提供完整的组合干涉检查功能；可提高工作效率及品质，减少人为的错误及检查的时间；可适用于大型建筑物及厂房模板库，提供多种节点的建立及使用方式。Xsteel 可转出 1∶1 Small piece DXF 图档，配合自动排版及切割使用。Tekla Structures 是以模型为基础的建造系统，用户可设计和生成一个钢结构模型，包括了所有与工程相关的几何和结构信息。

8. 深化设计图具体要求

阅读消化设计院提供的技术资料，领会设计意图，工厂组织设计交底、分配设计任务、选用设计软件及设计方式。

结构节点分析、节点设计，自审后交设计院审核认可，工厂正式设计制作详图，出图。做好图纸校对（一审）、图纸审核（二审），将图送设计院审定报批，最后出蓝图发放施工。

四、编制钢结构制作工艺规程

① 编制制作工艺规程准则；

② 编制制作工艺规程步骤；

③ 编制制作工艺规程内容；

④ 编制钢结构制作工艺规程的工艺员必须择用。以上可参考第三章第二、三节相关内容。

五、制订验收标准

根据钢结构工程结构具体特点，结合各单位以往施工制作经验，按钢结构施工规范及制作实际情况，合同业主、设计和监理制定切合工程施工制作实际验收标准，拟定验收项目及验收内容。

1. 原材料检测

由项目负责人会同监理和项目质检员对供货方的钢材、焊材、涂料等材料的质量保证书进行检查和确认。然后，使用单位按规范规定要求检测各类材料的性能、型号、规格和外观质量（必要时委托国家检测机构检测）。

对所有主辅材料必须审核其质量保证书与实物复测项目是否相符，发现任何疑问，应及时弄清楚真相，经复测对不符实际条款的给予否定，并严肃指出。对不符国家规范规定标准的材料不得使用，并及时通知供货方处理。

2. 施工前期量具测定

钢结构制作过程所用量具的检测和使用标准直接牵涉到制作和验收过程所规定的误差尺寸范围，这些检测规定标准应得到各相关方认可。需检测的量具有钢卷尺、构件测量表、构件评定仪表等。

3. 构件制作过程检测项目

无论非标结构还是标准件结构，在制作过程中的工序质量检测和构件完工后的质量检测都有其各项标准，例如，钢柱的焊接检测和结构检测报告、BH 梁的焊接检测和结构检测报告、桁架和支撑的焊接检测和结构件检测报告、无损探伤检测报告、涂料漆膜厚度等检测报告。非标结构的制作过程工序多而复杂，必须严控按其规范所规定的标准实施于每道工序，这样才能使整体钢结构质量得到有效控制。

六、采购材料

建筑钢结构工程所用原材料分主材、辅材和围护材料。主材为钢材（钢板、型材和管材）；辅材为连接材料（焊材、螺栓、栓钉、铆钉）和涂装材料（油漆和防火涂料）；围护材料为金属压型、金属夹芯板（包括檩条）。

1. 采购主材要求

按钢结构工程大小结合实际采购材料。对用量大的工程项目可向钢厂预订；定尺轧制钢材；对用量少或急用的钢材可直接向供应商择购。但在择购钢材时。必须注意两方面，一是按工程结构实际，尽一切努力择购实用钢材，能达到合理用料降低成本的目的；二是择购钢材时既要考虑经济性，又要满足设计所规定的各项技术要求。

① 采购主材时（板材、型材、管材），必须检查材料质量保证书并审核相关质量条款；详细检查钢厂出具的质量证明书和检验报告，其化学成分、力学性能和其他相关质量要求必须符合国家现行标准规定，且其质量证明书上的炉批号应与钢材实物上的标准一致。同时，对材料质量说明书条款上的实物尺寸规格，如厚度、局部表面不平度应逐张检查、核实、认可（参考第二章第二节钢材现行标准）。

② 钢材外观（VT）质量及相关要求。钢材表面不允许存在裂缝、结疤、麻纹、气泡和夹杂等。钢板表面局部不平度在 1 000 mm 范围内允许误差为 1.0 mm，采用直尺进行测量。钢材表面锈蚀、麻点、划伤、压痕等的深度不得大于钢材厚度负公差的 1/2；锈蚀等级应符合国家标准《涂装前钢材表面锈蚀和除锈等级》（GB/T 8923—2008）。钢材端边不应有分层和夹渣，如发现以上超标或未超标的缺陷都得向有关方及供货商提出处理结果。

③ 钢材的复验。按国家标准《钢结构工程施工质量验收规范》（GB5025—2001）规定，对属下列情况之一的材料应进行抽样复验。

a. 国外进口钢材：凡进口钢材，应以供货国标准或根据订货合同条款进行检查，商检不合格者不得使用。

b. 钢材混批：对于混炉批号的批号钢材为不同强度等级时，应逐张进行光谱或力学性试验，确定等级。

c. 板厚等于或大于 40 mm，且设计有 Z 向性能要求的厚板（参考第二章钢结构工程施工材料质量控制要求部分内容）。

d. 建筑结构安全等级为一级，大跨度钢结构中主要受力构件所采用的钢材。

e. 设计有复验要求的钢材。

f. 对质量有疑问的钢材。

④ 钢材检验按批量验收。按以下规定：钢材同一钢厂、每批由同一牌号、同一炉批号、同一炉罐号、同一加工方法、同一质量等级、同一品种、同一厚度规格和同一交货状态组成的钢材，每批钢材重量不得大于 600 t。

a. 钢材的化学成分分析复验，钢及钢产品力学性能复验、取样及试验方法应参考相应标准，具体见表 4-1。

表 4-1　钢材的力学性能复验、试样、取样及试验方法参考标准

标　准　号	标　准　名　称
GB/T 222—2006	钢的成品化学成分允许偏差
GB/T 2975—1998	钢及钢产品力学性能试验取样位置及试样制备
GB/T 6397—1986	金属拉伸试验试样
GB/T 228.1—2010	金属材料　拉伸试验　第 1 部分：室温试验方法
GB/T 229—2007	金属材料　夏比摆锤冲击试验方法
GB/T 232—2010	金属材料　弯曲试验方法

b. 型材外形标准。

钢结构制作的型材外形、尺寸及允许偏差，应符合表 4-2 所列国家标准和设计标准要求。

表 4-2　型材和其他材料外形、尺寸及允许偏差标准

标　准　号	标　准　名　称
GB/T 2101—2008	型钢验收、包装、标志及质量证明书的一般规定
GB/T 706—2008	热轧型钢
GB/T 6728—2002	结构用冷弯空心型钢尺寸、外形、重量及允许偏差
GB/T 11263—2010	热轧 H 型钢和剖分 T 型钢
GB/T 702—2008	热轧钢棒尺寸、外形、重量及允许偏差
JB/T 137—2001	结构用高频焊接薄壁 H 型钢

c. 管桁架结构节点中铸钢件，其牌号及标准见《一般工程用铸造碳钢件》GB/T 11352—2009。国外牌号的铸钢件，常见的有德国 DIN1718 的 GS-20Mn5V、GS-20Mn5N 等。

2. 采购辅材要求

辅材品种和规范标准参见第二章第三节钢结构常用辅助材料内容。

辅材品种较多，各项技术要求和规范各异。因此，在采购时必须严格审核其质量证明书文件及供货商出具的相关质量文件中规格、型号、标色、化学成分，核对实物与质量证明

书文件相符情况,拒购实物表面及内在质量标准未能达到国家和设计规范的辅材。

3. 原材料管理与质量

(1) 钢材管理与质量

材料管理工作在钢结构工程项目中占很重要的地位。材料是确保钢结构工程结构质量的基础。构件质量控制从本质上讲首先是可靠性管理问题;因此,在材料管理方面不仅需制订一套管理规章制度,而且应选择合格的材料管理人员,由精通材料业务的人员任职,或经专业培训且工作认真负责的人员任职。

材料管理具体工作有以下内容。

① 钢材入库。钢材入库前必须办理入库手续,即材料检测部门和材料管理人员要核对材料牌号规格、质量证明书和质量检验报告、材料批号,并检测材料表面质量等。未经检验认可的材料,或检验不合格的材料,不得办理入库手续。

② 钢材检验审核后,管理部门及时将材料质量证明书和复验合格证明文件及材料批号、牌号、规格一同反馈给技术及生产部门进行工艺设计拟订(排版套料等工作)。

③ 钢材检验审核合格后的材料应按品种、牌号、材质、规格、批号分类,整齐堆存。必须注意:无论材料堆存在室内或露天,其最底层应设垫物约 200 mm 高,使钢材垛堆于垫物之上,材料不宜垛堆太高。同时,对各类材质做好不同标色涂于材料端面,这样避免用料时用错材料。

④ 根据工程结构需要,对已验收入库的部分钢材必须预处理,其内容为钢材矫平、矫直(消除应力有利于制作时减少变形);同时做好预除锈及涂可焊性防锈涂料底漆工作。

⑤ 钢材收发。做好收发签证手续工作是仓库制订材料管理重要工作之一,杜绝任意发料和随意到仓库不规范取料等问题的出现。

⑥ 剩余钢材回收管理。对可利用的剩余料应做好两方面工作:一是,可利用的剩余料造册记载,所有余料应分清属哪个工程项目的余料,并注明余料材质、牌号、大小尺寸和厚度;二是,采用标色涂料将材质标记,涂于板料端面,同时用涂料在余料平面加注材质、大小尺寸、厚度和回收入库日期,为了防止标色日久会脱落、应在所涂端面和平面部位用钢印将所需记载内容打上硬印,这样有利于余料利用时可追溯,查有依据。

(2) 辅材管理与质量

辅材在建筑钢结构工程中所起作用虽与主材有所区别,但同样不能忽视。对辅材的管理和质量的要求与主材相同,例如,钢结构工程中所用辅材同样按国家规范要求,审核质量证明书和质量验收报告及其他相关技术文件,对未经审核或审核后未能达到规范要求的辅材一律不得入库。主材大多数可存放于露天,辅材需存放于室内。

① 焊条质量控制。

a. 焊条药皮必须包裹完整,不准缺损、开裂。

b. 焊条必须挺直,弯曲焊条属受损状态,易使药皮脱落,因此不得使用(不准入库)。

c. 焊条端头不准存有锈斑。

d. 焊条表面药皮呈白点或黏结成块,表示焊条受潮,不得使用(不准入库)。

② 焊丝质量控制。

a. 焊丝表面镀铜应完好无损。

b. 焊丝必须盘结整齐。

c. 焊丝端头及丝身不允许存有锈斑或受水浸泡潮湿现象的存在,否则不得使用(不准入库)。

d. 药芯焊丝质量控制,与其他焊丝的质量要求相同(参见焊丝质量控制内容)。

③ 焊剂质量控制。

a. 焊剂应存放于完好的包装袋内,不允许散装。

b. 焊剂中不允许混有灰尘、铁屑及其他杂物。

c. 受潮结块的焊剂不允许入库,应立即退货。

d. 严禁使用过的已经结块的焊剂与新焊剂混合入库,更不准使用。

④ CO_2 气体质量控制。

a. 选择正规厂商提供 CO_2 气体,CO_2 气体质量见第二章相关内容。

b. CO_2 气体瓶气口处应配置预热器和流量计表。

c. 使用 CO_2 气体瓶时先将气瓶开关打开,使瓶内水分喷出后再接通 CO_2 气体流量表及气体皮管。

⑤ 熔化嘴质量控制。

a. 有关熔化嘴的具体质量要求和使用情况见第二章第三节。

b. 熔化嘴的长度应为使用长度加 300 mm。

c. 熔化嘴必须挺直。弯曲、端头锈蚀有损的熔化嘴不准使用,也不允许入库。

d. 熔化嘴的药皮应涂层完整、均匀,不允许缺损、开裂,发现以上任何缺陷不准入库。

⑥ 非熔化嘴质量控制。非熔化嘴是耐火材料制成的,不允许弯曲缺角、开裂的熔化嘴入库,更不可使用。

⑦ 助焊剂的质量控制与焊剂相同,具体可参见焊剂质量控制内容。

⑧ 栓钉、瓷环质量控制,表面应光滑、无锈斑,瓷环牙上完好无开裂。

⑨ 普通螺栓、高强螺栓的保管与质量控制。

普通螺栓和高强螺栓的分类、用途、材质、配套和质量参见第二章第三节辅材紧固件螺栓部分内容。

以上各类辅材的保管,除 CO_2 气体小瓶和 CO_2 气体大型气罐竖直放于有屋顶(通风)及露天之外,其余辅材都必须分类,按牌号、规格、材质存放于通风良好、干燥的仓库,辅材的底部必须设木块垫物,距地面 300 mm 以上,保证底部空气畅通,以防辅材受潮腐蚀、生锈、外涂层脱落、变质,影响使用甚至报废。

对重要焊接工程使用的焊条、焊丝、焊剂应储存于专用仓库内,仓库内保持 10~25℃的温度和小于 50% 的相对温度。

高强螺栓的储存除按以上要求之外还必须注意堆叠不宜高于三层。对长期保管或保管不善而造成螺栓生锈及沾染脏物等可能改变螺栓的扭矩系数或性能的,应视实际情况进行清除锈蚀和润滑等处理,并对螺栓进行扭矩系数或预拉力检验,经检验合格后方可使用。

⑩ 围护材料管理与质量控制。

围护材料主要是压型金属板、夹芯板、檩条,具体规格、材质及质量要求参见第二章第三节围护材料内容。

a. 围护材料的基材大多为定尺的卷筒彩色和镀锌薄钢板,对其质量检测审核只能审核质量证明书(材质规格),由于卷筒板不可能将其整筒板拉开验收板料表面,只有在加工时 VT(目测)表面,加工时有可能会发现板料表面涂层存有各类斑点等缺陷,无论发现何种缺陷都应及时向供货商提出退货或其他处理。

b. 围护材料加工产品后严禁多层堆叠,否则会超负变形,应使产品堆叠于堆叠层架上,这样不至于使产品变形。运输时也同样将产品堆叠在层架上,用吊车吊于卡车上,同时将每叠产品用塑料布包裹以免雨水及露水浸蚀或擦伤。

c. 材料进库时按规格材质牌号区别存放仓库,下垫木隔物、上遮盖雨布,以免锈蚀和擦伤材料涂层(对平整的镀锌钢板应逐张检查)。

⑪ 钢结构涂装材料管理与质量控制

a. 油漆和防火涂料的品种质量和相关要求参见第二章第三节钢结构常用辅材内容。

b. 由于油漆和防火涂料属时效性物资,库存积压易过期失效,故宜现进现用,注意时效管理。对库存放置过久,超过使用期限的涂料,应取样按产品标准的规定或设计部门的要求进行检测。

c. 涂装材料的管理应按时效管理,注意做好夏天高温季节避光防晒工作,同时也做好冬季避寒工作。应采用油布等物做好遮盖保护,不允许堆放于露天,油漆必须堆放于防火、防爆、通风透气良好的仓库内,并设专人管理。

七、钢材预处理

钢材预处理是钢结构制作施工中首道工序,预处理工作质量与其后所有工序的质量密切相关。但这项工作在钢结构制作实际过程中往往重视不够,常使用不符要求的板材、型材,如钢板的不平度超标、型材弯曲等,又如对应预先除锈涂防锈底漆的材料未按要求进行。以上这些问题的出现主要在管理者对钢结构制作工艺规程不重视,钢材预处理工作包含以下几方面。

1. 板材预处理

不平度超标的钢板先经矫平机矫平(经矫平的钢板可消除轧制时产生的应力,更有利于其后道工序制作质量),然后转除锈工序按除锈标准除锈、涂可焊性涂料或常规防锈底漆。

对超宽、不平度超标的钢板矫正,如因矫平机宽度限制无法矫平,则应先按除锈标准除锈、涂所需涂料,随后转气切割成单个零件,对零件必须按规范要求经矫正(平、直)后方可流向下道工序。

对未超宽,但不平度超标的钢板,钢板厚为 6 mm、8 mm、10 mm 板材应先除锈涂所需涂料,随后转气切割成单个零件后再转矫正机矫正(平、直)和消除应力。

2. 型材预处理

型材的规格很多,无论何种规格的型材应先除锈,按技术要求涂防锈涂料。如先矫正后除锈,因除锈时抛丸机的铁丸冲击力大,所以往往会引起再变形。

对已除锈的型材进行矫直,由机械矫正(矫直机)和人工锤击矫正两种方法,很少采用火陷矫正,对未矫正的变形型材不得使用。

八、施工准备

1. 施工设备管理

钢结构制作过程手工操作较多,但机械设备可有效保证企业正常生产,保证钢结构制作质量。钢结构制作质量水平和进度快慢,在很大程度上取决于施工制作过程所采用的设备质量和检验工机具的性能。因此,对钢结构加工制作所需使用的工机具设备,必须坚持做好持久性的管理工作。

2. 施工设备准备

钢结构工程在未开工前要有针对性地规划施工设备,结合企业原有设备实际情况,对设备进行检测,更重要的是对设备实施操作性试验,视其实用性程度,对实用差的设备进行检修或更换,杜绝设备带“病”工作,避免出现构件加工制作质量、进度和安全生产等问题。

3. 设备选择

钢结构制造设备选择应以本企业为主,因地制宜,结合工程实际,做到:技术上先进、经济上合理、生产上通用、性能上可靠、使用上安全、操作和维修方便。坚持一切从实际出发,以机械设备与改良工具相结合的原则,突出机械设备化与施工操作相结合的特色,注重实际适用性,提高工程构件的制造质量。结合工程项目结构技术要求,适当增加适应性设备的同时挖掘企业相关技术人员的经验、智慧和才华,对原有的设备进行改造或采取其他措施尽量满足钢结构工程结构件在制造施工过程中的所需。

4. 组织筹划

按钢结构工程综合要求考量,从技术、劳动力、构件是否预拼装等实际情况出发,应做好以下几方面工作:

① 按工程项目结构件综合技术要求特点,结合企业设备、生产区域、工序技术力量及劳动力等实际情况分配均衡生产任务。

② 按工程项目构件单件重量、体积、预拼装等实情考量,必须结合企业厂房结构的高度、起重设备荷载吨位、施工场地面积,注意构件在制作过程中翻身起吊状况,结构件总组装后的焊接,便于机加工、构件验收、预拼装起吊和出运道路等各种问题的周详规划。

③ 按工程项目实际技术要求,焊工应培训考核持合格证上岗,同时对特殊工种的培训,如起重、行车工加强操作和安全知识教育,特别要结合工程构件实际有针对性地培训

教育和考核,这样有利于安全生产。

九、设计制作工夹胎具

1. 作用

钢结构构件在加工制作过程中,工夹胎具在相关生产工序上起重要作用;因此,设计工夹胎具时,必须结合工程结构实际所需。一个合理实用的工夹胎具,需经多次的修改后才能在加工制作中有效使用。可行性工夹具在加工制作过程中使操作者工作灵活方便,为质量、安全提供了有效保证,最终能提高生产效率。

2. 特点

钢结构加工制作所需工夹胎具大多为已有设备的小改良及创新,充分体现了工人师傅的聪明智慧。工夹胎具应适应性强,以定形模件为基准,操作灵活方便,准确性高,可减少手工操作,也可减少加工制作过程中的随机性,由此对构件产品质量的稳定和提高生产率提供保证。

3. 设计和使用

工夹胎具的设计应按项目结构的特点,结合生产工序所需,视生产量的大小来进行,如生产批量大又是同一尺寸同一规格,且技术要求高的典型结构,则必须设计制作工夹胎具装配,对工厂原有固定而又可通用的胎具应不断改良和修复,保持正常使用。无论一般结构还是典型结构,在加工制作中应重视按生产工序所需尽量使用工夹胎具,实践证明,使用工夹胎具有利于生产进度、产品质量、安全生产。

十、计量器具统一规定和校对

1. 计量器具的检定

计量是经济建设科学进步、社会发展的重要技术基础,是提高质量、效益和竞争的有力技术保障,是规范市场行为的必要技术条件和标准。

钢结构制作、安装和验收所使用的计量器具必须合格,这里讲合格不仅仅是加工制作意义上的合格,更重要的是指,根据计量法所规定的定期对计量器具检测其合格率。所以制作、安装、质量检验部门和单位应按计量法有关规定,定期对所用计量器具送专业计量检测部门和单位进行计量检定,且保证在检定有效期内使用。由此,使制作、安装构件在验收时的尺寸达到统一。

2. 计量器具的使用

不同计量器具的使用有不同使用规范要求,如钢卷尺在测量一定长度时,应使用夹具和拉力计数器(平时称拉磅),否则读数就有差异(拉紧拉松读数不一)。

3. 计量器具的保管

计量器具的保管与使用有密切关系,虽然计量器具按计量法规定做了检测检定,规定了有效使用期,但管理不当造成计量器具有损,会影响使用准确性。因此,对计量器具的管理必须按规定存放。

4. 重视温差对计量器具的影响

使用计量器具时,必须重视室内外温差,如早、中、晚间由于阳光温度和阳光的方向都会影响计量器具的使用准确性,主要有两方面。

① 定时使用计量器具的温度与不定时使用计量器具的温度,所计量的读数完全不一。因此,对重要构件的检测,应明确规定时间对构件进行检测计量读数,如构件处于露天承受早、中、晚的温差,其构件尺寸会有变化,即中午时刻阳光强烈温度高,构件变异大。所以对精度要求高的构件检测验收与复验时间的环境温度,必须严格统一规定在同一时间和同一温度(应注意气候变化)。

② 计量器具本身同样存在一个温差问题,对一般构件的检测和验收,只要按日常使用计量器具的规定即可;但对精度要求高的重要构件检测和验收应注意温差,由于计量器具储存不规范使其长期处于温度差异状态,由此使计量器具产生变化,就会影响使用,因此,使用时应对计量器具进行检测和校正。

十一、焊接工艺评定试验

1. 焊接工艺评定的含义

焊接工艺评定是钢结构未正式加工制作之前必做的前期工作。通过对焊成的试件作外观(VT)检查、无损检测和机械性能试验,得出一系列数据,在确认这些数据完全合格后,可判定该试件所采用的焊接参数完全正确,是切合工程实际的,可以放心使用;这样一个过程叫作工艺评定。焊接工艺评定结束后,要整理出一份焊接工艺评定报告,简称 PQR;然而,由于约定俗成的关系,同行们通常都把焊接工艺评定这项工作称作为 PQR。

2. 焊接工艺评定的范围

① 凡是国内首次应用于钢结构工程的钢材,包括钢材的牌号和标准相同,但其微合金强化元素不同,供货状态不同的钢材,或虽用国外钢号但在国内生产的钢材,都必须在钢结构构件制作和安装之前做 PQR 试验。

② 凡是国内首次应用于钢结构工程的焊接材料在制作和安装之前必须做 PQR 试验。

③ 凡是钢材中诸如焊接材料、焊接方法、接头形式、焊接位置、焊后热处理条件、焊接参数以及预热层间(道间)温度控制、后热措施等其中有一项为施工单位首次采用的,都必须在构件制作安装之前做 PQR 试验。

3. 焊接工艺评定 PQR 的替代与不可替代

施工单位以前在其他钢结构工程做过 PQR,是否可替代(或包罗,或涵盖)本工程,即本工程可不可以免做某项目 PQR 的试验?

(1)焊接方法改变

不同焊接方法的 PQR 是不可互相替代的。

(2)钢材类别(表 4-3)改变

表4-3 钢结构常用钢材的分类

类 别 号	钢材级别	类 别 号	钢材级别
Ⅰ	Q215,Q235	Ⅲ	Q390,Q420
Ⅱ	Q295,Q345	Ⅳ	Q460

注:如采用国内的新钢材,或采用国外钢材,可依据其化学成分、力学性能和焊接性能归入相应的级别。

① 总的原则是不同类别钢材的PQR不可替代。

② 但在Ⅰ、Ⅱ类钢材中,其强度和冲击吸收功的级别发生变化时,高级别钢材的PQR可以替代低级别钢材的PQR。

③ Ⅲ、Ⅳ类钢的焊接难度大,其PQR绝不可以相互替代。

④ 不同类钢材组合焊接时,不得用单类钢材PQR替代,必须专门做一次PQR试验。

(3) 接头形式变化

① 接头形式变化时,原则上应重新做PQR。

② 十字接头的PQR可替代(涵盖)T形接头。

③ 全焊透或部分焊透的T形或十字接头的对接与T形接头组合焊缝的PQR,可替代(涵盖)T形接头角焊缝。

④ 试件厚度及其适用范围(表4-4)

表4-4 PQR的厚度及其适用范围

焊接方法类别号 (参见表4-5)	PQR的厚度 t (mm)	适用范围(mm)	
1、2、3、4、5、8	≤25 >25	0.75t 0.75t	2t 1.5t
6、7	不限	0.5t	1.1t
9	≥12	0.5t	2t

⑤ 板材对接的PQR可替代(或包罗,或涵盖)外径 $D>600$ mm管材对接的PQR。

⑥ 试件热处理条件必须与制作安装的要求相同。

⑦ 焊接参数的变化。首先应按表4-5规定的焊接方法,然后再研讨采用各种焊接方法时,焊接参数发生变化后,原PQR还可不可以用。

表4-5 焊接方法的分类

类别号	焊接方法	代号	类别号	焊接方法	代号
1	手工电弧焊	SMAW	4	非熔化极气体保护焊	GTAW
2-1	半自动实芯焊丝气体保护焊	GMAW	5-1	单丝自动埋弧焊	SAW
2-2	半自动药芯焊丝气体保护焊	FCAW-G	5-2	多丝自动埋弧焊	SAW-D
3	半自动药芯焊丝自保护焊	FCAW-SS	6-1	熔嘴电渣焊	ESW-MN

（续表）

类别号	焊 接 方 法	代号	类别号	焊 接 方 法	代号
6-2	丝极电渣焊	ESW-WE	8-2	自动药芯焊丝气体保护焊	FCAW-GA
6-3	板极电渣焊	ESE-BE	8-3	自动药芯焊丝自保护焊	FCAW-SA
7-1	单丝气电立焊	EGW	9-1	穿透栓钉焊	SW-P
7-2	多丝气电立焊	EGW-D	9-2	非穿透栓钉焊	SW
8-1	自动实芯焊丝气体保护焊	GMAW-A			

⑧ 药皮焊条手工电弧焊 SMAW，除下列原因要重做 PQR 外，其余可不重做。

a. 熔敷金属抗拉强度的级别有变化。

b. 由低氢型焊条改为非低氢型焊条，焊条直径增大 1 mm 以上。

⑨ 熔化极气体保护焊 GMAW，除下列原因要做 PQR 以外，均可不重做。

a. 实芯焊丝与药芯焊丝互换；药芯焊丝的气体保护与自保护互换；单一保护气体类别变化；混合保护气体的混合种类和比例的变化。

b. 保护气体的流量增加 25% 以上或减少 10% 以上；半自动与自动变换；焊接电流的变化超过 10%；电弧电压的变化超过 7%；焊接速度的变化超过 10%。

⑩ 埋弧焊 SAW，除下列原因要重做 PQR 外，其余可不重做。

a. 焊丝、焊剂变化；多丝焊与单丝焊互换。

b. 电流种类和极性的变化；焊接电流的变化超过 10%；电流电压变化超过 7%；焊接速度的变化超过 15%。

⑪ 电渣焊 ESW，除下列原因要重做 PQR 外，其余可不重做。

a. 板极与丝极互换；熔化嘴与非熔嘴互换；熔化嘴的截面积变化大于 30%。

b. 熔化嘴的牌号变更；焊丝的直径变更；互焊剂的型号变更；单例坡口与双侧坡口的变换；电流的种类或板极性变化；焊接的恒压与恒流的变换。

c. 焊接电流的变化超过 20%；送丝速度的变化超过 40%；焊接速度的变化超过 20%；焊接电压的变化超过 10%；用水冷却与不用水冷却的改变；助焊剂用量的变化超过 30%。

⑫ 栓钉焊 SW，除下列原因要重做 PQR 外，其余可不重做。

a. 栓钉直径变化；栓钉尖端的铝质引弧珠的变化；瓷环的材质及规格的变化；非穿透焊与穿透焊的变换；被焊钢材在Ⅰ、Ⅱ类以外的变化。

b. 被穿透板的厚度、镀层厚度、镀层种类的改变；焊接电流的变化超过 10%；焊接时间为 1 s 以上时的变化超过 0.2 s，1 s 以下时的变化超过 0.1 s；焊机或焊枪的变更。

c. 栓钉在焊枪上的伸出长度变化超过 1 mm；栓钉在焊接过程中的提升高度的变化超出 1 mm；焊接位置偏离平焊位置 15° 以上；立焊位置与仰焊位置的变换。

⑬ 以上各类焊接方法，遇下列任一情况必须重做 PQR。

a. 坡口形状超出规程；坡口尺寸超出允许偏差；板厚变化超出适用范围（参见表 4-4）。

b. 有无衬垫板的变换;清根与不清根变化;最低预热温度下降15℃以上;改变焊接位置;焊后热处理的条件发生变化。

十二、编制焊接工艺

1. 施工准备

(1) 技术准备

① 在构件制作前,工厂应按施工图纸要求以及建筑钢结构焊接技术规范(JGJ81—2002)的要求进行焊接工艺评定试验。生产过程中应严格按工艺评定的相关参数和要求进行,通过跟踪检测,如发现质量问题,应重新做试验,以达到质量稳定。

② 根据施工制作方案和钢结构技术规范以及施工图纸的有关要求编制各类施工工艺和相关技术文件,工厂应组织有关部门人员进行工艺评审。

(2) 焊接工艺文件要求

① 施工前应由焊接技术负责人员根据焊接工艺评定结果编制焊接工艺文件并向有关操作人员进行技术交底,施工中应严格遵守工艺文件的规定。

② 焊接工艺文件包括下列内容:焊接方法或焊接方法的组合;母材的牌号、厚度及其他相关尺寸;焊接材料型号、规格,焊接接头形式、坡口形状及尺寸允许偏差;夹具、定位焊、衬垫板及工艺要求;焊接电流、焊接速度、焊接层次、清根要求、焊接顺序、引弧板和引出弧板、焊接工艺参数;预热温度及层间温度范围;后热、焊后消除应力处理工艺及检验方法等。

(3) 材料要求

① 建筑钢结构用钢材及焊接填充材料的选用应结合设计图的要求,并应具有钢厂和焊接材料厂出具的质量证明报告或检验报告。材料化学成分、力学性能和其他质量要求必须符合国家现行标准规定。当采用其他钢材和焊接材料替代设计材料时,必须经原设计单位同意。

② 钢材的成分、性能复验应符合国家现行有关工程质量验收标准的规定,大型、重型及特殊钢结构的主要焊缝采用的焊接填充材料应按生产批号进行复验。复验应由国家技术质量监督部门认可的质量监督检测机构进行。

③ 钢结构工程中选用的新材料必须经新产品鉴定。钢材应由生产厂提供焊接资料、指导性焊接工艺、热加工和热处理工艺参数相应钢材的焊接接头性能数据等资料。焊接材料应由生产厂提供储存及焊前烘焙参数规定、熔敷金属成分、性能鉴定材料及指导性施焊参数,经专家论证、评审和焊接工艺评定合格后,方可在工程中采用。

④ 焊接 T 形、十字形、角接接头,当其翼缘板厚≥40 mm 时,设计宜采用抗层状撕裂的钢板。

(4) 钢材其他要求

① 清除焊接处表面水分、氧化皮、锈、油污。

② 焊接端口边缘上钢材的夹层缺陷长度超过 25 mm 时,应采用无损探伤检测其深度。如深度大于 6 mm,应采用机械方法清除后焊接填满,当单个缺陷面积或聚集缺陷的

总面积不超过被切割钢材总面积的 4% 时为合格,否则该钢材不宜使用。

③ 钢材内部的夹层缺陷,其尺寸不超过第②款的规定,且位置离母材坡口表面距离 ≥25 mm 时无须修理,如该距离小于 25 mm 则应进行修补。

④ 夹层缺陷是裂纹时,如裂纹长度和深度均 >50 mm,其修补方法应符合有关规定,如裂纹深度超过 50 mm 或累计长度超过板宽的 20% 时,该钢板不宜使用。

⑤ 焊条应符合国家标准《非合金钢及细晶粒钢焊条》GB/T 5117—2012、《热强钢焊条》GB/T 5118—2012 的规定。焊丝应符合现行国家标准《熔化焊用钢丝》GB/T 14957—1994、《气体保护电弧焊用碳钢、低合金钢焊丝》GB/T 8110—2008、《碳钢药芯焊丝》GB/T 10045—2001 及《低合金钢药芯焊丝》GB/T 17493—2008 的规定。

⑥ 埋弧焊用焊丝和焊剂应符合现行国家标准《埋弧焊用碳钢焊丝和焊剂》GB/T 2593—1999、《埋弧焊用低合金钢焊丝和焊剂》GB/T 12470—2003 的规定。

⑦ 气体保护焊使用的 Ar 应符合现行国家标准《氩》GB/T 4842—2006 的规定,其纯度不应低于 99.95%;CO_2 气体应符合化工行业标准《焊接用二氧化碳》HG/T 2537—1993 的规定。

(5)焊接材料要求

① 焊条、焊丝、焊剂和熔嘴应储存在干燥、通风良好的地方,由专人保管。

② 焊条、焊嘴、焊丝、焊剂和药芯焊丝在使用前,必须按产品说明书及有关工艺文件的规定进行烘干。

③ 低氢型焊条烘干温度为 350～380℃,保温时间应为 1.5～2 h,烘干后应缓慢冷却,应放置于 110～120℃ 的保温箱中存放待用。使用时应放置在保温筒中,烘干后的低氢型焊条在大气中放置时间超过 4 h,应重新烘干,焊条重复烘干次数不宜超过 2 次,受潮的焊条不应使用。

④ 实芯焊丝及熔嘴导管应无油污、锈蚀,涂铜层应完好无损。

⑤ 焊钉的外观质量和力学性能及焊接瓷环尺寸应符合现行国家标准《电弧螺柱焊用圆柱头焊钉》(GB/T 10433—2002)的规定,并应由制造厂提供焊钉性能检验及其焊接端的鉴定资料。焊钉保存时应有防潮措施,焊钉焊接区,如有水、氧化皮、锈迹、油污、水泥灰渣等杂质,应清除干净方可施焊,受潮的焊接瓷环使用前应经 120° 烘干 2 h。

⑥ 焊条、焊剂烘干装置及保温装置的加热测温、控温性能应符合使用要求,CO_2 气体保护电弧焊所用的 CO_2 气瓶必须装有预热干燥器。

⑦ 焊接不同类别钢材时,焊接材料的匹配应符合设计要求。

2. 机具选用原则

钢结构焊接工艺所使用的有关机具应按工程结构材质不同,而选择相匹配的机具,不可勉强使用机具,否则导致焊接焊缝质量问题。

3. 作业条件

① 在焊接作业区,当手工电弧焊风速超过 8 m/s,气体保护电弧焊、药芯焊丝电弧焊现场风速超过 2 m/s 时,应设防风棚或采取其他防风措施。制作车间内焊接作业区有穿

堂风或风机时,也应按以上规定设挡风装置。

② 焊接作业区的相对湿度不得大于90%。

③ 当焊接表面潮湿或冰雪霜覆盖时应采取加热去湿措施。

④ 焊接作业区环境湿度低于0℃时,应将杆件焊接区各方向大于或等于两倍钢板厚度,且不小于100 mm范围内的母材加热到80℃以上后方可施焊,并在焊接过程中均不应低于这一温度。实际加热温度应根据构件构造特点、钢材类别及质量等级等因素确定,由焊接技术人员制订出作业方案,经认可后实施。

⑤ 焊条在使用前应按产品说明书规定的烘焙温度进行烘焙。低氢型焊条烘干后必须存放在保温箱内,随用随取。从保温箱取出到施焊时间不宜超过2 h(酸性焊条不超过4 h)。不符上述要求时应重新烘焙后再用,但焊条反复烘焙数不宜超过两次。

⑥ 焊接作业区环境超出上述①、②规定,但必须焊接时,应对焊接作业区设置防护棚,并由施工企业制订出书面方案,连同低温焊接工艺参数措施报监理工程师确认后方可实施。

4. 焊接规定

① 焊缝坡口表面及组装质量规定。焊接坡口可用火焰切割或机械加工方法,当手工火焰切割时,切割面质量应符合机械行业标准《热切割、气割质量和尺寸偏差》JB/T 10045.3—1999的相应规定。缺棱为1～3 mm时,应修磨平整;缺棱超过3 mm时,用直径不超过3.2 mm的低氢型焊条补焊,并修磨平整。当采用机械加工坡口时,加工表面不应有台阶及机刀头的丝纹。

② 施焊前,焊工应检查焊接部位组装间隙,即有无衬垫板的间隙,应保留衬垫板的间隙8 mm,只能正1～2 mm,不可负值,见图4-2。由于种种原因,杆件产生尺寸不符,使组装坡口端的间隙尺寸过大时可在坡口单侧堆焊(又称长肉焊,焊后做MT)修磨符合要求;但当坡口组装间隙超过较薄板厚度两倍或大于20 mm时,不应用堆焊方法增加杆件长度和减小组装间隙,而应采用陶瓷衬垫焊,既改善施工条件,又提高生产效率。当

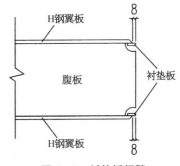

图4-2　衬垫板间隙

组装后坡口尺寸过小时,不应急于拆除,应将组装后的坡口尺寸小的接触部位,用碳刨刨成符合要求的坡口尺寸,并经修磨后方可焊接。注意须定位牢固后焊接,否则会影响焊接后产品尺寸。

③ 搭接接头及T形角接接头组装间隙超过1 mm或管件T、K、V形接头组装间隙超过1.5 mm时,施焊的焊脚尺寸应比设计要求值增大,并应符合设计规定。但T形角接接头组装间隙超过5 mm时,应事先在板端堆焊并修磨平整,或在间隙内堆焊填补后施焊。

④ 严禁在对接接头超标间隙中填塞焊条头圆钢等金属杂物。

⑤ 引弧板、引出板、垫板要求:

a. 严禁在承受动荷载且需经疲劳验算构件焊缝以外的母材上打火、引弧或装焊夹具。

b. T形接头、十字形接头、角接接头和对接接头主焊缝两端,必须配置引弧板和引出板,其材质应和被焊接件母材相同。

c. 手工电弧焊和气体保护电弧焊焊缝引出长度应大于 25 mm,其引弧板和引出板的宽度应大于 50 mm,长度宜为板厚的 1.5 倍且不小于 30 mm,厚度应不小于 6 mm。非手工电弧焊焊缝引出长度应大于 80 mm。其引弧板和引出板宽度应大于 80 mm,长度宜为板厚的 2 倍,且不小于 100 mm,厚度应不小于 10 mm。

d. 焊接完成后应用火焰切割去除引弧板和引出板,并修磨平整,不允许用锤击落引弧板和引出板。

5. 定位焊的要求

有关定位焊的要求,可参考本章综合工艺流程第二阶段。

6. 多层焊缝施焊要求

① 厚板多层焊时应连续施焊,每一焊道焊完后应及时清理焊渣及表面飞溅杂物,发现影响焊接质量的缺陷时,应及时清除后方可继续焊接。在连续焊接过程中应控制焊接区母材的温度,层间温度的上、下限应符合工艺文件要求。遇有中断施焊的情况,应采取适当的后热、保温措施,再次焊接时重新预热温度应高于初预热温度(不超过初预热温度 15～25℃)。

② 坡口底层焊道采用的焊条,手工电弧焊时宜使用不大于 φ4 mm 的焊条施焊,底层根部焊道的最小尺寸应适宜,最大厚度不应超过 6 mm。

③ 控制焊接变形,可采用反变形措施以及确定焊接顺序、焊接方法,这些都牵涉焊接变形程度的大小。

④ 除电渣焊外,Ⅰ、Ⅱ类钢材匹配相应强度级别的低氢型焊接材料,并采用中等热输入进行焊接时,板厚与最低预热温度要求宜符合表 4-6 的规定。

表 4-6 常用结构钢材最低预热温度

钢材牌号	接头最厚部件的板厚 t(mm)				
	$t<25$	$25{\leqslant}t{\leqslant}40$	$40{\leqslant}t{\leqslant}60$	$60{\leqslant}t{\leqslant}80$	$t>80$
Q235	—	—	60℃	80℃	100℃
Q295、Q345	—	60℃	80℃	100℃	140℃

注:本表适应条件:
① 接头形式为坡口对接,根部焊,一般约束度。
② 热输入约为 15～25 kJ/cm。
③ 采用低氢型焊条,熔敷金属扩散氢含量(甘油法):
    E4315、4316 不大于 8 mL/100 g;
    E5015、E5016、E5515、E5516 不大于 6 mL/100 g;
    E6015、E6016 不大于 4 mL/100 g。
④ 一般约束度,指一般角焊缝和坡口焊缝的接头未施加限制收缩变形的刚性固定,也未处于结构最终封闭安装或局部返修焊接条件下而具有一定自由度。
⑤ 环境温度为常温。
⑥ 焊接接头板厚不同时,应按厚板确定预热温度;焊接接头材质不同时,按高强度、高碳当量的钢材确定预热温度。

⑤ 实际工程施焊时的预热温度,还应满足下列规定:

a. 根据焊接接头的坡口形式、实际尺寸、板厚及构件约束条件确定预热温度、焊接坡口角度及间隙增大时,应相应提高预热温度。

b. 根据熔敷金属的扩散氢含量确定预热温度,扩散氢含量高时应适当提高预热温度。当其他条件不变时,使用低氢型焊条打底预热温度可降低 25～50℃。CO_2 气体保护焊当气体含水量符合《氩》GB/T 4842—2006 的要求或使用富氩混合气体保护焊时,其熔敷金属扩散氢可视同低氢型焊条。

c. 根据焊接热输入大小确定预热温度。当其他条件不变时,热输入增大 5 kJ/cm,预热温度可低 25～50℃,电渣焊和气电立焊在环境温度为 0℃ 以上施焊时可不进行预热。

d. 根据接头热传导条件选择预热温度。在其他条件不变时,T 形接头应比对接接头的预热温度高 25～50℃;但 T 形接头两侧角焊缝同时施焊时应按对接接头确定温度。

e. 根据施焊环境温度确定预热温度。操作场地环境温度低于常温时(高于 0℃),应提高预热温度 15～25℃。

⑥ 预热方法及层间温度控制方法应符合下列规定:

a. 焊前预热及层间温度的保持宜采用电加热器、火焰加热器等,并采用专用的测温仪器测量。

b. 预热的加热区域应在焊接坡口两侧,宽度应各为焊件施焊处板厚的 1.5 倍以上,且不小于 100 mm;预热温度宜在焊件反面测量,测量点应在离电弧经过前的焊接点各方向不小于 75 mm 处。当用火焰加热器预热时,正面测温应在加热停止后进行。

⑦ 当要求焊后进行消氢处理,应符合下列规定:

a. 消氢处理的加热温度应为 200～250℃,保温时间应根据工件板厚按每 25 mm 板厚不小于 0.5 h,且总保温时间不得小于 1 h 确定,达到保温时间后应缓冷至常温。

b. 消氢处理的加热测温方法按上述规定执行。

⑧ Ⅲ、Ⅳ 类钢材的预热温度、层间温度及后热处理应遵守钢厂提供的指导性参数要求。

7. 手工电弧焊操作要点

① 焊接时不得使用药皮脱落的焊芯生锈的焊条。

② 焊条在使用前应按产品说明书规定的烘焙时间和烘焙温度进行烘焙。低氢型焊条加热温度 350～380℃。烘干后须存放在保温箱内,随用随取。焊条由保温箱取出时间不宜超过 2 h(酸性焊条不宜超过 4 h)。不符上述要求时应重新烘干后再用,但焊条烘干次数不宜超过 2 次。

③ 手工焊焊缝引出长度应大于 25 mm。引弧板和引出板宽度应大于 50 mm,弧长宜为板厚的 1.5 倍且不小于 30 mm,厚度与母材相等。焊接完工后不容许锤击引进、引出板,应先气割后磨光。

④ 定位焊必须由持有相应岗位合格证的焊工施焊,所用焊接材料与正式施焊相当,定位焊缝应与最终焊缝有相同的质量要求。钢衬垫板的定位焊宜在接头坡口背面或在内

侧,定位焊的焊缝厚度不宜超过设计焊缝厚度 2/3,定位焊长度不宜超过 40 mm,间距 500~600 mm,并应填满弧坑。定位焊的预热温度应高于正式施焊温度,当定位焊缝上有气孔或裂纹时必须清除后重焊。

⑤ 不应在焊缝以外的钢材上打火引弧。

⑥ 对于非密闭的隐蔽部位,应按施工图的要求进行涂层处理后,方可进行组装或总组装。对刨平顶紧的零部件装配后,必须经质检人员检验认可后才能进行施焊。

⑦ 在组装好的构件上施焊,应严格按焊接工艺规定的参数以及焊接顺序进行,以控制焊后构件变形。

⑧ 采用多层焊时,应将前道焊缝存在的缺陷及杂物处理后再施焊,还应注意焊缝的接头及收尾部位应错位,不允许处于同一部位。

⑨ 在约束焊道上施焊,应连续进行,如因故中断,再焊时应对已焊的焊缝局部做预热处理。

8. 埋弧自动焊操作要点

① 焊接前应按工艺文件的要求调整焊接电流、电弧电压、焊机焊接速度、送丝速度等参数,然后按调整后的各参数进行试焊,验证参数可行性情况;经试焊后,确认一切正常的情况下方可正式施焊,反之不可施焊,应重新调整参数直至焊接各参数正常。

② 检查组装焊件、零件之间的接合部位及定位焊情况,即焊道除锈、打磨和表面清理质量,如不符合要求应进行重新修整清理,特别是定位焊,发现问题应及时按规范要求处理,符合要求后才可施焊。

③ 焊接坡口的正确制成和焊接程序的正确规定,是防止构件焊后少变形或不变形的关键。焊接坡口允许偏差也应符合相关规定要求。

④ 丁字形接头、十字形接头、角接接头和对接接头主焊缝两端,必须配置引弧板、引出板,其材质应与被焊母材相同,坡口形成应与被焊焊缝相同,禁止使用其他材质的材料充当引弧板和引出板(焊后清除引弧板、引出板时应采用气割,严禁锤击,气割后磨光)。

⑤ 钢板厚度 12 mm 以下(含 12 mm)板材可不开坡口采用双面焊,正面电流稍大,熔深可达 65%~70%,反面达 40%~55%。厚度大于 12~20 mm 的板材,单面焊后背面清根,再进行焊接。厚度较大板材进行坡口焊时,一般采用手工焊或 CO_2 气体保护焊打底。

⑥ 填充层总厚度低于母材表面 1~2 mm,稍凹,不得熔化坡口边。

⑦ 盖面层使焊缝对坡口熔宽每边为 3 mm±1 mm,调整焊速,使余高为 0~3 mm。

⑧ BH 钢的上下角焊缝焊脚高和焊高的参考值。

BH 钢梁和相关构件焊缝、焊脚和焊高的参考值:

a. T 形接头、十字接头、角接接头等要求熔透的对接和角对接组合焊缝,其焊脚 k 不应小于 $t/4$(图 4-3);设计有疲劳验算要求的吊车梁或类似构件的腹板与上翼缘板连接焊缝的焊脚 k 为 $t/2$(图 4-3d),且不应大于 10 mm(特殊情况下焊脚 k 可适当增大,如腹板较厚、坡口较大,这类情况 k 值太小会使坡口边缘无法施焊填满)。焊脚尺寸的允许偏差为 0~4 mm。

检查方法:观察(VT)检查,用焊缝量规抽查测量。

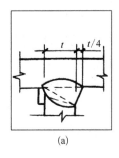 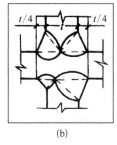 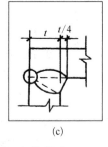 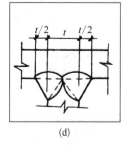

图 4-3　焊脚 k 规范尺寸

b. BH 钢梁上翼缘板与腹板熔透焊和无须熔透焊焊缝焊脚 k 的大小和焊高 h 的规定见图 4-4。

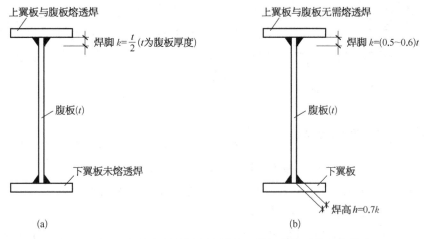

图 4-4　BH 钢梁上翼缘板与腹板熔透焊与未熔透焊部分尺寸

（a）熔透焊；（b）未熔透焊

c. 制作 BH 钢时焊缝焊脚 k 和焊高 h 的计算。

● 无须焊熔透的 BH 钢焊缝焊脚 k 应依 BH 钢的腹板厚度 t 乘以 $0.5\sim0.6$，即 $k=(0.5\sim0.6)t$；焊高 h 应依焊脚 k 乘以 $0.7(h=0.7k)$，见图 4-4a。

● 需焊熔透的 BH 钢焊缝，焊脚为腹板厚的 $t/2$；为了确保焊高 h，正常情况下将焊脚 k 增大，才能使焊高 h 达到规范要求，见图 4-4b。

9. 熔化嘴电渣焊操作要点

① 组装箱形体内隔板间隙应保持在 1 mm 以下（含 1 mm）。当间隙大于 1 mm 时应采取措施进行修整，使间隙符合要求后方可盖箱形体翼板。

② 箱形体两端部对角部位应设对角工艺支撑，以防焊接变形。

③ 箱形体外侧四条平角焊缝，应先打底焊，不宜将四条焊缝全焊完后再焊电渣焊。箱体焊件就位应基本处于水平状态，焊件底部装引弧装置，引弧装置与焊件之间用耐火泥封堵以防施焊时金属液溢出。

④ 在箱形体需焊电渣焊的外侧腹板部位用千斤顶顶紧，以防焊接时的温度使焊件产

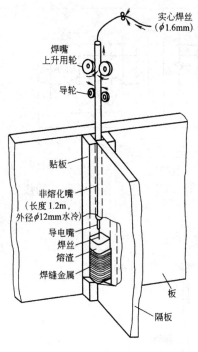

实心焊丝
(ϕ1.6mm)

焊嘴
上升用轮

导轮

贴板

非熔化嘴
(长度1.2m,
外径ϕ12mm水冷)

导电嘴
焊丝
熔渣
焊缝金属

板

隔板

图4-5 熔化嘴电渣焊方法示意图

生热胀导致腹板与内隔板焊道间隙增大,当电渣焊焊时使金属液溢出,焊接中断,并产生焊缝质量问题待检测和返修。熔化嘴电渣焊的方法见图4-5。

⑤ 将非熔化嘴插入电渣焊焊道,所谓熔化嘴实质上是一根管状焊条,即外部涂敷药皮的管子,管长1000 mm或700 mm。先将熔化嘴的支持端插入焊机机头的夹持口内,再转动并徐徐放下机头,将非熔化嘴送入焊道,直至其底端距引弧装置里的助焊剂表面约10 mm。通过焊机机头夹持器上调节装置的调节,使熔化嘴处于焊道中心(使用手电筒仔细检查,确保没有超规偏差)。

⑥ 装在焊机机头上的成卷焊丝,先前通过机头上的专用矫直机构已被矫直,确认在整个焊接过程中能垂直向下输送后,方可导入非熔化嘴,并伸出非熔化嘴末端5 mm。

⑦ 焊接前引弧装置加热,用乙炔氧气火焰加热至70～90℃。

⑧ 尽量对称同时焊接。焊接启动时慢慢投入少量的助焊剂,一般为35～50 g,焊接过程中应逐渐少量添加助焊剂,见表4-7。

⑨ 焊接过程中应随时采用手工电弧焊黑玻璃反光镜检查非熔化嘴是否在焊道的中心位置上,严禁非熔化嘴和焊丝过偏,见图4-5。

⑩ 焊接电压随焊接过程实际情况而变化,焊接时随时注意调整电压。箱形柱非熔化嘴电渣焊的焊接参数见表4-7。

表4-7 箱形柱非熔化嘴电渣焊的焊接参数

序号	示 图	渣池深度 h(mm)	助焊剂添加量 W(g)	焊接电流 I(A)	焊接电压 U(V)	焊接速度 v(cm/min)	焊接热输入 E(kJ/cm)
1		45	56	410	35	2.45	351
2		45	56	400	33	2.31	343

（续表）

序号	示　图	渣池深度 h(mm)	助焊剂添加量 W(g)	焊接电流 I(A)	焊接电压 U(V)	焊接速度 v(cm/min)	焊接热输入 E(kJ/cm)
3		35	66	410	31	1.41	541
4		35	55	380	30	1.67	410
5		44	55	395	31	1.8	408
6		35	44	380	31	1.88	376
7		35	44	390	30	2.05	343
8		35	44	370	26	2.25	257

⑪ 焊接过程中注意随时检查焊件的炽热状态,一般在 800℃(暗红色)以上时熔合良好,若不是 800℃时,应适当调控焊接工艺参数,适当增加熔池内总热量。

⑫ 当焊件厚度小于 16 mm 时,应在焊件外侧装铜散热板或循环水散热器。

⑬ 当熔池上升到离焊道下端 50～100 mm 时,将底部的引弧装置拆除,即松下千斤顶,然后用木锤击落引弧装置。

⑭ 焊接结束后,及时拆除引出装置。焊缝冷却后将终端修整磨光,然后将箱形体翻身,对引弧部位同样进行修整磨光,将半成品焊件送焊接工序焊箱形体四条焊缝(盖面焊)。

10. 栓钉焊接要点

① 焊接前应检查栓钉质量。栓钉应无皱纹、毛刺、开裂、歪扭、弯曲等缺陷,但栓钉头部径向裂纹不超过周边至钉体距离一半的可以使用。

② 施焊前应防止栓钉锈蚀和油污,母材表面应清理干净后方可焊接。

③ 栓钉在施焊前必须经过严格的工艺参数试验,对不同厂家批号、不同材质及焊接设备的栓钉工艺,均应分别进行试验后确定。

栓钉焊工艺参数包括:焊接形式、焊接电压、电流、栓焊时间、栓钉伸出长度、栓钉回弹高度、阻尼调整位置。在穿透焊中还包括钢板的厚度、间隙及层数。根据经验,栓钉焊接施工工艺参数参考值见表4-8。

表 4-8 栓钉焊接施工工艺参数

栓钉规格 (mm)	电流(A)		时间(s)		伸出长度(mm)		提升高度(mm)	
	普通焊	穿透焊	普通焊	穿透焊	普通焊	穿透焊	普通焊	穿透焊
$\phi13$	950	—	0.7	—	4		2	—
$\phi16$	1 250	1 500	0.8	1.0	5	7~8	2.5	3.0
$\phi19$	1 500	1 800	1.0	1.2	5	7~9	2.5	3.0
$\phi22$	1 800	—	1.2	—	6		3	—

栓钉焊工艺试件经过静拉伸、反复弯曲及打弯,试验合格后,现场操作时还应根据电缆线的长度、施工季节、风力等因素进行调整。当压型钢板采用涂锌钢板时,应采用相应的除锌措施后方可焊接。

④ 栓钉的机械性能和焊接质量鉴定由厂家负责或由厂家委托的专门试验机构承担。

⑤ 由于熔焊栓钉机的用电量很大,为保证焊接质量和其他用电设备的安全,必须单独设置电源。

⑥ 每个栓钉都要带一个瓷环来保护电弧的热量以及稳定电弧。电弧保护瓷环要保持干燥,如果表面有水分痕迹则应烘干后使用。

⑦ 正式焊接前应试焊一个焊钉,用榔头敲击使剪力钉弯大约30°,无肉眼可见裂纹方可开始正式焊接;否则应修改施工工艺。

⑧ 操作时,要待焊缝凝固后才能移去焊钉枪。

⑨ 每天焊接完的焊钉,都要从每个构件上选择两个,用榔头敲弯30°检查,无异常问题后才可续焊;否则须修改施工工艺。

⑩ 如果存有不饱满的或修补过的焊钉,要弯曲15°检验,榔头敲击方向应从焊缝不饱满的一侧进行。进行了弯曲试验的焊钉结果合格,可保持弯曲状态。

11. CO_2 气体保护焊操作要点

① 施焊前,焊工应检查所装配焊件焊接部位表面的清理打磨和坡口质量(包括衬垫板的装配质量),如果不符合要求,应进行修整,符合规定要求后才可施焊。

② 半自动焊接时,焊速不超过 0.5 m/min。

③ CO_2 气体保护焊必须采用直流反接。

④ T 形接头、十字形接头、角接接头和对接接头主焊缝两端,必须装置引弧板和引出板,其材质应和被焊母材相同,坡口形式与被焊焊缝相同,禁止使用其他材质的材料充当引弧板和引出板。气体保护电弧焊焊缝引出长度应大于 25 mm,其引弧板和引出板宽度应大于 50 mm,长度宜为板厚的 1.5 倍,且不小于 30 mm,厚度应大于 6 mm。

⑤ 焊接完成后,应用火焰切割除去引弧板和引出板,并修整磨平,不得用锤击落引弧板和引出板。

⑥ 打底焊层高度不超过 4 mm 的填充焊时焊枪横向摆动,使焊道表面下凹,且高度低于母材表面 1.5～2 mm,盖面焊时焊接熔池边缘应超过坡口棱边 0.5～1.5 mm,防止咬边。定位焊要求参见前文定位焊内容。

12. 防止层状撕裂的工艺措施

T 形接头、十字接头、角接接头焊接时,宜采用以下防止板材层状撕裂的焊接工艺措施:

① 采用双面坡口对称焊接代替单面坡口对称焊接。

② 采用低强度焊条在坡口内母材板面先堆焊塑性过渡层。

③ Ⅱ类及Ⅱ类以上钢材箱形柱角接接头当板厚≥80 mm 时,板边火焰切割面宜用机械方法去除淬硬层。

④ 采用低氢型、超低氢型焊条或气体保护电弧焊施焊。

⑤ 提高预热温度施焊。

13. 控制焊接变形的工艺措施

① 应按焊接质量要求,即 UT 探伤等级和板材厚度,确定焊接坡口形式和焊接顺序,如板厚大于 12～35 mm 的腹板以及对接接头、T 形接头和十字接头工件,其坡口宜制成不对称双面坡口,实践证明不宜制成 X 对称坡口(特殊情况除外)。焊接顺序应首焊坡口深的一侧打底焊,焊至低于母材表面 1.5～2 mm 时,将工件翻身,对首焊打底焊的背面焊道,用碳刨清根后打底焊,直至盖面焊完工后,再将工件翻身,焊首焊打底焊焊缝的盖面焊。

② 对双面非对称坡口焊接,宜先焊深坡口侧部分焊缝,后焊浅坡口侧(含盖面焊),最后焊完深坡口侧的盖面焊。

③ 对板厚不大于 8 mm,且又属腹板之类的长焊缝,宜采用分段退焊法(与跳焊法相似,避免工件加热集中),或与多人对称焊接法同时运用。

④ 在节点形式、焊缝布置、焊接顺序确定的情况下,宜采用熔化极气体保护电弧焊或药芯焊丝自动保护电弧焊等能量密度相对较高的焊接方法,并采用较小热输入。

⑤ 板材较厚的工件,在未组装前,应制成反变形后方可组装,即机械制成反变形或焊接时焊道背面加热,使焊件焊接时热量正反面基本相等,不至于焊后严重变形。

⑥ 对一般构件可用定位焊固定同时限制变形,对大型厚板构件宜用刚性固定法增加结构焊接时的刚性。

⑦ 对于大型结构宜采取分部组装焊接,分别矫正变形后再进行总组装焊接或连接。

14. 焊后清除应力处理

① 设计文件对焊后消除应力有要求时,根据构件的尺寸,工厂制作宜采用加热炉对焊件整体退火或电加热局部退火。对焊件消除应力仅为稳定结构尺寸时,可采用振动消除应力;工地安装焊缝可采用锤击法消除应力。

② 焊后热处理应符合机械行业标准《碳钢、低合金钢焊接构件焊后热处理方法》JB/T 6046—1992 的规定。当采用电加热器对焊接构件进行局部清除应力热处理时,还应符合下列要求:

a. 使用配有温度自动控制仪的加热设备,其加热控温性能应符合使用要求;

b. 构件焊缝每侧面加热板(带)的宽度至少为钢板厚度的 3 倍,且应不小于 200 mm;

c. 加热板(带)以外构件两侧应采用保温材料适当覆盖;

d. 用锤击法清除应力时,应使用圆头手锤或小型动风工具进行,不应对根部焊缝、盖面焊缝或焊缝坡口边缘的器材进行锤击;

e. 用振动法清除应力时,应符合机械行业标准《振动时效效果评定方法》JB/T5926—2005 的规定。

15. 熔化焊缝缺陷返修

① 焊缝缺陷超过相应的质量验收标准时,对气孔、夹渣、焊瘤、余高过大等缺陷应用砂轮打磨、铲凿碳弧气刨等方法去除,对焊缝尺寸不足、咬边、弧坑等缺陷应进行补焊后修磨。

② 经无损检测确定焊缝内部存在超标缺陷时应进行返修,返修应符合下列规定:

a. 返修前应由施工单位编写返修方案;

b. 应根据无损检测确定的缺陷位置深度,采用碳弧气刨清除缺陷,如裂纹,在碳弧气刨未清除裂纹之前应在裂纹两端钻出止裂孔,然后清除裂纹及两端各 50 mm 长的焊缝或母材;

c. 在清除缺陷时应将缺陷部位刨成槽形,四侧边成斜面角大于 10°的坡度,并将其表面修整,磨除碳刨渗碳层,必要时应用着色渗透探伤(PT)或磁粉探伤(MT)方法确定裂纹是否彻底清除;

d. 补焊时应在被补焊焊槽内引弧,同时熄弧时弧坑须填满;多层焊焊层之间的接头应错开,焊缝长度应不小于 100 mm,当焊缝长度超过 500 mm 时,应采用分段退焊法;

e. 对返修部位应连续焊成,如中断焊接时,应采取后热和保温措施,防止产生裂纹;再次焊接前宜用磁粉或渗透探伤方法检查,确认无裂纹后方可继续补焊;

f. 焊接修补的预热温度应比相同条件下正常焊接的预热温度高,并应根据工程节点的实际情况确定是否需采用超低氢型焊条焊接或进行焊后消氢处理；

g. 焊缝正、反面各作为一个部位，同一部位返修不宜超过两次；

h. 对两次返修后仍不合格的焊件应重新制定返修方案，经工程技术负责人审批并根监理工程师认可后方可执行；

i. 返修焊接应填报返修施工记录及返修前后的无损检测报告，作为验收及存档资料。

16. 碳弧气刨

① 碳弧气刨操作者必须经过培训合格后方可上岗操作。

② 如发现"夹碳"，应在夹碳边缘 5~10 mm 处重新气刨，所刨深度应比夹碳处深 2~3 mm。发生"粘渣"、"渗碳"时必须采用砂轮将其打磨清除。对 Q420、Q450 及调质钢在碳弧气刨后，无论有无"夹碳"、"粘渣"、"渗碳"，均应采用砂轮将所刨焊槽表面打磨呈金属亮光，这样可去除淬硬层，之后才能进行焊接。

17. 焊接、补强与加固

（1）一般规定

① 建筑结构的补强和加固设计应符合现行有关钢结构加固技术标准，补强与加固的方案应由设计、施工和业主等共同确定。

② 编制补强或加固设计方案时，必须具备下列技术资料：

a. 原结构的设计计算法和竣工图，当缺少竣工图时，应测绘结构现状图；

b. 原结构的施工技术档案资料，包括钢材的力学性能、化学成分和有关的焊接性能试验资料，必要时应在原结构件上截取试件进行试验；

c. 原结构的损坏变形和锈蚀检查记录及其原因分析，并根据损坏及锈蚀情况确定焊件（或零件）的实际有效截面；

d. 现有实际的荷载资料。

③ 钢结构的补强或加固设计应考虑时效对钢材塑性的不利影响，不应考虑时效后钢材屈服强度的提高。在确认原结构钢材具有良好焊接性能后方可确定焊接方法。

④ 补强和加固不应影响生产，尽可能做到施工方便并应满足安全可靠的要求，对于受气体腐蚀介质作用的钢结构件，当腐蚀削弱平均量超过构件厚度的 25% 时，应根据所处腐蚀环境按现行国家标准《工业建筑防腐蚀设计规范》GB 50046—2008 进行分类，并对钢材的强度设计值乘以下列降低系数：弱腐蚀，0.95；中等腐蚀，0.90；强腐蚀，0.85。

（2）补强与加固方法

① 钢结构的补强与加固，可采用卸荷补强加固或负荷状态下的补强加固两种方法。

② 负荷状态下，进行补强与加固时，应符合下列规定：

a. 卸除作用于结构上的活荷载；

b. 根据加固时的实际荷载（包括必要的施工荷载），对构件和连接进行承载力验算，尽量卸除结构上的荷载。当原有构件中实际有效截面的名义应力与其所用钢材的强度设计值之间的比值 $\beta \leqslant 0.8$（承受静态荷载或间接承受动态荷载的构件），或 $\beta \leqslant 0.4$（承受动态荷载的构件）时，方可进行补强或加固；

　　c. 在受拉构件中,加固焊缝的方向应与构件中拉应力方向基本一致;

　　d. 用圆钢、小角钢组成的轻型桁架钢结构不宜在负荷状态下进行焊接补强和加固;

　　e. 轻钢结构中的受拉构件严禁在负荷状态下进行焊接补强和加固。

　　③ 在负荷状态下用焊接方法补强或加固时,必须考虑焊接过程中因瞬时受热造成局部范围内钢材力学性能降低的因素。除结构应尽可能卸荷外,还应根据具体情况采取下列安全措施:

　　a. 做的临时支护;

　　b. 采用安全合理的焊接工艺。

　　④ 对有缺损的钢结构件应按钢结构加固标准对其承载能力进行评估,采取相应措施进行修补。当缺损严重,影响构件安全时,应立即采取有针对性的卸荷加固措施。

　　(3) 焊缝的补强与加固

　　① 当焊缝缺陷超过允许值时,应按本章有关熔化焊缝缺陷返修的规定进行返修。在处理原有结构的焊缝缺陷时,应根据处理方案对结构安全影响程度分别采取卸荷补焊或荷载状态补焊。

　　② 角焊缝的补强宜增加原有焊缝的长度(包括增加端焊缝)或增加焊缝计算厚度的方法。当负荷状态下采用加大焊缝厚度的方法补强时,被补强焊缝的长度应不小于50 mm,同时原有焊缝在加固时的应力尚应符合下式要求:

$$\sqrt{\sigma_f^2 + \tau_f^2} \leqslant \eta f_f^w$$

式中　　σ_f、τ_f——分别为角焊缝按有效截面($h_e l_w$)计算垂直于焊缝长度方向的名义正应力和沿焊缝长度方向的名义剪应力;

　　　　　　η——焊缝强度折减系数,可按表4-9选用;

　　　　　　f_f^w——角焊缝的抗剪强度设计值。

表4-9　焊缝强度折减系数

被加固焊缝的长度(mm)	≥600	300	200	100	50
η	1.0	0.9	0.8	0.65	0.25

　　补强或加固后的焊缝,其长度与厚度均应符合现行国家标准《钢结构设计规范》GB 50017—2003的规定。

　　③ 用于补强或加固的零件及焊缝宜对称布置。加固焊缝不宜密集、交叉布置,不宜与受力方向垂直。在高应力区和应力集中处,不宜布置加固焊缝。

　　④ 用焊接方法补强铆接或普通螺栓连接时,补强后接头的全部荷载应由焊缝承担。

　　⑤ 高强度螺栓连接的构件用焊接方法加固时,高强度螺栓摩擦型连接的抗滑力可与焊缝共同工作,但两种连接各自的计算承载力的比值应为1.0～1.5。

　　⑥ 补强与加固施焊前应清除待焊区域两侧各50 mm范围内的灰尘、铁锈、油漆和其他杂物。

18. 焊接过程中应注意的问题

① 尺寸偏差较大(焊缝长度、宽度、厚度不足,中心线偏移、弯折等)时,应严格控制焊接部位的相对位置。

② 为防止裂纹产生,应选择合理的焊接工艺参数和焊接顺序。

③ 角焊缝进行施焊时要求焊成凹面的贴角焊缝,必须采取措施使焊缝金属与母材平缓过渡。需焊成凹面的焊缝,不得在其表面留下切痕。

④ 应选用合适的电流,避免电流过大而使电弧拉得过长造成咬边缺陷;控制好焊条和焊丝的角度和运弧的方法。

⑤ 严禁在焊缝区以外的母材上打火引弧,在焊道内起弧的局部面积应打磨消除,不得留下缺陷。

⑥ 焊条按规定温度和时间进行烘焙和使用,焊接区域必须清理干净、焊接过程中可适当加大焊接电流,降低焊接速度,以使熔池中的气体完全逸出,防止产生气孔。

⑦ 对接和T形接头的焊缝应在焊件的两端配置电弧引入和引出板,其材质和坡口形成应与焊件相同。焊接完毕后用气割切除并修磨平整,不得用锤击落。

⑧ 多层焊接应连续施焊,其中每一层焊道焊完成后应及时清理存在的缺陷,如发现存夹渣缺陷,必须清除后再焊。

19. 焊接残余应力残余变形的防治措施

焊接残余应力和残余变形均对钢结构有不利影响,故应减小残余应力并控制残余变形不致过大,使其符合《钢结构工程施工验收规范》GB50205—2001的规范,否则应进行矫正。残余应力和残余变形在焊接中是互相关联的:为了减小残余变形,在施焊时对焊件加强约束,则残余应力随之增大;反之亦然。在焊接工艺上,可通过合理确定收缩余量和选择合适的焊接次序来控制残余应力和残余变形,如分段退焊(图4-6a)、分层焊(图4-6b)、对角跳焊(图4-6c)和分块拼焊(图4-6d)等。

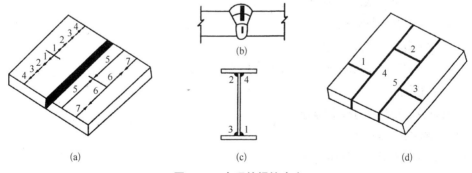

图4-6　合理的焊接次序

(a) 分段退焊;(b) 分层焊;(c) 对角跳焊;(d) 分块拼焊

对H形焊件对角跳焊在实际工作中不一定全是对角跳焊,而应根据构件技术要求确定其焊接次序,即如BH梁之类的构件按要求需制成拱度时,应将下翼缘板两条角焊缝全焊完毕后再焊上翼缘板的两条角焊缝。

控制残余应力和残余变形还可采用预先反变形(图4-7a、b),厚板(Q235钢板 $t>$ 50 mm,Q345钢板 $t>$ 35 mm)焊接应进行预热处理(在焊道两侧,宽度均大于焊件厚度的2倍,加热到100~150℃)及焊后后热或用锤击法(用手锤轻击焊缝表面使其延伸,以减少焊缝中部分残余拉应力)等消除残余应力和残余变形。当焊件残余变形过大,可采用机械方法顶压进行冷矫正,或采用火焰矫法对焊件局部加热进行矫正,见图4-7c。

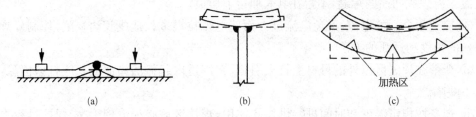

图4-7 减少焊接残余变形的工艺措施

(a)、(b) 反变形;(c) 热矫正

20. 无损探伤

(1) 方法

① 超声波探伤UT:

对接,一级焊缝,100%,达到GB/T 11345—2013的BⅡ级;二级焊缝,20%,达到GB/T 11345—2013的BⅢ级;

T接,20%,GB/T 11345—2013的BⅢ级。电渣焊,查包络线,确认每个角落焊透。

② 射线探伤RT:一级焊缝,达到GB3323—2008的AB级Ⅱ级;二级焊缝,达到GB3323—2008的AB级Ⅲ级。

③ 磁粉探伤MT:专查浅表裂纹,达到JB/T6061—2007的"合格"。

④ 着色探伤PT:(用得少)达到JB/T6062—2007的"合格"。

(2) 关于探伤时候的特别规定

① Q235钢材焊缝焊后冷却到室温以后;

② Q290、Q345钢材焊缝焊后24 h以后;

③ Q390、Q420、Q460的钢材焊缝焊后48 h以后。

(3) 探伤目的

发现裂纹、气孔、夹渣、未熔合。

(4) 无损探伤监理方法

见证监理,即审核无损探伤报告。

21. 无损探伤后的返修

(1) 方法

① 编专用返修工艺;

② 高水平焊工持证返修;

③ 开止裂孔;

④ 预热后,碳刨刨去裂纹及其他缺陷、裂纹两端多刨去 500 mm;

⑤ 预热比原来焊接时提高 50℃;

⑥ 用小的焊接热输入(小的焊接线能量,也即用细焊条、小电流、短电弧、低电压、快速度、不摆动)补焊;

⑦ 严格控制道间温度;

⑧ 除盖面一道以外,其余各道焊缝在焊接后立即用尖头小锤锤击;

⑨ 返修应安排在无损探伤后进行;

⑩ 返修后立即作后热(去氢);

⑪ 待到规定时间后,重做无损探伤。

(2) 返修允许的次数

两次(厚工件正反面各算一次)。返修超过两次仍不合格者,由焊接工程师召集专题研究,编制返修工艺,经焊接责任工程师审核,总工程师批准,总监理工程师同意后,在焊接责任工程师指导、监理工程师旁站下再次返修。返修后应如实上报监理,其资料应完整归档。

(3) 无损探伤返修监理方法

审核监理:即审核专用返修工艺;旁站监理:即监督返修施焊过程;见证监理:即审核返修后的无损探伤报告。

十三、放样

放样是钢结构制作产品过程中很重要的工序,任何钢结构产品必须通过放样才能进行排版、下料、加工成形、装配等工序。放样分为两种:一是按施工详图几何尺寸在钢板平面上放 1∶1 的实样(按所需加放加工余量)划出各几何尺寸线;二是按施工图图形实样的立面和平面尺寸,按展开法求得实物实长线和虚线后,在钢板平面进行展开成所需曲线,称为展开放样。放样是保证构件产品质量、缩短生产周期和节约用料等方面的重要因素之一;因此,放样是钢结构制作过程中一项十分重要而又细致的技术工作。

1. 放样准备

① 放样工作是一项十分重要而细致的技术工作。负责放样人员,在未放样前就应吃透施工图和钢结构加工制作工艺规程中相关内容。

② 审核构件相互连接的几何尺寸、节点件正反方向、角度和数量,发现施工图中存有遗漏和不当或错误之处,应及时向相关部门和设计单位提出;征得意见后,方可进行放样制作样板样杆。

③ 放样使用的量器具必须经计量部门或专业计量检测单位检测合格后方可使用。

④ 放样中通常采用的划线符号见表 4-10。

2. 放样必备工具

在放样时,必须进行具体的划线操作,标出中心线、轮廓线、定位线等。划线除了要求线条清晰均匀外,最重要的是要保证尺寸的准确。

表 4 - 10　放样的划线符号

名　称　与　符　号	说　　　明
切断线	在断线上打上样冲或用斜线表示
加工线	在线上打上样冲眼,并用三角形符号或注上"刨边"二字
中心线	在线的两端打上样冲眼并作上标记
对称线	表示零件图形与此线完全对称
轧角线（正）轧角尺（反）轧角尺	表示将钢材弯成一定角度或角尺
轧圆线（正轧圆）（反轧圆）	表示将钢板弯成圆筒形（正或反轧）
割除线	中部割除 沿方孔外面割除 沿方孔内部割除

　　划线分为平面划线和立体划线两种。平面划线是在一个平面上进行的划线;立体划线是同时在几个面上相关联的划线。冷作工在放样和下料中,多数在平面上划线。在划线工作中,为了保证产品尺寸的准确性和较高的工作效率,必须熟练掌握各种划线工具和基本几何图形的划法。划线时,通常应用的工具有划针、圆规、角尺、样冲和曲线尺等。

　　(1) 划针

　　划针主要用在钢板表面上划出凹痕的线段。通常由直径 $4 \sim 6$ mm,长 $200 \sim 300$ mm 的弹簧钢丝或高速钢制成,划针的尖端必须经淬火,以提高其硬度。有的划针还在尖端焊上一段硬质合金,然后磨尖,以保持长期锋利。

　　为便于所划线条清晰正确,针尖必须磨得锋利,其角度为 $15° \sim 20°$。弹簧由钢丝或高速钢制成,划针尖端必须经过淬火以提高硬度。使用时要经常浸入水中冷却,注意不要使针尖过热退火而变软。

　　使用划针时,用右手握持,使针尖与直尺的底边接触,并应向外侧倾斜 $15° \sim 20°$,向划线方向倾斜 $45° \sim 75°$,用均匀的压力使划针针尖沿直尺移动划出线来,用划针划线要尽量做到一次划成,不要连续几次重划,否则线条变粗,造成模糊不清。

（2）圆规

用于在钢板划圆、圆弧或分量线段的长度。常用的有普通圆规和弹簧圆规两种。普通圆规的开度调节方便,所以适用于量取变动的尺寸,为避免工作中受振而使开度变动,可用螺帽锁紧。弹簧圆规的开度用螺母进行调节,两脚尖开度在工作中不易变动,所以应用于分量尺寸。

圆规一般采用中碳钢或工具钢制成,两脚要磨成长短一致,能靠紧合拢,这样可划较小的圆弧。脚尖应保持锋利,经热处理淬硬,有的在两脚端部焊上一段硬质合金,使耐磨性更好。使用圆规时,以旋转中心的一个脚尖作为圆心样冲印内定心,并使较大的压力,另一脚则以较轻的压力在材料表面上划出圆弧,这样可使中心不致移位。

（3）长杆圆规

划大圆、大圆弧或分量长的直线时,可用长杆圆规。长杆采用断面长方形木质杆制成,也可以采用表面磨光的钢管。在长杆上套有两只可以移动调节的圆规脚,使用时,圆规脚位置调整后用紧固螺钉锁紧。长杆圆规的杆身可达 3 m。

（4）粉线

划长的直线时,很难用直尺一次划成,如果用直尺分段划,则不易正确。应用粉线可以提高划长线工作的效率与质量。

划线时将粉线拉直,然后将粉笔在粉线移动,使粉线上涂上粉笔白粉。两人用大拇指将粉线按在所需划线长度位置（粉线需拉紧）,然后在粉线中间位置垂直提起再放下,在钢板上就能弹出线来。弹线时要注意以下几点:

① 如所需划的线太长,则应在线的长度两端将线拉紧,然后在被拉紧线的中间部位专人用手指将线按紧在钢板面上（线不可移位）,就是将线分两段弹线,以提高划线的准确性,由此提高划线质量。

② 钢板长度方向中间部位凹变形的划线,应将线两端拉紧,使中心部位的线与钢板形成空间距离,专人用小三角尺在线的总长中心空间距离位置,将空间线引至钢板面上（做好标记）,然后分两段弹线。

③ 钢板长度方向中间部位凸起变形的划线,应将需划线长度方向部位两端垫物,其垫物高度应稍超过钢板凸起变形部位 1～2 mm,或垫物与凸变形持平（垫物不允许低于凸变形部位）,垫物垫准后,将粉线拉开按所需划线长度拉紧按紧于两端垫物面上,粉线全长中间及垫物部位专人用小三角尺将粉线引至钢板面原位并按紧于钢板中间凸变形部位及两端引线,钢板面此阶段粉线全长度处于两端、中间三个点全拉紧、按紧的状态下,按以上要求用粉线分段弹线求得标准划线。

（5）角尺

角尺有扁平的和带筋的两种。扁平的角尺主要用于划直线,以及检验装配角度的正确性,这种角尺也适用于在钢板上划线,它一般采用 2～3 mm 厚的钢板、铜板、硬质铝板、不锈钢板制成。使用带筋角尺时,可以将筋靠在型钢的直边上,划出与直边垂直的线,这种角尺灵活方便,适用于在各种型钢上划线。

（6）样冲

为使钢板上所划的线段能保持下来,作为施工过程中的依据或检查标记,就得在划线后用样冲沿线冲出小冲印眼作为标记。在使用圆规划圆弧前,也要使用样冲先在圆心上拷上冲印眼,作为圆规脚尖的定心。样冲的尖端要经淬火并磨成45°～60°的圆锥形。

使用样冲时先将尖端置于所划线上,样冲成倾斜位置,然后将样冲竖直,用手锤轻击顶,冲出孔眼。在直线上可冲稀些,曲线和间断上应冲密些,中心线的冲印至少有3只。

3. 放样时必须注意和应做的工作

① 放样应在平整的放样平台上进行,凡需放大样的构件,应以1∶1的比例放出实样,当构件尺寸较大难以制成样板样杆时,可绘制下料示图。

② 样板样杆的材料必须平直,变形材料不得使用。

③ 样板样杆的制作应按施工图和工艺规程加工的规定要求做出各类加工符号、基准线、眼孔中心标记,并且按工艺要求预放各类加工余量,然后号上样冲印等印记,用磁漆（或其他材料）在样板样杆上标写出工程构件及构件编号、零件的规格、孔径、数量及其他有关符号。

④ 放样工作结束后,对放样的样板样杆和下料示图,进行自检校对,报质检部门专职检验认可。然后,将样板样杆和所绘示图签发于生产和排版部门施工使用。

⑤ 样板样杆存放应按零件号及规格分类存放,妥善保管,不允许任意乱扔乱甩。

⑥ 放样时样板样杆的允许偏差应符合表4-11规定。

表4-11 放样和样板样杆的允许偏差

项　目	允许偏差(mm)
平行线距离和分段尺寸	±0.5
对角线	±1.0
长度、宽度	长度0～+0.5,宽度0～−0.5
孔距	±0.5
组孔中心线距离	±0.5
加工样板的角度	±20°

4. 放样与展开放样的关系

放样与展开放样是一项整体工作的两个方面,具体而言,单纯的放样只需按施工图几何尺寸以1∶1的比例按规范要求划放出实际尺寸实样即可;而需要展开放样的结构件,是在几何尺寸所放实样的面样上求得各个节点展开放样的实际尺寸（又称实长线和虚线）。概括地讲:单纯的放样不等于展开放样,但需展开放样的构件,必须先按几何尺寸进行放样,在其实样上求得展开放样的实际尺寸。因此,对放样与展开放样的相关内容应弄清,并注意以下几个方面。

① 展开的定义。一块长方形钢板可卷弯成圆筒,反过来也可将圆筒体摊开成长方形钢板。这种零件的表面摊开在一个平面的过程就叫作展开。在平面上画得的图形就叫做展开图,作展开图的过程一般叫展开放样。

② 展开放样的范围。展开放样在锅炉、化工、冶金、造船及机械制造过程中应用十分广泛。凡是用钢材弯曲成的零件必须展开放样。

③ 展开方法。作展开图的方法通常有两种:一种是作图法,另一种是计算法。对于形状复杂的构件,广泛采用作图法,而对形状简单的零件,可以通过计算求得尺寸后,再放样作图。总之,无论何种形状的表面,它的展开放样法有平行线法、放射线法、三角形法和计算法四种。根据组成构件表面的展开性质,分可展面和不可展面两种。

④ 展开放样重视板厚处理。展开放样过程在实际工作中往往会忽视展开构件板厚处理的影响,展开构件都有一定的厚度,尤其是当展开板较厚的构件,精确性又要求高;像这样的展开构件在展开放样时必须严格重视板厚处理的问题,否则会不可避免地出现质量问题。

⑤ 展开放样中性层的概念。钢板卷弯成圆筒时外层面显然比内层面的长度长,这是由于板料在卷弯时金属板料的外层受拉而内层受压的缘故,那么在断面上由拉伸向压缩的过渡间,必有一层金属既不伸长也不缩短,这一层称中性层。因中性层的长度在弯曲前后不发生变化,所以可作为展开放样的依据。中性层的位置随弯曲的程度而定。

⑥ 以中性层为展开放样依据。钣金工展开放样是不计钢板厚度的,而实际构件是有厚度的,图纸上注明外径及内径,展开放样时则取中径,例如:圆筒内径为 2 000 mm,钢板厚度 $\delta=20$ mm,则中径 $D=2\,020$ mm,圆周的展开长度 $L=\pi D=3.141\,6\times2\,020=6\,346$ mm,按其周长辊成圆筒,内径正好 2 000 mm。

5. 排版、套料

钢材排版、套料的目的是合理用料,减少浪费。排版时按钢结构工程构件实际尺寸和各项技术要求结合材料规格和尺寸进行套裁拼料,要达到使钢材利用率最佳状态必须认真仔细做到以下几方面。

① 排版的依据。首先按工程结构相关技术要求和放样所规定的内容,结合进库材料的码单及具体资料进行排版、套料。

② 以钢结构工程结构技术要求为准,尽量利用平时按规范规定退库的剩余料(利用料),在套料时特别注意利用料的材质和规格必须符合工程结构的各项技术要求。

③ 排版套料时严格构件焊缝之间的错位,如 BH 梁之类的构件翼缘板的对接焊缝与腹板的对接焊缝不仅需错位 200 mm,而且其腹板焊缝不宜定位于构件中心部位,应将焊缝设于由构件两端向中心方向内侧,其尺寸为构件总长度的1/3,同时注意 BH 梁的翼板、腹板拼接料的长度、宽度尺寸。具体有以下规定:翼板的拼接长度应≥2 倍宽度;腹板的拼接长度应≥600 mm;允许偏差: $h<500$ mm 为±2.0 mm,500 mm$<h<$1 000 mm 为±3.0 mm;$h>$1 000 mm 为±4.0 mm。

④ 任何钢结构工程结构件的排版、套料、拼接,应在号料切割之前完成。需拼接的钢

板应尽量拼成整块(如 BH、箱形、劲性十字柱等板料)后焊接(UT 合格),而不应先切割成条块后再拼接焊(特殊情况可先切割成条块后再拼接焊)。

⑤ 负责排版、套料的人员,将排版、套料详细规定资料下达划线号料切割工序(包括剪、切、锯),并详细口述交底(如材质、利用料的使用规定等),同时亲自协同划线号料工序对首块套料划线号料工作。

⑥ 负责排版、套料人员,应明确划线号料切割工序每个项目的剩余利用料,并严格按"剩余钢材回收管理规定"做好回收工作。

十四、规范材料进生产车间

钢结构工程的主材来源,由甲方提供和乙方自购两种渠道,辅材一般由乙方自购为主(特殊情况例外)。无论材料来自何方,都必须按设计技术要求规定和供材单位签发的相关材料规范凭证为依据,做好复验认可后,方可使材料入库。一旦将规格、材质搞错,会造成严重的经济损失,材料进生产车间和使用时应规范以下工作。

① 生产车间必须设专人管理材料,做好按领料单签收工作,材料规格、材质、外表质量等应逐一核对。

② 材料预处理情况。预先除锈、涂防锈涂层、材料矫平、矫直等工作应在材料未进生产车间之前做好。在签收材料时,发现有关部门未做好材料预处理工作,应及时向有关部门提出,征得解决意见。

③ 材料签收人员应特别注意:当签收两种不同材质和近似规格(厚度近似)的材料时,绝对不可将材料混叠在一起进生产车间。应按材质、规格不同分别进生产车间,进车间后同样需分别堆放,不可混堆。车间材料管理员,对所进车间材料应认真负责地对有关人员口述交待清楚材质、规格、数量,同时在材料面上用色彩笔标色,包括所领用的利用料也得口述交底,指定使用,不允许随意到仓库任意取材料。

十五、划线号料

划线号料实际就是根据图样在钢材上画出零件形状后进行剪切和气割的线,为钢材下料作准备。批量生产中,通常采用样板、样杆号料,以提高工作效率。

1. 划线号料的基本要求

① 号料前先确认材料规格、材质和所需号料数量。

② 严格按排版套料规定和样板样杆为准划线号料。梁之类需起拱的构件严格按划线号料图的要求做好起拱工作。

③ 按构件加工的工艺性及加工余量等划线号料,如复杂冷弯或热弯加工的零件号料时,应先初划线(号料),待加工后按实际尺寸确定切割断线。

④ 单件小批量的加工生产产品,可直接在钢材上按图样划线,并预放机加工余量。

⑤ 左右对称的两零件在号料时,可用同一样板号料,但应注明零件的正反面和作对方向及数量,以免零件不能互换使用。

⑥ 号料时应划出加工后的检查线(用于构件在加工、装焊后的曲率正确性),如中心线、弯曲线,并注明接头处的标注或字母、焊缝代号,以及零件在工地装配或在工地加工等情况。

⑦ 号料时应注明钢材材质、零件产品的编号、图号、构件号和数量。

⑧ 号料划线应采用划针划线,线宽为 0.3 mm,较长的直线段为 0.8 mm,用钢丝弹簧拉磅、直尺、三角尺联合划线号料,具体见放样工具,号料与样板、样杆划线时允许偏差见表 4-9。

2. 号料时重视预放余量

为了保证加工后的零件尺寸正确,必须重视号料时加工余量的正确性,加工余量太小或太大使零件无法加工或浪费加工工时;因此,应了解号料时工艺余量的因素和具体规定。

① 工艺余量的因素。首先应在样板样杆制作时明确其误差,即样板的外形尺寸偏差为 0.5 mm,孔距偏差为 0.3 mm,并使号料后的尺寸偏差控制在 ±0.5 mm 以内。

② 工件加工的影响,包括切割、铣、刨、热加工等误差。气割余量应视钢板的厚度确定气割缝的宽度:板厚 14 mm 以下为 2.0 mm,板厚 16~26 mm 为 2.5 mm,板厚 28~50 mm 为 3.0 mm。

③ 锯割余量。锯割型材或板材所留缝隙宽度,用砂轮锯割时,留缝余量为锯片厚度加 1.0 mm;用齿锯时留缝余量为齿厚度。

④ 刨铣余量。零件需刨边或铣端部时,其加工部位应留放 3~4.0 mm 余量。

⑤ 热加工余量。热加工时,每次加热使板厚减 0.2~0.25 mm,因此,对要求较高的零件,应根据零件需热加工次数确定预加板厚余量。

⑥ 焊接收缩的影响包括拼接板的焊缝收缩,构架间各节点总组装焊缝的收缩量,以及焊后引起的各种变形;焊接时各种形式的一般收缩量,这里只概要讨论纵向、横向和角焊缝的收缩近似值;沿焊缝长度的纵向收缩率为 0.03%~0.2%,沿焊缝宽度的横向收缩,每条焊缝收缩率为 0.03%~0.75%,加强筋板焊缝引起的构件纵向收缩,筋板每条焊缝收缩量为 0.25 mm。焊缝的收缩还需视钢板厚度而定,厚度较厚收缩较大;因此,号料时应放焊接收缩余量。

十六、质检检查号料线

经号料划线后的零件,其尺寸必须经质检专职检验认可后才可进行切割,包括气割、剪切、锯割、等离子机割(电光切割),大批量剪切靠模也需检查认可。

十七、切割加工

钢结构工程中常用的切割方法有剪切、气割、锯割和等离子切割(电光切割)等。施工中采用何种方法比较合适,应根据工程结构的特点要求结合设备各种切割能力、切割精度、切割表面的质量等情况,并综合考虑经济性等因素来具体选定。一般情况下,钢板厚度在 12 mm 以下的直线性切割(直线较短的线),常采用机械剪切下料。气割多数用于厚钢板直线较长和曲线的零件切割。各类型材以及钢管等下料通常采用锯割,但一些中小型的角钢和圆钢等以往也采用冲剪切(又称剪冲)或气割的方法。等离子切割主要用于不易氧化的不锈钢材料及有色金属如铝、铜切割(目前也广泛使用切割钢板异形零件)。钢材的切割工艺选择,关系到产品质量、生产进度和经济效益,具体方法可参见表 4-12 所示。

表 4-12 选用切割设备

类别	使用设备	适 用 范 围	使用气体
机械切割	剪板机、型钢冲剪机	适用板厚<12 mm 的零件钢板、压型钢板、冷弯型钢的切削	
	砂轮锯	适用于切割厚度小于 4 mm 的薄壁型钢及小型钢管	
	锯床	适用于切割各种型钢及梁柱等构件	
气割	自动切割	适用于大的及板厚>12 mm 中厚钢板的切割	氧、乙炔(或丙烷或乙烯)
	半自动切割	适用于大的及板厚>12 mm 中厚钢板和型钢翼缘板的切割,型钢腹板高>500 mm 的切割	
	手工切割	型钢腹板<500 mm 的切割,修正切割,但切割面必须用砂轮片打磨处理	
等离子切割	等离子切割机	主要是切割薄钢板、钢条及不锈钢、铝、铜、合金等高熔点金属	氮气或空气

1. 气割

(1) 气切割概述

① 气割原理:气割主要利用气体火焰的热能将钢板切割处预热到一定的温度,然后以高速切割氧流,使钢燃烧并发放出热量,实现切割。常用氧—乙炔和丙烷(石油气体)焰作为气体火焰切割,统称为氧—乙炔气割。

② 氧气和乙炔的性质:氧气是一种无色无味的气体,和乙炔气混合燃烧时的温度可达 3 150℃以上,最适用于气焊和气割。

纯氧在高温下很活泼,当高温不变而压力增加时,氧气可以和油类发生剧烈的化学反应而引起发热自燃,产生强烈爆炸,因此要严防氧气瓶同油脂接触。

乙炔又称电石气,是不饱和的碳氢化合物,在常温和大气压力下,它是无色气体。工业乙炔中,因为混有许多杂质如磷化氢及硫化氢等,具有刺鼻的特别味。

乙炔是一种可燃气体。乙炔温度高于 600℃或压力超过 0.15 MPa 时,遇到明火会立即爆炸(乙炔空气混合体的自燃温度为 305℃),所以气割现场要注意通风。

(2) 气割过程和符合条件

① 气割过程。气割由金属的预热、燃烧和氧化物被吹走三个过程组成。开始气割

时,必须用预热火焰将气割处的金属预热到燃点(碳钢燃点 1 100～1 150℃),然后把气割氧喷射(又称快风)到温度达到燃点的金属并开始剧烈地燃烧,产生大量氧化物熔渣。由于燃烧时放出大量的热,使熔渣被吹走,这样上层金属氧化时产生的热传至下层金属,使下层金属预热到燃点。气割过程由金属表面深入整个厚度,直至将金属割穿。

② 具备条件。各种金属的气割性能不同,因此,应符合下列条件的金属才能顺利进行气割:

a. 金属在氧气中的燃点低于金属的熔点;

b. 氧化物熔点低于金属本身的熔点,常用金属及氧化物的熔点见表 4-13。

表 4-13 常用金属及其氧化物的熔点 (℃)

金　　属	金属熔点	氧化物熔点	气 割 性 能
纯铁	1 535	1 300～1 500	气割顺利
低碳钢	1 500	1 300～1 500	气割顺利
高碳钢	1 300～1 400	1 300～1 500	气割顺利
灰口铸铁	1 200	1 300～1 500	不能气割
紫铜	1 083	1 230～1 260	不能气割
铝	657	2～20	不能气割

c. 金属在燃烧时能放出较多的热,金属的导热性不能过高。

d. 自动、半自动气割工艺参数见表 4-14。

表 4-14 自动、半自动气割工艺参数

板厚(mm)	氧气压力(MPA)	切割气压力(MPA)	气割速度(mm/min)
6～10	0.20～0.25	≥0.030	650～450
10～20	0.25～0.30	≥0.035	500～350
20～30	0.30～0.40	≥0.040	450～300
40～60	0.50～0.60	≥0.045	400～300
60～80	0.60～0.70	≥0.050	350～250
80～100	0.70～0.80	≥0.060	300～200

(3) 气割前的准备

气割前,应矫平钢板,并把钢板垫起,下面要留出一定的空间并使其畅通,保证切口的熔渣向下顺利排出,钢板下面的空间不能密封,否则有爆炸危险。钢板表面的油污和铁锈要加以清理。为保证切割尺寸的准确,要预先划线。

气割时,正确地选择工艺参数对保证切割质量有很大的影响,主要选择以下的参数。

① 割炬的功率。割炬的功率应根据被切割钢板的厚度来确定,它应能保证切割前把

金属迅速加热到燃点,切割过程中维持切口有足够的热量。功率过大会使切口上部熔化,过小时预热温度不够,使金属割不穿。手工气割时可按照表 4 - 15 或表 4 - 16 选用相应的割炬和割嘴号码。

② 氧气压力。氧气压力是根据钢板厚度、割嘴孔径和氧气纯度选定的。当氧气压力过低时,氧气供应不足,引起金属燃烧不完全,使气割速度减低,同时熔渣除不干净,切口背面有粘渣现象,甚至不能割透。当氧气压力过大时,过剩的氧气反而起了冷却作用,使气割速度降低,切口表面高低不平。手工气割时氧气压力也可参见表 4 - 15 或表 4 - 16。

表 4 - 15　氢—乙炔射吸式割炬规格性能

型　号	割嘴号码	割嘴形式	切割范围 (mm)	切割氧孔径(mm)	气体压力(MPa)		气体消耗量	
					氧气	乙炔	氧气 (m³/h)	乙炔 (L/h)
G01 - 30	1	环形	2~10	0.6	0.2	0.001~0.1	0.8	210
	2		10~20	0.8	0.25	0.001~0.1	1.4	240
	3		20~30	1.0	0.3	0.001~0.1	2.2	310
G01 - 100	1	梅花形	10~25	1.0	0.3	0.001~0.1	2.2~2.7	350~400
	2		25~50	1.3	0.35	0.001~0.1	3.5~4.3	460~500
	3		50~100	1.6	0.5	0.001~0.1	5.5~7.3	550~600
G01 - 300	1	梅花形	100~150	1.8	0.5	0.001~0.1	9.0~10.8	680~780
	2		150~200	2.2	0.65	0.001~0.1	11~14	800~1 100
	3	环形	200~250	2.6	0.8	0.001~0.1	14.5~18	1 150~1 200
	4		250~300	3.0	1.0	0.001~0.1	10~26	1 250~1 600

表 4 - 16　氧—乙炔等压式割炬及割嘴规格性能

型号(名称)	割嘴号码	切割氧孔径(mm)	切割范围 (mm)	气体压力(MPa)		气体消耗量	
				氧气	乙炔	氧气 (m³/h)	乙炔 (L/h)
G02 - 100 中压式割炬	1	1.0	10~25	0.4	0.05~0.1	2.2~2.7	350~400
	2	1.3	25~50	0.5	0.05~0.1	3.5~4.3	400~500
	3	1.6	50~100	0.6	0.05~0.1	5.5~7.3	500~600
G02 - 500 中压式割炬	7	3.0	250~300	0.6	0.05~0.1	15~20	1 000~1 500
	8	3.5	300~400	1.0	0.05~0.1	20~25	1 500~2 000
	9	4.0	400~500	1.2	0.05~0.1	25~30	1 800~2 200
G04 - 100 中压式焊割两用炬	1	1.0	5~20	0.25	>0.05	1.5~2.5	250~400
	2	1.3	20~50	0.35		3.5~4.5	400~500
	3	1.6	50~100	0.5		5.0~6.4	500~600

③ 气割速度。气割速度必须与切口整个厚度金属的氧化速度相一致。气割速度过慢,会使切口边缘熔化,切口过宽;气割速度过大,切口下部燃烧比上部慢,使后拖量增大

（如图 4-8 所示），其至割不穿。因此，气割速度应根据具体情况和工件质量要求而定：如工件的切割表面要求不高时，可加快气割速度以提高生产率；如切割表面要求较高，就应通过试验选择合适的气割速度。

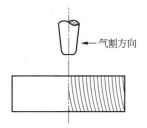

图 4-8　气割时的后拖量

④ 预热火焰的能率。预热火焰的能率是以可燃气体（乙炔）每小时消耗量（L/h）表示，根据割件厚度而定。如果预热火焰能率过大，使割缝边缘产生连续珠状钢粒，其至边缘熔化成圆角，同时在割件背面有黏附的熔渣，影响气割质量。如果预热火焰能率过小，使割件得不到足够的热量，气割速度减小，甚至造成气割中断。

气割薄钢板时，因气割速度快，可采用较大的火焰能率，但割嘴应离钢板远些。气割厚板时，由于气割速度较慢，为防止割缝上缘熔化，可相对采用较弱些的火焰能率。

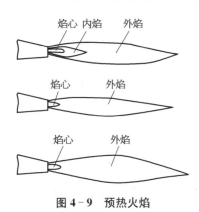

图 4-9　预热火焰

（4）气割技术

气割开始时先点燃预热火焰，其方法是先微量打开氧气阀，再少量打开乙炔阀，使可燃混合气体从割炬中喷出，然后用火柴或点火机引火点燃，在调节氧气和乙炔阀门，使预热火焰构成适当的比例，并调整到足够的强度。由于氧气和乙炔气的比例不同，预热火焰的形状和性质也就不同，它分为碳化焰、氧化焰和中性焰三种，见图 4-9。

碳化焰是氧与乙炔的混合比小于 1.1 时燃烧所形成的火焰。由于乙炔没有达到完全燃烧，在喷嘴外呈现两层白的焰心，它的温度要比中心焰和氧化焰低一些，为 2 700～3 000℃。如用这种火焰进行焊接，会使焊缝金属增碳而发脆，故称它为碳化焰。

氧化焰是氧与乙炔的混合比大于 1.2 时的火焰。喷嘴外呈现出尖形蓝白色的焰心，最高温度为 3 100～3 300℃。这种火焰对高温的金属有氧化作用，所以称为氧化焰。

中性焰是氧与乙炔的混合比为 1.1～1.2 时的火焰。喷嘴外呈现出一个很清晰的圆柱形焰心，这种火焰对高温金属没有增碳和氧化作用，所以称它为中性焰。切割气流的长度（风线）须超过割件厚度的 1/3，切割氧气流要求保持圆柱形。

调整好预热火焰后，将割嘴对准钢板边缘加热至燃点，为使对线清晰可见，气割方向常自右到左进行。当钢板厚度大于 50 mm 时，为了保证整个厚度能加热均匀，可使割炬与切割金属表面倾斜成 10°～15°。

气割时，割嘴应与割件表面保持一适当距离。当钢板厚度小于 100 mm 时，从提高效率出发，钢板表面最好位于预热焰温度最高处，即钢板表面位于距焰心 2～4 mm 处；当钢板厚度超过 100 mm 时，为了防止割嘴过热和因铁渣飞溅而使割嘴孔堵塞，割嘴与钢板表面的距离相应增大些。

气割将接近终点时，割嘴应向切割相反方向倾斜一些，以利于钢板下部提前割透，使收尾平直。

气割时必须防止回火,回火的实质是氧、乙炔混合气体从割嘴内流出的速度小于混合气体燃烧速度,乙炔的燃烧速度一般为 14.5 m/s,当混合气体的温度升高或含氧量增大时,燃速增加,为防止回火,混合气体从喷嘴向外喷射速度应不小于 50~60 m/s。气割时使混合气体流出速度降低时发生回火的原因如下。

① 皮管太长,接头太多或皮管被重物压住。

② 割炬连续工作时间过长或割嘴过于靠近钢板,使割嘴温度升高,内部压力增加,影响气体流速,甚至混合气体在割嘴内自燃。

③ 割嘴出口通道被熔渣或杂质阻塞,氧气可能倒流入乙炔管道,使割炬点火时就回火。

④ 皮管或割炬内部管道被杂物堵塞,增加流动阻力。

⑤ 割嘴的环形孔道间隙太大,当混合气体压力较小时,流速过低也易造成回火。

发生回火时应紧急关闭气源,一般先关闭乙炔阀,再关氧气阀,使回火在割炬内迅速熄灭,稍待片刻再开启氧气阀,以吹掉割炬内残余的燃气和微粒,然后再点火使用。

⑥ 钢板穿孔。发生钢板穿孔后首先用割炬预热需切孔的地方(图 4-10a),然后将割嘴提起离钢板约为 15 mm(图 4-10b),再慢慢开大氧气切割阀,并将割嘴稍向旁移,并稍侧倾(图 4-10c),使熔渣吹出,这样一直将钢板穿通为止。在进行这一工作时,必须注意自己的脸不要对着钢板表面。

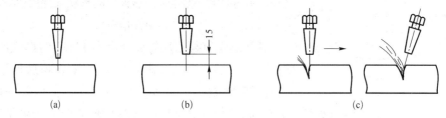

图 4-10　在钢板上穿孔

(a) 预热;(b) 提起割嘴;(c) 慢慢开大氧气切割阀

⑦ 圆钢的气割。气割圆钢时,割嘴应按图 4-11a 中 1 的位置进行起割(即先从一侧开始预热);开始气割时,在慢慢打开切割氧气阀的同时,将割嘴转为与地面相垂直的方

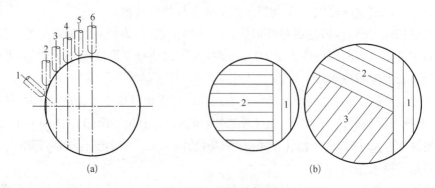

图 4-11　圆钢的气割

(a) 割嘴的位置;(b) 分瓣气割

向,这时加大切割氧气流使圆钢割透,气割过程按图4-11a中2~6位置进行。

圆钢最好一次割完,若圆钢的直径较大,一次割不透时,可采用图4-11b所示的分瓣气割法。

⑧ 复合钢板的气割。气割不锈钢复合钢板时,将复合钢板的碳钢面朝上,割嘴应前倾,以充分利用燃烧反应所产生的热量。不锈钢复合钢板气割质量的关键,在于使用较低的切割氧气压力和较高的预热火焰氧气压力,例如对(16+4)mm复合钢板,前者0.2~0.25 MPa,后者为0.7~0.8 MPa,这样才能使下层的不锈钢得到足够的热量而不被冷却,高熔点的氧化铬氧化膜被熔化而不会阻碍下层金属与切割氧气流的接触,气割过程可以顺利进行。因此,最好将割炬改装成具有两个氧气进气阀门,接入两个减压器和氧气瓶分别调整氧气压力。

⑨ 气割件变形及控制。气割件变形的原因主要是由于气割时金属局部受热,使金属产生不均匀的热胀冷缩而引起塑性变形,其次是钢板在轧制时所造成的内应力在气割时释放而引起变形。

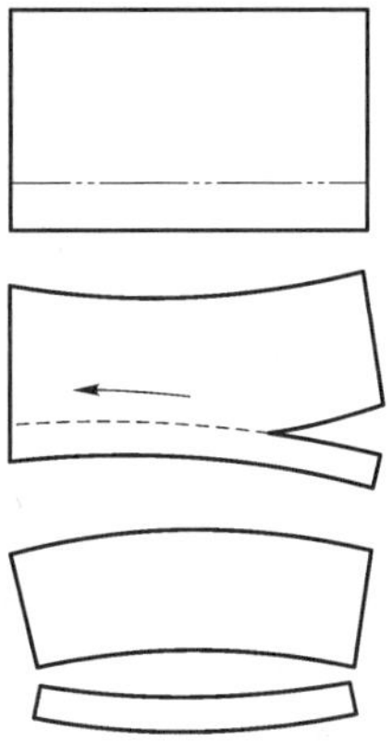

气割时的热量越大、越集中,则气割变形也越大;钢板表面氧化皮、铁锈等杂质增加了气割时吸收的热量,因而使钢材气割后的变形加剧。钢材经直线气割后的变形如图4-12所示。在连续气割时,割缝处金属受热而膨胀,但因不能自由伸长,故受压缩应力,产生压缩塑性变形,所以在随后的冷却收缩时产生了永久变形。

图4-12　气割件变形

为了减少气割件变形,钢材应事先矫平,还应清除表面锈污。为此,气割前应用预热焰粗略地预热钢材表面,疏松剩余氧化皮、铁锈,并用钢丝刷刷净,以减少气割时输入的热量。此外,应使气割件尽可能在最后瞬间脱离钢板,保证气割件在切割时具有较大的刚度,减少气割件的变形。

在钢板上气割圆形割件时,由于割件的大小、位置及气割的方向不同,也会造成割件的变形,图4-13所示为气割圆板的实例。

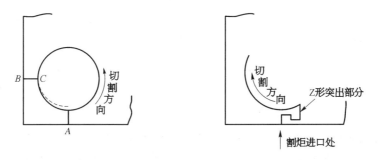

图4-13　气割圆形零件时的变形

若以A点作为气割起点逆时针气割时,当割到C点处,割件只有BC处狭条支撑,狭条因受热而发生膨胀,并带动割件向外弯曲,而气割机仍按图中虚线进行,造成起、终点不能重合,形成一叉口。为减少其变形,可在钢板边缘切割一个图示 Z 形的曲线入口,以限制余料变形;或从 B 点开始气割,则余料可自由变形,故圆件仍附于本体,使变形减少。采用多割炬的对称气割以及对周长作分段的气割方法,也可以达到减少割件变形的目的。

⑩ 气割质量。气割质量包括割件的尺寸精度和切割面质量两个方面。气割件的尺寸精度一般可控制在 ±1 mm 以内,高的可达 ±0.25 mm;气割表面的粗糙度可达 $\sqrt{6.3} \sim \sqrt{3.2}$。若气割时操作不当,也会造成气割缺陷,常见气割断面的缺陷及其产生原因见表4-17。

表 4-17 常见气割断面缺陷及产生原因

缺 陷	产 生 原 因
粗糙	切割氧压力过高 割嘴选用不当 切割速度太快 预热火焰能量过大
缺口	切割过程中断,重新起割衔接不好 钢板表面有厚的氧化皮、铁锈等 切割机行走不平稳
内凹	切割氧压力过高 切割速度过快
倾斜	割炬与板面不垂直 风线歪斜 切割氧压力低或嘴号偏小
上缘熔化	预热火焰太强 切割速度太慢 割嘴离板件太近
上缘呈珠链状	钢板表面有氧化皮、铁锈 割嘴到钢板的距离太小,火焰太强
下缘粘渣	切割速度太快或太慢 割嘴号太小 切割氧压力太低

(5) 手工气割

① 气割前工作。

a. 手工气割时,除需按前文有关规范之外,必须将乙炔、氧气瓶分开 3 m 距离,不允许两气体瓶靠近,同时注意气割工件同样与两气瓶分隔 3 m 距离不得靠近(包括集装气体瓶都得与气割工件分隔 3 m);因为这两种气体属易燃气体,一旦与易燃物接触会引起爆炸。在安全条例中也有此规定,不得违规。

b. 气割工件下部必须距离地面垫高 100～200 mm,使空气畅通,不允许使气割工件下部处于封闭或相对密封状态,否则会使工件下部存留残余气体,当火种接触时会引起爆炸。

　　② 气割设备。

　　a. 乙炔钢瓶。乙炔瓶是用来储存乙炔气体的,钢瓶的容积一般是 40 L。为了增加钢瓶的乙炔容量及防止爆炸,在钢瓶内装入多孔性的特殊物质,像浮石、活性炭、特殊加工的锯末、硅藻土及其他多孔性材料,这些物质应当坚固、多孔、质轻,在钢瓶中不沉淀,并在高温下不破坏。另外,乙炔易溶解在丙酮液体中,在 1 L 丙酮溶液中,于 15℃、0.1 MPa 压力下能溶解乙炔 23 L,因此钢瓶储存乙炔时使用丙酮可加大钢瓶的乙炔储量。当进行气焊或气割时,丙酮中的乙炔分解为气体,经过压力调节器进入软管中,丙酮仍留在钢瓶中,以后可继续使用。

　　钢瓶中乙炔逐渐消耗,丙酮亦随气体的释放而损失一部分,标准的损失为每立方米乙炔损失丙酮 40~50 g,为使损失量不致过多,乙炔钢瓶中放出的气体消耗量不应超过 1 800~2 000 L/h,若乙炔需要量大的,可用数个钢瓶并连使用。此外,为减少丙酮的损失,乙炔钢瓶应直立放置。钢瓶内的乙炔不能完全用尽,要存留一部分剩气,其压力不低于 0.1~0.2 MPa。

　　乙炔钢瓶为白色,用红色标明"乙炔"字样,它的工作压力为 1.5 MPa。

　　b. 氧气钢瓶。氧气以 15 MPa 的压力储存在钢瓶中保存或运送。钢瓶为圆柱形,为了便于直立,底部呈凹形,在上面的喉部有锥形丝扣,并在其上旋有氧气瓶阀,瓶头外面套有瓶箍,用以旋装瓶帽,以保护瓶阀不受损坏。最常用的氧气钢瓶容量为 40 L,外径 219 mm,长度 1 390 mm,总重量 70 kg。

　　氧气钢瓶为浅蓝色,用黑色写明"氧气"字样。氧气瓶使用时必须注意下列安全技术:

　　● 氧气瓶不能和乙炔瓶以及易燃品放在一起,或同车运输。氧气瓶搬运时,应避免碰撞和剧烈震动。

　　● 氧气瓶不得在烈日下暴晒或用火烤,以免气体膨胀而引起爆炸。冬季使用氧气瓶时,若瓶阀冻结,可用热水和水蒸气加热解冻。

　　● 开启气阀时,应慢慢打开,不能面对出气口,以免氧气冲击,万一减压器弹脱时也不致受伤。

　　● 氧气瓶中的氧气不允许全部用完,应至少留 0.1~0.2 MPa 的剩余压力,以防氧气瓶混入乙炔气或其他可燃气体而引起爆炸,或混入空气而降低纯度。

　　c. 减压器。在气焊或气割工作中所需氧气或乙炔气的压力需要调节并保持稳定,不能因为钢瓶内的气体压力降低而影响工作气压,为此一定要装有减压器。

　　减压器的结构原理如图 4-14 所示。

　　当开启和调节气压时,应顺时针旋转调节螺钉 5,作

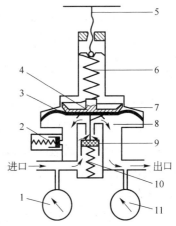

图 4-14　减压器工作原理图

用到压缩弹簧6,通过压板4、薄膜3和顶杆7打开活门9,这时进口的高压气体(高压室的气体压力由压力表1读出)穿过活门口进入低压室8,在压力表11上读出需要的压力,再经出口输出。当钢瓶内压力逐渐降低时,作用于阀门9上的气体压力随之减小,活门9失去平衡,因为在弹簧6的作用下,使活门9下移,以达到新的平衡,此时通过活门9的通道增大,使氧气流量保持不变,维持出口压力基本不变。

当停止工作时,一定要完全松开调节螺钉5,使弹簧6恢复自由状态,然后将低压室8的气体放净。活门靠弹簧10密封,减压器即可关闭。

安全阀2保持压力表11和低压室的安全使用,当调节压力超过一定许用数值时,就会自动打开放气,当压力降低到许用值时,又会自动关闭。氧气和乙炔减压器的工作原理是相同的,所不同的是使用的压力高低而已。氧气减压器进气口的最高压力为15 MPa,最大流量为80 m³/h,安全阀开始的泄气压力为2.9 MPa,超过此压力时自动打开排气。乙炔减压器进气口的最高压力为2 MPa,最低压力应不低于调节压力的2.5倍,输出压力为0.01～0.16 MPa,最大流量为9 m³/h,当进口压力在规定范围内变化时,输出压力的变化应不超过20%,安全阀开始泄气的压力为0.18 MPa。

安装减压器前,将气瓶阀连接口内的垃圾吹净。在打开气瓶阀时,应避免站在减压器的正面和瓶阀出口前面。应慢慢地打开减压器前的高压管路(气瓶阀或管路阀),通气后再逐渐开大,以免发生事故。

d. 橡皮管。氧气和乙炔气通过橡皮管输送至焊炬或割炬中,皮管用优质橡胶夹麻织物或棉纤维制成。为便于识别,氧气皮管采用红色,承受压力为1.5 MPa,管径为8 mm;乙炔皮管采用绿色,承受压力为0.5 MPa,管径为10 mm。在使用过程中要注意皮管颜色和壁厚,不能用错。

e. 割炬。割炬又称割刀,它的作用是使可燃气体与氧气构成预热火焰,并在割炬中心喷出高压氧气流,使预热的金属燃烧切断。割炬的种类很多:按预热部分的构造,可分为射吸式和等压式两种;按用途不同又可分为普通割炬、重型割炬及焊割两用炬。

● 射吸式割炬　射吸式(又称低压式)割炬由预热和切割两部分组成。射吸式割炬的工作原理如图4-15所示,氧气以高速喷出时,吸入周围的乙炔气,形成混合气体,再在割嘴中喷出,构成预热火焰。乙炔流量由乙炔调节阀控制,切割氧调节阀专用于切割。

射吸式割炬能在各种不同的乙炔压力情况下工作,乙炔压力可以极低(压力大于0.001 MPa即可使用),而氧气压力则以0.25～0.3 MPa送入。割炬使用较长时间后,因受热而使混合气体通道的温度上升,混合气体的压力也相应增高,从而影响氧气和乙炔的畅通流出(特别是乙炔,因其压力低所受的影响大),改变混合气体的混合比,需要重新调节。

射吸式割炬本体有三种不同规格,G01-30型割炬能切割钢板厚度最大为30 mm,更厚的钢板用G01-100或G01-300型割炬。割嘴有不同的大小,用号数表示,根据被切

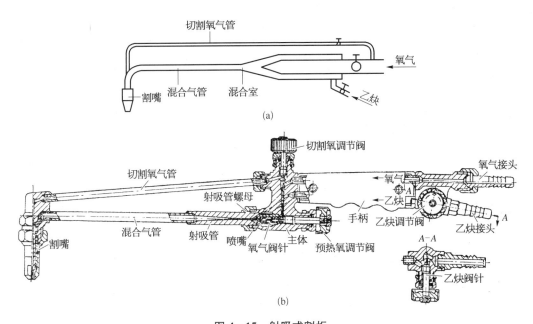

图 4 - 15　射吸式割炬

(a) 原理图；(b) 结构图

割钢板的厚度可进行调换。割嘴上混合气体的喷射孔有环形和梅花形两种。环形割嘴是组合而成的,梅花形割嘴是整体的。高压氧喷孔均位于割嘴中心。

　　射吸式割炬的主要技术性能见表 4 - 15。

　　● 等压式割炬　等压式割炬由主体、调节阀、预热氧气管、切割氧气管、割嘴接头和割嘴等组成。

　　氧气和乙炔分别由单独的通道进入割嘴,在割嘴接头与割嘴间的空隙内混合,然后由割嘴喷出。由于割炬使用的乙炔压力较高,所以又称中压式割炬。这种割炬可以产生稳定的混合气成分,切割时,火焰燃烧稳定,不易回火。缺点是不能使用低压乙炔,因割炬没有射吸作用,如果乙炔压力过低,则乙炔与预热氧就不能按一定比例混合,火焰不能稳定燃烧。割嘴采用整体梅花形。

　　等压式割炬的规格性能见表 4 - 16。

　　(6) 半自动气割

　　手工气割时,割炬的移动是靠手来掌握的,因而切割速度不均匀,并且由于手的抖动常引起割嘴与工件距离的变化,这些都会影响切割质量;而且手工切割的生产率也低,所以不能适应大规模生产的要求,因此应采用半自动或自动气割机气割。

　　半自动气割机是能移动的小车式气割机,小车由直流电动机带动,沿着轨道可做直线运动,依靠半径杆可作圆周运动,因此装在小车上的割炬就可以进行直线、弧形或圆形切割;应用可控硅元件进行无级变速,调速范围大而稳定。

　　CG1 - 30 型气割机能切割板厚为 $5 \sim 60$ mm,气割速度为 $50 \sim 750$ mm/min,气割圆周直径为 $200 \sim 2\,000$ mm。其他型号切割机技术参数见表 4 - 18。

表 4 - 18　手扶式半自动切割机主要技术参数

型　　号	GCD2 - 150	CG - 7	QG - 30
电源电压(V)	220(AC)	220(AC)或 12(DC,0.6A)	220(AC)
氧气压力(kPa)	—	300~500	—
乙炔压力(kPa)		≥30	
切割板厚(mm)	5~150	5~50	5~50
割圆直径(mm)	50~1 200	65~1 200	100~1 000
切割速度(mm/min)	5~1 000	75~850	0~760
外形尺寸(mm)	430×120×210	480×105×145	410×250×160
切割机质量(kg)	9	4.3	6.5
说　　明	配有长 1 m 导轨	配有长 0.6 m 导轨	—

切割线与号料线的允许偏差

手工气割　　　　　　　±1.5 mm

自动、半自动气割　　　±1.0 mm

精密气割　　　　　　　±0.5 mm

一般切割截面与钢材表面不垂直度应不大于钢材厚度的 5%,且不得大于 1.5 mm。

为加强对气割工的质量意识和管理,气割工割完重要零件后,应在割缝两端 100~200 mm 处,盖上本人工号钢印;当割缝出现超过质量要求所规定的缺陷,应上报有关部门进行质量分析,订出措施后方可返修。对重要构件厚板气割时应作适当的预热处理,或遵照工艺技术要求进行。

气割的允许偏差应符合表 4 - 19 的要求,按切割面数抽查,采用观察检查或用钢尺、塞尺检查。

表 4 - 19　气割的允许偏差　　　　　　　　　　(mm)

项　　目	允　许　偏　差
零件宽度、长度	±3.0
切割面平面度	0.051,且不应大于 2.0
割纹深度	0.3
局部缺口深度	1.0

半自动气割的操作相关要求与手工和自动气割基本相同,可参照手工气割内容。所不同的在于:对重要工程的大件板料采用半自动气割时,应在气割线旁增设一条 200 mm 的平行线,该线是气割后检验气割尺寸质量的依据线。

① 对气割后的零件检查按气割面抽查用 VT 观察、塞尺拉线相结合进行。

② 气割坡口角度和钝边的偏差,则主要取决于操作者的技能和经验有关,一般情况下坡口的角度偏差为±5″,钝边为±1.5 mm。

(7) 自动气割及仿型气割

① 自动气割机实际就是现代广泛使用的多头数控切割机,其所用的乙炔和氧气胎架、胶带、输气管等设于固定位置,虽然与其他气割操作有所区别,但不允许输气皮带管漏气、不允许乙炔氧气压力表及气体开关阀失灵而漏气、割嘴保持通风正常等要求与其他气割规范完全相同。以上这些工作必须每天检查,发现问题及时自修或报专修,修好后方可使用,严禁勉强使用存有问题的割炬。

自动多头气割机虽然设有胎架,相对比手工、半自动气割场地好得多,但同样需重视切割前的准备工作:一是,将胎架上的板料调直,平行于气割机轨道,清除钢板表面油污、铁锈;二是,将所需气割尺寸以划线方法定位于钢板端部,同时将割嘴用通针插抽通风快风风线正常,将多头气割机割嘴调至对准所需气割尺寸线(包括割缝及其他余量,应放于气割尺寸之内),割嘴可试点火焰,检查钢板端部所划气割线的准确性,发现问题及时调整;三是,调整每只割嘴火焰中乙炔、氧气比例,使白火与快风之间适度(火焰风线正常),否则会影响气割质量,带火焰的多头气割机割嘴以工件端部气割线部位为准进行预热使钢板呈红色,此时可开快风正式气割,当气割机刚起步不久应及时调整气割机速度(过快、过慢都不利于气割质量);四是,气割过程中,操作者必须时刻关注所有气割嘴的火焰状况是否正确,在实际操作时,往往由于其他原因(割缝面上有垃圾等)而使个别气割嘴火焰断火或火焰快风不当,致使气割缝无法分离。因此,操作者必须坚守工作岗位,应机人同行,这样才能掌控气割全过程的实际情况,发现问题及时解决,使气割顺利进行。

② 自动仿型气割机是带割嘴的固定设备,按样板自动切割零件。其气割机的移动方向是用仿形装置来操纵。

以 CG2-150 型仿形气割机为例进行说明,它由底座、主轴、基臂、速度控制箱、主臂、割炬架与割炬、导向机构、控制板、气体分配器等部分组成。

气割机由底座下的四个活动滚子支撑固定,或利用活动滚子在割件上移动,调节切割位置。主轴固定于底座上,基臂能围绕主轴旋转,为使回转平衡,在基臂的一侧设有平衡锤。主臂与基臂用铰链连接,主臂是由导向机构带动。导向机构由电压为110 V、功率为 24 W 的直流伺服电动机、减速机构和永久磁铁装置,以及磁铁滚轮机构等组成。

气割时,当电动机通过减速机构(减速比为 1∶175)和永久磁铁装置带动直径为10 mm 的磁铁滚轮转动。磁铁滚轮由于受磁力的作用,沿样板边缘均匀地转动。割炬位于磁铁滚轮的同一中心线的下部,所以割炬就在钢板上割出与样板形状、尺寸相同的零件。

气割机的电器元件均安装在速度控制箱内,电器控制开关都安置在控制板上可集中控制。

CG2-150 型仿形气割机能气割 5～60 mm 厚的钢板,并能精确地进行仿形气割,气割零件的最大正方形尺寸为 500 mm×500 mm,气割圆零件的直径为 30～450 mm,气割最大公差为±0.5 mm,适用于同种零件的大批量气割。

(8) 数控气割

数控气割是随着电子计算技术的发展,在冷作工艺中使用的一项新技术,并得到了较为普遍的应用,这种气割机可省去放样划线等工序而直接切割,它的出现标志着自动化气割进入了一个新时代。

所谓数控,就是指用于控制机床或设备的操作指令(或程序),以数字形式给定的一种新的控制方式。将这种指令提供给数控气割机的控制装置时,气割机能按照给定的程序自动进行工作。

数控气割机的组成与工作过程如图 4-16 所示。它是由数控装置和执行机构两大部分组成。数控气割机在气割前需要完成一定的准备工作,即把图纸上工件的几何形状和数据编制成一条条计算机所能接受的加工指令,叫作编制程序。然后把编好的程序按照规定的编码打在穿孔纸带上,这条穿孔纸带就是计算机所能认识的"图纸"。穿孔纸带上的编码完全表示了所要切割工件的几何形状和尺寸。以上准备工作可以由通用计算机完成。气割时,把已穿孔的纸袋带放在光电输入机上,加工指令就通过光电输入机被读入专用计算机中。所以,光电输入机好比数控气割机的眼睛,而专用计算机好比大脑,它根据输入的指令计算出气割头的走向和应走的距离,并以一个一个脉冲向外输出至执行机构,经功率放大后驱动步进电机,步进电机按进给脉冲的频率转动,经传动机构带动气割头(割嘴)按图纸形状把零件从钢板上切割下来。

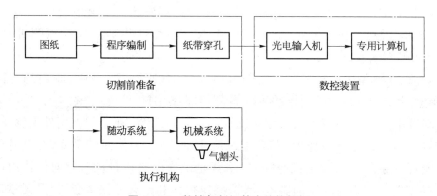

图 4-16 数控气割机基本结构框图

(9) 高度重视气割过程中及气割后的氧气、乙炔气体泄漏、残余气体流散的问题

无论何种气割方法,其气体都是通过气体储存集装瓶或单个瓶和现场控气开关阀,经燃气管输入割炬(割嘴),实现气割,在实际工作中,批量或少量气割工件时,都必须重视以下几方面。

① 重视气割过程中存在氧气和乙炔气体的泄漏问题,对存在的泄漏视而不见会害人害己害企业,必须彻底改变。

② 气割工作暂停休息，或下班时，应将气源总开关阀关闭，特别是输气管内往往会发现存在氧气、乙炔气体，应重视留存气体的泄漏问题。留存气体的漏出原因：气割过程中暂停休息时，虽然做了截气工作，但气体总开关阀和割器随用气体开关密封性差（包括输气管破损）；气割工作下班时，操作者应将气体总开关阀关闭，同时将割器与气体输送管快速接头拆开分离，正常情况下输气管快速接头出气口，有短时残余气体流出，如流出时间长而不止，则说明气体总开关阀存在问题，即总开关阀由于日常时久失修，关不紧，导致气体泄漏。

③ 氧气、乙炔气体的泄漏，危险性很大，不仅造成经济损失，且会引起燃烧，造成安全事故。因此，无论在使用过程中暂停休息或下班时刻都必须一丝不苟地检查气体泄漏问题。凡是感觉和发现气体泄漏的问题，应及时查明原因，找到泄漏气体的源头，彻底解决问题后才可正常工作。

④ 残余气体处理不当，也会造成想象不到的重大安全事故。日常在钢结构加工制作过程中，往往把残余气体存在视为正常现象，所以忽视残气的流向问题。事实上，残余气体（混合气体）通过输气管流出，当输气管出气口速接头与割器拆开分离后，应及时将输气管出气口速接头高挂于离地面 1 m 以上的位置，使残气流向空间，不允许将输气管出气口快速接头扔放于地平，更不允许将出气口快速接头乱扔于相对封闭的整块钢板及操作平台的底部，使残气储于该空间。残余气体看似量不大，但如果每天流散储于同一区域，且又是相对封闭的环境，日久就会使残气凝结（因氧气、乙炔气体中含有一定的水分），在这样的情况下，一旦遇火苗火种侵入，就会立即发生爆炸，使残气上部的闷盖物飞向空间，造成重大安全事故。这是实际发生的血的教训。因此，绝不允许使残余气体流散于相对封闭的物件下部（如操作平台、整块钢板等大面积物体底部）。

氧气、乙炔气体泄漏出的混合气体与输气管流出的残余气体混合，有其严重的危险性。某日上海某大型钢结构构件加工制作工厂，发生一起操作平台下部突发爆炸事故，致使操作平台上堆压物件（约 20 t 之多）一同飞向约 20 m 高的空间，正在平台上操作的工人随平台突然飞起再落下，造成一人重伤多人轻伤，并危及一人生命危险（差点被平台压住）；另外，由于爆炸力作用，平台和物件突飞击中厂房混凝土柱子，造成柱子裂纹；当时巨响的爆炸声震惊工厂四周百姓，爆炸现场极其恐怖，对亲历者造成心理伤害。

该工厂爆炸事故发生前的概况：发生爆炸的区域非气割场地，而是发生于装配车间，该车间为纵向东西方向，爆炸发生在车间中间偏东南侧装配操作平台下部，操作平台约 6 m 长 2.5 m 宽、平台面板为 14 mm 厚，下部为 25♯工字钢结构，平台面至平台撑脚约 500 mm 高，三块平台纵向连接为一体，平台靠厂房柱约 1.5 m 距离，在厂柱与厂柱之间设现场氧气和乙炔气控制器，另配三套氧气和乙炔气体输气管，其长度约 25 m，供手工和半自动气割使用。平时使用气割割炬和输气管情况：只顾使用，不严格按规范操作，每天使用割器时往往出现一边使用一边开关"呼呼"泄漏气体、输气管破裂漏气、气体现场控制器开关阀漏气、工作时间休息或下班时有时忘记关闭总开关阀或只关割器开关、割炬与输气管速接头未拆，将输气管一半盘绕于固定位置，一半扔于操作平台旁地面（无论白天或下班后都是这样)。操作平台刚就位时,其下部处于有空间透气状态,由于平时车间大扫除时包括平台上面的垃圾全往操作台下部扫塞,致使平台下部堵塞,处于相对封闭状态;而操作平台旁地面的输气管所泄漏和割炬及输气管流出的残余气体,完全可以渗透至平台下面各种垃圾夹层中,经长期积累,这就是造成爆炸事故的原因。该厂操作平台上面装配时气割火焰火花飞溅,有的落于平台上面,有的通过平台各类缝隙穿入下部,引起混合燃烧气体突然爆炸。

气割工作在钢结构加工制作中是较为重要的一项工作,爆炸事故的发生,说明管理工作不到位,如果在日常气割工作中,严格将平时存在的问题一丝不苟地予以解决,不至于出现如此重大的爆炸安全事故。因此,在钢结构加工制作过程中,管理工作必须抓细、抓紧、抓实。

2. 等离子切割

等离子切割利用高速等离子焰流,将切口金属及其氧化物熔化,并将其吹走而完成切割的方法。

(1) 等离子切割优点

等离子切割分水下切割和焊旱切割两种(焊旱切割又分手工切割和机械切割),无论何种切割,都显示出许多其他火焰切割所不具备的优点。

① 能量高度集中,温度高,可以切割任何高熔点金属、有色金属、各种非金属。

② 由于弧柱被高度压缩,温度直径小,有很大的机械冲击力;切口较窄,切割质量好,切速高,热影响小,变形小;切割厚度可达 $150\sim200$ mm。

③ 成本较低,特别是采用氮气等廉价气体成本更低。

④ 如采用水下等离子切割,可将薄钢板割成各种异形,包括薄板开孔,且薄板所割成的零件不会产生变形,割缝光滑美观。

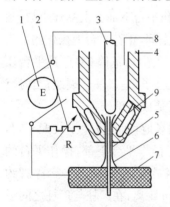

图 4-17 等离子切割装置

1—直流电源;2—限流电路;
3—柱状电极(石墨或钨钴合金);
4—喷嘴(紫铜或铜合金);
5—等离子体焰流;6—气体绝缘套;
7—工件;8—冷却气体;
9—喷嘴冷却水

由于等离子切割具有以上优点,所以在生产中,尤其是尖端技术上被广泛采用,主要用于切割不锈钢、铝、镍、铜及其他合金等金属和非金属材料,而且还可以代替氧乙炔焰切割碳钢。

(2) 等离子切割装置

等离子切割装置如图 4-17 所示。电机接直流电源的负极,割件接正极,在电极和割件间加上一较高的电压,当两电极通电起弧后,在切面很小的喷嘴内通入高压冷却气体(如氩、氮、氢或其他混合气体),电弧的外围被冷却气体包围后,因为冷却气体的电离作用很弱,甚至不能电离,迫使通过弧柱的电流自然地向弧柱中心密集,使得各粒子彼此挨得很近,形成狭窄的弧柱,因而大大增加了粒子互相碰撞的机会,使气体安全电离。这种高度电离的等离子体具有很高的导电性和导热性,其电流密度可以很大,而在大电流下形成高温等离子体,这种高温等离子体的焰流,在具有相当大压力的气体的吹送下,以极大的速度从喷嘴的喷口喷出,火焰的长度长达几十毫米,温度高达 10 000~30 000℃或更高,使被切割的工件切口的金属立刻熔化并被高速气流吹走而被切开。

（3）等离子切割工艺

等离子切割的气体一般用氮或氢氮混合气体,也可用氩或氩氮混合气。由于氩气价格昂贵,且作为单独的切割气体易燃烧和爆炸,所以应用不广。但氩气的导热较好,对电弧有强烈压缩作用,采用加氢混合时,等离子弧的功率增加,电弧高温区加长;如采用氮氢混合气体,便具有比用氮气更高的切割速度和厚度。

切割电极采用含钍 1.5%~2.5% 的钍钨棒,这种电极比采用钨棒作电极烧损要小,并且电弧稳定。钍钨极有一定的放射性,而铈钨极几乎没有放射性,等离子弧的切割性能比钍钨极好,因此也常被采用。

为了利于热发射,使等离子弧稳定燃烧,并减少电极烧损,等离子切割时一般都把钨极接负极,工件接正极,就是正接法。

等离子弧切割内圆或内部轮廓时,应在板材上先钻直径 12~16 mm 的孔,切割由内孔开始（水下数控等离子切割可需先钻孔）。

等离子弧手工切割时必须做好以下安全保护工作:

● 等离切割时的弧光及紫外线,对人的皮肤眼睛均有伤害,所以必须采取保护措施（工作服、面罩等）;

● 等离子切割时产生大量的金属蒸气和气体,吸入人体内常产生不良反应,所以工作场地必须安装强制抽风设备（水下等离子切割无须安抽风设备）;

● 电源要接地,切割手把绝缘要好;

● 钍钨极是钨与氧化钍经粉末冶金制成,钍具有一定的放射性,虽然一根钍钨棒的放射剂量很小,对人体影响不大,但大量钍钨棒存放或运输时,因剂量增大,宜放置在铅盒里为好;在磨削钍钨棒时产生的尘末进入人体是不利的,所以在砂轮机上磨削时,必须装有抽风装置并穿工作服戴口罩进行防护。

3. 机械切割

机械切割主要是通过机械剪切、锯切等多种加工方法使钢材切割分离,机械剪切具有生产效率高、切口光洁的优点,锯切虽然效率不如机械剪切,但生产稳定劳动强度低、安全性好,所以在钢结构加工制作中被广泛使用。

剪切机的结构形式很多,按传动方式可分为机械和液压两种;按工作性质可分为剪直线和剪曲线两类。

（1）龙门剪床

龙门剪床是应用最广泛的一种剪切设备,它能剪切宽度受剪刀刀刃长度限制的板料,因此,一条剪缝不能像斜口剪床那样进行分段剪切。龙门剪床的刀刃长度要比斜口剪床长得多,故能剪切较宽的板料,但剪切的厚度受剪床功率限制。

根据传动装置的布置位置,龙门剪床分上传动和下传动两种。下传动龙门剪床的传动装置布置在剪床的下部,优点是机架较轻巧,缺点是剪床周围部分的占地面积较大,因而对工作不便,这种剪床适用于剪切厚度在 5 mm 以下的板材。上传动龙门剪床的传动装置在剪床的上部,它的结构比下传动复杂,用于剪切厚度在 5 mm 以上的板料。

以 Q11-13×2500 型剪板机为例进行说明,它的传动机分布置在剪床的上部,所以是上传动式。剪板机型号的含义如下:

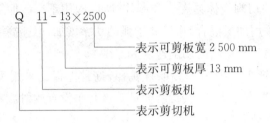

该剪板机上刀架的运动由电动机经两级齿轮减速。带动双曲柄轴,通过连杆带动上刀架上下运动。

板料在剪切前必须首先压紧,以防剪切过程中的移动或翘起,因此,剪床上都有压紧装置。当上刀架向下运动时,压料架随着下降,借助弹簧压缩时的弹力压紧板料,压料力随着上刀架向下而增大,因此,在剪切短料时,应尽量将板料放在刀片右边,这样压得较紧。

龙门剪板机除采用机械传动结构外,还可以用液压作为动力,利用油压推动活塞带动上刀架运动,这种剪板机称为液压剪板机。

图 4-18 为 QY11-20×4000 型液压龙门剪板机的油缸及上刀架。两个油缸左右对称地布置在机器的两侧,缸体 7 通过轴 8 支承在机架 6 上,活塞杆 5 用轴 4 与上刀架 3 连接。

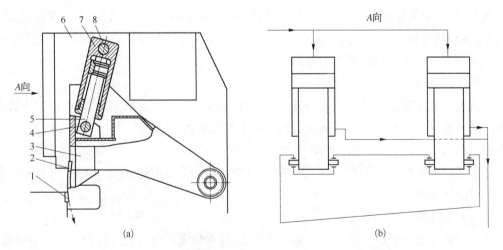

图 4-18 QY11-20×4000 型剪板机油缸及上刀架示意图

下刀 1 固定在下刀架上。上刀架为焊接结构,具有良好的刚性,它以偏心轴为中心作往复摆式运动。转动偏心轴可改变上下刀口间的间隙。

当油缸内通入高压油后推动活塞与活塞杆运动,通过轴 4 使上刀架绕偏心轴转动,上刀片 2 即向下进行剪切。改变高压油的通路,使上刀架复位。

现将常用龙门剪板机的技术规格列于表 4 - 20 中。

表 4 - 20　常用龙门剪板机的技术规格

型　号	剪板尺寸 (mm)	剪切行程 (mm)	剪刀往复次数 (次/min)	挡板调整范围 (mm)	外形尺寸 (长×宽×高) (mm)	重量 (kg)	剪刀角度	压料力 (kN)	刀片长 (mm)	功率 (kW)
Q11 - 3× 1200	3×1 200	65	56	350×920	1 980× 1 505×1 245	1 380	2°25′	2	1 245	2.2
Q11 - 4× 2000	4×2 000	62	45	500	3 100× 1 590×1 440	2 800	1°30′	—	—	4.5
Q11 - 6× 2500	6×2 500	150	36	500	3 610× 2 260×2 120	6 500	2°30′	22	2 540	7.5
Q11 - 13× 2500	13×2 500	180	28	460	3 595× 2 190×2 440	12 000	3°	50	2 540	15
Q11 - 16× 3200	16×3 200	166	25	750	3 970× 3 000×3 006	21 000	2°30′	118	3 300	30
Q11 - 20× 3200	20×3 200	200	20	750	4 153× 3 150×3 210	30 000	3°	142	3 300	40
Q11 - 20× 4000	20×4 000	—	5	750	5 030× 2 450×2 900	25 000	2°30′	450	4 080	40

(2)数控液压剪板机

数控液压剪板机是传统的机械式剪板机更新换代产品。其机架、刀架采用整体焊接结构,经振动消除应力,确保机架的刚性和加工精度。该剪板机采用先进的集成式液压控制系统,提高了整体的稳定性与可靠性。同时采用先进数控系统,剪切角和刀片间隙能无级调节,使工件切口平整、均匀且无毛刺,取得最佳剪切效果。

数控液压剪切机的型号和技术参数见表 4 - 21。

表 4 - 21　数控液压剪板机的型号和技术参数

型　号	可剪最大板厚 (mm)	被剪板料强度 (MPa)	可剪最大板宽 (mm)	剪切角	后挡料最大行程 (mm)	主电机功率 (kW)	外形尺寸 (长×宽×高) (mm)	重量 (t)
QC11K - 6× 2500	6	≤450	2 500	0.5°～2.5°	600	7.5	3 700× 1 850×1 850	5.5
QC11K - 8× 5000	8	≤450	5 000	50′～1°50′	800	18.5	5 790× 2 420×2 450	17

（续表）

型　号	可剪最大板厚（mm）	被剪板料强度（MPa）	可剪最大板宽（mm）	剪切角	后挡料最大行程（mm）	主电机功率（kW）	外形尺寸（长×宽×高）（mm）	重量（t）
QC11K-12×8000	12	≤450	8 000	1°～2°	800	45	8 800×3 200×3 200	70
QC12K-4×2500	4	≤450	2 500	1.5°	600	5.5	3 100×1 450×1 550	4

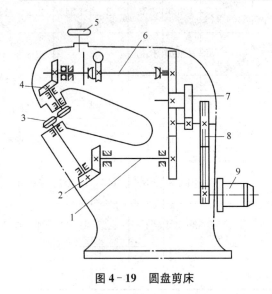

图 4-19　圆盘剪床

（3）圆盘剪床

圆盘剪床由机床、圆盘滚刀和传动系统等部分组成，如图 4-19 所示。电动机 9 通过带传动 8 和圆柱齿轮传动 7 带动摆动轴 6 和传动轴 1，再分别经过一对圆锥齿轮 2 和 4 带动上、下圆盘滚刀 3 作同速反向的旋转而实现剪切。为了能剪切不同厚度的板料，只要旋转操纵手柄 5 就能使上滚刀的滚刀座沿导轨作上下升降调节。

在圆盘剪床上剪切时，将板料的剪切线对准圆盘滚刀的刃口，依靠滚刀旋转时与板料间的摩擦力，只要轻推板料就能进行剪切，它既可剪切直线或曲线，又可剪切圆或圆孔。

（4）剪切机

① 剪切机的剪刀间隙。剪切时，上下剪刀的间隙对剪切的质量影响很大。间隙过大，则材料会翻转，致使上下剪刀分得更开，这种现象在剪刃变钝时尤为显著；间隙过小，会使材料的断裂部分挤坏，并且增加剪切力。因此应根据材料的种类和厚度来确定上下剪刀的间隙。

a. 平口剪切机的剪刀间隙，见表 4-22。

表 4-22　平口剪切机剪刀间隙　　　　　　　　　　（mm）

机　型	钢板厚度	刀片间隙
6 mm 龙门剪	2～6	0.2～0.3
8 mm 龙门剪	4～8	0.3～0.4
13 mm 龙门剪	6～13	0.4～0.5
20 mm 龙门剪	12～20	0.5～0.6

b. 圆盘剪切机的剪刀间隙。圆盘剪刀机的剪刀由上下两个锥形圆盘组成，它们大多数呈倾斜位置，可以通过垂直和水平两个方向进行调节。垂直间隙用调节上滚刀的方法

调整,水平间隙则用调节下滚刀的方法调整。

c. 垂直间隙调整的原则,是要求把钢板顺利切开,而又使机床受力不要太大。一般上下间隙是负值,即上下圆盘剪刀应有适量的重叠部分,其大小约等于钢板厚度的$\frac{1}{5}\sim\frac{1}{3}$。

d. 水平间隙主要与钢板厚度及材料强度有关。钢板厚度大,强度高,水平间隙就大;钢板厚度小,强度低,水平间隙就小;具体见表4-23。

表4-23　圆盘剪切机剪刀水平间隙　　　　　　（mm）

钢板厚度	2	3~4	5~6
水平间隙	0.5	0.75~1	1~1.5

注:表中间隙值未考虑材料强度因素。

② 剪切机的使用。

a. 使用前准备:

● 剪板机必须设专人专管,制定使用操作条例和具体的规章制度。

● 操作者按施工图要求,核对所需剪切材料的材质、规格是否符合要求,凡有疑问之处必须弄清后才可使用材料,严禁出现材质、规格和数量搞错的问题。

● 按剪切钢板的厚度不同,严格做好对剪板机上下刀板间隙的规范调整,这很重要。不宜使用同一剪板机上下刀板间隙剪切厚、薄钢板,这一工作在实际操作过程中做得很不理想,主要在于对剪板机上下刀板间隙的重要性认识不够。如用剪切薄板的上下刀板间隙剪切厚钢板,剪切时剪板机的刀板压力很大(因剪薄板的上下刀板间隙小),使剪切机增加剪切荷载而影响了剪切机使用寿命。又如将剪厚钢板的过大刀板间隙用于剪薄钢板,必然使剪切零件边缘截面产生倾斜、毛刺等缺陷;不仅如此,由于刀板间隙过大剪切时往往会产生使板材沿间隙翻转翘起,不能使板材剪切分离,而是剪板机上刀片的剪力强制将板材沿大间隙压下(因板薄),这对人身安全、机械设备都构成威胁。因此,剪板机的刀板间隙必须按剪切钢板厚度不同而进行规范调整,否则,不仅影响剪切质量,并且易造成安全事故。

● 剪切工作量大的零件,应在剪板机后挡架部位制作定位剪切靠模,这样既可提高工件尺寸质量,同时又可提高生产工效。

b. 操作过程:

● 重视剪切线排版号料,坚持以工程质量与节约用料为原则,剪切时自定合理剪切程序。

● 操作时严格专人专控踏脚开关,剪切操作一人为主数人参加,每当按开关之前主控开关者应注意其他操作者手足所处位置是否安全,在操作者都认可的情况下方可启动开关。

● 凡使用靠模剪切,应在剪切过程中对靠模进行间断性的检查,检查靠模是否走动变位,发现问题及时调整正确后再剪切。

(5) 零件剪切完工后的管理工作

① 严格做好对剪切后变形零件送矫正工序矫正。

② 零件的剪切面粗糙和毛刺必须修磨光洁。

③ 剪切后的所有零件必须做好编号工作(每一块每一件都得按工程构件所需用色笔

编号并注明数量)。

④ 对剪切后的零件应按规范要求做好各项工作,不允许将不符要求的零件流向任何工序。

⑤ 下班时必须切断电源,现场所有剪切零件堆放整齐(包括可利用余料、废料),坚持文明生产。

(6) 机械冲裁切割要点

冲裁切割是将板材、型材经专用机械加工成成品或半成品,如连接板、型材的冲孔,型材的切断,设备主要是冲床和联合剪切机。

① 冲裁时,必须注意模具搭边值的确定,这直接牵涉冲裁的质量和模具的使用寿命。冲裁时材料在凸模工作刃口外侧应留有足够的宽度(搭边宽度),宽度不足会影响凸模(又称为上模),当压下时,搭边不足部分会翘起卡位或卡坏凸模而影响正常冲裁和降低冲裁质量。搭边值 d 一般根据冲裁件的厚度 t 按以下关系选择:圆形零件 $d \geqslant 0.7t$;方型零件 $d \geqslant 0.8t$。

② 合理排样。冲裁加工时合理排样是降低生产成本的有效措施。

③ 零件冲裁尺寸过小会造成凸模单位面积上的压力过大,因强度不足而导致凸模破坏。零件冲裁加工部分的最小尺寸与零件的形状、板厚及材料的机械性能有关。采用一般冲模在较软钢材上所能冲出的最小尺寸:方形零件最小边长为 $0.9t$;矩形零件最小短边为 $0.8t$;长圆形零件两直边最小距离为 $0.7t$(t 为冲裁件厚度)。

(7) 锯切操作要点

① 变形型材应经过矫直后方可进行锯切。

② 选用的设备和锯条规格必须满足构件所需要求的加工精度。

③ 单位锯切的构件,先划出号料线,然后对线锯切。号料时需留出锯槽宽度(锯槽宽度为锯条厚度加 $0.5 \sim 1.0$ mm)。成批加工的构件,可预先制作定位挡板进行加工,同时从加工构件精度要求实际出发适当加放加工余量,供锯切和进行端面精铣。

④ 锯切时,应注意切割断面垂直度的控制,锯切后的零件按施工图做好编号工作。

(8) 一般切割规定

① 切割余量的确定可依据设计进行,如设计无明确要求,可参见表 4-24 确定。

表 4-24　切割余量　　　　　　　　　　(mm)

加工方法	锯 切	剪 切	手工切割	半自动切割	精密切割
切割边	—	1	4~5	3~4	2~3
刨边	2~3	2~3	3~4	1	1
铣平	3~4	2~3	4~5	2~3	2~3

② 气割的允许偏差应符合表 4-25 的规定。

③ 机械剪切的允许偏差应符合表 4-26 的规定。

④ 切割后钢材不得有分层,断面上不得有裂纹,应清除切口处的毛刺、熔渣和飞溅物。

表 4 - 25　气割的允许偏差　　　　　（mm）

项　　目	允 许 偏 差
零件宽度、长度	±3.0
切割平面度	0.05t，且不大于 2.0
割纹深度	3.0
局部缺口深度	1.0

表 4 - 26　机械剪切的允许偏差　　　　　（mm）

项　　目	允 许 偏 差
零件宽度、长度	±3.0
边缘缺棱	1.0
型钢端部垂直度	2.0

⑤ 切割面出现裂纹、夹渣、分层等缺陷，一般是钢材本身的质量问题，尤其是厚度大于 10 mm 的沸腾钢容易出现此类问题，故需特别引起重视。

十八、矫正切割后的变形零件

钢结构件是由若干个零件和单个部件组合成一体的。切割后的零、部件存有变形的原因在于：一是钢材未预处理，二是气割时受温度等各种因素的影响而导致部分零、部件产生各种变形。变形件若是不经矫正而直接流向装配工序装配，则必然影响装配质量，使构件在加工制作初始阶段就存在先天不足。气割后变形件的矫正是钢结构加工制作过程中的常规工作，但是只有很少钢结构构件加工工厂在生产流水线上设有对切割后变形件矫正的工序。出现如此影响构件制作质量问题的主要原因有以下几个方面。

① 钢结构构件加工制作工厂在制作过程中往往偏重于生产进度。

② 负责钢结构加工制作的施工人员和操作者，对气割后变形件矫正工作的重要性缺乏足够认识。

从事钢结构的工作者应该知晓，如将各种变形零、部件未经矫正而进行施工装配，则必然使装配工作增添种种困难。所需装配的零、部件存在各种变形，装配时零、部件之间相互结合需采取强制方法，使装配后的杆件产生一股不均的内应力，致使杆件形态各异，即产生扭曲、拱度、旁弯等变形。装配后的杆件未经焊接就如此变形就只有在焊接完工后才可进行矫正，加上焊接时电流、电压、焊接车速、温度等因素，导致焊接后的杆件内在又产生一股不均的焊接应力；由此，原来的变形，加上焊接变形使杆件变形更为严重（有时焊接应力的作用，会抵消焊接前的部分变形）。

对多种因素引起的变形虽然也可矫正，但比正常杆件变形的矫正所花的人工、辅材多几倍，从而使企业增加了成本，降低了经济效益。不仅如此，经反复矫正的杆件其质量从外表和内在相对都较为逊色。因此，从事钢结构的同行们，必须提高对钢结构构件加工制作质量的重视程度，坚持把钢结构构件加工制作质量从源头抓起，重视切割后变形件的矫正工作,这样才能真正提高构件制作整体质量。

十九、质检检验认可零、部件

切气割后零、部件检验、验收项目如下:

① 气割时存在的缺陷修正,如补焊、打磨、清除残渣。

② 单个零、部件气切割后的尺寸是否符合要求。

③ 单个零、部件的不平度、旁弯、拱度是否超标。

④ 单个零、部件的标记冲印和编号工作是否按规范要求进行。

⑤ 及时指出任何不规范的事项,并经修整符合要求后方可将零、部件流向下道工序。

二十、切割后的零件管理

一个正规钢结构加工制作企业,其加工制作的零、部件(又称半成品)系列性的管理,可体现出企业管理工作是否符合规范要求。

零、部件的规范管理工作是否到位,应由加工零、部件质量和加工后的零部件存放及签发等环节上的管理事例来见证。对零、部件的管理应做好以下几方面工作:

① 零、部件的加工和汇集签发必须设专人主管,对主管者必须择用,选择平时工作细致、不怕艰苦、认真负责的人员担任管理工作。

② 加工后的零、部件必须设汇集专管区域,暂存堆放,不允许任意堆放和任意取用。

③ 加工后的零、部件进入汇集管理区域的要求:

a. 零、部件的质量必须经确认后方可进入汇集管理区域。

b. 所有零、部件必须按工程名称和构件图号做好编号工作,并注明规格数量。

c. 零、部件进入汇集管理区域后,必须按各工程项目分类堆放整齐,挂牌标明工程项目具体说明。

d. 汇集管理区域的零、部件发放,必须与领件者办理签发手续(收发日期、领取工区、收件人签名),绝不允许任意发放,随意取用。

第三节 钢结构制作综合工艺流程
第二阶段工序程序规范

一、制作节点连接件

节点连接件的制作质量是对单个主体构件质量起重要作用。因各节点连接件类型不一、制作方法不一、质量要求不一,因此,重视节点件制作全过程中的质量,与确保钢结构工程总体质量密切相关。节点连接件的焊接参见第一阶段焊接工艺相关内容。

1. 钢柱 BH 节点

① 在加工 BH 牛腿节点时,当节点材质、板厚和截面等全相同且件数较多,应先按 BH

梁的制作要求加工成所有牛腿件数的总长度 BH(制作工艺参照 BH 梁制作工艺规程全部)。

实际施工中,有不少单位将单个牛腿 BH 上下翼板、腹板(三块板)在主杆件(柱身)上以单个零件为单元装配成牛腿,其四条角焊缝在柱身上进行焊接,这样的装配工艺影响工程质量和进度。

② 将符合质量要求的 BH 件按每件牛腿尺寸长度分段切割,锯割切断、气割切断都可以,但气割断面的杆件必须经机械铣端面。无论是锯割、气割都应放加工余量(见切割规范要求部分)。

③ 将机加工(端面)后的牛腿杆件以端面为基准线,划气割坡口和所需要的基准线。划线有以下几种:

a. 坡口气割线见图 4-20。

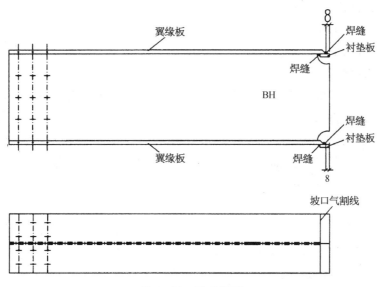

图 4-20　坡口气割

b. 翼板钻孔线具体要求见制孔规范规定。

c. 模板钻孔线见图 4-21,具体要求见制孔规范规定。

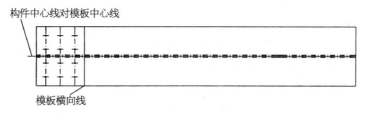

图 4-21　模板划线钻孔

d. 人工钻孔划线要求见图 4-22。

钻孔时将钻头中心尖对准所划的十字中心冲印,以此为准开始钻孔,有时会出现钻头未对准,或有时虽然对准了,可未将钻头按紧后开始钻孔,当钻头启动的一瞬间钻头往往

黑点为冲印

图 4-22 人工划钻孔线

与钻孔件产生移位。有经验的操作者会将钻头先试钻再抬起,检查钻位是否正确,发现问题及时纠正,正确后再正式钻孔。未将钻尖对准钻件十字中心冲印开始钻孔,导致所钻的孔件超差不符合质量要求。质检认为孔位钻错,孔距尺寸超差;钻孔操作者则认为是按划线冲印标记钻孔没错;划钻孔线者认为划线完全正确;造成互相扯皮。划线时只在十字中心冲冲印,对操作者而言,钻偏钻正都无证明,如果划钻孔线者,划线时以中心十字线样冲印 O 为圆心,OR 为孔半径,划孔圆周线相交十字线上各冲一只冲印,共四只冲印,如图 4-22 所示,这就不至于发生问题后互相扯皮。检查孔位正确与否,应以孔径周圆十字相交点四只冲印为证,即四只冲印钻孔后应各留半只,表示钻孔正确。具体制孔要求见制孔规范内容。

对数控设备不需要划线,手工钻孔。

④ 节点件单块单件,设计要求需刨平顶紧的加工件,制作时不允许以气割代替刨、铣加工。

2. 钢网架结构节点

网架结构是由多根杆件按照一定规律布置,通过节点连接而成的网格状杆系结构。由于组成网架的杆件和节点可以定型化,适用于在工厂成批生产,制作完成后运到现场拼装,从而使网架的施工做到速度快、精度高,有利于质量保证。同时,网架结构的平面布置灵活,适用于不规则的建筑平面、大跨度建筑,也可用于中小跨度建筑。

(1) 网架结构常用形式

① 由平面桁架体系组成的两向正交正放网架、两向正交斜放网架、两向斜交斜放网架、单向折线形网架。

② 由四角锥体组成的正放四角锥网架、正放抽空四角锥网架、棋盘形四角锥网架、斜放四角锥网架、星形四角锥网架。

③ 由三角锥体组成的三角锥网架、抽空三角锥网架、蜂窝形网架。

(2) 常用节点形式

焊接空心球节点分加肋和不加肋,如图 4-23 所示;螺栓球节点如图 4-24 所示;焊接钢板节点如图 4-25 所示。

3. 钢屋架节点

屋盖的组成主要有屋架、檩条、屋面板、屋盖支撑系统,有时还设有天窗架(又称气楼)及托架等。本章主要讨论屋架节点构造情况。

(1) 屋架腹杆件节点

① 屋架所有杆件都必须放大样求得实际尺寸,拼装时同样按大样为准组合,节点件也同样。

② 腹杆件是由两角钢和填板组成的杆件。单根角钢在未组合前需预处理(除锈、矫直、隐蔽面先涂防锈底漆)。预处理好的角钢落料、装填板组合、定位焊,见图 4-26;角钢杆件孔的直径见表 4-27。

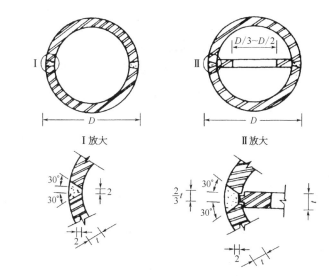

图 4-23　焊接空心球节点构造

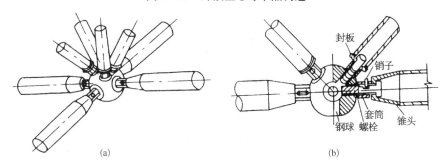

图 4-24　螺栓球节点构造

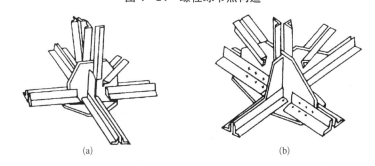

图 4-25　焊接钢板节点构造

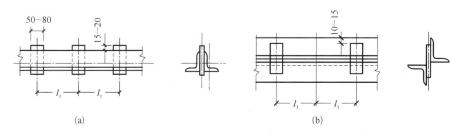

图 4-26　屋架杆件中的填板

（a）T形截面杆；（b）十字形截面杆

（2）屋架上弦节点

角钢的加强和弦杆不加强节点荷载及普通钢屋架节点板的厚度，见图 4-27；表4-28 为弦杆不加强的最大节点荷载；表 4-29 为普通钢屋架节点板的厚度。

表 4-27　用螺栓与支撑或系杆相连的角钢最小肢宽　　　　　　　（mm）

螺栓直径 d	常用孔径 d_0	最小肢宽
16	17.5	63
18	19.5	70
20	21.5	75

图 4-27　上弦角钢的加强

表 4-28　弦杆不加强的最大节点荷载

角钢（或 T 形钢翼缘板）厚度（mm）	钢材等级					
	Q235	8	10	12	14	16
	Q345、Q390	7	8	10	12	14
支撑处总集中荷载设计值(kN)		25	40	55	75	100

表 4-29　普通钢屋架节点板的厚度

梯形屋架腹杆最大内力或三角形屋架弦杆端节点内力(kN)(Q235)	≤170	171～290	291～510	511～680	681～910	911～1 290	1 291～1 770	1 771～3 090
中间节点板厚(mm)	6	8	10	12	14	16	18	20
支座节点板厚(mm)	8	10	12	14	16	18	20	22

注：节点板钢材为 Q345、Q390、Q420 时，节点板厚度可按表中数值适当减少。

（3）屋架下弦中间节点、无檩屋架上弦中间节点、有檩屋架上弦中间节点。

分别见图 4-28、图 4-29、图 4-30。

（4）屋架支座节点和工地拼接节点

图 4-31 为屋架支座节点；图 4-32 为工地拼接节点。

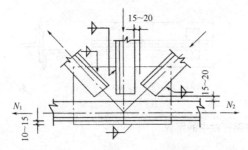 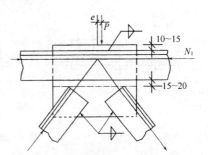

图 4-28　屋架下弦中间节点　　　　　图 4-29　无檩屋架上弦中间节点

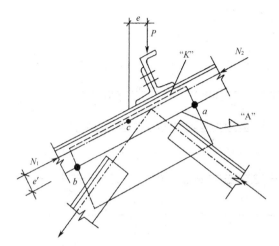

图 4‑30 有檩屋架上弦中间节点

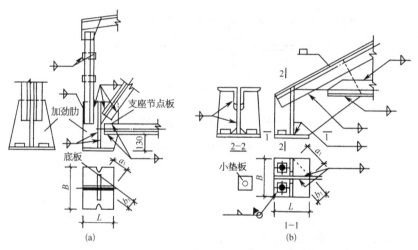

图 4‑31 屋架支座节点

（a）梯形屋架支座节点；（b）三角形屋架支座节点

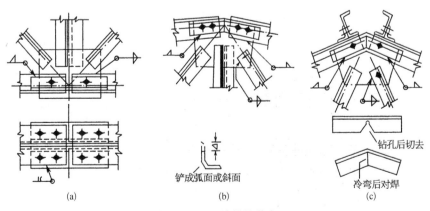

图 4‑32 工地拼接节点

（a）下弦拼接节点；（b）、（c）上弦拼接节点

（5）屋架对接节点部位设有绑接角钢，不同规格的屋架角钢的绑接角钢也随之改变，具体绑接角钢规定见图 4-33、图 4-34、表 4-30、表 4-31、表 4-32。

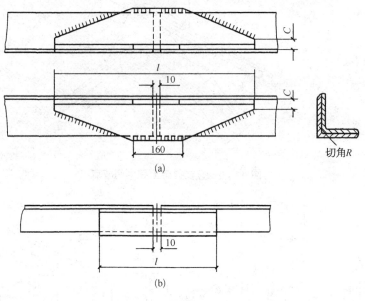

图 4-33　单角钢构件拼接

（a）绑接角钢切角；（b）绑接角钢不切角

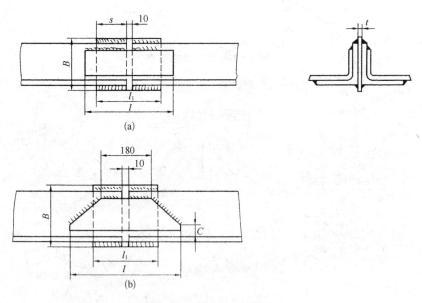

图 4-34　双角钢构件拼接

（a）角钢边长＜125 mm；（b）角钢边长≥125 mm

表 4-30 单角钢接头规格及拼接 （mm）

角 钢 规 格	接 头 角 钢	长度	C	焊脚尺寸	备 注
L63×63×6	L63×63×6	310		6	两端不切角，10 mm 间隙处不焊，其余连接焊，在端部绕角焊 10 mm，见图 4-29b
L75×75×6	L75×75×6	360		6	
L90×90×8	L90×90×8	420		7	
L100×100×8	L100×100×8	470		7	
L100×100×10	L100×100×10	470		8	
L120×120×10	L120×120×10	540		8	
L125×125×12	L125×125×12	570	30	10	两端不切角，10 mm 间隙处不焊，两端 C 处不焊，其余连接焊，在端部绕角焊 10 mm，见图 4-29a
L140×140×12	L140×140×12	630	30	10	
L140×140×14	L140×140×14	630	30	12	
L160×160×16	L160×160×16	810	30	14	
L200×200×16	L200×200×16	1 000	40	16	
L200×200×20	L200×200×20	1 220	40	16	
L200×200×24	L200×200×24	1 440	40	16	

表 4-31 双角钢接头规格及拼接 （mm）

角钢规格	接头角钢	垫板规格			角钢长度 l	C	焊脚尺寸	备 注
		长度 l_1	宽 B	厚度 t				
L63×63×5	L63×63×6						5	不切角见图 7-30a
L75×75×6	L75×75×6				按节点板厚度		6	
L90×90×8	L90×90×8						8	
L100×100×8	L100×100×8						8	
L100×100×10	L100×100×10		$b+2\delta+10$ b—角钢竖边高；δ—角钢厚度				10	
L120×120×10	L120×120×10						10	
L125×125×12	L125×125×12	560			660	30	10	参见图 7-30b
L140×140×12	L140×140×12	600			700	30	10	
L140×140×14	L140×140×14	600			700	30	12	
L160×160×16	L160×160×16	680	按节点板厚度		840	30	14	
L200×200×16	L200×200×16	840			1 020	30	16	
L200×200×20	L200×200×20	840			1 240	30	16	
L200×200×24	L200×200×24	840			1 450	30	16	

表 4 - 32 不等肢角钢接头选用 （mm）

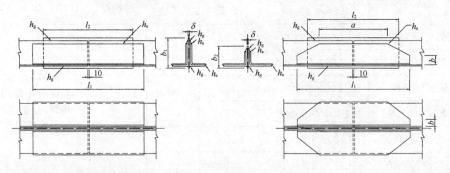

型 号	拼 接 角 钢				垫 板			
	l_1	a	b	h_a	b_1 （用于长肢相连）	b_2 （用于长肢相连）	l_2	h_g
L40×25×4	170			4	60	45	130	4
L45×28×4	180			4	65	50	140	4
L50×32×4	200			4	70	55	150	4
L56×36×4	220			4	75	55	150	4
5	260			5	75	55	150	4
L63×40×4	250			4	85	60	170	4
5	250			5	85	60	150	5
6	250			6	85	60	150	5
7	280			6	85	60	150	5
L70×45×4	270			4	90	65	180	4
5	270			5	90	65	150	5
6	310			5	90	65	150	5
7	310			6	90	65	150	5
L75×50×5	290			5	95	70	160	5
6	290			6	95	70	160	5
8	370			6	95	70	200	5
10	350			8	95	70	200	5
L80×50×5	300			5	100	70	210	5
6	300	180	30	6	100	70	210	5
7	340	180	30	6	100	70	210	5
8	380	180	30	6	100	70	210	5
L90×56×5	340	180	30	5	110	75	220	5
6	340	180	30	6	110	75	200	6
7	380	180	30	6	110	75	200	6
8	430	180	30	6	110	75	200	6

(续表)

型　号	拼　接　角　钢				垫　　板			
	l_1	a	b	h_a	b_1 （用于长肢相连）	b_2 （用于长肢相连）	l_2	h_g
L100×63×6	370	180	30	6	120	85	210	6
7	420	180	30	6	120	85	210	6
8	470	180	30	6	120	85	250	6
10	450	180	30	8	120	85	250	6
L100×80×6	410	180	30	6	120	100	210	6
7	460	180	40	6	120	100	210	6
8	520	180	40	6	120	100	250	6
10	490	180	40	8	120	100	250	6
L110×70×6	410	180	40	6	130	90	220	6
7	460	180	40	6	130	90	220	6
8	520	180	40	6	130	90	270	6
10	490	180	40	8	130	90	270	6
L125×80×7	520	180	40	6	145	100	290	6
8	590			6	145	100	290	6
10	560			8	145	100	340	6
12	540			10	145	100	340	6
L140×90×8	660			6	170	120	270	8
10	620			8	170	120	270	8
12	600			10	170	120	310	8
14	590			12	170	120	310	8
L160×110×10	700			8	190	130	350	8
12	660			10	190	130	350	8
14	660			12	190	130	390	8
16	600			14	190	130	390	8
L180×110×10	770			8	210	140	380	8
12	750			10	210	140	380	8
14	730			12	210	140	430	8
16	660			14	210	140	430	8
L200×125×12	830			10	230	155	460	8
14	810			12	230	155	460	8
16	740			14	230	155	460	8
18	810			14	230	155	460	8

（6）零件组合节点件

凡是由数个零件组合的节点件，都必须经组合装配成一体后，按焊接工艺规范要求进行焊接，结构件的制作必须按结构制作工艺规程所规定的程序施工。任何由数件零件组合的节点件，不允许将单个零件在主杆件上组合装配成形后焊接，否则会严重影响质量和进度（特殊情况除外）。

4. 节点件制孔

制孔方法有多种，如数控钻孔、模板钻孔、冲孔、人工钻孔等；制孔的要求不同，加工的方法和设备工夹具都有区别。前文已论述过人工划线钻孔，本节主要论述模板钻孔、数控钻孔、冲孔以及钻孔规范要求。

① 特制模板构造。模板与模板孔钢套圈的材质为合金工具钢。先将模板钻成钢套圈的外径孔，然后将特制的钢套圈安装于模板孔内（钢套圈内径为所需孔套钻的直径）。钢套圈与模板孔装配要求应与机械装配"紧配合"的要求相同。模板与钢套圈装配完工后经检查确认整体孔距尺寸及模板纵横向中心标记，经确认后将整体完整的模板送热处理，经热处理后为标准模板。

② 使用模板特制钢套圈套钻孔。模板钻孔比人工划线钻孔的工效提高几倍，更重要的是能保证钻孔件的质量。模板钻孔时的程序和要求如下。

a. 钻孔件板材必须平整。

b. 钻孔件的端部须先经机加工铣成端面。

c. 在钻孔件平面上划与模板相同尺寸的纵、横向中心线特殊标记。

d. 将模板按于钻孔件的平面上，并使模板纵、横向中心标记对准钻件纵、横向中心标记。

对准钻孔件平面上纵、横向中心标记冲印，随即采用工夹卡具将模板与钻孔件固定为一体，并须确认固定牢固后才可开始套钻孔。图 4-35 为钻孔模板纵、横向中心标记。

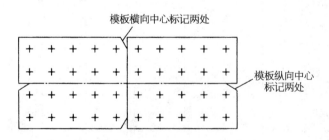

图 4-35 钻孔模板纵、横向中心标记

e. 钻孔过程中应时刻检查模板与钻件固定有否松动或移位，发现问题及时解决好后再钻孔。同时也查看模板钢套圈磨损情况。至于对一般模板（无特制钢套圈的模板），主要是在板材上先钻好与所需孔径、尺寸、孔数相等的孔，称为一般模板。该模板不宜久用，只允许在特定条件下临时解决钻孔难的问题。

③ 冲孔。

正常情况下板厚不超过 12 mm 的板材允许冲孔。冲孔比钻孔工效高,但冲孔件的背面必须光滑平整,不允许存有撕裂、棱边、毛刺、分层、孔距尺寸偏位等缺陷。因此应注意以下几方面:冲模上凸和下凹之间的间隙加工正确;限位靠模定位正确;被冲件板材平、直;冲孔过程中常检查限位靠模和上下凸凹模是否有移位,发现问题及时调整正确后再使用。

④ 数控钻床钻孔。

通常认为数控钻床钻孔不会将孔钻错,但也应注意以下内容。

a. 钻孔程序正确。

b. 钻孔数据输入时要仔细准确。

c. 钻孔件进入钻床钻区。注意多件叠钻时,将多件钻件与机架内 90°的平面垂直靠位模块紧靠,因钻孔件多数为气割件,其断面大多为粗糙,如未将钻件紧靠靠位模块而进行启动钻孔,最后导致叠钻件的孔距边缘不一,不符质量要求。叠钻件不超过 5 块,较厚板单块或 2 块叠钻。

5. 制孔具体要求和规范

① 常规板制杆件制孔,单个板料和型材如存在变形,需矫正后才可制孔。

② 钻孔前应重视的工作:准确选用钻头规格;磨钻头时注意进刀角度,即切削加工受力合理,否则影响切削质量和进度;合理选择切削钻速和切削量。

③ 类型相同的零件批量加工时,无论是模板或划线钻孔应对首制件的孔径、孔位、孔壁质量进行检测认可后方可批量加工。

④ 制成的螺栓孔应为正圆柱形,并垂直于所在位置的钻件表面,倾斜度应小于 1/20,孔周边应无毛刺、层状裂纹、喇叭口或凹凸痕迹,应清除切屑毛刺和垃圾。

⑤ 在加工 A、B 级螺栓孔(1 类孔,精制螺栓孔)、精致或铰刀制成的螺栓孔直径和螺栓杆径必须相等,采用配套钻或组装后铰孔,孔应具有 H12 精度,孔壁表面粗糙度不大于 12.5 μm。A、B 级螺栓孔径允许偏差应符合表 4 - 33 规定。

表 4 - 33　A、B 级螺栓孔直径允许偏差　　　　　　　　(mm)

螺栓公称直径、螺栓孔直径	螺栓公称直径允许偏差	螺栓孔直径允许偏差
10～18	0.00～－0.21	＋0.18～0.00
18～30	0.00～－0.21	＋0.21～0.00
30～50	0.00～－0.25	＋0.25～0.00

⑥ 普通螺栓孔的直径及允许偏差。普通孔(C 级螺栓孔 II 类孔)包括高强度螺栓孔(大六角螺栓孔、扭剪型螺栓孔等)的直径比螺栓杆直径大 1.0～3.0 mm,孔壁表面粗糙度不大于 12.5 μm(铆钉连接的制孔,半圆头铆钉孔的直径比钉杆大 1.0 mm)。普通螺栓孔(C 级螺栓孔 II 类孔)允许偏差见表 4 - 34 规定。

表 4‑34　C 级螺栓孔允许偏差　　　　　　　　　　　(mm)

项　　目	允　许　偏　差
直　径	+1.0～0.0
圈　度	2.0
垂直度	0.03t,且不应大于 2.0

⑦ 制孔后的孔件上所有孔的检查必须采用游标卡尺或孔径量规进行检查,如用比孔的公称直径小 1.0 mm 的计量规检查应通过每组孔的 55%,如用比螺栓公称直径大 0.3 mm 的量规检查应全部通过。

按以上要求检查对未通过的孔径,施工单位报设计方同意后,方可扩钻或补焊后重新制孔(补焊材质必须与制孔件材料相匹配);扩钻后的孔径不应大于原设计孔径 2.0 mm。螺栓孔孔距允许偏差应符合表 4‑35 的规定。

表 4‑35　螺栓孔孔距允许偏差　　　　　　　　　　　(mm)

螺栓孔孔距范围	≤500	501～1 200	1 201～3 000	>3 000
同一组内任意两孔间距离	±1.0	±1.5	—	—
相邻两组的端孔间距离	±1.5	±2.0	±2.5	±3.0

注:1. 在节点中连接板与一根杆件相连的所有螺栓孔为一组。
　　2. 对接接头在拼接板一侧的螺栓孔为一组。
　　3. 在两相邻节点或接头间的螺栓孔为一组,但不包括上述两款所规定的螺栓孔。
　　4. 受弯构件翼缘上的连接螺栓孔,每米长度范围内的螺栓孔为一组。

⑧ 铰孔是制孔中要求高的工序,即钻孔后再需铰孔,因此在钻孔时应留存合理的铰前余量,具体数值见表 4‑36。

表 4‑36　扩孔、镗孔、铰孔余量　　　　　　　　　　　(mm)

直　　径	扩孔和镗孔	粗　　铰	精　　铰
6～10	0.8～1.0	0.1～0.15	0.04
10～18	1.0～1.5	0.1～0.15	0.05
18～30	1.5～2.0	0.15～0.2	0.05
30～50	1.5～2.0	0.2～0.3	0.06

6. 箱形体内隔板节点件制作

箱形体结构主要分箱形柱、箱形梁桥式起重机、箱形主梁等。箱形体结构在加工制作中最易产生的问题在于经焊接后使杆件产生变形,特别是产生扭曲变形,原因是箱形体内隔板加工质量有问题;因此,必须重视以下工作。

① 需熔化嘴电渣焊(SES)的内隔板制作的具体要求见图 4‑36。

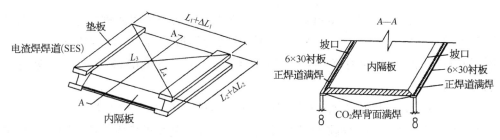

图 4-36　内隔板和衬板、垫板的组装

② 垫板材质与内隔板材质相同，衬板材质基本与内隔板材质相同。装配的间隙和焊接见图 4-36。

垫板下料时应预放机加工余量，每边 2~3 mm。

隔板和衬板必须组装密贴，间隙≤1 mm，防止电渣焊漏渣。

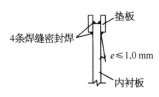

图 4-37　电渣焊焊道(SES)内衬板与垫板装配间隙及打底焊位置

③ 垫板衬板与内隔板的焊接材料应与箱体件板材相匹配，所有焊缝虽然与 SES 焊缝有所不同(无焊高)，但必须按探伤规范要求进行焊接；因为除了垫板反面焊缝在外侧，垫板的焊缝全焊在内侧，该焊缝是打底焊，如打底焊不符要求，对整条焊缝埋下质量隐患(探伤不合格，原因在于根部打底焊，焊缝根部有缺陷的返工难度大)。因此，打底焊必须按探伤要求焊接。至于焊接的位置见图 4-36 A—A 剖面和图 4-37。

④ 内隔板与垫板焊接完成后的整体内隔板进行机加工后的尺寸允许范围(按图 4-36 所示)：

a. $L_1 + \Delta L_1$、$L_2 + \Delta L_2$；　　$0 < \Delta L \leqslant 1$ mm；

b. $L_3 - L_4 \leqslant 1.5$ mm；

c. $L_1 + L_2 \leqslant 1.0$ mm。

隔板的焊接收缩余量见表 4-37。

表 4-37　隔板的焊接收缩余量　　　　　　　　(mm)

L_1、L_2	焊接收缩量
400~600	1~1.5
600~800	1.5~2
800~1 000	2~3

⑤ 箱形体梁内隔板制作，桥梁箱形体的内隔板较厚，加工要求高，如杨浦大桥箱体结构的内隔板，其加工要求很严，每一件隔板四周都必须经机加工铣平，不允许以气割代替精铣。机加工精铣时应注意：一是，不允许将毛坯隔板多件叠在一起机加工，多件叠铣会影响每件隔板的精度；二是，机加工的毛坯隔板必须平整，如隔板允许拼焊接，则应将焊接变形矫平后再机加工精铣，同时应注意拼接焊缝的高度会影响机加工的不平

度,因此加工时应将加工件按焊缝高度为基准在工件背面部位用薄钢板垫平垫实,否则会影响机加后的隔板质量;三是,经机加工精铣后的隔板严格做好验收工作,特别是每件隔板的对角线必须符合规范要求(对角线允许误差≤1.5 mm),超标件另行处理,不可勉强使用。

⑥ 桥式起重机箱形体主梁隔板与其他箱形体内隔板不同,具体有两方面:一是其板厚只有 6 mm(特殊要求的起重机隔板厚度另有规定);二是起重机主梁体内隔板件数多,(跨度大的起重机箱形体内隔板约数十件)。通常加工桥式起重机箱形梁体内的隔板有两个缺陷:其一,起重机箱形主梁内隔板四边的加工普遍采用剪切代替铣边加工,虽然剪板机是机械剪切,但还得靠操作者的手、眼判定剪切线,由于手工操作随机性多,剪切后的隔板对角线各异;其二,在实际工作接触中遇见用气割代替铣、刨加工,这是不允许的。这些问题的出现主要是因为对箱形体内隔板对整体构件所起的作用认识不足,这里说明:箱形体内隔板对整体构件起主导作用,若内隔板对角线不符合要求就将其装配,将很有可能使整体构件严重扭曲变形。

加工起重机箱形梁内隔板应先下毛坯料,包括预放铣、刨的机加工余量(每边放 4～5 mm)。允许毛坯内隔板重叠机加工铣、刨,其件数不超过 5 件,板材需平整。经机加工铣、刨后的隔板必须做好验收工作,不符规范的隔板不得使用。

二、钢构件组装

钢结构构件组装是按照施工图纸的要求,把已制成的零件装配(又称组合)成独立的杆件;装配又分为组装、总组装,就是将钢结构许多零件组合而成,按照一定的精度和技术要求将零、部件连接起来,使它成为产品的过程。部件又可分为主体部件和一般部件,如各类钢柱柱身和 BH 梁之类的大件是主体部件,而节点连接件就是一般部件。

结构的制造质量不仅取决于零件的制造精度,还取决于装配的质量。装配质量是决定产品质量的重要环节。组装杆件的质量可靠,为杆件在后续各道工序加工过程中的质量奠定了良好的基础。这里所述及的内容,主要为主体部件的组装,节点连接部件制作前文已详述故不再赘述。应按以下程序做好组装工作。

1. 装配条件

进行装配时无论采取何种方法,都必须具备支承、定位和夹紧;这三个条件,称为装配三要素。

(1) 支承

支承是解决工件放在哪里装配的问题,实际上,支承就是装配工作的基础面。

用何种基准面作为支承,要根据工件形状大小和技术要求,以及作业条件等因素确定。

(2) 定位

定位就是确定零件在空间的位置或零件的相对位置。只有在所有零件都正确达到确定位置时,整体结构才能满足设计上的各种要求。

（3）夹紧

夹紧是定位的保障,它以借助外力将定位后的零件固定为目的。用来固定的外力即为夹紧力,通常用刚性夹具实现,也可以利用气压力和液压力进行。

装配的上述三个条件是相辅相成的,缺一不可:没有夹紧,定位就不能实现;没有定位,夹具也就成了无的放矢;没有支承,更不存在定位和夹紧。

2. 钢结构组装前的准备

① 深透消化施工图;核准所装零件的规格、尺寸、所装位置、正反方向和角度,并笔录可待参照。

② 认真学习领会钢结构制作工艺规程所规定的组装工序规范和技术要求。

③ 检查原工夹胎具的准确性和安全可靠性,必备的工具有千斤顶、撬棍、手锤、楔子、螺栓拉紧器、粉线样冲和彩色笔等。

④ 清点检查分清组装零件的规格、尺寸、坡口角度、钝边等是否符合技术要求。

⑤ 定位焊操作人员必须选择正规的焊工,即持有资格等级证书,且持续中断操作时间未超过六个月的焊工担任定位焊工。焊材应与主体杆件材质相匹配。

⑥ 按工艺规程要求,对封闭（隐蔽部位）的组装零件,应预先涂装（包括焊接）后再组装。

⑦ 在未组装之前,零件之间的连接部位两侧 40～50 mm 范围内的铁锈、毛刺、油污和垃圾必须打磨和处理干净,使金属露出光泽。

⑧ 所需组装零件在其中心做好装配基准线中心标记,并冲样冲印,同时对零件标明上下左右对称装配标记,使操作者一目了然。

⑨ 对特殊构件的装配需预先设计制作定位靠模、基准线和相关靠模插销孔,并经质检验收认后方可使用。

⑩ 装配后的杆件易产生严重焊接变形,因此在未装配之前,应把单个零件阶段按实际比值对其预制成反变形后再装配,如 BH 形的杆件,翼板、腹板厚度分别为 40 mm、25 mm、30 mm,则杆件的翼板需制成反变形,其反变形角度 $\beta=168.5°$,见图 4 - 38。

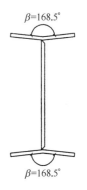

图 4 - 38 反变形 BH

如果 BH 杆件翼板厚度为 25 mm、腹板、侧翼为 14 mm、16 mm,则翼板可无须制成反变形。

又如箱形桥梁的杆件,其上下盖板两边,设计时都超出腹板约 300～400 mm、盖板厚度 25 mm、腹板为 20 mm,见图 4 - 39a,上下盖板应制成反变形,其角度 $\beta=150°$,见图 4 - 39b。

⑪ 设计要求需刨平顶紧加工成坡口的零件应预先下好料,并放机加工时所需余量,然后送机加工铣、刨,不允许气割代替机加工铣、刨。

3. 钢结构组装中的要求

① 组装操作者,按施工图要求复查认可所需装配零件的质量,即零件的规格尺寸,接

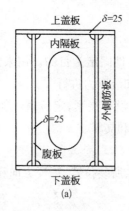

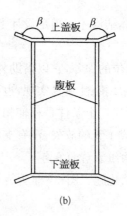

图 4 - 39 桥梁箱形梁

合部位清除铁锈油污、杂物和预先在零件上所求得的装配基准定位线(有否冲样冲印)是否符合要求,特别是严查严控存有变形零件的问题,对不符要求的零件重新处理,将符合要求的零件吊至胎架或机架装配,杜绝将变形零件混装。

② 零件就位于胎架或机架后,用工夹卡具将零件与零件之间接合部位对准基准线,准确地组合定位夹紧,其要求应达到零件之间互成 90°或达到应有的角度。定位时特别注意零件的规格、方向、角度和所装位置的准确性。

③ 对有衬板的杆件,在组装前首先检查衬板与其接合部位的间隙应不小于 8 mm,只允许正值(1～2 mm)不允许负值,否则会影响焊接质量参见图 4 - 36,内隔板 A—A 剖面图。

④ 除工艺要求之外,零件组装间隙不得大于 1.5 mm,凡超差部位应给予修正,对刨平顶紧接触面,有技术要求的应有 75％以上的接触紧贴面,用 0.3 mm 塞尺检查,其塞入面积不得大于 25％。边缘最大间隙不得大于 0.8 mm。

对有起拱要求的构件,必须在组装前按规定起拱量制好起拱,起拱偏差 $\Delta \leqslant L/1\,000$ 或 $\leqslant 6$ mm。

对桁架结构杆件轴线交叉错位的偏差不得大于 3.0 mm。

⑤ 梁之类的构件不允许下挠,因此在装配前不仅应制好起拱度,而且需检查认可起拱量后再组装;重要构件装配后也得检查起拱数值。

⑥ 操作过程中使用大小锤,锤击时锤面应与零件面成水平接触,必要时应用锤垫物保护零件面,以防止锤击偏位使零件表面留下锤痕。

⑦ 禁止定位焊时,在零件表面引弧或打火应采用废板块,预放在零件的表面引弧或打火。焊接对接接头和 T 形接头的焊缝,为避免在起焊处产生温差或凹陷弧坑,应在焊件上设置引弧、出弧板,其材质、坡口形式应与焊件相同。

⑧ 焊接规定需预热的焊件,在装配时接合部位必须按焊接规范规定进行预热后方可定位焊。

⑨ 首件组装的杆件应经检查装配质量认可合格后,才可批量装配,在批量装配中应随时检查装配质量,同时检查胎模具靠模靠板等定位装置的正确性,发现问题及时修复后

再装配。

⑩ 装配完工后的杆件在检查确认质量的基础上,对杆件增设加强工艺支撑,如 BH (图 4-40)和箱形体(图 4-41)。

增设加强工艺支撑,主要预防起吊运行时万一发生碰撞,可能使杆件、定位焊受损开裂或脱落,危及人身安全,同时又为在焊接时防止变形起到有益作用,故须设加强工艺支撑。见图 4-40,图 4-41。

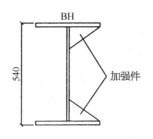

图 4-40 BH 加强工艺支撑

图 4-41 箱形体加强工艺支撑

⑪ 组装中的定位焊是正式焊缝的一部分,整条焊缝焊完后要求 UT(探伤),定位焊是整条焊缝的基础焊,其所处位置是整条焊缝的根部。如整条焊缝 UT(探伤)不合格,其缺陷大多为根部,实际就是定位焊存在问题;返修时,从焊缝表面刨深于焊缝根部才能清除缺陷,不仅返修难度大、进度慢,而且很难控制返修质量。由此可见,定位焊是很重要的工序,但在钢结构制作行业中,普遍存在不重视定位焊的现象,定位焊的焊高、长度、所焊位置和焊材都可能与规范和要求有所差距,定位焊的具体要求应按以下几方面进行。

a. 定位焊焊材(焊条、焊丝)必须与构件用材匹配。焊条药皮不得脱落,药皮受潮成白色和焊芯生锈不得使用,焊丝同样不得有生锈受潮和污损。定位焊焊工要求参见前文规定。

b. 对凡有坡口并加衬垫板的零件,其定位焊应尽量焊于坡口背面,不宜焊于坡口正焊道内。如是大型箱体,操作者可在箱体内操作,则定位焊可焊在坡口衬板零件的背面、箱体内侧;对确无法焊于有坡口零件背面的定位焊,也可焊于有坡口正焊道内,但必须严格按照焊接规范要求施定位焊。

c. 定位焊的长度和间距,主要视构件的结构形式和拘束度确定,无特殊要求时一般可参考表 4-38。

表 4-38 定位焊焊缝要求供参考 (mm)

板 厚	定位焊缝长度	定位焊缝间距
≤10	30～40	200～250
10～25	40～50	200～250
≥25	50～60	250～300

d. 对被埋焊弧自动焊或电渣焊重新熔化的单道定位焊,预热不是必须的要求。

e. 对需预热的定位焊,其预热温度应高于正常预热温度 50℃左右,预热区域应适当加宽。

f. 定位焊后诸如咬边、弧坑等缺陷可不必处理,但裂纹必须彻底清除。

g. 定位焊必须避免在杆件的棱角和端部等在强度和工艺上容易出问题的部位进行。T 形接头的定位焊应在两侧对称进行;多道定位焊缝的端部应为阶梯状。

三、质检认可组装后的杆件装配质量

组装是将已制成的零件与零件之间组合装配成各类部件。零件的特点是形状规格、尺寸、技术要求各异,如 BH 上下翼板和腹板,由于各个零件各项要求各异,装配时稍不注意就会在诸如规格、方向、装配位置等处搞错。因此,对组装后的杆件应重视质量检查认可工作,具体应检查以下几方面。

① 需制作坡口和衬垫板的零件,检查其制作后与规范要求相符状况,同时检查在装配前对装配焊缝部位清除油污和打磨除锈工作是否到位。

② 检查已装配的基准线、单个零件的变形、零件规格和整体尺寸,如 BH 的腹板厚度中心与上下翼缘板宽度中心是否对准。这一工作看似很简单,但在实际制作过程中常发生将腹板厚度中心偏离翼缘板宽度中心。

③ 装配后零件之间的间隙超标以及其他不符规范要求的装配零件必须修整,符合规范规定要求后方可流向焊接工序。

四、焊接组装后的杆件

零件之间的连接组合大都靠焊接连接实现。焊接不仅限于钢结构制作构件的基本连接方法,同时也是构件建筑安装的一种重要方法。焊接涉及的方法包括手工电弧焊、气体保护焊、埋弧焊、电渣焊、铝热焊及相应焊接方法组合。

当然,其他的连接形式也有如螺栓、铆钉连接,但现代钢结构制作中焊接连接应用最为广泛,在钢结构制作过程中起关键性作用,焊接质量很大程度上影响构架的产品质量,要使焊接质量达到规范要求就必须建立自材料供应,焊接设备施工前的焊接试验,掌控焊接参数、组装、总组装,质量控制,焊工资质与技术水平的考核,焊接过程中注意事项,对焊接存在问题的焊后处理和成品检验等全过程的规范。

1. 焊接具体要求

参见本章钢结构制作综合工艺流程"编制焊接工艺"内容。

2. 焊接方法和适用范围

(1) 焊接方法的分类

建筑钢结构最常用的焊接方法为手工电弧焊、二氧化碳气体保护焊、埋弧焊、电渣焊等。

① 钢结构常用的焊接方法分类。

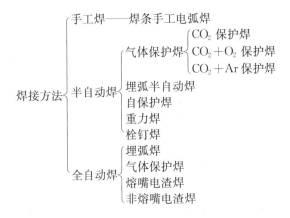

② 焊接形式。

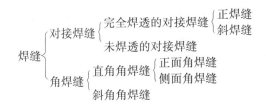

（2）主要焊接方法的适用范围

① 手工电弧焊。

手工电弧焊是利用焊条与工件之间产生电弧使金属熔化进行焊接的。焊接过程中焊条药皮熔化分解产生气体熔渣,在气体和熔渣联合保护下,有效地排除了周围环境的不良影响,通过高温下熔化金属与熔渣间的冶金反应,还原与净化金属,得到所需的焊缝。手工电弧焊可在室内及高空进行施焊,而且焊接可以在平、横、立、仰等位置进行。焊接设备简单,使用灵活;但自动化程度低,手工作业含量大,对焊工的操作技能要求高。

选择手工电弧焊焊条型号时,首先应按主体金属强度相适应的原则确定焊条系列,即两者强度相等。当不同强度的钢材连接时,采用与低强度钢材相适应的焊条系列,即可满足强度等方面的要求并且较经济;然后再结合钢材的牌号、结构的重要性、焊接位置和焊条工艺性能等选择具体型号。

② 埋弧焊。

埋弧焊是在颗粒的焊剂覆盖下在密闭空间燃烧的一种自动焊接方法。电弧的高温使焊件、焊丝和焊剂熔化蒸发成气体,排开电弧周围的熔渣形成一封闭空腔,电弧就在这个空腔中燃烧。空腔的上部被一层熔化的焊剂——熔化膜所包围,这层渣膜不仅可有效地保护熔化金属,使有碍操作的弧光辐射不再射出来,同时熔化的大量焊剂对熔化金属起还原、净化和合金化作用。埋弧焊按自动化程度不同可分为自动埋弧焊和半自动埋弧焊,自动埋弧焊的电弧移动是由专门机构控制完成的,而半自动埋弧焊电弧的移动是依靠手工操纵的。

自动埋弧焊由于电弧热量集中,故熔深大、焊缝质量均匀、内部缺陷少、塑性和冲击韧性都好,因而优于手工焊。半自动埋弧焊的质量介于埋弧焊和手工焊之间,另外自动或半自动埋弧焊的焊接速度快、生产效率高、成本低、劳动条件好。由于焊机沿着顺焊缝的导轨移动,所以自动或半自动埋弧焊适用于梁、柱、板等的大批量拼装只做焊缝的构件。

自动或半自动埋弧焊机采用的焊丝和焊剂应与主体金属强度相适应,即应使熔敷金属的强度与主体金属的相等。焊丝应符合国家标准《焊接用钢丝》GB/T 1300 的规定,焊剂则根据需要按《碳素钢埋弧焊用焊剂》GB/T 5293 和《低合金钢埋弧焊用焊剂》GB/T 12470 相配合。一般情况下,Q235 钢采用 H08(焊 08)或 H08A(焊 08 高)焊丝,配合中锰型 HJ401 焊剂;Q345 钢采用 H08A 或 H08MnA(焊 08 锰高)焊丝配合高锰型 HJ402 焊剂;Q390D、Q420 及 Q460 钢采用 H08MnA 或 H10Mn2(焊 10 锰 2)焊丝配合 HJ402;在实际使用中,将 Q345B 钢采用 H10Mn2 焊丝与 SJ101 烧结焊剂配合使用效果也很好。

有关埋弧焊和手工电弧焊常见缺陷产生原因及防除方法参见表 4-39、表 4-40。

表 4-39　埋弧焊常见缺陷产生原因及防除方法

缺陷名称		产 生 原 因	防 除 方 法
焊缝表面成形不良	宽度不均匀	1. 焊接速度不均匀 2. 焊丝给送速度不均匀 3. 焊丝导电不良	防止: 1. 找出原因排除故障 2. 找出原因排除故障 3. 更换导电嘴衬套(导电块) 消除:酌情部分用手工焊补焊修整并磨光
	堆积高度过大	1. 电流过大而电压过低 2. 上坡焊时倾角过大 3. 环缝焊接位置不当(相对于焊件的直径和焊接速度)	防止: 1. 调节规范 2. 调整上坡焊倾角 3. 相对于一定的焊件直径和焊接速度,确定适当的焊接位置 消除:去除表面多余部分,并打磨圆滑
	焊缝金属满溢	1. 焊接速度过慢 2. 电压过大 3. 下坡焊时倾角过大 4. 环缝焊接位置不当 5. 焊接时前部焊剂过少 6. 焊丝向前弯曲	防止: 1. 调节焊速 2. 调节电压 3. 调整下坡焊倾角 4. 相对于一定的焊件直径和焊接速度,确定适当的焊接位置 5. 调整焊剂覆盖状况 6. 调节焊丝矫直部分 消除:去除后适当刨槽并重新覆盖
	中间凸起而两边凹陷	药粉圈过低并有粘渣,焊接时熔渣被粘渣拖压	防止:提高药粉圈,使焊剂覆盖高度达 30~40 mm 消除:1. 提高药粉圈,去除粘渣 　　　2. 适当补焊或去除重焊

（续表）

缺陷名称	产　生　原　因	防　除　方　法
咬　边	1. 焊丝位置或角度不正确 2. 焊接规范不当	防止： 1. 调整焊丝 2. 调节规范 消除：去除夹渣补焊
未熔合	1. 焊丝未对准 2. 焊缝局部弯曲过甚	防止： 1. 调整焊丝 2. 精心操作 消除：去除缺陷部分后补焊
未焊透	1. 焊接规范不当（如电流过小，电压过高） 2. 坡口不合适 3. 焊丝未对准	防止： 1. 调整规范 2. 修整坡口 3. 调节焊丝 消除：去除缺陷部分后补焊，严重的需整条返修
内部夹渣	1. 多层焊时，层间清渣不干净 2. 多层分道焊时，焊丝位置不当	防止： 1. 层间清渣彻底 2. 每层焊后发现咬边夹渣必须清除修复 消除：去除缺陷部分后补焊
气　孔	1. 接头未清理干净 2. 焊剂潮湿 3. 焊剂（尤其是焊剂垫）中混有垃圾 4. 焊剂覆盖层厚度不当或焊剂斗阻塞 5. 焊丝表面清理不够 6. 电压过高	防止： 1. 接头必须清理干净 2. 焊剂按规定烘干 3. 焊剂必须过滤、吹灰、烘干 4. 调节焊剂过滤层高度，疏通焊剂斗 5. 焊丝必须清理，清理后应尽快使用 6. 调节电压 消除：去除缺陷部分后补焊
裂　纹	1. 焊件、焊丝、焊剂等材料配合不当 2. 焊丝中含碳、硫量较高 3. 焊接区冷却速度过快而致热影响区硬化 4. 多层焊的第一道焊缝截面过小 5. 焊缝形状系数太小 6. 角焊缝熔深太大 7. 焊接顺序不合理 8. 焊件刚度大	防止： 1. 合理选配焊接材料 2. 选用合格焊丝 3. 适当降低焊速以及焊前预热和焊后缓冷 4. 焊前适当预热或减小电流，降低焊速（双面焊适用） 5. 调整焊接规范和改进坡口 6. 调整规范和改变极性（直流） 7. 合理安排焊接顺序 8. 焊前预热和焊后缓冷 消除：去除缺陷部分后补焊
焊　穿	焊接规范及其他工艺因素配合不当	防止：选择适当规范 消除：缺陷处修整后补焊

表 4-40 手工电弧焊焊缝常见缺陷产生原因及危害性

缺陷名称	产 生 原 因	危 害 性
尺寸偏差	1. 焊条直径及焊接规范选择不当 2. 坡口设计不当 3. 运条手势不良	尺寸过小,强度降低;尺寸过大,磁力集中,疲劳强度降低
咬 边	1. 焊接规范不当,电流过大,电弧过长,焊速过快 2. 焊条角度不对,操作手势不良,电弧偏吹 3. 接头位置不利	减小焊缝有效截面,应力集中,降低接头强度和承载能力
气 孔	1. 焊件表面氧化物、锈蚀、污染未清理 2. 焊条吸潮 3. 电流过小,电弧过长,焊速过快 4. 药皮保护效果不佳,操作手势不良	减小焊缝有效截面,降低接头致密性,减小接头承载能力和疲劳强度
未焊透	1. 坡口、间隙设计不良 2. 焊条角度不正确,操作手势不良 3. 热输入不足,电流过小,焊速过快 4. 坡口焊渣、氧化物未清除	形成尖锐的缺口,造成应力集中,严重影响接头的强度、疲劳强度等
夹 渣	1. 焊件表面氧化物、层间熔渣未清除干净 2. 焊接电流过小,焊速过快 3. 坡口设计不良 4. 焊道熔敷顺序不当 5. 操作手势不当	减小焊缝有效截面,降低接头强度、冲击韧性等
裂 纹	1. 焊件表面污染,焊条吸潮,母材及填充金属内含有较多杂质 2. 接头刚性过大 3. 预热及焊后热处理规范不当 4. 焊接规范参数不当 5. 焊接材料选择不当	焊缝金属不连续,裂纹尖端应力集中,在承受交变或冲击载荷时,裂纹迅速扩展,导致接头断裂
焊 瘤	1. 焊接规范不当,电流过大,焊速过慢 2. 焊条角度及操作手势不当 3. 焊接位置不利	焊缝截面突变,形成尖角,应力集中,降低接头疲劳强度

③ 电渣焊。

a. 电渣焊特点。

● 大厚度工件可用电渣焊一次焊好,且不必开坡口。经常用于厚 36 mm 以上的工件,最大厚度可达 2 m;还可以一次焊接焊缝截面变化大的工件。因此,电渣焊要比电弧焊的生产率高。

● 经济效果好。电渣焊的焊接准备工作简单,只要在接缝处保持 20~40 mm 的间隙就可以施焊,简化坡口制备工序,并节约钢材。焊接材料消耗少,与埋弧焊相比,焊丝消耗量减少 30%~40%,焊剂消耗量仅为埋弧焊的 1/15~1/30。另外,电能耗量比埋弧焊减少 35%左右。

● 焊缝缺陷少。由于金属熔池上面覆盖着一定深度的渣池,可以避免空气对液体金属的有害作用,并对工件进行预热,使冷却速度缓慢,有利于熔池的气体排除;所以焊缝不易产生气孔、夹渣及裂纹等工艺缺陷。

● 以焊代铸锻。电渣焊的应用已根本上改变重型机械制造的设计和工艺,能解决铸锻设备的不足。利用铸—焊或锻—焊的组合结构代替巨型的铸锻结构,简化了铸锻工序,并减轻结构重量。

● 焊接接头晶粒粗大。这是电渣焊的主要缺点,但对重要结构可以通过焊后热处理来细化晶粒,改善机械性能。

b. 电渣焊类型及使用范围。

为了满足不同工件的焊接要求,电渣焊按所用的电板形状可分为八种类型,如表4-41所示。

表4-41 电渣焊的类型及使用范围

类　　型	主 要 使 用 范 围
丝极电渣焊	适用子中、小厚度工件的较长直缝焊接,还可用于大型圆形工件的环缝焊接,但要有辅助装置配合
板极电渣焊	适用于大断面短焊缝的工件焊接
熔嘴电渣焊	用于变断面工件的焊接,也适用大断面工件的长焊缝焊接
管状熔嘴电渣焊	用于厚度为18～60 mm工件的焊接
手工电渣焊	用于厚度150 mm以下工件的焊接以及铸钢件、铸铁件的焊补和易损机件的修复
接触电渣焊	用于不同材质的金属及不同断面的工件焊接
电渣堆焊	用于耐磨、耐腐蚀性能较高的合金堆焊
气保护电渣焊	用于厚度为12～75 mm工件的焊接

c. 电渣焊原理(图4-42)。

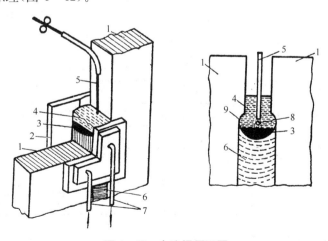

图4-42 电渣焊原理图

1—焊件;2—冷却滑块;3—金属熔池;4—渣池;5—电极;
6—焊缝;7—冷却水管;8—熔滴;9—焊件熔化金属

d. 常用电渣焊。

电渣焊类型很多,但日常广泛使用的电渣焊为熔嘴电渣焊。

熔嘴电渣焊是将细直径冷拔无缝钢管外涂药皮支撑的管焊条作为熔嘴,焊件底部设引弧装置,焊丝在管内送进;焊接时将管焊条捆入由被焊钢管和钢板形成的缝槽内,电弧将焊剂熔化成熔渣池,电流使其热度超过钢材的熔点,从而熔化焊丝和钢板边缘,形成一条堆积的焊缝,把被焊件钢板连成整体。熔嘴电渣焊适用于箱形截面构件内加筋板的熔透焊;熔嘴电渣焊常为竖直施焊,或焊接倾斜角不大于30°。熔嘴电渣焊产生较大的热量,为了减少焊接变形,焊缝应对称同时施焊。熔嘴焊所用的焊丝在焊接 Q235 钢时宜采用 H08A 或 H08MnA,焊接 Q345 钢时宜采用 H08MnMoA。

④ CO_2 气体保护焊。

CO_2 气体保护焊是喷枪喷出 CO_2 气体作为电弧的保护介质,使熔化金属与外界空气隔绝以保持焊接过程稳定。由于焊接时没有焊剂生产的熔渣,因而便于观察焊缝的成形过程,但操作时必须在室内避风处,如在工地必须设防风棚,高空必须设草原包防风。

CO_2 气体保护焊电弧加热集中,焊接速度快,熔池较小,焊接层数少,焊接电弧容易对中焊接,焊后基本无熔渣,焊接变形小,焊缝有较好的抗锈能力(但熔深不如埋弧焊)。焊接低碳钢或低合金钢时,可采用 H08MnSiA、H08Mn2SiA、H08MnSi 等。CO_2 气体保护焊采用的焊丝为高锰型,即 Q235 钢采用 H08Mn2Si(焊08锰2硅),Q345 和 Q390D 钢采用 H08Mn2Si 或 H10Mn2(焊10锰2)。

⑤ 栓钉焊。

栓钉焊是在栓钉与母材之间通过电流,局部加热熔化栓钉和局部母材,并同时施加压力挤出液态金属,供栓钉整个截面与母材形成牢固结合的焊接方法,可分为电弧钉焊和储能焊钉焊两种形式。

栓钉焊的工艺参数主要为电流通电时间、栓钉伸出长度及提升高度。镀层材料根据栓钉的直径不同以及被焊钢材表面状况选定相应的工艺参数,一般栓钉的直径增大或母材上有镀层时所需的电流时间等各项参数相应增大,参见表 4-42。

表 4-42 栓钉焊的焊接参数参考值

焊钉规格 (mm)	电流 I(A)		时间 t(s)		伸出长度 l(mm)		提升高度 h(mm)	
	穿透焊	非穿透焊	穿透焊	非穿透焊	穿透焊	非穿透焊	穿透焊	非穿透焊
ϕ13	—	950	—	0.7	—	4	—	2.0
ϕ16	1 500	1 250	1.0	0.8	7~8	5	3.0	2.5
ϕ19	1 800	1 550	1.2	1.0	7~8	5	3.0	2.5
ϕ22	—	1 800	—	1.2	—	6	—	3.0

3. 焊接在钢结构施工中的基本规定

(1) 焊接难度区分

建筑钢结构工程焊接难度可分为一般、较难和难三种情况,见表 4-43。钢结构加工制作单位应具备与各级焊接难度相适应的技术条件。

表 4 - 43 建筑钢结构工程的焊接难度区分示意表

焊接难度	节点复杂程度和约束度	板厚(mm)	受 力 状 态	钢材碳当量(%)
一般	简单对接、角接,焊缝能自由收缩	<30	一般静载拉、压	<0.38
较难	复杂节点或已施加限制收缩变形的措施	30~80	静载且板厚方向受拉或间接动载	0.38~0.45
难	复杂节点或局部返修条件使焊缝不能自由收缩	>80	直接动载、抗震设防烈度大于8度	>0.45

（2）焊接施工图要求

① 应明确规定钢结构件使用的钢材和焊接材料的类型和焊接质量等级,有特殊要求时应标明无损探伤的类别和抽查百分比。

② 应标明钢材和焊接材料的品种、性能及相应的国家标准,并应对焊接方法焊缝坡口形式和尺寸、焊后热处理要求作明确规定。对于重型、大型钢结构应明确规定工厂制作单元和工地拼装焊接的位置,标注工厂制作或工地安装焊缝符号。

③ 制作与安装单位承担钢结构工程施工详图设计时,应具有与工程结构类型相适应的设计资质等级并经原设计单位认可。钢结构加工制作安装单位应具备承担相应难度钢结构工程的资质。

（3）组焊构件焊接节点

① 塞焊和槽焊焊缝的尺寸、间距、填焊高度应符合下列规定。

a. 塞焊缝和槽焊缝的有效面积应为贴合面上圆孔或长槽孔的标称面积。

b. 塞焊缝的最小中心间隔应为孔径的4倍,槽焊缝的纵向最小间距应为槽孔长度的2倍,垂直于槽孔长度方向的两排槽孔的最小间距应为槽孔宽度的4倍。

c. 塞焊孔的最小直径不得小于开孔板厚度加8mm,最大直径应为最小直径值加3mm,或为开孔件厚度的2.5倍,取两值中较大者。槽孔长度不应超过开孔件厚度的10倍,最小及最大槽宽规定与塞焊孔的最小及最大孔径相同。

d. 塞焊和槽焊的填焊高度,当母材厚度等于或小于16mm时,应等于母材厚度;当母材厚度大于16mm时,不得小于母材厚度的一半,并不得小于16mm。

e. 塞焊缝和槽焊焊缝的尺寸应根据贴合面上承受的剪力计算确定。

f. 严禁对调质钢材采用塞焊和槽焊焊缝。

② 角焊缝的尺寸应符合下列规定:

a. 角焊缝的最小计算长度应为其焊脚尺寸(h_f)的8倍,且不得小于40mm;焊缝计算长度应为焊缝长度扣除引弧灭弧长度。

b. 角焊缝的有效面积应为焊缝计算长度与计算厚度(h_e)的乘积。对任何方向的荷载,角焊缝上的应力应视为作用在这一有效面积上。

c. 断续角焊缝焊段的最小长度应不小于最小计算长度。

d. 单层角焊缝最小焊脚尺寸宜按表4-44取值,同时应符合设计要求。

表4-44　单层角焊缝的最小尺寸　　　　　　　(mm)

母材厚度 t	角焊缝的最小焊角尺寸 h_f	母材厚度 t	角焊缝的最小焊角尺寸 h_f
≤4	3	16、18	6
6、8	4	20~25	7
10、12、14	5		

注:采用低氢焊时,t 应取较薄焊件厚度,非低氢焊时,t 取较厚焊件厚度。

e. 当被焊构件较薄板厚度≥25 mm时,宜采用局部开坡口的角焊缝。

f. 角焊缝十字接头,不宜将厚板焊接到较薄板上。

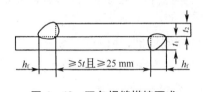

图4-43　双角焊缝搭接要求

t—t_1 和 t_2 中较小者;h_f—焊脚尺寸,按设计要求

③ 搭接接头角焊缝的尺寸及布置应符合下列规定。

a. 传递轴向力的部件,其搭接接头最小搭接长度应为较薄件厚度的5倍,但不小于25 mm(图4-43)。并应施焊纵向或横向双角焊缝。

b. 单独用纵向角焊缝连接型钢杆件端部时,型钢杆件的宽度 W 应不大于200 mm(图4-44),当宽度 W 大于200 mm时,需加横向角焊或中间塞焊。型钢杆件每一侧纵向角焊缝的长度 L 应不小于 W。

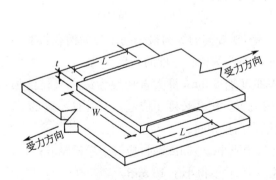

图4-44　纵向角焊缝的最小长度

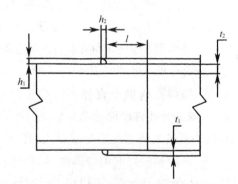

图4-45　管材套管连接的搭接焊缝最小长度

c. 型钢杆件搭接接头采用围焊时,在转角处应连续施焊。杆件端部搭接角焊缝作绕焊时,绕焊长度应不小于两倍焊脚尺寸,并连续施焊。

d. 搭接焊缝沿材料棱边的最大焊脚尺寸,当板厚≤6 mm时,应为母材厚度;当板厚>6 mm时,应为母材厚度减去1~2 mm。

e. 用搭接焊缝传递荷载的套管接头可以只焊一条角焊缝,其管材搭接长度 L 应不小于 $5(t_1+t_2)$,且不得小于25 mm。搭接焊缝焊脚尺寸应符合设计要求(图4-45)。

④ 不同厚度及宽度的材料对接时,应作平缓过渡并符合下列规定。

a. 不同厚度的板材或管材对接接头受拉时,其允许厚度差值(t_1-t_2)应符合表 4-45 的规定。当超过表 4-45 的规定时应将焊缝焊成斜坡状,其坡度最大允许值应为 1:2.5;或将较厚板的一面或两面及管材的内壁或外壁在焊前加工成斜坡,其坡度最大允许值应为 1:2.5。

表 4-45　不同厚度钢板对接的允许厚度差　　　　　　　　（mm）

较薄钢材厚度 t_2	5~9	10~12	>12
允许厚度差 t_1-t_2	2	3	4

b. 不同宽度的板材对接时,应根据工厂及工地条件采用热切割、机械加工或砂轮打磨的方法使之平缓过渡,其连接处最大允许坡度值应为 1:2.5。

（4）对接焊缝的构造形式

对接焊缝的焊件基本都需制成坡口,根据焊件厚度确定是否需要开坡口。当厚度 $t=$ 6 mm、8 mm、10 mm、12 mm 时无须预先制成坡口就可对接焊接,但待首焊面焊完后,焊件翻身用碳刨,将焊道作清根($t=6$ mm 无须清根),然后按规范要求焊接。为什么对 $t=$ 8 mm、10 mm、12 mm 厚的板材无须预制坡口,实践中得知对接焊件的焊缝大多采用埋弧焊焊接,埋弧焊熔透深度深,再加上将焊件翻身对焊缝清根使焊接质量更可靠,因此,对 $t=8$ mm、10 mm、12 mm 厚度的板材无须预制坡口。

对 $t=14$ mm、16 mm、18 mm、20 mm 厚的钢板坡口施于平地对接,其坡口应制单边 V 形,若竖立对接,则坡口应制成 K 形。

对 $t=20\sim50$ mm 厚的钢板坡口无特殊要求的,应制成不对称坡口(如制成对称坡口,焊接时变形严重),焊时先焊坡口深的一边,焊至焊缝厚度 2/3 时将焊件翻身用碳刨将焊道清根,按规范焊完该焊缝,然后再翻身将首焊焊缝加打底焊或盖面焊,这样的工艺变形小。

对 $t\geqslant60$ mm 厚的钢板,坡口应制成 U 形。有关对接焊缝的坡口预制,主要从实际出发所需,不可任意制成坡口。

（5）焊缝符号

① 标注方法。

建筑钢结构焊缝符号的表示应按国家标准《建筑结构制图标准》GB/T 50105—2010 和《焊缝符号表示法》GB/T324—2008 的规定执行,焊缝符号主要由基本符号、辅助符号和引出线组成,必要时还可加上补充符号和焊缝尺寸符号。

a. 基本符号:表示焊缝截面形状的符号,见表 4-46。

b. 辅助符号:表示焊缝表面形状特征的符号,见表 4-47。

c. 补充符号:为补充说明焊缝的某些特征而采用的符号,见表 4-48。

d. 焊缝尺寸符号:在基本符号后附带有尺寸符号及数据,见表 4-49。

② 指引线。

指引线由箭头线和两条基准线(一条实线,一条虚线)组成,均用细线绘制,如图 4-46

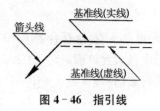

图 4-46 指引线

所示。基准线的虚线可以画在基准线实线的上侧或下侧,基准线一般与图样底边平行,箭头线由斜线和箭头组成,箭头指向焊缝的位置,对有坡口的焊缝,箭头线应指向带坡口的一侧,必要时允许箭头线弯折一次,箭头指引线一般与水平向成 30°、45°、60°,图 4-47b、c 是对 a 图所示 V 形坡口焊缝的两种不同表示法。

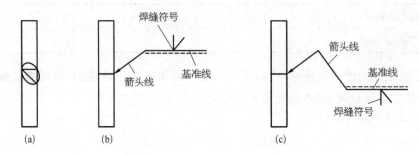

图 4-47 焊缝引出线的画法

表 4-46 基本符号

序号	名称	示意图	符号
1	卷边焊缝(卷边完全熔化)		八
2	I 形焊缝		‖
3	V 形焊缝		∨
4	单边 V 形焊缝		V
5	带钝边 V 形焊缝		Y
6	带钝边单边 V 形焊缝		Y
7	带钝边 U 形焊缝		Y
8	带钝边 J 形焊缝		Ψ
9	封底焊缝		◡

（续表）

序号	名　称	示　意　图	符　号
10	角焊缝	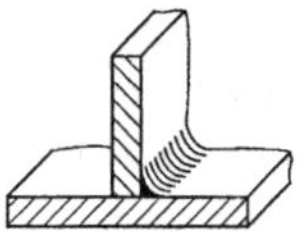	△
11	塞焊缝或槽焊缝	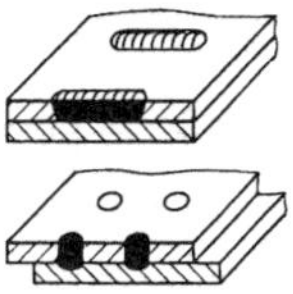	⊓
12	点焊缝	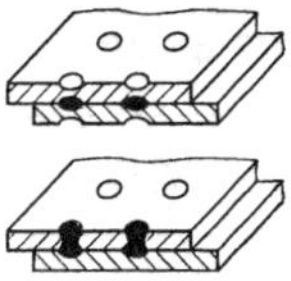	○
13	缝焊缝	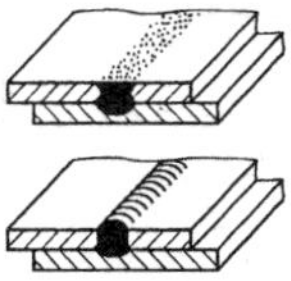	⊖

表4-47　辅助符号

序号	名　称	示　意　图	符号	说　　明
1	平面符号		—	焊缝表面齐平（一般通过加工）
2	凹面符号	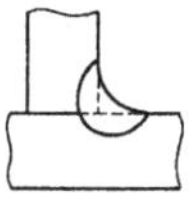	⌣	焊缝表面凹陷
3	凸面符号	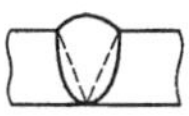	⌢	焊缝表面凸起

表4-48　补充符号

序号	名　称	示　意　图	符号	说　　明
1	带垫板符号	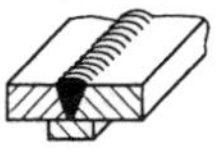	⊏⊐	表示焊缝底部有垫板
2	三面焊缝符号	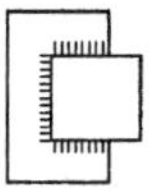	⊏	表示三面带有焊缝

（续表）

序号	名 称	示 意 图	符号	说 明
3	周围焊缝符号		○	表示环绕工件周围焊缝
4	现场符号			表示在现场或工地上进行焊接
5	尾部符号		＜	参照 GB/T 5185 标注焊接工艺方法等内容

表 4-49　焊缝尺寸符号

符号	名 称	示 意 图	符号	名 称	示 意 图
δ	工件厚度		e	焊缝间距	
α	坡口角度		k	焊脚尺寸	
b	根部间隙		d	熔核直径	
p	钝边		S	焊缝有效厚度	
c	焊缝宽度		N	相同焊缝数量符号	
R	根部半径		H	坡口深度	
l	焊缝长度		h	余高	
n	焊缝段数		β	坡口面角度	

③ 基本符号与基准线的相对位置：

a. 当箭头指向焊缝所在的一面时(即近端)，基本符号及尺寸符号应标在基准线实线侧。

b. 当箭头指向焊缝所在的相对面时(即远端),基本符号及尺寸符号等标在基准线虚线侧。

c. 若为双面对称焊缝,基准线可不加虚线。箭头线相对焊缝的位置一般无特殊要求,对有坡口的焊缝,箭头线应指向坡口的一侧。

④ 几种常用焊缝的表示方法。

a. 相同焊缝符号的表示方法见图4-48。

b. 在同一图形上,当焊缝形式、尺寸和辅助要求相同时,可只选择一处标注焊缝符号和尺寸,并加注"相同焊缝符号",相同焊缝符号为3/4圆弧在引出线转折的外突侧,见图6-48a。

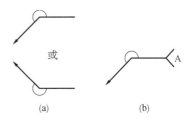

图4-48 相同焊缝的表示方法

c. 在同一图形上,当有数种相同的焊缝时,可将焊缝分类标注。在同一类焊缝中选择一处标注焊缝符号和尺寸,分类编号采用大写的英文字为A、B、C…标注,见图4-48b。

d. 熔透角焊缝的符号应按图4-49a方式标注,其符号为涂黑的圆圈绘在引出线的转折处;局部焊缝应按图4-49b方式标注。

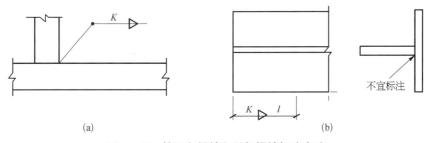

图4-49 熔透角焊缝和局部焊缝标注方法

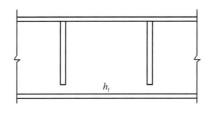

图4-50 较长焊缝的标注方法

e. 图样中较长的角焊缝(如焊接实腹钢梁的翼缘焊缝),可不用引出线标注,而直接在角焊缝旁标注焊缝高度h_f,如图4-50所示。

f. 当焊缝分布不规则时,在标注焊缝代号的同时宜在焊缝处加中实线(表示可见焊缝)或加栅线(表示不可见焊缝),表示方法见《建筑结构制图标准》GB/T 50105—2010。

g. 需在施工现场进行焊接的应标注"现场焊缝"符号,即涂黑的三角形旗,绘在引出线的转折处,见图4-51。

图4-51 现场焊缝的标注方法

(6) 焊接坡口形状尺寸代号和标记

① 焊接方法及焊透种类代号应符合表 4-50 的规定。

表 4-50 焊接方法及焊透种类代号

代　　号	焊 接 方 法	焊 透 种 类
MC	手工电弧焊	完全焊透焊接
MP		部分焊透焊接
GC	气体保护电焊焊接 自保护电弧焊接	完全焊透焊接
GP		部分焊透焊接
SC	埋弧焊接	完全焊透焊接
SP		部分焊透焊接

② 接头形式及坡口形状代号应符合表 4-51 的规定。

表 4-51 接头形式及坡口形状代号

接头形式代号	接头形式名称	坡口形状代号	坡口形状名称
B	对接接头	I	I 形坡口
		V	V 形坡口
U	U 形接头	X	X 形坡口
		L	单边 V 形坡口
T	T 形接头	K	K 形坡口
		U	U 形坡口
C	角接头	J	单面 U 形坡口

注：当钢板厚度≥50 mm 时,可采用 U 形或 J 形坡口。

③ 焊接面及垫板种类代号应符合表 4-52 的规定。

表 4-52 焊接面及垫板代号

反面垫板种类		焊 接 面	
代　　号	使 用 材 料	代　　号	焊 接 面 规 定
Bs	钢衬垫	1	单面焊接
BF	其他材料衬垫	2	双面焊接

④ 焊接位置代号应符合表 4-53 的规定。

表 4-53 焊接位置代号

代　　号	焊 接 位 置	代　　号	焊 接 位 置
F	平　焊	V	立　焊
H	横　焊	O	仰　焊

⑤ 坡口各部分参数代号应符合表 4 - 54 的规定。

表 4 - 54　坡口各部分尺寸代号

代　　号	坡口各部分参数	单　位
t	接缝部位的板厚	mm
b	坡口根部间隙	mm
H	坡口深度	mm
p	坡口钝边	mm
a	坡口角度	°

⑥ 焊接接头坡口形状和尺寸标记应符合下列规定：

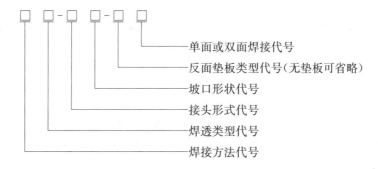

标记示例：

手工电弧焊、完全焊透、对接、I 形坡口、背面加钢衬垫的单面焊接接头表示为：
MC - BI - Bs1。

五、矫正组装后的焊接变形构件

此阶段矫正工作是指综合工艺流程第二阶段的矫正工序工作。该阶段的矫正是确保钢构件总组装质量很重要的工序工作，从事钢结构加工制作的管理者、操作者，自觉地坚持做好总组装前对变形零部件的矫正工作。具体应注意和坚持以下几个方面。

① 钢结构非标结构件的焊接变形，如：型材和板材制成的桁架、屋架，其上下弦及腹杆组合杆件的焊接；圆体结构件由板材落料后经轧圆对接，其纵向对接焊缝的焊接等。

② 近代钢构件构造形式主要为箱形柱、箱形梁、劲性十（丁）字柱、BH 梁及网架之类的结构（轻型钢结构属新型结构），除网架和轻型钢结构之外，其他结构的加工制作过程有其突出的问题：板材较厚制作工艺过程复杂；焊接工程量大要求高；焊接变形不易控制；焊接变形状态多样化，矫正工作量大而难；因此，应重视零、部件在总组装前对变形件的矫正工作。对高层建筑钢结构而言，除了对单个主体（如钢柱柱身、BH 梁之类等）变形部件矫正之外，牛腿等零部件的变形同样必须进行矫正至符合要求后方可流向总组装。未经矫正或矫正后仍不符要求的零、部件一律不允许流向总组装工序。

③ 变形钢构件的矫正方法和要领可参见"矫正钢结构各类变形"部分内容。

六、质量检查认可各类零部件质量

虽然前几道工序对所制作的零部件都基本上进行检查认可,但在实际加工制作和施工中往往还是会出现不符要求的零部件在总装配时发现与规范要求严重不符。因此,很有必要在总装前对零部件进行认真复查认可,如部件的弯曲、旁弯、拱度、尺寸,零件的规格、尺寸、不平度、坡口、衬垫板装配与规范要求相符状况,包括零部件焊接质量等都须全面检查认可。对不符合规范要求的零部件,必须进行修正符合要求后才可总组装。

任何焊接件都应注意在未焊接前进行装配质量的检查认可,这是重要的原则问题,如控制不严,往往出现焊后的节点件存在各类问题而返修,造成浪费。

七、钢结构构件总组装

总组装主要以部件为单元,按结构实施工图节点要求,将若干个部件装配组合(又称二次装配)成独立的整体杆件,经焊接等工序加工成钢结构成品。

总组装的具体要求有以下几个方面。

① 管理者、操作者对各项技术要求必须深入认真了解,做到了如指掌。

② 需放大样的总组装杆件,必须做好大样上各节点尺寸的定位靠摸,并交专职检验人员检查认可后方可进行总组装。

③ 总组装部件按图纸技术要求进行逐件检查认可,如衬垫板、坡口、屋架、桁架腹杆和上下弦杆件变形等是否符合要求,不符合要求的部件不得总组装。

a. 选准基准面,如钢柱端部,预先机加工铣端面后的钢柱,其两端面都是机加工面,总组装时选择一端为基准面,用钢卷尺求各节点总组装定位线(在未划线之前先求柱身杆件总长度正负值,则有利于划节点线借位)。

b. 选准基准线,如有的杆件未预先机加工而进行总组装(该构件总组装焊接后不影响机加工),则操作者应在构件中心往两端求总组装基准线,并打上样冲印(划线时应预放节点焊接收缩余量),以样冲印标记为基准线划各节点件总组装定位线。

总组装的杆件特点是节点多、方向角度各异、部件尺寸规格不一、技术要求高;因此,要重视在总组装时的基准线选定准确。

④ 当存有隐蔽部位焊接时,必须先施焊,并经检验合格后方可覆盖。对复杂部位,即不易焊接的焊缝,必须按焊接工艺所规定的焊接顺序分别先后进行焊接。严禁不按顺序焊接和违规总组装的野蛮操作。隐蔽部位涂装同样按要求涂装后再总组装覆盖。

⑤ 在未总组装前,应周全地考虑到总组装后的各节点件是否会影响总组装后的杆件需机加工铣端面的问题。诸如 BH 钢柱劲性十(丁)字柱、箱形柱柱身需机加工铣端面,特点是多个节点部件群集于柱身,焊接时其焊缝收缩量不可忽视。因此,必须重视在机加工时加放焊接焊缝收缩余量,应注意以下几个方面。

a. 钢柱的焊接焊缝收缩余量与钢板型材拼接屋架桁架的焊接焊缝收缩余量的计算方法不同、数值不同,钢柱是以整体部件(钢柱柱身)在同一截面位置连接多个对称或不对称节点部件为一个节点。

b. 整体钢柱上有几个截面部位层间相同的节点,按节点上下层数计算加放焊接焊缝收缩余量。

c. 钢柱每个节点所需加放焊接焊缝收缩余量应为 1.5 mm;按节点数计算加放机加工余量。

d. 钢柱正常情况下主要部件(钢柱柱身)的机加工应在总组装、焊接、火焰矫正后进行机加工铣端面,一旦经机加工铣端面后的杆件,不宜再进行火焰矫正或重焊节点部位工作量大的焊缝。特别是不允许整体柱身截面整体部位火焰矫正,否则会缩短杆件长度尺寸而缩短各节点件位置尺寸,由此影响构件整体质量。

e. 钢板与型材对接接头的收缩数值见表 4-55。

表 4-55　各种钢材焊接接头的收缩数值(手工焊)　　　　　(mm)

名　称	接头式样	收缩(一个接头处)		注　释
		$\delta=8\sim16$	$\delta=20\sim40$	
钢板对接	单面坡口 双面坡口	1~1.5	1~1.5	
槽钢对接		1~1.5		大规格型钢的收缩量比较小些
工字钢对接		1~1.5		

注: 角钢的收缩值很小,故可以不计。

f. 总组装的各类零部件,必须将其连接部位的表面两侧各 50 mm 范围内的铁锈、毛刺和油污及杂物等清除干净,使金属呈亮光后方可总组装。

g. 总组装后的零部件虽然已定位焊,但要考虑到起吊、翻身、碰撞、焊接等因素,可能引起所装零部件的变形和脱落,造成安全事故。因此,在总组装工序阶段应对所装零部件增设加强临时工艺支撑,且必须牢固(待焊接完工后将临时工艺支撑拆除,并打磨干净)。

h. 总组装结束后,总组装工序自检互检各节点部位尺寸、方向、角度、总长度等是否符合图纸设计要求(放焊接收缩余量和机加工余量);认可后,报专职质检检查认可。

八、质检检查认可总组装杆件装配质量

总组装完工后的任何杆件都不应急于送焊接工序,因任何总组装杆件节点和连接的部位较多,特别是钢柱之类的杆件,总组装节点连接件特点为:节点连接件角度不全一;

节点连接件有一端部或局部基本都制成螺栓孔;有孔的节点连接件在总组装定位时难度大要求高;总组装的节点连接件综合性技术要求都相当高,如屋架、桁架、圆形钢柱等节点连接件的总组装都有其特殊的技术要求。钢结构工程整体结构的连接,都是靠单个结构件上的节点件之间的连接,因此,总组装完工后的任何杆件必须坚持由质检专职人员检查认可后方可焊接。具体有以下几个方面。

① 节点件与主体部件(如钢柱柱身)在未组合之前对结合部位两侧需除锈和油污杂物(包括节点件衬垫板及坡口在内)。

② 总组装节点部位的基准线和基准面的确认。

③ 总组装后的杆件总长,层与层节点之间的标高尺寸,是否预留层与层之间节点焊接收缩余量和焊接后需机加铣端面的余量及加工余量的定位线(冲样冲印为准)。

④ 节点件坡口的端部与衬板组合的节点件,是否符合规范要求,即衬板应露出坡口8 mm,只允许正值,不允许负值,参见节点件制作相关内容。

⑤ 对装配的节点件必须严查其水平、倾斜、角度、方向、装配间隙等,是否符合技术规范要求。

⑥ 检查隐蔽部位是否按规范要求做好预涂和预焊工作。

⑦ 对存在违反技术规范要求的任何问题,必须修正至符合要求后才可焊接,质检专职检查人员必须坚持原则,不放过任何与质量有关的问题。

九、焊接总组装后的杆件

总组装后的焊接工艺参见综合工艺流程第一阶段工艺流程顺序编制焊接工艺内容。总组装后的焊接,焊接时主要以手工操作为主、机械性焊接为副,但较前焊接要烦琐复杂,焊接技能综合性要求高。

焊接前应重视做好对装配质量的重复检查,特别是对组装后的部件与部件之间的装配质量,当发现不符合焊接要求的装配质量时,应及时向相关工序提出进行整修,经整修后的杆件必须符合焊接要求后方可焊接。

十、无损检测

对已焊结束的总组装件认真做好修整工作,然后按无损检测规范做探伤(UT)、射线探伤(RT)、磁粉探伤(MT)、着色探伤(PT)工作,根据实际情况进行返修或不返修。在复查合格后,将焊缝部位再进行修整打磨,同时焊工将工号钢印冲打于构件规定部位后,将构件流向下道工序。无损检测的具体内容可参见前文探伤部分。

十一、矫正总组装杆件焊接变形件

矫正总组装杆件焊接后的整体变形同样属阶段性工序矫正工作;但从加工制作进程程序来看已步入最后关键阶段。前文论述了相关矫正工作重要性的基本理念,已处于总组装并已焊接完工后的整体杆件的变形矫正工作则更为重要。

钢结构构件加工制作工艺规程的程序决定了工艺规程工序顺序,尤其是钢结构构件处于加工制作成品状态阶段,特别要注意重视工艺规程程序,万不可急于求成而将工艺规程工序顺序颠倒。例如:当构件已处于制成成品状态最后阶段,构件尚有后几道工序加工工作,如焊接变形、划线钻孔、机加工铣端面、报验等工序工作未做,其工序顺序应为:矫正→机加工→划线→钻孔(修整)→报验。如将矫正工序工作放在最后,则就严重违背了工艺规程的程序,违背客观规律,最后对生产进度,特别是对质量造成不良影响。因为工序顺序颠倒,构件未矫正而处于旁弯、扭曲等变形状态下划的线,该线不可视为规范线,更不可钻孔。正常情况下划好线钻好孔的构件不宜矫正更不宜火焰矫正,一旦经矫正(无论机械还是火焰矫正)则所划的线和所钻孔的部位尺寸都起变化,火焰矫正温度高还会使构件长度和截面尺寸缩短、缩小,致使构件部分所划的线和所钻的孔进行返工,造成不必要的损失。因此,必须重视以下两方面:

① 此阶段的工序矫正工作已处于构件成品阶段,如变形件的矫正质量差,则直接影响机加工铣端面、划线和钻孔的质量。管理者、施工者切不可存有一旦经矫正就意味着变形件全符合规范要求的思想,应该知道:施工人员应控制变形件矫正后的验收,对经矫正后的杆件经验收认可后方可流向下道工序;施工人员千万不能小视变形件,必须全方位关注钢构件加工制作过程中变形件的矫正工作。

② 钢结构变形件的矫正方法和矫正过程中必须掌控的要领可参见"矫正钢结构各种变形"部分内容。

十二、机加工

需机加工的杆件应重视在未加工前杆件的质量,操作者必须坚持做好以下工作。

① 在未机加工(铣、刨)之前,检查需机加工杆件的平、直和扭曲变形是否在规范要求范围之内,超标变形件应拒收。操作者不可只顾埋头加工而忽视了机加工件本身存在变形超标的问题。加工件本身存在不平、不直和扭曲超标变形,会致使加工铣、刨的面不能使用。因此,必须坚持做好在未加工前对机加件的质量复核(前道工序已检查)工作。

② 机加工工件加工基准线的确定:上道工序已规定机加工的基准线(已冲样冲印),应与上道工序取得确切加工总长度尺寸,然后操作者亲自复核,认可基准线与基准线之间总长度尺寸后,进行加工;如上道工序只告知机加工工序经机加工后的总长度尺寸,操作者应自求基准线,操作者应由加工件毛坯总长度中间部位往加工件两端部量所需尺寸求得机加工基准线(冲样冲印为标记,交质检专人认可总长度尺寸)。不允许以毛坯加工件毛面为依据量机加工基准线,因毛坯加工件的毛面凸凹不均,无法依此确定任何边、面。

③ 机加工前,首先将加工件就位于机加工胎架上并紧靠胎架定位靠件与机加工刀面成90°,确认无误后采用工夹具将加工件与机加工胎架夹紧固定(固定件不允许摆动更不允许移动)。

④ 启动加工时必须注意:操作者及周围安全防护工作做到位;当机刀切削受力时应检查已固定的加工件是否有异常,发现问题及时解决;机刀进刀量不宜过多,必须按机加

工规范操作,否则经机加工后的端面精度达不到标准要求。

十三、划线

划线(指钻孔划线)是阶段工序工作。按钢结构加工制作工艺规程要求,应将划线与钻孔分为两个加工工序,即划线工序和钻孔工序,但本行业中有少数单位将划线与钻孔混为一体。

杆件处于总组装并已焊接完工和矫正后的杆件,所进行的是产品最后阶段的划线,该阶段的划线构件大多为主体单个构件的局部和端部,板材较厚,技术要求和钻孔精度要求高,不可出任何差错,万一出差错返工难度大;因此,要更为重视做好以下几方面的工作。

① 划线杆件虽然经前道工序矫正,并经质检相关人员认可,但操作者应对划线件复核确认是否变形,如平、直和扭曲状况,对变形超标的应拒收划线。

② 需划线杆件大致有以下几种情况:其一,杆件已机加工铣成端面;其二,未经机加工的毛坯;其三,毛坯附件(该阶段需划线的杆件大多为钢结构单个主体杆件)。划线者选择划线时的基准线和基准面是重要工作。各类钢结构高层建筑的梁、柱和大桥结构的梁,其杆件的两端基本已铣成端面,该端面可选为划线时的基准依据;如遇划线杆件未经机加工铣成端面,操作者就得在划线杆件上自求划线所需基准线。求基准线时:首先需取得划线件纵向长度总尺寸,然后以划线件的毛坯中间部位为起点往划线杆件两端量取所需尺寸求得基准线(该基准线必须冲样冲印标记,待后机加工铣端面或切割)。

③ 认真审阅划线杆件施工详图的划线部位和部位之间的尺寸(标高)、方向和角度。

④ 划线的方法和具体的要求见前文节点件加工制作时划线要求。

⑤ 当划线工作结束后,自检所划基准线后必须报质检专职人员检查,认可后方可将划线杆件流向钻孔工序。

十四、钻孔

钻孔是钢结构构件加工制作最后阶段,无论人工、模板和数控钻孔都得按规范要求操作,否则会使所钻的孔达不到要求,影响预拼装和施工现场安装。因此,应重视在未钻孔前、钻孔过程中和钻孔后的工作。

① 钻孔操作者首先应检查上道工序划线杆件上纵、横方向中心线和孔的样冲印标记是否规范。发现问题及时向上道工序提出,直至得到正确处理。

② 无论是手工、模板、靠模装置还是数控钻床钻孔,都必须在未钻孔前将钻孔件就到位并经检查确认,然后按各类钻孔方法先试钻,一切正常后才可批量钻孔。

③ 模板钻孔时,必须将模板纵、横方向中心标记对准钻件纵、横方向中心线,同时必须严格用工夹具将模板与钻件牢固定位后才可套钻。靠模装置的钻孔也应检查其准确性后才可进行。数控钻床在未钻之前严格将钻件就位于自动卡位件部位后方可启动钻孔。

④ 正式钻孔时,应注意钻头进刀量不宜太多,否则会影响钻件精度和钻床机械使用寿命。钻孔过程中要时刻注意检查模板和靠模装置的状况(固定有否松动或移位)。选择

合适的钻头很重要,磨钻头时注意其切削受力角度,应是钻头钻时顺时针方向前受力。钻头刀角稍高,后钻头刀角稍低;反之,钻头无切削功能(如钻头顺时针方向前受力角太低或后受力角太高则无法切削);磨钻孔钻头体现了实际经验操作能力。

⑤ 做好钻孔件钻孔结束后的工作:

a. 所有已钻孔件必须清除毛刺和污染物;

b. 已钻件自检认可后,报质检专职人员验收认可;

c. 验收存在问题的已钻件,必须按规范修整合格后方可流向下道工序,绝不可隐瞒,更不可混流下道工序。

十五、报验(第二阶段)

这里讲的报验是钢结构单个主体构件加工制作阶段的报验,因杆件还需经预拼装、除锈、涂装等工序。单个主体构件可视为构件成品;因此,验收工作必须按钢结构验收标准和工艺规范进行。

第四节 钢结构制作综合工艺流程
第三阶段工序程序规范

综合工艺流程第三阶段的工艺流程工序顺序工作在钢结构加工制作全过程中已步进最后阶段,本节按工序顺序论述每个工序工艺规范内容要求。

一、预拼装

钢结构预拼装构件主要有桥梁结构、电厂框架结构,以及其他连接节点复杂的构件;桁架、屋架结构极少需预拼装除非是高强度螺栓连接的钢构件。预拼装是按钢结构工程结构设计要求所需,预拼装工作是检查钢结构加工制作后的结构整体质量,即通过预拼装检查其各节点之间相互连接的质量。

所需预拼装的钢结构工程结构,节点复杂,精度要求高,不仅限于钢结构,单个构件加工制作的质量是否符合规范要求,更重要的是经过预拼装发现整体结构存在的问题,并及时按规范要求处理好所出现的问题,这样才能使施工安装的进度、质量、安全工作都能达到预期目的,这是预拼装工作的宗旨。

1. 预拼装准备工作

① 应由预拼装单位编制预拼装施工工艺,并经设计、监理和施工安装单位审定认可后,作为技术文件实施施工。

② 选择技术全面、经验丰富的人员担任主管并参与预拼装工作。

③ 必备的工机具:经纬仪、葫芦、千斤顶、锤子、楔子、铰刀、磁贴钻、焊机、烤枪、钢丝绳索、橄榄冲、半圆锉等。

④ 所有量具应经检测部门检测认可,并注明规定尺寸范围和拉磅限定。

⑤ 按预拼装构件纵、横方向整体几何尺寸搭设胎架,其水平应保持在≤2.0 mm(用经纬仪测平),应固定坚实并经监理认可,在使用过程中必须经常检查胎架的不平度,发现水平度误差>2.0 mm时应及时修复至原水平度。

⑥ 凡是预拼装的钢构件,必须是经验收合格后的构件,预拼装单位应对预拼装构件进行复验认可后方可预拼装。

2. 预拼装目的

① 解决构件在节点上不能交汇的问题。

② 解决构件节点连接时高强螺栓穿孔率的问题。

③ 发现并解决安装焊缝的坡口不正确、角度不对、钝边不对、衬垫板装配不符合要求及定位焊位置不对、错边等问题。

3. 预拼装要求

① 穿孔率:用比公称直径小 1.0 mm 的试孔器检查时,穿孔率应≥85%。

用比公称直径大 0.3 mm 的试孔器检查时,穿孔率应达到 100%。

② 允许偏差多节柱:预拼装单元长±5.0 mm,预拼装单元柱身弯曲矢高≤$L/1\,500$,

且≤10 mm;

接口错位≤2.0 mm;

预拼装单元柱身扭曲≤$h/200$,且≤5.0 mm;

顶紧面对任一牛腿的距离,±2.0 mm。

桁架梁:长≤±5.0 mm,且≤10.0 mm;

接口错位≤2.0 mm;

拱度 设计要求:±$L/5\,000$;设计未要求:$L/2\,000$(桁架、梁之类构件允许无拱度但绝对不允许下挠);

节点处杆件轴线错位≤4.0 mm。

管构件:长≤±5.0 mm;

弯曲矢高≤$L/1\,500$,且≤10.0 mm;

接口错边≤$L/t/10$,且≤3.0 mm;

坡口间隙 ＋2.0 mm,－1.0 mm。

构件平面总体预拼装:柱距 ±4.0 mm;

梁距 ±3.0 mm;

层间框架对角线差≤$H/2\,000$,且≤5.0 mm;

任意两对角线差≤$\sum H/2\,000$,且≤8.0 mm。

4. 启动预拼装

① 按设计施工详图整体预拼装几何尺寸和构件纵、横向部位定位要求,在预拼装胎架平面上放 1∶1 的大样求定位线,按单个构件定位线焊定位靠模板和定位标记。

② 严格做好预拼装全过程中各个阶段的各项施工记录资料,将资料整理归档后,复

印件一并交施工安装单位。

③ 所有预拼装构件以大样靠模和定位标记为依据,将构件全就到位。

④ 检查确认各构件节点连接件的角度、方向。

⑤ 检测预拼装整体对角线及各节点之间的对角线,对超标的正负值对角线采取有效措施,使其符合规范要求。

⑥ 对角线确认后将各节点连接板就位于各构件连接部位上下,图4-52、图4-53分别为节点预拼装规范示图和不规范示图。

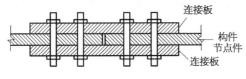

图4-52　节点预拼装规范示图

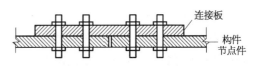

图4-53　节点预拼装不规范示图

连接按可穿孔实际情况,将预拼装备用螺栓投进孔内并拴紧(不允许将高强螺栓代替一般螺栓在预拼装时使用);在此基础上检查穿孔率。特别注意:节点连接板的就位不允许只就位一块连接板,应将连接板全就到位后方可安预装螺栓,然后检查穿孔率,在实际预装施工中遇见只就位一块连接板,即施工方便的一面(上面)而进行预装螺栓并检查穿孔率的事例。预拼装只有将所有连接件全就到位后才能检查出所存在的问题,如只就位一块连接板,只能检查一块连接板的穿孔率(也不能称穿孔率,因属不规范的预装)。因此,预拼装时必须将连接板与构件连接部位全就到位,使其形成构件连接部位(上中下之间)连接成一体,这样方可检查出正确的穿孔率。

⑦ 预拼装中出现的问题,主要是穿孔率达不到要求。穿孔率存在的问题有两种:一种允许在规范内进行修复,如扩、锉、铰孔等措施后使孔达到规范要求;另一种是孔与孔偏位误差大,无法在胎架上就地解决,只有将单个构件由胎架上拆开,将偏位严重的孔补焊(补孔焊材与母材相同)修整后重新按要求钻孔。如将偏位严重的孔采取扩、锉、铰孔等措施修复,则最后使孔的圆度成异形,这是绝对不允许的。

⑧ 从胎架上拆开修复的构件,修复完毕后必须将其运至原胎架,按要求进行复位,检查对角线、穿孔率,然后报质检。

二、质检检查(预拼装)

预拼装工作虽然与工地施工安装有所区别(预拼装大多为平地工作),但预拼装工作除了没有高空作业,其难度不比施工现场安装小,在某种技术层面上看其复杂程度比施工安装要烦琐。预拼装质量的可靠是确保规范安装工作进度、质量、安全的前提。因此,应重视做好对预装质量检查工作。

1. 质检人员应跟踪检查预拼装

① 检查预拼装所放几何尺寸1∶1大样,预拼装胎架的设置和胎架标高水平面以及几何尺寸大样。

② 检查单个预拼装的构件是否符合验收规范标准要求,把不符规范要求的构件退回上道工序修整。

2. 预拼装中检查工作

① 按验收规范检查预拼装件整体纵、横向中心和对角线。

② 按验收规范对每个节点、螺栓孔采用试孔器检查穿孔率,对未达标的孔按规范要求修正至达到要求。

③ 不可以单个构件修整为验收标准。

④ 坚持预拼装过程检查与检验相结合的原则,质检认可后方可将预拼装杆件拆开。

3. 预拼装资料

预拼装资料是预拼装后的技术依据,所以必须重视对预拼装资料的管理,如现场施工安装缺了预拼装资料,则就无依据可查。

① 质检做好每个阶段资料,如纵、横向中心和对角线、几何尺寸1:1放大样。

② 初验穿孔率,修整孔数量,补焊孔数量。

③ 复位验收的各项数据记录。

④ 将所有资料汇集成册归档(复印件提供施工安装单位)。

三、栓钉施工

栓钉施工在钢结构加工制作过程中看似一道很平常的工序工作,但在实际施工中往往会碰到栓钉焊在使用栓钉焊枪焊接时栓钉无法与构件焊牢,即当焊枪开启后栓钉无法与构件融合。出现这个问题原因主要在于未按栓钉焊操作规范进行。具体应做好以下工作。

① 焊接前应检查栓钉质量,栓钉应无皱纹、毛刺、开裂、弯曲等缺陷;但栓钉头部径向裂纹不超过周边至钉体距离一半的可以使用。

② 施焊前应防止栓钉锈蚀和油污,应进行清理后方可焊接。

③ 栓钉在施焊前必须经过严格的工艺参数试验,对不同厂家、批号、不同材质及焊接设备的栓钉工艺,均应分别进行试验后确定。

栓钉焊工艺参数包括:焊接形式、焊接电压、电流、栓焊时间、栓钉伸出长度、栓钉回弹高度、阻尼调整位置。在穿透焊中还包括钢板的厚度、间隙及层数。栓钉焊的参数可参见表4-44。

栓钉工艺试件经过静拉伸、弯曲及打弯试验合格后,现场操作时还需根据电缆线的长度、施工季节、风力等因素进行调整。当压型板采用镀锌钢板时,应采用相应的除锌措施后方可焊接。

④ 栓钉的机械性能和焊接质量鉴定由厂家负责或由厂家委托的专门试验机构承担。

⑤ 由于熔焊栓钉机的用电量很大,为保证焊接质量和其他用电设备的安全,必须单独设置电源。

⑥ 每个栓钉都要带一个瓷环来保护电弧的热量以及电弧。电弧瓷环要保持干燥,如表面有露水和雨水痕迹则应烘干后使用。

⑦ 正式焊接前应试焊一个焊钉,用榔头敲击使钉弯曲约 30°,无肉眼可见裂纹方可开始正式焊接。

⑧ 操作时,要待焊缝凝固后才能移去焊钉枪。

⑨ 每天焊接完的焊钉,都要从每个构件上选择两个,用榔头敲弯 30°检查,无肉眼可见裂纹方可继续焊接,否则,应修改施工工艺。

⑩ 如果有不饱满的或修补过的栓钉,要弯曲 15°检验,榔头敲击方向应从焊缝不饱满的一侧进行。进行弯曲试验的焊钉如果合格,可保持弯曲状态。

四、摩擦面加工

1. 摩擦面处理

(1) 摩擦面的加工

需加工摩擦面的构件大多为高强度螺栓连接,其形式和尺寸与普通螺栓连接基本相同,不同之处在于安装高强度螺栓时必须将螺母拧得很紧,使螺栓中的预拉力达到屈服点的 80% 左右,从而使构件连接处产生很高的预紧力。为了安装方便,孔径比螺栓杆直径大 1～2 mm,螺栓杆与孔壁之间视为不接触。这样,在外力作用下,高强度螺栓连接全靠构件连接处接触面的摩擦来防止发生滑动并传递内力。

摩擦面的加工实际就是指高强度螺栓连接时构件之间接触面的钢材表面加工。经过加工,使其接触外表面的抗滑移系数达到设计要求的额定值,一般为 0.45～0.55。

摩擦面的加工方法有:喷砂(抛丸);喷砂喷涂无机富锌漆;砂轮打磨;钢丝刷消除浮锈;火焰加热清氢化皮;酸洗;其中,以喷砂(抛丸)为最佳处理方法。各种摩擦面加工方法所得的摩擦系数值见表 4-56。

表 4-56　摩擦面各种加工方法所得摩擦系数值

接触面的加工方法	结 构 件 钢 号	
	Q235(sm400)	Q345(sm400)
喷砂(抛丸)	0.46	0.55
喷砂(或酸洗)后涂无机富锌漆	0.35	0.40
热轧钢材轧制表面用钢丝刷清理浮锈(或表面干净未经处理)	0.30	0.35
冷轧钢材表面清除浮锈	0.25	—

(2) 摩擦面的加工方法必须经过对产品摩擦面的试验

摩擦面抗滑移系数试验不只是制造或安装某一方做了一次就可以了,而应该是制造前按批作抗滑移系数试验,其最小值应符合设计要求;出厂时应按批附 3 套(必要时 5 套)与构件相同材质、相同处理方法的试件,安装单位在安装前按批进行复验抗滑移系数,其最低值不得低于设计值。

2. 摩擦面管理

摩擦面的构件大体为单个主体构件和连接板,在装车起吊、运输、卸车、堆放、二次搬运和翻身时应防止摩擦面的碰伤及连接板的变形。

影响摩擦面抗滑系数的除了摩擦面加工方法之外,另一个重要因素是摩擦面的生锈时间。在一般情况下,表面生锈在 60 天左右达到最大值。因此,从工厂摩擦面加工到现场安装时间宜在 60 天内完成。有些工厂在加工摩擦面后及时用胶布(纸)封闭,安装单位在验收后,应根据需要及时清除胶布(纸),使摩擦面产生一定的锈蚀以增加抗滑系数。

3. 接触面的间隙与处理

由于摩擦型高强度螺栓连接方法是靠螺栓压紧构件间连接处,用摩擦来阻止构件之间滑动达到内力传递。因此,当构件与连接板面有间隙时,则固定后由于间隙处的摩擦面间压力减小,会影响承载能力。试验证明,当间隙小于或等于 1 mm 时,抗滑移力要下降 10%。所以,当接触面有间隙时,应分别作如下处理:

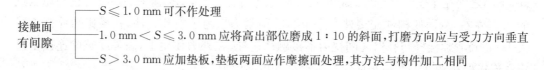

接触面有间隙
- $S \leqslant 1.0$ mm 可不作处理
- 1.0 mm $< S \leqslant 3.0$ mm 应将高出部位磨成 1∶10 的斜面,打磨方向应与受力方向垂直
- $S > 3.0$ mm 应加垫板,垫板两面应作摩擦面处理,其方法与构件加工相同

五、紧固件连接

紧固件连接是钢结构施工中最常用的连接方法之一,根据其材料和适用范围不同,紧固件可分为普通紧固件连接和高强度螺栓连接。

1. 普通紧固件连接施工

这里所说的施工工艺标准适用于钢结构制作和安装中作为永久性连接的普通螺栓、自攻螺钉、拉铆钉、射钉等连接施工。

(1) 施工准备

① 技术准备。

a. 熟悉图纸,掌握设计普通螺栓、自攻螺钉、拉铆钉等普通紧固件的技术要求。

b. 分规格统计所需普通紧固件的数量。

② 材料要求。

a. 普通螺栓。

普通螺栓按产品质量和制作公差不同,分为 A 级和 B 级(精制螺栓)、C 级(粗制螺栓)。钢结构用连接螺栓,除特殊注明外,一般即为普通粗制 C 级螺栓。普通螺栓按照形式可分为六角头螺栓、双头螺栓和沉头螺栓等几种。钢结构工程常用螺栓规格有六角头螺栓—C 级和六角头螺栓—全螺纹—C 级等。

普通螺栓作为永久性连接螺栓,当设计有要求或对其材质有疑义时,应进行螺栓实物小拉力荷载实验,试验方法《钢结构工程施工质量验收规范》GB50205—2001 附录 B。检查数量为每一规格螺栓随机查 8 个,其质量应符合现行国家标准《紧固件机械性能　螺栓、螺钉和螺柱》GB/T 3098.1—2010 的规定。

b. 螺母。

螺母的螺纹应和螺栓一致,一般应为粗牙螺纹(除非特殊注明用细牙螺纹),螺母的机械性能主要是螺母的保证应力和硬度,其值应符合《紧固件机械性能螺栓、螺钉和螺柱》GB/T 3098.1—2000 的规定。

c. 垫圈。

常用钢结构螺栓连接的垫圈,按形状及其使用的功能可分成以下几类:

● 圆平垫圈,一般放置于紧固螺栓头及螺母的支承面下面,用以增加螺栓头及螺母的支承面。

● 方形垫圈,一般置于地脚螺栓头及螺母支承面下,用以增加支承面及遮盖较大螺栓孔眼。

● 斜垫圈,主要用于工字钢、槽钢翼缘倾斜面的垫片,使螺母支承面垂直于螺杆,避免紧固时螺母支承面和被连接的倾斜面的局部接触。

● 弹簧垫圈,防止螺栓拧紧后在动荷载下的振动和松动,依靠垫圈的弹性功能及斜口摩擦面防止螺栓松动,一般用于动荷载(振动)或经常拆卸的结构连接处。

● 连接薄钢板采用的自攻钉、拉铆钉、射钉等紧固标准件的规格尺寸应与连接钢板匹配。

③ 主要施工机具。

a. 普通螺栓主要施工机具为扳手。根据螺栓不同规格、不同操作位置可选用双头扳手、单头梅花扳手、套筒扳手、活动扳手、电动扳手等。

b. 自攻钉施工根据其不同种类(规格),可采用十字形螺钉旋具、电动螺钉枪、套筒扳手等。

c. 拉铆钉施工机具主要有手电钻、拉铆枪等。

d. 射钉施工机具主要为射钉。

④ 作业条件。

a. 钢构件的紧固件连接接头应该检查合格后再进行紧固施工。被连接件表面应清洁、干燥、不得有油(泥)污。

b. 检查螺栓孔的孔径尺寸,孔毛刺必须彻底去除。

c. 安装和质量检查的钢尺,均应具有相同的精度,并应定期送计量部门检定。

d. 高空进行普通紧固件连接施工时,应有可靠的操作平台或施工吊篮。同时需严格遵守《建筑施工高处作业安全技术规范》(JGJ80—91)的规定。

(2) 施工工艺

① 工艺流程:

准备工作→施工交底→构件安装、调试符合要求→连接件清洁→螺栓连接→验收。

② 操作要点。

a. 普通螺栓作为永久性连接螺栓时,应符合下列要求:

● 一般螺栓连接中,螺栓头和螺母下面应放置平垫圈以增大承压面积;螺栓头下面放置的垫圈一般不应少于 2 个,螺母下的垫圈一般不应多于 1 个。

● 对于设计有要求防松动的螺栓应采用有防松装置的螺母或弹簧垫圈,或用人工方法采取防松措施。对于承受动荷载或重要部位的螺栓连接,应按设计要求放置弹簧垫圈,弹簧垫圈必须放置在螺母一侧。

● 对于工字钢、槽钢应尽量使用斜垫圈,使螺母和螺栓头部的支承面垂直于螺杆。

b. 螺栓直径和长度的选择:螺栓直径应与被连接件的厚度相匹配;不同厚度连接件应选用与之相应的螺栓直径,详见表 4 - 57。

表 4 - 57 螺栓直径与连接件厚度的匹配表 　　　　　　　　　　(mm)

连接件厚度	4～6	5～8	7～11	10～14	13～20
推荐螺栓直径	12	16	20	24	27

c. 安装永久螺栓前应先检查构件位置是否正确,精度是否满足《钢结构工程施工质量验收规范》GB50205—2001 的要求,尺寸有误差的应先进行调整。

永久螺栓安装中应注意:

● 精制螺栓的安装孔在结构安装时应均匀地放入临时螺栓和冲钉。临时螺栓和冲钉的数量应计算确定,并不少于安装孔总数的 1/3。每一节点应至少放入两个临时螺栓,冲钉的数量不多于临时螺栓数量的 30%。精制螺栓的安装孔在条件允许时可直接放入永久螺栓。扩孔后的 A、B 级螺栓孔不允许使用冲钉。

● 永久性的普通螺栓,每个螺栓的一端不得垫 2 个及 2 个以上的垫圈,并不得采用大螺母代替垫圈。螺栓拧紧后,外露螺纹不应少于 2 扣。

(3) 质量验收要点

a. 普通螺栓、自攻钉、拉铆钉、射钉等紧固标准件及其螺母、垫圈等标准配件,其品种、规格、性能等应符合现行国家产品标准和设计要求。

b. 自攻螺钉、拉铆钉、射钉等紧固件标准件的规格尺寸应与被相连钢板相匹配,其间距、边距等应符合设计要求。自攻螺钉、拉铆钉、射钉等与连接钢板应紧固密贴,外观排列整齐。

c. 永久性普通螺栓紧固应牢固、可靠,外露螺纹不应少于 2 扣。可用锤击法检查,即一手扶螺栓(或螺母)头,另一手以 0.3 kg 小锤敲击,要求锤声清脆,螺栓头(或螺母)无偏移、颤动;否则,说明螺栓紧固质量不好,需重新紧固施工。

(4) 施工注意事项

① 成品保护。

a. 施拧后应及时涂防锈漆。

b. 在运输、保管及使用过程中应轻装轻卸,防止损伤螺纹,发现螺纹损伤严重的应及时更换。

c. 螺栓连接件应在室内仓库装箱保管,仓库地面应有防潮措施,并按批号、规格分类堆放,不得混堆。

d. 使用前尽可能不要开箱,以免破坏包装的密封性;开箱取出部分螺栓后,也应原封包装好,以免沾染灰尘和锈蚀。

e. 在安装过程中,应注意保护螺栓,不得沾染泥沙等污物和碰伤螺纹。

② 环境、职业健康安全控制措施。

a. 高空施工人员应符合高空作业要求,并有职业上岗证。

b. 高空施工人员应佩戴工具袋,常用手工工具(如手锤、扳手、小撬棍等)应放在工具袋中,不得随意摆放在构件(如钢梁、压型钢板)上,防止掉落伤人。

c. 地面应设警示牌,地面操作人员应尽量避免在高空作业的下方停留或通过,防止高空坠物伤人。

d. 雨天及钢结构表面有凝露时,不宜进行普通紧固件连接施工。

2. 高强度螺栓连接施工

(1) 技术准备

① 应按设计文件和施工图纸要求编制工艺规程和安装施工组织设计。

② 安装和质量检查的钢尺,均应具有相同的精度,并应定期送计量部门检测。

③ 施工前应对大六角头螺栓的扭矩系数、扭剪型螺栓的紧固轴力和摩擦面抗滑移系数进行复验,合格后方可允许施工。

a. 高强度螺栓连接副扭矩系数试验。

大六角头高强度螺栓,施工前按每 3 000 套螺栓为一批(不足 3 000 套的按一批计)复验扭矩系数,每批复验 8 套。扭矩系数的试验方法:将螺栓穿入轴力计,测出螺栓预拉力 P 的同时,应测定出施加于螺母上的施拧扭矩值 T,并应按下式计算扭矩系数 K:

$$K = T/PD$$

式中　T——施拧扭矩(N・m);

　　　d——高强度螺栓的公称直径(mm);

　　　P——螺栓预拉力(kN)。

进行连接副扭矩系数试验时,螺栓预拉力值应符合表 4-58 的规定。

表 4-58　螺栓预拉力 P 的范围

螺栓规格		M16	M20	M22	M24	M27	M30
预拉力 P(kN)	10.9 级	93~113	142~177	175~215	206~250	265~324	325~390
	8.8 级	62~78	100~120	125~150	140~170	185~225	230~275

扭剪型高强度螺栓连接副采用扭矩法施工时,其扭矩系数亦按上述规定确定。

　　b. 紧固轴力试验。

　　扭剪型高强度螺栓施工前,按每3 000套螺栓为一批,不足3 000套的按一批计,每批复验8套高强螺栓的紧固轴力,其平均值和变异系数应符合表4-59的规定。

表4-59　扭剪型高强度螺栓紧固轴力及变异系数

螺栓直径(mm)		16	20	22	24
每批紧固轴力平均值(kN)	公称	109	170	211	245
	最大	120	186	231	270
	最小	99	154	191	222
紧固轴力变异系数		≤10%			

　　c. 连接件的摩擦系数(抗滑移系数)试验及复验。

　　采用与连接件钢材相同材质、相同处理方法、同批生产、同等条件堆放的试件,每批3组,由钢构件制作厂及安装现场分别做摩擦系数试验。试件数量,以单项工程每2 000 t为一批,不足2 000 t的作为一批。试件的具体要求和检验方法见《钢结构工程施工质量验收规范》GB50205—2001相关要求。

　　④ 作业指导书的编制和技术交底。

　　施工前应当根据本工艺标准的质量技术要求结合工程实际编制专项作业指导书。指导书应根据施工范围、施工作业要求等用书面形式交底到每一个施工作业人员。针对不同的施工和管理人员,技术交底应明确其施工安全、技术责任,使施工人员清楚地知道本道工序以及上下工序应达到什么质量要求,使用哪些特殊的施工方法,施工中发现问题可通过什么途径寻求技术指导和援助,如何交接给下一施工工序等,使整个施工进程规范有序。

　　(2) 材料要求

　　① 高强度螺栓连接副。

　　a. 大六角头高强度螺栓连接副(图5-54a)。大六角头高强度螺栓连接副含一个螺栓、一个螺母、两个垫圈(螺头和螺母两侧各一个垫圈)。螺栓、螺母、垫圈在组成一个连接副时,其性能等级要匹配。钢结构用大六角头高强度螺栓连接副匹配组合见表4-60。

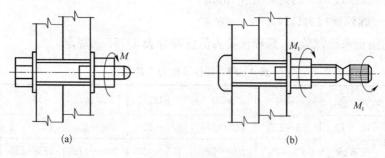

图5-54　高强度螺栓连接副

(a) 大六角头;(b) 扭剪型

表 4-60　大六角头高强度螺栓连接副组合

螺　栓	螺　母	垫　圈
8.8 级	8H	35～45 HRC
10.9 级	10H	35～45 HRC

b. 扭剪型高强度螺栓连接副(图 5-54b)。扭剪型高强度螺栓连接副含一个螺栓、一个螺母、一个垫圈。扭剪型高强度螺栓连接副性能等级匹配及推荐材料见表 4-61。

表 4-61　扭剪型高强螺栓连接副组合

类　别	性 能 等 级	推 荐 材 料
螺栓	10.9 级	20MnTiB
螺母	10H	45 钢、35 钢
		15MnVB
垫圈		45 钢、35 钢

② 高强度螺栓不允许存在任何淬火裂纹。

③ 高强度螺栓表面要进行发黑处理。

④ 施工使用的高强度螺栓必须符合《钢结构用高强度大六角螺栓》GB/T 1228—2006、《钢结构用高强度大六角螺母》GB/T 11229—2006、《钢结构用高强度垫圈》GB/T 1230—2006、《钢结构用大六角螺栓、大六角螺母、垫圈技术条件》GB/T 1231—2006、《钢结构用扭剪型高强度连接副技术条件》GB/T 3633—1995，以及其他有关标准的质量要求。

（3）主要机具

高强度螺栓施工最主要的施工机具有：扭剪型高强度螺栓用扳手和扭矩型高强度螺栓扳手(大六角头螺栓适用)；扭矩型高强度螺栓扳手(大六角头螺栓适用)一般由机体、扭矩控制盒、套筒、反力承管器、漏电保护器等部件组成。其他必备工具有：风动扳手、力矩扳手、手动棘轮扳手、力矩倍增计、手锤、钢丝刷等。

（4）作业条件

① 施工前应根据工程特点设计施工操作吊篮，并按施工组织设计的要求加工制作或采购。

② 高强度螺栓的有关技术参数应按有关规定进行复验合格。

③ 钢结构安装单元内的框架构件已经吊装到位、校正合格，方可以进行高强度螺栓的施工。

④ 高强度螺栓连接副实物和摩擦面检验合格。对每个连接接头，已先用普通螺栓临时定位。大六角头高强度螺栓施工所用的扭矩扳手使用前必须校正，其扭矩误差不得大于 5%，合格后方准使用。校正用的扭矩扳手，其扭矩误差不得大于 3%。

（5）施工工艺

① 工艺流程。

作业指导书编制及交底→被连接构件制孔检查→螺栓、螺母、垫圈检查→轴力、扭矩细数试验合格→连接件摩擦试验合格→检查连接面、清除油污、毛刺→安装构件到位,临时螺栓固定→矫正钢柱并预留偏差值→紧固临时螺栓、冲孔,检查缝隙→确定可作业条件→初拧:按紧固顺序,采用转角法标记→终拧→检验。详见图 4-55。

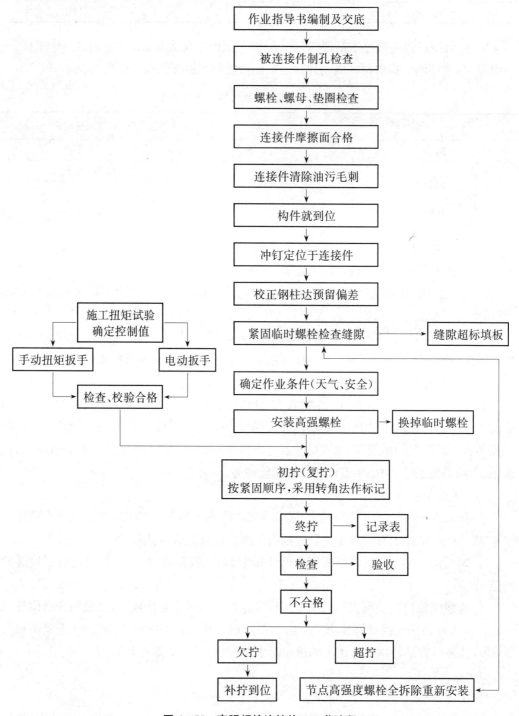

图 4-55 高强螺栓连接施工工艺流程

② 操作工艺。

a. 高强度螺栓的储运。

高强度螺栓连接副由制造厂按批号、数量、同一规格配套后整为一箱(桶),从出厂至安装前严禁随意开包。在运输过程中应轻装轻卸,防雨防潮,防止包装损坏。当出现包装破损,螺栓有污染等异常情况时,应及时用煤油清洗,并按高强度螺栓验收规程进行复验,经复验扭矩系数合格后方能使用。

工地储存高强度螺栓时,应放在干燥、通风、防雨、防潮的仓库内,并不得损伤丝扣和沾染脏物,连接副入库应按包装箱上注明的规格、批号分类存放,安装时,要按使用部位领取相应规格、数量、批号的连接副,当天没有用完的螺栓,必须装回干燥、洁净的容器内妥善保管,并尽快使用完毕,不得乱放乱扔。

使用前应对连接副进行外观检查,表面油膜正常无污染的方可使用。

使用开包时应该核对螺栓的直径、长度。

使用过程中,连接副不得淋雨,不得接触泥土、油污等脏物。

b. 高强度螺栓连接构件的制作。

高强度螺栓连接构件的螺栓孔径应符合设计要求,孔径允许偏差应符合表 4 - 62 的规定。

表 4 - 62　高强度螺栓连接件孔径允许偏差　　　　　　　(mm)

名 称		直径允许偏差						
螺栓	公称直径	12	16	20	22	24	27	30
	允许偏差	±0.43		±0.52				
螺孔	直径	13.5	17.5	22	(24)	26	(30)	33
	允许偏差	±0.43 0		0.52 0		0.84 0		
圆度(最大和最小直径之差)		1.00		1.50				
中心线倾斜度		应不大于板厚的 3%,且单层板不得大于 2.0 mm,多层板迭组合不得大于 3.0%						

高强度螺栓连接构件的孔距允许偏差应符合表 4 - 63 的规定。

表 4 - 63　高强度螺栓连接件的孔距允许偏差　　　　　　(mm)

项 目	螺 栓 孔 距			
	<500	500~1 200	1 200~3 000	>3 000
同组内任意两孔内	±10	±1.2	—	—
相邻两组的端孔间	±1.0	±1.5	±2.0	±2.0

高强度螺栓的栓孔应采用钻孔成型,孔边应无飞边、毛刺。

c. 摩擦面处理除参见钢结构制作综合工艺流程第三阶段摩擦面加工内容外,需对相关内容进一步细化要求。高强度螺栓连接中,摩擦面的状态对连接接头的抗滑承载力有很大影响,因此摩擦面必须进行特殊处理,常见的处理方法如下。

• 喷砂处理,沙粒粒径为 1.2~1.4 mm,喷射风压为 0.5 Pa,处理完表面的粗糙度可达 45~50 μm。

• 喷砂后生锈处理,喷砂后将构件放置在露天生锈,处理后的表面粗糙度可达到 55 μm,安装前应清除浮锈。

• 喷砂后涂无机富锌漆处理,该处理是为了防锈,一般油漆涂层厚度为 0.6~0.8 μm。

• 砂轮打磨,使用粗砂轮构件受力方向的垂直方向进行打磨,打磨后置于露天,生锈效果更好,其表面粗糙度可达到 1.5 μm 以上,但离散较大。

• 手工钢丝刷清理,使用钢丝刷将钢材表面的氧化铁皮等污物清理干净;该处理比较简便,但抗滑系数较低,适用于次要结构件。

d. 处理好摩擦面,不得有飞边、毛刺、焊疤和污损。

e. 经处理后的高强度螺栓连接摩擦面应采用保护措施,防止沾染污物。严禁在高强度螺栓连接面上作任何标记。经处理后的高强度螺栓连接处摩擦面的抗滑系数应符合设计要求。

③ 节点处理。

高强度螺栓连接应在其结构架设调整完毕后,再对接合件进行矫正,处理好接合件的变形、错位和错孔。待结合摩擦面贴紧后,再进行高强度螺栓安装。为了使结合部位板间摩擦面贴紧,结合良好,应先用临时普通螺栓和手动扳手紧固,达到贴紧。高强度螺栓连接安装时,在每个节点上应穿入的临时螺栓和冲钉数量,由安装时承担的荷载计算确定,并应符合下列规定:

a. 不得少于安装总数的 1/3;

b. 不得少于 2 个临时螺栓;

c. 冲钉穿入数量不宜多于临时螺栓的 30%。组装时先用穿杆对准孔位,在适当位置插入临时螺栓,用扳手拧紧。不允许使用高强度螺栓兼作临时螺栓,以防损伤螺纹引起扭矩系数的变化。本阶段安装完成,经检查确认符合要求后方可安装高强度螺栓。

④ 高强度螺栓的安装要点提示。

一个接头上的高强度螺栓,应从螺栓群中部开始安装,逐个拧紧。初拧、复拧、终拧都应从螺栓群中部开始向四周扩散,逐个拧紧,每拧一遍均应用不同颜色的油漆做上标记,防止漏拧。接头如有高强度螺栓连接同时又有电焊连接时,是先紧固还是先焊接,应按设计要求规定的顺序进行。设计无规定时,按紧固后焊接的施工工艺进行,即先拧完高强度螺栓再焊接焊缝。高强度螺栓的紧固顺序应从刚度达到部位向不受约束的自由端进行,同一节点内从螺栓群中间向四周进行,以使板间密贴。

⑤ 高强度螺栓的一般安装方法。

a. 高强度螺栓的安装应在结构件中心位置调整焊以后进行,其穿入方向应以施工方面为准,并力求一致。高强度螺栓连接副组装时,螺母带有圆台面的一侧朝向垫圈有倒角的一侧。大六角头高强度螺栓连接副组装时，螺栓头下垫圈有倒角的一侧应朝向螺栓头。

b. 安装高强度螺栓时，严禁强行穿入（如用锤敲打等）；如不能自由穿入时，该孔应用绞刀进行修整，修整后最大直径应小于 1.2 倍螺栓直径。修孔时，为了防止铁屑落入板缝中，应将四周螺栓全部拧紧，板叠密贴后再进行铰孔。

c. 安装高强度螺栓时，构件的摩擦面应保持干燥，不得在雨中作业。

⑥ 高强度螺栓的紧固方法。

高强度螺栓的紧固需用专门扳手拧紧螺母，使螺杆内产生设计所要求的拉力。

a. 大六角头高强度螺栓一般用两种方法拧紧，即扭矩法和转角法。扭矩法分初拧和终拧两次拧紧，为了减少先拧的和后拧的高强度螺栓预应力的差别，一般先用普通扳手对其初拧。初拧扭矩用终拧的 50% 扭矩进行，再用终拧扭矩把螺栓拧紧。如板层较厚，板叠较多，初拧的板层达不到充分密贴，还要在初拧和终拧之间增加复拧，复拧扭矩和初拧扭矩相同或略大。转角法也分初拧和终拧两次进行，初拧用定扭矩扳手以终拧扭矩的 60%～80% 进行，使接头各层钢板达到充分密贴，再在螺母和螺栓杆上面通过圆心画一条直线，然后用扭矩扳手转动螺母一个角度，使螺栓达到终拧要求，转动角度的大小在施工前由试验确定。

b. 扭矩型高强度螺栓紧固分初拧和终拧两次进行。初拧用扭矩扳手，以终拧扭矩的 30%～50% 进行，使接头各层钢板达到充分密贴，再用电动扭转型扳手把梅花头拧掉，使螺旋杆达到设计要求的轴力。对于板层较厚、板叠较多的节点，安装时发现连接部位有轻微翘曲时应增加复拧，复拧扭矩和初拧扭矩相同或略大。

⑦ 高强度螺栓的检查。

a. 大六角高强度螺栓的检查。

用小锤敲击法对高强度螺栓进行检查，防止漏拧。小锤敲击法是用手指紧按住螺母的一个边，按的位置尽量靠近螺母近垫圈处，然后采用 0.3～0.5 kg 重的小锤敲击螺母相对应的另一边（手按边的对侧边），如手指感到轻微颤动即为合格，如颤动较大即为欠拧或漏拧，完全不颤动即为超拧。

进行螺栓扭矩检查，先在螺母与螺杆的相对应位置划一条细直线，然后将螺母拧松 60° 再拧到原位（即与该细直线重合）时测得的扭矩，该扭矩与检查扭矩的偏差在检查扭矩的 ±10% 范围以内即为合格。

扭矩检查应在终拧 1 h 以后进行，并且应在 24 h 以内检查完毕。

扭矩检查为随机抽样，抽样数量为每个节点的螺栓连接副的 10%，但不少于 1 个。如发现不符合要求的，应重新抽样 10% 检查，仍不合格的，整个节点必须重新紧固并检查。

检查中发现欠拧、漏拧的，应重新补拧；超拧的应予更换螺栓。

b. 扭剪型高强度螺栓连接副的检查。

扭剪型高强度螺栓连接副在施工中梅花杆部分承受与栓杆部分大小相等的反扭矩作用，因而当梅花头部分被拧断，螺栓连接副已被施加了相同的扭矩，故检查只需目测梅花头拧断即为合格。个别部位的螺栓无法使用专业扳手,可按相同直径的高强度大六角螺栓检查方法进行。

扭剪型高强度螺栓施拧必须做好初(复)拧后的标志,此标志是为了检查螺母转角量及有无共同转角量或螺栓空转的现象而设置的。

(6) 质量验收

① 钢结构用高强度螺栓连接副的品种、规格、性能等应符合现行国家产品标准和设计要求,出厂时应附带产品合格证明文件、中文标志及检验报告。高强度大六角螺栓连接副和扭剪型高强度螺栓连接副出厂时应随箱带有扭矩系数和紧固轴力(预应力)的检验报告。

② 钢结构制作和安装单位分别进行高强度螺栓连接摩擦面的抗滑系数实验和复验,现场处理的构件摩擦面应单独进行摩擦面抗滑系数实验,其结果应符合设计要求,并提出试验报告和复验报告。

③ 高强度大六角头螺栓紧固检查,用 $0.3 \sim 0.5 \, \text{kg}$ 的小锤敲击螺栓,检查其紧固程度,防止漏拧。对每个节点螺栓数的 10%,但不小于 1 个进行扭矩抽检,检查时先在螺母杆和螺母上划一直线,松动螺母 $60°$ 测得的扭矩值应为 $0.9 \sim 1.1 \, \text{N} \cdot \text{m}$,$T_c$ 按下式计算:

$$T_c = K \cdot P \cdot d$$

式中　T_c——检查扭矩(N·m);

　　　K——高强度螺栓连接副扭矩系数;

　　　P——高强度螺栓设计预应力(kN);

　　　d——螺栓公称直径(mm)。

如有不符合上述规定的节点,应更新抽样 10% 进行检查,如仍有不符合规定的,则整个节点应重新紧固并检查。对扭矩低于下限值的螺栓应进行补拧,对超过上限值的应更换螺栓。扭矩检查应在 1 h 后进行,并在 24 h 内检查完毕。

④ 对扭矩扳手板前必须进行校核,其误差不得大于 3%,并作记录。

⑤ 扭剪型高强度螺栓紧固检查,以目视确认梅花卡头被专用扳手拧掉,判定终拧合格。对不能采用专用扳手紧固的螺栓,应按高强度大六角头螺栓检验方法检查,不得采用其他方法去除螺栓的梅花卡。

⑥ 高强度螺栓连接副应按包装箱配套供应,包装箱上应标明批号、规格、数量及生产日期。螺栓、螺母、垫圈外表应涂油保护,不应出现生锈和沾染脏物等现象。螺纹不应损伤,并按 5% 箱数抽查。

⑦ 对建筑等级为一级、跨度 40 m 及以上的螺栓球节点钢网架和轻钢结构,其连接用高强度螺栓应进行表面硬度试验。8.8 级的高强度螺栓其硬度应为 $21 \sim 29 \, \text{HRC}$,10.9 级高强度螺栓其硬度应为 $32 \sim 36 \, \text{HRC}$,且不得有裂缝,按不同规格各抽查 8 只。

⑧ 高强度螺栓连接副的施拧顺序和初拧、终拧扭矩应符合设计要求和国家现行标准

《钢结构高强度螺栓连接技术规程》JGJ82—2011 的规定。

⑨ 高强度螺栓连接副终拧后,螺栓外露 2～3 扣,其中允许有 10％螺栓外露 1～4 扣。

⑩ 高强度螺栓连接面应保持干燥、整洁,不应有飞边、毛刺、焊接飞溅物、焊疤、氧化铁皮、污垢等,除设计要求外摩擦面不应涂漆,应全面检查。

⑪ 高强度螺栓应自由穿入螺栓孔。高强度螺栓孔不应采用气割扩孔,必须扩孔的应征得设计同意,扩螺栓孔全数检查。扩径后的孔径不应超过 1.2d(d 为螺栓公称直径),连接处不应出现间隙、松动、未拧紧情况。

(7) 施工相关事宜

① 成品保护。

a. 高强度螺栓连接副在工厂制造时,虽然表面已做防锈处理,有一定的防锈能力,但远不能满足长期使用的防锈要求,故在高强度螺栓连接处,不仅应对钢板进行防锈处理,还应对高强度螺栓连接进行防锈涂漆。

b. 为了防止螺栓在紧固后发生松动,应对螺栓螺母的连接采取必要的防松措施。根据其结构性质可选用垫放弹簧垫圈、副螺母防松等方法进行处理。永久防松是用电焊将螺母与螺栓的相邻位置对称点焊 3～4 处或将螺母与构件相点焊,也可以用钢冲在螺栓侧面对称点铆 3～4 处,以破坏螺纹而达到阻止螺母旋转的目的,起到防松作用。

② 其他应注意的问题。

a. 高强度大六角头螺栓连接副的扭矩系数和扭剪型高强度螺栓的紧固轴力(预应力),经复验后必须符合有关规范要求。如储存超过 6 个月,应重新复验扭矩系数或紧固轴力。

b. 应定期矫正电动扳手或手动扳手的扭矩值,使其偏差不大于±5％,严格控制超拧。

c. 安装高强度螺栓前,作好接头摩擦面清理,不允许有毛刺、铁屑、油污、焊接飞溅物。摩擦面应干燥,没有结露、积雪、积霜。不得在雨天进行安装。当气温低于−10℃时停止作业。当天安装的高强度螺栓,需当天完成终拧。

d. 应自由穿入孔内。扩孔时,铁屑不得掉入板层间。扩孔数量不得超过 1 个接头螺栓孔数的 1/3;扩孔直径不得大于原孔径再加 2 mm;严禁用气割进行高强度螺栓的扩孔。

e. 严格按照从中间向四周扩展的顺序执行初拧、复拧、终拧的施工工艺程序,严禁一步到位直接终拧。

f. 螺栓穿入方向以便利施工为准,每个节点整齐一致。

g. 因空间狭窄致使高强度螺栓扳手不宜操作的部位,可采用加高套管或用手动扳手安装的办法。

h. 大六角头高强度螺栓拧紧时,只准在螺母上施加扭矩。

i. 高强度螺栓超拧应更换,废弃换下来的螺栓不得再使用。再次使用的连接板须再次处理。

　　j. 高强度螺栓的安装、运输与使用应尽量保持出厂状态。

六、钢结构的防腐涂料施工

1. 钢结构防腐施工的重要意义

怎样做好钢结构防腐工作是一项极其重要的课题。据有关资料粗略估计,我国每年因腐蚀而造成的金属结构设备及材料损失量大约是年产量的 20%～40%。全世界每年因腐蚀的金属物件超过 1 亿 t。在工业发达国家腐蚀造成的经济损失约占国民经济总产值的 1%～4%,我国约占 4%。腐蚀还会造成产品质量下降、资源、能源消耗增加等间接损失。因此,做好钢结构的防腐工作具有重要的经济意义和社会意义。

2. 钢结构防腐涂料所起的作用

涂装防腐是采用结构致密,能耐水、氧气和抗腐蚀介质,并能在钢结构表面产生牢固的附着物的材料,涂敷在钢材表层,在较长的时间内阻止腐蚀的发生,从而达到防腐目的。

涂层中的涂料具有以下作用:

　　① 涂料具有坚实致密的连续膜,可使钢结构的构件同周围有害介质相隔离;

　　② 碱性颜料(如红丹漆)具有中化作用,使铁离子很难进入溶液,阻止钢铁的阴极反应;

　　③ 将含有大量锌粉的涂料(如富锌底漆)涂刷在钢结构表面,在发生电化学反应时,由于比铁活泼的锌成为阳极,而铁成为阴极,保护了铁;

　　④ 一般涂料都具有良好的绝缘性,能阻止铁离子的运动,起到保护作用;

　　⑤ 用于特殊用途的涂料,通过添加特殊成分,可具有耐酸、耐碱、耐油、耐火、耐水等功能。

3. 钢结构防腐蚀工艺的相关问题

　　① 钢结构设计工艺和防腐蚀工艺要求相协调。如构件采用热浸锌方法作长效腐蚀处理,构件的长度及高、宽均受热浸锌镀槽尺寸限制,一般不超过 8 m 长、0.5 m 宽或高。当然,有大型镀槽时可放宽到长 14 m,宽或高 1.5 m。

　　② 钢结构防腐蚀工艺流程结合构件构造处理有不同要求。热浸锌时构件受高温作用,因而对管状构件不允许两端封闭,若有封闭空腔则会在镀锌时由于内部热气体膨胀而爆裂,发生安全事故。因此,对封闭管状结构的构件制透气孔后才可进行热浸锌,同时对热喷铝复合涂层时,为了避免管状构件内部防腐蚀处理的不便,一般要将管状两端作气密性焊接封闭。

　　③ 室外钢结构设计中焊接贴合面应避免。室外钢结构构件如钢板焊接连接时,若互相之间有贴合面(贴合边不在其列),则在贴合面内的防腐处理必然不彻底,经长期锈蚀会影响结构的耐火性,应该避免。

　　④ 无论热浸锌或热喷铝的构件,在未热浸锌、热喷铝之前必须严格认真做好构件表

面的除锈工作。实践证明,构件表面除锈不彻底即构件表面的氧化皮层未除掉,而进行热浸锌、热喷铝,最终质量达不到要求,造成严重的返工损失(重新抛丸、喷砂除锈将构件氧化皮层除掉后再热涂层)。如加工制作后的构件,未经抛丸、喷砂除锈,而只以酸洗除锈,则要视何种结构的构件,如栏杆、楼梯、踏板等是可以通过酸洗,只需除去表面的铁锈、油污、杂质(实践证明酸洗不可能将构件表面氧化皮层除掉),用水冲洗残留酸并吹干后进行热浸锌、热喷铝;而BH、箱形之类厚板制成的构件,若需热浸锌、热喷铝时,其构件必须经抛丸或喷砂将其表面的氧化皮层除掉,使构件整体金属呈银白色后方可进行热镀层施工,如氧化皮层未除掉而进行热镀层,则所镀之层全在氧化皮层面上,起不到防腐蚀的作用,没多久自然脱落。

⑤ 重视钢结构隐蔽部位的涂层。钢结构施工安装后,在使用过程中平时无法保养的部位,也是构件腐蚀最严重的部位,时间久了必然会影响构件强度,使构件疲劳而影响使用,危及安全。因此,对隐蔽部位的结构应在组装、总组装之前预先做好涂层工作。

⑥ 重视涂层损坏部位的修复及现场焊缝的防腐涂层,这些工作最重要的问题是在于修复损坏的涂层时,实际施工中往往没有按涂层工艺进行,如设计要求规定为三遍油漆(底漆、中间漆、面漆),可是在修复施工时只涂一遍面漆了事。施工现场焊缝的防腐蚀处理同样存在与防腐涂层工艺不符的问题,即只涂一层面漆了事(有的构件技术要求只需涂一层涂料,在修补时涂一层涂料是对的)。

4. 防腐材料

(1)防腐材料的要求

① 建筑钢结构防腐蚀材料品种、规格、颜色应符合国家有关技术标准和设计要求,应具有产品出厂合格证。

② 当有特殊使用要求时应有相应检验报告。

③ 钢结构防腐蚀材料使用前,应按照国家现行标准进行检查和验收。

(2)防腐材料的组成

建筑钢结构防腐蚀材料有底漆、中间漆、面漆、稀释剂等。

涂刷后,挥发性的物质逐渐挥发逸出,留下不挥发的成膜物质结实成膜,成膜物质分主要、次要和辅助三种。

涂料组成中没有颜料和体质颜料的透明体称为"清漆",加有颜料和体质颜料的不透明体称为"色漆"。添加大量体质颜料的胶状体称为"腻子"。

防腐材料组成详情参见表4-64。

(3)防腐涂料的分类

我国防腐涂料产品的分类根据《涂料产品分类、命名型号》GB/T 2705—2003的规定。防腐涂料根据主要成膜物质进行分类,涂料品种分为17大类(表4-65);辅助材料按其不同用途分为5类(表4-66)。

涂料名称由三部分组成:颜料名称+成膜名称+基本名称。

表 4‑64　防腐材料的组成

组　　成		原　　料
主要成膜物质	油料	动物油：鲨鱼肝油、带鱼油、牛油等 植物油：桐油、豆油、芝麻油等
	树脂	天然树脂：虫胶、松香、天然沥青等 合成树脂：酚醛、醇醛、丙烯酸、环氧、聚氨酯、有机硅等
次要成膜物质	颜料	天然颜料：钛白、氧化锌、铬黄、铁蓝、铬绿、氧化铁红、炭黑等 有机颜料：甲苯胺红、酞菁蓝、耐晒黄等 防锈颜料：红丹、锌铬黄、偏硼酸钡等
	体质颜料	滑石粉、碳酸钙、硫酸钡等
辅助成膜物质	助剂	增韧剂、催化剂、固化剂、稳定剂、防霉剂、防污剂、乳化剂、润湿剂、防结皮剂、引发剂等
挥发物质	稀释剂	石油溶剂(200号溶剂汽油等)、苯、甲苯、二甲苯、氯苯、松节油、环成二烯、醋酸乙酯、醋酸丁酯、丙酮、环己酮、丁醇等

表 4‑65　防腐涂料类别代号

代号	涂料类别	主要成膜物质	名　称　举　例
Y	油脂类	植物油、鱼油、合成油	厚漆、油性调和漆、清油、熟桐油等
T	天然树脂类	松香及其衍生物、虫胶、天然漆	磁性调和漆、虫胶漆、大漆等
F	酚醛树脂类	酚醛树脂、改性酚醛树脂	酚醛清漆、各色酚醛磁漆
L	沥青类	天然沥青、石油沥青、煤焦沥青	沥青清漆、煤焦沥青漆、铝粉沥青涂料等
C	醇酸树脂类	醇酸树脂、改性醇酸树脂	醇酸清漆、各色醇酸、磁漆等
A	氨基树脂类	脲醛树脂、三聚氰胺、甲醛树脂、聚酸胺树脂	氨基醇酸烘漆
Q	硝基纤维类	硝基纤维清漆、各色硝基纤维磁漆	
M	纤维酯及醚类	醋酸纤维、乙基纤维、酯丁纤维、苄基纤维	
G	过氯乙烯树脂类	过氯乙烯树脂	过氯乙烯清漆、各色过氯乙烯磁漆、过氯乙烯底漆等
X	乙烯树脂类	氯乙烯共聚树脂、据醋酸乙烯及聚合物	聚乙烯醇缩丁醛树脂清漆、磷化底漆等
B	丙烯酸树脂类	丙烯酸树脂	丙烯木器清漆
Z	聚酯树脂类	饱和聚酯树脂、不饱和聚酯树脂	

（续表）

代号	涂料类别	主要成膜物质	名称举例
H	环氧树脂类	环氧树脂、改性环氧树脂	环氧富锌底漆
S	聚氨酯类	聚氨酯树脂	
W	元素有机聚合物类	有机硅树脂及有机铝、有机钛等元素	有机硅耐热涂料
J	橡胶类	氯橡胶、环化橡胶	
E	其他类	未包括在以上各类中的其他成膜物质	

表 4 - 66　防腐涂料辅助材料代号

代　号	名　称	代　号	名　称
X	稀释剂	T	脱漆剂
F	防潮剂	H	固化剂
C	催化剂		

涂料名称前冠有型号以示区别，例如"Y53 - 36 红丹油性防锈漆"。涂料型号以一个汉语拼音字母和几个阿拉伯数字组成，字母表示涂料的类别，位于型号的前面第一、二位数字表示涂料产品基本名称代号，第三、四位数字表示涂料产品序号，产品序号用来表示油在树脂中所占的比例；在第二位数字与第三位数字之间加一短横线，把基本名称代号与序号分开。

（4）防腐涂料的选用

涂料型号品种有几百种，性能千差万别，选用时应当根据设计要求，参照产品说明书和相关手册，合理选择。

防腐材料性能及推荐使用场合见表 4 - 67。

表 4 - 67　防腐涂料性能及推荐使用场合

推荐部位	涂料名称	耐酸	耐碱	耐盐	耐水	耐候	与基层附着力	
							钢铁	水泥
室内和室外	淡化橡胶涂料	√	√	√	√	√	√	√
	氧硫化聚乙烯涂料	√	√	√	√	√	○	○
	聚氧乙烯含氟涂料	√	√	√	√	√	○	√
	过氧乙烯涂料	√	√	√	√	√	○	○
	氯乙烯醋酸乙烯共聚涂料	√	√	√	√	√	○	○
	醇酸耐酸涂料	○	×	√	○	√	√	○

(续表)

推荐部位	涂料名称	耐酸	耐碱	耐盐	耐水	耐候	与基层附着力	
							钢铁	水泥
室内	环氧涂料	√	√	√	○	○	√	√
	聚苯乙烯涂料	√	√	√	○	○	○	√
室内和地下	环氧沥青涂料	√	√	√	√	○	√	√
	聚氨酯涂料	√	○	√	√	○	√	√
	聚氨酯沥青涂料	√	√	√	√	○	√	√
	沥青涂料	√	√	√	√	○	√	√

注：本表选自《工业建筑防腐蚀设计规范》GB50046—2008。"√"表示性能优良,推荐使用;"○"表示性能良好,可使用;"×"表示性能差,不宜使用。

5. 施工准备

(1) 技术准备

① 会审图纸对涂装要求并做记录。

② 根据设计要求结合实际编制涂装工艺。

③ 按工程特点做好试涂装样板,同时进行技术交底。

(2) 材料准备

材料进场,检查资料是否齐全,检查有无产品合格证和质量检查报告单,经过验收后,送至专门仓库存放。涂料及辅助材料不允许露天存放,须储存在通风良好,湿度为5～35℃的干燥、无直射阳光和远离火源的仓库内。严禁用敞口容器储存和运输。运输时还应符合交通部门的规定。

施工前应对涂料型号、名称和颜色进行核对,检查是否与设计相符。同时检查制造日期,如超过储存期,应重新取样检验,质量合格后才能使用,否则禁止使用。因多数涂料为易燃危险品,应特别注意防火,必须符合消防规定。

涂料在开桶前应充分摇匀。开桶后,原漆应不存在结皮、结块、凝胶等现象,有沉淀应能搅起,有漆皮应能除掉。

(3) 机具准备

根据施工要求合理选择施工机具。涂装工程一般不需要大型机械,但是为了保证工程质量和施工效率,应尽量使用机械作业。除一般常用机具,不同的施工对象需要不同的专用机具,机具应配齐。

(4) 施工人员和环境的准备

① 施工人员应经过专业培训,培训合格后由相关部门发特殊工程作业许可证,持证上岗。施工前应对施工人员进行技术交底,对于条件特殊、技术复杂、要求高、难度大的涂装作业还应进行专门的岗前培训,并有专门技术组织实施。

② 作业现场也应当有安全防护措施、防火防爆和通风措施,以及防止人员中毒等健

康保护措施和环境保护措施。

③ 当必须在露天进行防腐施工作业时,应当尽可能选择适当的天气,避开大风、下雨等不利天气。在有雨、雾、雪和较大灰尘的环境下施工,涂层可能受到油污、腐蚀介质、盐等污染。

④ 国家标准《建筑防腐蚀工程施工规范》GB50212—2014 和化工部标准《工业设备、管道防腐蚀工程施工及验收规范》HGJ229—91 规定,防腐蚀工程施工的环境温度为 15～30℃,但现在有多种涂料都可以在上述规定的范围之外进行施工,具体应按涂料产品说明书的规定执行。

⑤ 涂料施工一般宜在相对湿度小于 80％的条件下进行;由于各种涂料性能不同,所要求的施工环境湿度也不同。

⑥《建筑防腐蚀工程施工规范》GB50212—2014 规定的钢材表面的温度必须高于空气露点温度 3℃以上,方能进行施工。

6. 涂装施工常用的工具

(1) 空气压缩机

安装现场一般用移动式空气压缩机,产气率为 3 m^3/min、6 m^3/min、10 m^3/min。这种压缩机最高压力为 0.7～0.725 MPa。

空气压缩机使用注意事项:

① 输气管应避免急弯,打开送风阀前必须要先通知工作地点的有关人员。

② 空气压缩机气喷口处不准有人。储气罐放置地点应通风,严禁日光暴晒和高温烘烤。

③ 压力表安全阀和调节器等应定期进行校验,保持灵敏有效。

④ 发现气压表、机油压力表、温度表、电流表的指示值突然超过规定或指标不正常,发生漏气、漏油、漏水、漏电或冷却液突然中断,发生安全阀不停放气或空气压缩机声音不正常等情况时,应立即停机检修。

⑤ 严禁用汽油或煤油洗刷曲轴箱滤消器或其他空气通路的零件。

⑥ 停车时应先降低气压。

(2) 磨光机具

① 风动砂轮机用的砂轮钢丝轮和布砂轮主要是安装在风动砂轮机的主轴上。在风动机上安装平行砂轮,适用于清除铸件毛刺,磨光焊缝以及其他需要修磨的表面。如以布砂轮代替砂轮,还可以用来抛光、打磨腻子等。操作风动砂轮时要严格控制其回转速度。平行砂轮的线速度一般为 35～50 m/s,钢丝轮的线速度一般为 35～50 m/s,布砂轮的线速度不可超过 35 m/s。

② 电动角向砂轮机是供表面磨削用的电动工具,适用于位置受限制不宜使用普通磨光机的场合。它还可以配用多种工作头,如粗磨砂轮、细磨砂轮、抛光轮、橡皮轮、钢丝轮等,从而起到磨削、抛光、除锈等作用。

(3) 喷涂设备

① 喷枪。工程上使用最普遍的是 PQ-1 型和 PQ-2 型吸上式喷枪,吸上式喷枪漆

罐置于喷枪下部,工作时依靠急速流动的压缩空气,在漆罐出口处与漆罐中形成负压,把罐中漆吸上来,PQ‐2型通过调节装置可得到圆锥形和不同扁平程度的漆流。

② 无气喷涂装置。无气喷涂装置主要由无气喷涂机、喷枪、高压输漆管等组成。

a. 无气喷涂机。

无气喷涂机按动力源,可分为气动型、电动型和油压型三种类型。常用的有GPQ12C、GPQ12CB、GPQ13C、GPQ13CB、GPQ14C及GPQ14CB几种,其中GPQ12C、GPQ13C和GPQ14C为手提轻便型,其余为小车移动型。

b. 无气喷枪。

根据用途的不同,无气喷枪分为手提式、长柄式和自动三种。手提式无气喷枪由枪身、喷嘴、过滤网和连接件组成。常用的喷枪型号、名称和规格如下:

SPQ	手提式无气喷枪
CPQ05	0.5 m 长柄式无气喷枪
CPQ10	1.0 m 长柄式无气喷枪
CPQ15	1.5 m 长柄式无气喷枪
CPQ15	1.5 m 长柄式无气喷枪
ZPQ	自动无气喷枪

c. 喷嘴。

喷嘴是无气喷枪的最重要部分之一,它直接影响到涂料雾化优劣、喷流幅度和喷出量的大小;因此,要求喷嘴的光洁度高、几何形状精确。喷嘴一般是用耐磨性能好的合金钢加工制造的,比较耐磨。但由于高速高压漆流的作用,易被磨损。磨损的喷嘴使涂料的喷出量增大,喷流幅度也增大,易使漆膜产生流淌等缺陷。

一般应根据涂料及所需的喷出量和喷幅宽度来选用喷嘴的型号。

d. 高压输漆管。

高压输漆管的要求是:耐高压(25 MPa 以上)、耐磨、耐腐蚀、耐溶剂,且轻便柔软。目前生产的高压输漆管为钢丝编织合成树脂管,常用的品种有内径为 6 mm、8 mm 和 10 mm 的三种,其工作压力分别为 48 MPa、40 MPa 和 33 MPa。一般每根长为 10 m,可以用中间接头连接成所需长度。如喷涂常规涂料,输漆管可接长到 150 m;如喷涂厚浆型涂料,可接到 30 m。

(4) 其他工具

喷涂施工中常用的其他工具有:锉刀、皮老虎、油漆刷、砂布、脚手板、开刀、牛刮刀、胶皮刮、腻子板、腻子槽、油桶、油勺、油提、纱笼、棕扫帚、棉纱、麻丝或竹丝等。

除锈工具有:尖头锤、弯头刮刀、刮铲、扁铲、钢丝刷等。

7. 钢结构涂装条件要求

涂装前钢构件表面的除锈质量是确保漆膜防腐蚀效果和使用寿命的关键因素。因此,钢结构件表面处理的质量控制是防腐涂装的重要环节。除锈不仅除去钢材表面的污垢、油脂、铁锈、氧化皮层焊渣和以失效的旧漆膜,还包括除锈后钢构件表面所形成的合适的"粗糙度",同时为了防止除锈后的钢材再次生锈和受油脂等侵蚀,还应对其进行涂前保养涂防锈底漆。

涂装前钢材表面锈蚀等级和除锈等级标准如下。

（1）钢材锈蚀等级

A 级：全面覆盖着氧化皮层而几乎没有铁锈的钢材表面。

B 级：已发生锈蚀,并且部分氧化皮层已经脱落的钢材表面。

C 级：氧化皮已因锈蚀而剥落或可以刮除,并有少量点蚀的钢材表面。

D 级：氧化皮层已因锈蚀而全面剥落,并且已普遍发生点蚀的钢材表面(D 级钢材不得使用)。

（2）喷射或抛射除锈等级

Sa1——轻度的喷射或抛射除锈：钢材的表面应无可见的油脂或污垢,并且没有附着物不牢的氧化皮层、铁锈和油漆涂残层等附着物；附着物是指焊渣、焊接飞溅物和可溶性盐等；附着不牢是氧化皮层、铁锈和油漆涂残层等能以金属腻子刀从钢材表面刮离掉。

Sa2——彻底喷射或抛射除锈：钢结构表面无可见的油脂、污垢,并且氧化皮、铁锈等附着物已基本清除,其残留物应是牢固附着的。

Sa2.5——非常彻底的喷射或抛射除锈：钢材表面无可见的油脂、污垢、氧化皮、铁锈和油漆涂层等附着物,任何残留物的痕迹应仅是点状或条纹装的轻微色斑。

Sa3——使钢材表面的洁净的喷射或抛射除锈：钢材表面应无可见的油脂、污垢、氧化皮层、铁锈和油漆涂层等附着物,该表面应显示均匀的金属光泽。

（3）手工和动力工具除锈等级

St2——彻底的手工和动力工具除锈：钢材表面无可见油脂和污垢,并且没有附着不牢的氧化皮、铁锈和油漆涂层等附着物。

St3——非彻底的手工和动力工具除锈：钢材表面无可见的油脂和污垢,并且没有附着不牢的氧化皮、铁锈和油漆涂层等附着物；并且比 St2 更为彻底,母材显露的表面应具有金属光泽。

（4）火焰除锈等级

火焰除锈以 F1 表示：钢材表面应无氧化皮层、铁锈和油漆层等附着物,任何残留的痕迹应仅为表面变色(不同颜色的暗影)。

（5）钢材表面粗糙度

钢材表面粗糙度对漆膜的附着力、防腐蚀性能和使用寿命有很大影响。漆膜附着于钢材表面主要靠漆膜中的基料分子与金属表面极性基团的范德华引力相互吸引。

钢材表面在喷射除锈后,随着粗糙度增大,表面积也显著增加,在这样的表面上进行涂装,漆膜与金属表面之间的分子引力也会相应增加,使漆膜与钢材表面的附着力相应地提高。

以棱角磨料进行的喷射除锈不仅增加了钢材的表面积,而且还能形成三维状态的几何形状,使漆膜与钢材表面产生机械的咬合作用,更进一步提高了漆膜的附着力和防腐蚀性能,并能延长保护寿命。钢材表面合适的粗糙度有利于漆膜保护性能的提高;但粗糙太大,如漆膜用量一定时,会使漆膜厚度分布不均匀,特别是在波峰处的漆膜厚度往往会低于设计要求,引起早期锈蚀;另外,粗糙表面常常在较深的波谷凹坑内截留住气泡,成为漆膜脱落的根源;粗糙度太小,不利于附着力的提高;所以,为了确保漆膜的保护性能,钢材的表面粗糙度有所限制。普通涂料合适的粗糙度范围是 $30\sim75\ \mu m$,最大粗糙度不宜超过 $100\ \mu m$。

表面粗糙度大小取决于磨料粒度的大小、形状、材料和喷射的速度、作用时间等工艺参数,其中磨粒度的大小对粗糙度影响最大。所以在钢材表面处理时必须对不同的材质、不同的表面处理要求制定合适的工艺参数,并加以质量控制。

(6) 特殊钢材表面的预处理

① 外露的构件需热浸锌和热喷锌,铝的除锈质量等级为 Sa2.5～Sa3 级,表面粗糙度应达 $30\sim35\ \mu m$。

② 对热浸锌的构件必须预先经喷射或抛射将构件表面的氧化皮层除掉,由于杆件虽经预处理,但时间较长或因其他原因使构件表面又产生铁锈和其他油污杂物时,应经酸洗槽二次除锈、除杂物后用水将残留酸冲 3～4 次,并待构件干燥后,才可热浸锌。

③ 要求喷涂防火涂料的钢结构的除锈,可按照设计要求进行。

(7) 钢材表面的处理方法

钢材表面的除锈可按不同的方法分类,按除锈顺序可分为一次除锈和二次除锈,按工艺阶段可分为车间原材料预处理分段除锈和整体除锈,按除锈方式可分为喷射除锈、动力工具除锈、手工敲铲除锈和酸洗等。

① 人工除锈。自制工具除锈如锉口锤、旧锯条制成的铲刀等,虽然是手工,但效果很好,对腐蚀坑点较深的钢构件完全可以彻底地除去锈蚀,使工件露出基本金属,特别适用于新轧制的 C 级钢材除锈,也适用于旧钢构件的维修涂装。

② 动力工具除锈。角向平面砂轮机、电动手提砂轮机和风动钢丝刷等这些工具除锈比铲刮进度快,但操作时必须戴防护眼镜,防止废金属飞出伤人。

无论何种除锈方法,除锈后的钢构件表面都必须用专用布擦去或用空压机风吹去锈尘,然后涂刷防锈底漆。

③ 喷砂除锈。在金属构件量很大的情况下,可选用喷砂除锈,它能去除铁锈、氧化皮层、旧有的油漆层等杂物。经喷砂的金属构件,表面变得粗糙而又均匀,对增加油漆的附着力,漆膜质量具有很大的作用。

喷砂就是用压缩空气把石英砂通过喷嘴喷射在金属构件表面,靠砂子有力地撞击金属的表面,去除铁锈氧化皮层等杂物,在工地上喷射工具较为简单。

喷砂所用的压缩空气不能含有水分和油脂,所以在空气压缩机的出口处,装设油水分离器,压缩空气的压力一般在 0.35～0.4 MPa。

喷砂所用的砂粒,应坚硬有棱角,粒度要求为 1.5～2.5 mm,除需筛除泥土杂物外,还应经过干燥。

喷砂时,一般应顺气流方向让喷嘴与金属构件表面成 70°～80°夹角,喷嘴与金属表面的距离一般为 100～150 mm,喷砂除锈表面应无遗漏。经过喷砂的表面要达到一致的灰白色。

喷砂处理的优点是设备简单、操作方便、效率高、质量好;但生产时灰尘较大,影响环境,所以室内施工时应设置通风装置,操作人员应戴防护面罩或风镜和口罩(室外施工只需备用防护用具)。

经过喷砂处理后的金属构件表面,可用压缩空气进行清扫,然后再用汽油或甲苯等有机溶剂清洗。待金属物件干燥后,即可进行涂刷施工。

④ 抛丸除锈。在工厂生产车间设抛丸机房,设抛射机。将磨料钢丸、铁丸、钢丝粒等,利用抛射机叶轮中心吸入磨料,从定向套飞出,射向工件,达到除锈的目的。其优点是抛射均匀、抛射速度可控、质量可靠、效率高、环境污染少、施工费用较低;但一次性设备投资较高。

抛射施工时,操作人员必须戴好防护头盔和防护眼罩。同时,将磨料做好回收工作,为再使用做好准备。

⑤ 高压水射流除锈。高压水射流除锈是一种先进高效的除锈工艺。从基本原理分析,有两种类型。

a. 高压连续细射流。它是利用高压水通过 5 mm 以下的小孔急速射出,产生强大的冲击力,可以把铁锈、旧漆冲除干净。

b. 脉冲射流,这种高压水射流不是连续的,而是间歇性的,呈脉冲状态作用在工件上产生水锤作用,使压力增大,水射流环绕中心体时发生分离,产生一个低压,使溶在水中的空气逸出,形成大量的气体气泡,造成空泡腐蚀,达到除锈目的。

高压水清洗除锈,生产效率比人工除锈可高 100 倍,射流对凹入的弧面比对平面的冲击力大,特别能去除麻点内的锈蚀。

8. 涂料施工要求

(1) 防腐涂料施工

① 钢材表面要求。涂装前钢材表面除锈应符合设计要求和国家现行有关规定标准的规定。处理后的钢材和钢构件不应有焊疤、灰尘、油污、水和毛刺等杂物。当设计无要求时,钢材表面除锈等级应符合表 4-68 的规定。

表 4-68 各种底漆或防锈要求最低的除锈等级

涂 料 品 种	除锈等级
油性酚醛、醇酸等底漆或防锈漆	St2
高氯化聚乙烯、氯化橡胶、氯磺化聚乙烯、环氧酯等底漆或防腐漆	Sa2
无机富锌、有机硅、过氯乙烯等底漆	Sa2.5

② 涂装施工。涂料、涂装遍数、涂层厚度均符合设计要求。当设计对涂层厚度无要

求时,涂层干漆膜总厚度:室外应为 $150~\mu m$,室内应为 $125~\mu m$,其允许偏差为 $-25~\mu m$。每遍涂层干漆膜厚度的允许偏差为 $-5~\mu m$(如钢结构处于化工大气中,其干膜总厚度应比上述增加 $10~\mu m$)。

③ 涂层外观。钢物件表面不应误涂、漏涂,涂层不应脱皮、返锈。涂层应均匀、附着力良好、不起皱、不挂流、无针孔和气泡等。

漆膜干透后,应用干膜测厚度,不合规定者要补漆。

④ 不涂装部位。设计施工详图中注明不涂装的部位不进行涂装。如安装施工现场焊缝处应留出 $30\sim50~mm$ 暂不涂装。包浇、埋入混凝土部位的部分构件也不作涂装。

⑤ 涂层附着力测试。当钢构件处在有腐蚀介质环境或外露且设计有要求时,应进行涂层附着力测试。在检测范围内,当涂层完整程度达到 70% 以上时,涂层附着力达到合格质量标准的要求。涂装完成后,构件的标志、标记和编号应清晰完整。

(2) 钢结构涂装准备

① 作业条件。

a. 施工环境应通风良好,清洁干燥,室内施工环境温度在 $0℃$ 以上,室外施工时环境温度为 $5\sim38℃$,相对湿度大于 85%。雨天钢构件表面有凝露时不宜作业,冬季应在采暖条件下进行,室温必须保持均衡。

b. 涂装施工操作时,应在无严重灰尘的场地进行,除锈场地灰尘大,应采取措施后再进行涂装,否则会影响涂层质量。

② 涂料的选用。

涂料品种繁多,涂料的选择是直接决定涂装工程质量好坏的因素之一;一般选择时应考虑以下几个方面。

a. 使用场合和环境是否有化学腐蚀作用的气体,是否为潮湿环境。

b. 是打底用还是罩面用。

c. 考虑施工过程中涂料的稳定性、毒性及所需的温度条件。

d. 按工程质量要求技术条件如耐久性、经济效果、非临时性工程等因素选用适当的涂料品种。不应将优质品种降格使用,也不能勉强使用达不到性能标准的品种。

③ 涂料准备和预处理。

涂料选定后,通常按以下程序操作,然后方可施涂。

a. 开桶。开桶前应将桶外的灰尘、杂物除净,以免掉进油漆桶内。同时,对油漆的名称、型号和颜色进行检查,看是否与设计选定或选用要求相符合,并检查制造日期,看是否超过储存期,凡不符合的应另行处理。若发现有结皮现象,应将漆皮全部取出,以免影响涂装质量。

b. 搅拌。将桶内的油漆和沉淀物全部搅拌均匀后才可使用。

c. 配比。对于双组分的涂料,使用前必须严格按照说明书的规定比例来混合。双组分涂料一旦配比混合后,就必须在规定时间用完。

d. 熟化。双组分涂料混合搅拌均匀后,需要过一定熟化时才能使用,对此应引起注意,以保证漆膜的性能。

e. 稀释。有的涂料因储存条件、施工方法、作业环境等不同情况的影响,在使用时需要稀释剂来调整黏度。

f. 过滤。将涂料中不能混入的固体颗粒、漆皮或其他杂物滤除掉,以免这些杂物堵塞喷嘴影响喷涂、性能及外观,通常可使用 80～120 目的金属网或尼龙丝筛进行过滤,可使质量达到合格标准。

④ 涂层结构。

a. 涂层结构形成:

底漆—中间漆—面漆;

底漆—面漆;

底漆和面漆是一种漆。

b. 涂层的配套性:

● 底漆、中间漆和面漆均不能单独使用,要发挥好的作用与效果必须配套使用。

● 由于各种涂料的溶剂不相同,选用各种涂料时,如配套不当,则容易发生互溶或"咬底"现象。

● 漆面的硬度应与底漆基本一致或略低些。

● 注意各层烘干方式的配套,在涂装烘干型涂料时,底漆的烘干温度(或耐温性)应高于或接近面漆的烘干温度,否则易产生涂层过烘干现象。

⑤ 涂装厚度的确定。涂装厚度的确定,应考虑钢材表面原始状况、钢材除锈后表面粗糙度、选用的涂料品种、钢结构使用环境对涂料的腐蚀程度、预想的维护周期和涂装维护条件等因素。钢结构涂装涂层厚度可参考表 4-69 确定。

表 4-69　钢结构涂装涂层厚度　　　　　　　　　　　　　　(μm)

涂料种类	基本涂层和防护涂层					附加涂层
	城镇大气	工业大气	化工大气	海洋大气	高温大气	
醇酸漆	100～150	125～175				25～50
沥青漆			150～210	180～240		30～60
环氧漆			150～200	75～225	150～200	25～50
过氯乙烯漆			160～200			20～40
丙烯酸漆		100～140	120～160	140～180		20～40
聚氨酯漆		100～140	120～160	140～180		20～40
氯化橡胶漆		120～160	140～180	160～200		20～40
氯碘化聚乙烯漆		120～160	140～180	160～200	120～160	20～40
有机硅漆					100～140	20～40

(3)钢结构涂装方法

随着涂料工业和涂装技术的发展,新的涂料施工方法和施工机具不断出现,每一种方法和机具均有各自的特点和适用范围,正确选择施工方法是涂装施工管理工作的重要组成部分。常用涂料的施工方法有:刷涂法、手工滚涂法、喷涂法、浸涂法等。

① 刷涂法。

刷涂法具有工具简单、施工方便、易于掌握、适应性强、节省涂料和溶剂等优点,至今仍普遍使用;但也存在劳动强度大、生产效率低、施工质量取决于操作者的技能和责任心等缺点。

采用设计要求的防锈漆在金属构件上满刷一遍。如原来已刷过防锈漆,应检查有无损坏及有无锈斑,凡有锈斑及损坏之处,应将原防锈漆层铲除,用钢丝刷和砂布彻底打磨干净后,再按规范补刷防锈漆。

防锈漆一般应在金属构件表面清理完毕后再涂刷,否则金属表面又会重新氧化生锈。涂刷方法是油刷上下铺油(开油),横竖交叉将油刷匀,再把刷迹理平。

刷涂质量的好坏主要取决于操作者的实际经验、熟练程度以及工作态度,刷涂时应注意以下基本操作要点:使用油漆时,一般应采用直握方法,用腕力进行操作;涂刷时应蘸少量涂料,刷毛浸入漆的部分应为毛长的 $1/3 \sim 1/2$;对干燥较慢的涂料,应按涂敷、抹平和修饰三道工序进行;对于干燥较快的涂料,应从被涂物一边按一定的顺序快速连续地刷平和修饰,不宜反复刷涂;刷涂顺序一般应按"自上而下、从左到右、先里后外、先斜后直、先难后易"的原则,使漆膜均匀、致密、光滑、平整;刷涂垂直平面时,最后一道应由上向下进行,刷涂水平表面时,最后一道应按光线方向进行;刷涂完毕后,要将刷子妥善保管,若长期不使用,须用熔剂洗干净晾干,用塑料薄膜包好,存放在干燥的地方,以便再用。

涂刷必须按设计规定的层数和厚度进行,这样才能消除层间的孔隙,以抵抗外来的侵蚀,达到防腐和保养目的。

a. 涂第一遍油漆应符合下列规定:

● 分别选用带色铅油或带色调和漆磁漆涂刷,适当掺和配套的稀释剂或稀料,以达到盖底、不流淌、不显刷迹。冬天施工应适当加些催干剂,铅油用铅锰催干剂,掺量为 $2\% \sim 5\%$ (重量比)。磁漆等可用钴催化剂,掺量一般小于 0.5%。涂刷时厚度应一致,不得漏刷。

● 复补腻子,如果设计要求有此工序时,应将前数遍腻子干缩裂缝或残缺不足处,再用带色腻子局部补一次,复补腻子与第一遍颜色相同。

● 磨光,如设计有此工序(中、高级油漆),宜用 1 号细砂布打磨,用力应轻而匀,注意不要磨穿漆膜。

b. 刷第二遍油漆应符合下列规定:

● 如为普通油漆,且为最后一遍油漆,应用原装油漆(铅油或调和漆)涂刷,不宜掺催干剂;

● 磨光,如设计要求有此工序(中、高级油漆),与上一条相同;

● 湿布擦净,将干净湿布反复在已磨光的油漆面上揩擦,注意擦布上的细小纤维不要被沾上。

② 滚涂法。

滚涂法是用羊毛或分层纤维做成多孔吸附材料,贴附在空的滚筒上,制成滚子进行涂料施工。该方法施工用具简单,操作方便,施工效率比涂刷提高 1~2 倍,用漆量和刷漆法基本相同;但劳动强度大,生产效率比喷漆法低,只适用于较大面积的物件。

滚涂法施工基本操作要点如下。

a. 涂料应倒入装有滚涂板的容器中,将滚子的一半浸入涂料,然后提起在滚涂板上来回滚涂几次,使其全部均匀地浸透涂料,并将多余的涂料滚压掉。

b. 把滚子按 W 形轻轻滚动,将涂料大致地涂布于被涂物上,然后滚子上下密集滚动,将涂料均匀地分布开,最后使滚子按一定的方向滚平表面并修饰。

c. 滚动时初始用力要轻,以防流淌,随后逐渐用力,使涂层均匀。

d. 滚子用完后,应尽量挤压掉残存的漆料,或用涂料溶剂清洗干净,晾干后保存好,以备再用。

局部刮腻子待防锈底漆干透后,将金属面的砂眼、缺棱、凹坑等处用石膏腻子刮抹平整,一般采用油性腻子和快性腻子,配合比见表 4-70。

4-70　快性腻子配合比

腻子名称	俗　称	配　合　比	用途及使用方法
油性原漆腻子	油填密	石膏粉:原漆:熟桐油:汽油或松香＝3:2:1:0.7(或 0.6),加少量炭黑、水和催干剂	适用于原先涂有底漆的金属表面不平处做填嵌
环氧腻子	自干腻子	造漆厂的现成品,从桶内取出即可使用,腻子太稀加石膏粉或铅粉,如果干硬可加光油或二甲苯稀释	用于金属表面填平,干结后非常坚硬难磨
喷漆腻子	快干腻子	用芯粉或石膏粉加入适量喷漆拌和再加水即成,喷漆:香蕉水:芯粉＝1:1:8	用于喷好头道面漆后填补砂眼缺陷

③ 浸涂法。

浸涂法就是将被涂金属构件放入漆槽中浸渍,再晾干或烘干,其特点是生产效率高、操作简便、涂料损失少;适用于形状复杂的骨架状的被涂物,适用于烘烤型涂料。

a. 涂料需具备的性能:涂料在低黏度时,颜料应不沉淀;涂料在浸涂时和物件吊起后的干燥过程中不结块;涂料在槽中长期储存和使用过程中应不变质,不产生胶化。

b. 操作事项:为防止熔剂挥发扩散和灰尘落入漆槽内,在不作业时,漆槽应加盖,且应将涂料排放到地下漆库,浸漆槽敞口面应尽可能小;浸漆槽厂房内应装置排风设备;作业过程中,应严格控制好涂料黏度,每班应测定 1~2 次黏度,因为漆膜的厚度主要取于涂料黏度;浸涂过程中,由于溶剂的挥发,易发生火灾,要做好防火工作。

④ 粉末涂装法。

粉末涂装法是以固体树脂粉末作为成膜物质的一种涂装工艺,它具有很多优点,倍受用户欢迎。

a. 粉末涂装法具有不用溶剂、无环境污染、施工效率高、生产周期短、工序少、成本低、质量好等优点。

b. 常用粉末涂料的种类有环氧粉末、聚酯粉末、尼龙粉末和聚乙烯粉末等。

c. 粉末涂料施工方法有流化床法、静电流化床法和静电粉末喷涂法三种。

⑤ 空气喷涂法。

空气喷涂法是利用压缩空气的气流将涂料带入喷枪，经喷枪吹散成雾状，并喷涂到物体表面上一种涂装方法。其优点是可获得均匀、光滑平整的漆膜，工效比刷涂高 3～5 倍，每小时可喷涂 100～150 m²；主要用于喷涂烘干漆，也可喷涂一般合成树脂漆。其缺点是稀释剂用量大，喷涂后形成的漆膜较薄，涂料损失较大，涂料利用率一般只有 40%～60%，飞散在空气中的漆雾对操作人员的身体有害，同时污染环境。

喷涂操作基本要点如下。

a. 喷枪相关参数的调整。在进行喷涂时，必须将空气压力、喷出量和喷雾幅度等调整到适当的程度，以保证喷涂质量。

应根据喷枪的产品质量说明书调整空气压力。空气压力过大可增强涂料的雾化能力，但涂料飞散大、损失大；空气压力过低，则漆雾变粗，漆膜易产生橘皮、针孔等缺陷。

涂料喷出量的控制应按喷枪说明书进行。

可通过调节喷枪的压力装置及幅度来控制喷雾形状和幅度。

b. 喷枪操作准则。喷漆距离过大，漆雾易落散，造成漆过薄而无光；距离过近，漆膜易产生流淌和橘皮现象。喷涂距离应根据喷涂压力和喷嘴大小确定，一般使用大口径喷枪距物面距离为 200～300 mm，小口径喷枪距离物面为 150～250 mm。

喷枪的运行速度为 30～60 cm/s，并应稳定。喷枪角度倾斜，漆膜易产生条纹和斑痕。运行速度过快，漆膜薄而粗糙；运行速度过慢，漆膜厚而易流淌。喷幅搭接的宽度一般为有效喷幅宽的 1/4～1/3，并保持一致。

凡用于喷涂的油漆，使用时必须掺加相应的稀释剂，掺量以能顺利喷成雾状为准（一般为漆重的 1 倍左右）。涂料应通过 0.125 mm 孔径筛消除杂质。一个工作面层或一项工程上所用的喷漆量宜一次配够。

喷漆注意事项如下。

a. 在喷漆施工时应注意通风、防潮、防火。工作环境及喷漆工具应保持清洁，气泵压力应控制在 0.6 MPa 以内，并应检查安全阀是否失灵。

b. 在喷大型工件时，可采用电动喷枪或用静电喷漆。

c. 使用氨基醇酸烘漆时要进行烘烤，物件在工作室内喷好后应放在室温中流平 15～30 min，然后再放入烘箱。先用低温 60℃ 烘烤半小时后，再按烘漆预定的烘烤温度（120℃左右）进行恒温烘烤 1.5 h，最后降温至工件干燥出箱。

⑥ 无气喷涂法。

无气喷涂法是利用特殊形式的高压或其他动力驱动的液压泵，将涂料增至高压，当涂料经管路经过喷枪的喷嘴喷出时，其速度非常高（约 100 m/s），随着冲击空气和压力的急速下降及涂料熔剂的急速挥发，使喷出的涂料体积骤然膨胀而雾化，高速地分散在被涂物表面上,形成漆膜。

无气喷涂法的优点:喷涂效率高,每小时可喷涂 $200\sim400$ m²,比手工刷涂高 10 多倍,比空气喷涂高 3 倍,对涂料适应性强,对厚浆型的高黏度涂料更为适应;一道漆膜厚度可达到 $150\sim350$ μm;散布在空气中的漆雾比空气喷涂法小,涂料利用率高,稀释剂用量也比空气喷涂法少,既节省稀释剂,又减轻环境污染;一般拐角及间隙处均可喷涂。

无气喷涂法的缺点:喷枪的喷雾幅度和喷出量不能调节,如要改变,必须更换喷嘴;涂料利用比刷涂法损失大;对环境有一定的污染;不适宜用于喷涂面积小的物体等。

⑦ 漆厚标准。

涂料和涂刷厚度应符合设计要求,若设计对涂刷厚度无要求时,一般刷涂 $4\sim5$ 遍,漆膜总厚度:室外为 $125\sim175$ μm,室内为 $100\sim150$ μm。配置好的涂料不宜存放过久,使用时不得添加稀释剂。

⑧ 应注意的质量问题。

a. 油漆的漆膜作用是将金属表面和周围介质隔开,起保护金属不受腐蚀的作用。漆膜应该连续无孔,无漏涂、起泡、露底等现象。因此,油漆的稠度既不能过大,也不能过小,稠度过大不仅浪费油漆,还会产生脱落、卷皮等现象,稠度过小会产生漏涂、起泡、露底等现象。

b. 在涂刷第二层防锈涂料时,第一道防锈底漆必须彻底干燥,否则会产生漆厚脱落。

c. 在垂直表面上涂漆,部分漆液在重力作用下会产生流挂现象。原因是漆的黏度大、漆层厚、漆刷的毛头长而软,涂刷不开,或是掺入干性的稀释剂。此外,喷漆施工不当也会造成流挂。

消防方法:除了选择适当厚度的漆料和干性稀释剂外,在操作时应做到少蘸油、勤蘸油、刷均匀、多检查、多理顺;漆刷选得硬一点;喷漆时,喷枪嘴直径不宜过大,喷枪距构件面不能过近,压力大小要均匀。

d. 漆膜干燥后表面出现不平滑,收缩成皱纹。原因是漆膜刷得过厚或刷油不匀;干性快与干性慢的油漆掺和使用或是催干剂加得过多,导致外层干、里层湿;有时涂漆后在烈日下暴晒或骤然骤冷以及底漆未干透,也会造成皱皮。

e. 油漆超过一定的干燥限期而仍然有粘指现象。原因是底层处理不当,构件上沾有油质、松脂、蜡酸、碱、盐、肥皂等残迹;此外,底漆未干透便涂面漆(树脂漆例外)或加入过多的催干剂和不干性油、构件面过潮、气温太低或不通气等都会影响漆膜的干结时间;有时涂料储藏过久也会发黏。

f. 漆膜干后用手摸似有痱子颗粒感觉。原因是施工时灰尘沾在漆面上,漆料中的污物、漆皮等未经过滤,刷上有残漆的颗粒和沙子等;此外,喷漆时工具不洁或是喷枪距物体面太远、气压过大等都会使漆膜粗糙。

消除方法:搞好环境,确保使用工具的清洁,涂料要经过滤,改善喷涂施工方法。

g. 漆干后发生局部脱皮,甚至整张揭皮。原因是涂料质量低劣;漆内含松香成分太多或稀释过薄使油分减少;构件面沾有油质、蜡质、水分或底层未干透(如墙面)就涂面漆;物面太光滑(如玻璃、塑料),没有进行粗糙处理等也会造成脱皮。

消除方法：除针对上述原因进行处理外，金属制品最好进行磷化处理。

h. 经涂刷后油漆面透露底层颜色。原因是漆料的颜料用量不足，遮盖力不好，或掺入过量的稀释剂；此外，漆料有沉淀未经搅拌就使用也会导致露底的产生。

消除方法：选择遮盖力较好的漆料，在使用漆料要充分搅拌，一般不要掺加稀释剂。

i. 漆膜上出现圆形小圈，状如针刺小孔；一般以漆膜或颜料含量比较低的磁漆，用浸涂、喷涂或滚涂法施工时容易出现。主要原因是有空气泡存在，颜料的湿润性不佳，或者是漆膜的厚度太薄，所用稀释剂不佳，含有水分挥发不平衡，喷涂法不善等。此外，烘漆初期结膜时，受高温烘烤，溶剂急剧回旋挥发，漆膜本身未能及时补足空间而形成小穴出现针孔。

消除方法：针对上述不同的原因采取相应的处理办法。喷漆时要注意施工方法和选择适当的溶剂来调整挥发速度，烘漆时要注意烘烤温度，工件进入烘箱不能太早，沥青漆不能用汽油稀释。

七、钢结构防火涂料涂装施工

1. 钢结构的耐火性能和火灾特性

钢虽不是燃烧体，它却易导热、怕火烧，普通建筑钢的导热率是 67.63 W/(m·K)。科学试验和火灾实例都表明，未加防火保护的钢结构在火灾温度的作用下，只需 10 min，自身温度就可达 540℃以上，钢材的机械力学性能诸如屈服点、抗压强度、弹性模量以及载荷能力等都迅速下降；达到 600℃时，强度则几乎等于零。因此，在火灾作用下，钢结构不可避免地扭曲变形，最终导致垮塌毁坏。

划分建筑物的耐火等级是建筑设计防火规范中规定的防火技术最基本的措施之一，它要求建筑物在火灾高温的持续作用下，墙、柱、梁、楼板、屋盖、楼梯、吊顶等基本建筑构件，能在一定的时间内不破坏，不传播火灾，从而起到延缓或阻止火势蔓延的作用。根据我国的实际情况，各建筑物的耐火等级分为一、二、三、四级。

根据《建筑设计防火规范》GBJ16—88、《高层民用建筑设计防火规范》GB50045—2005、《石油化工企业设计防火规范》GB50160—2008 等国家规范对各类建筑构件的燃烧性能和耐火极限的要求，当采用钢材作相应的构件时，钢构件的耐火极限不应低于表4-71 的规定。

表 4-71　各类建筑的防火等级及耐火极限　　　　　　　　　　　　　　(h)

	高层民用建筑			一般工业与民用建筑				
	柱	梁	楼板、屋顶承重构件	支承多层的柱	支承单层的柱	梁	楼板	屋顶承重构件
一级	3.00	2.00	1.50	3.00	2.50	2.00	1.50	1.50
二级	2.50	1.50	1.00	2.50	2.00	1.50	1.00	0.50
三级				2.50	2.00	1.00	0.50	

2. 钢结构防火保护原理

应用钢结构防火涂料覆盖在钢基材表面,其目的在于进行防火隔热保护,防止钢构件在火灾中迅速升温、扭曲、变形、倒塌。防火原理:涂层对钢基材起屏蔽作用,隔离了火焰,使钢构件不至于直接暴露在火焰或高温之中;涂层吸热后,部分物质分解成水蒸气或其他不燃烧气体,起到消耗热量,降低火焰温度和燃烧速度、稀释氧气的作用;涂层本身多孔轻质或受热膨胀后形成炭化泡沫层,热导率均在 $0.233\,W/(m \cdot K)$ 以下,阻止热量迅速向钢基材传递,推迟钢基材受热升温到极限温度的时间,从而提高了钢构件的耐火极限。

厚涂型钢结构防火隔热涂料,涂层厚度为几厘米,火灾中可基本保持不变,自身密度小、导热率低;薄涂型钢结构膨胀防火涂料,涂层在火灾中由几毫米膨胀增厚到几厘米甚至十几厘米,热导率明显降低。钢结构实施防火保护,必须确保足够的防火涂层厚度,涂层的热导率要小,单位时间内传递给钢基材的热量少,防火隔热效果才更好。

吸收国内外先进经验,结合我国国情,相关部门制订了相应的产品标准和施工验收规范,即《钢结构防火涂料通用技术条件》和《钢结构防火涂料应用技术规范》CECS24:90,使钢结构防火涂料在工程中广泛应用。

3. 钢结构防火涂料的选用

① 钢结构防火涂料的分类。

钢结构防火涂料(包括预应力混凝土楼板防火涂料)主要作用于对非可燃性材料的保护。该类防火涂料涂层较厚,并具有密度小、热导率低的特性;具有优良的隔热性能,使被保护的钢结构在火焰作用下不易产生结构变形,从而提高钢结构或预应力混凝土楼板的耐火极限。

钢结构防火涂料按所有黏结剂的不同可分为有机型防火涂料和无机型防火涂料两大类,分类如下:

$$钢结构防火涂料\begin{cases} 有机型\begin{cases} 膨胀型 \\ 非膨胀型 \end{cases} \\ 无机型——非膨胀型 \end{cases}$$

钢结构防火涂料按涂层的厚度来划分,可分为两类:

B类:薄涂型防火涂料,涂层一般为 $2\sim7\,mm$,有一定装饰效果,高温时涂层膨胀增厚,具有耐火隔热作用,耐火极限可达 $0.5\sim2.0\,h$,又称膨胀防火涂料。

H类:厚涂型防火涂料,涂层一般为 $8\sim50\,mm$,粒状表面,密度较小,热导率低,耐火极限可达 $0.5\sim3.0\,h$,又称防火隔热涂料。

a. 薄涂型钢结构防火涂料(B类)。

组成与特点。这类涂料又称膨胀装饰涂料或膨胀油灰,它的基本组成是黏结剂有机树脂或无机复合物(10%~30%)、有机和无机绝热材料(30%~60%)、颜料和化学助剂

（5%～15%）、溶剂和稀释剂（10%～25%）。

它一般分为底漆、中涂和面漆（装饰层）涂料。使用时，涂层一般不超过 7 mm，有一定装饰效果，高温时能膨胀增厚，可将钢构件的耐火极限由 0.5 h 提高到 2.0 h 左右。

主要品种和规格。钢结构防火涂料品种较多，这里仅介绍几种经技术鉴定后推广应用的代表品种。

• MC-10 室内外防腐型钢结构膨胀防火涂料。涂层分底涂、中涂和面涂三层。底涂为防火底漆，中涂为防火涂料，面涂为油性阻燃漆。该涂料与面涂结合使用，使涂层具有优异的防火、防水、耐腐蚀、耐老化及耐冻融循环性能。能将钢结构的耐火极限由 0.25 h 提高到 0.5～2.0 h。

• WP-10 防火底漆。该底漆以无机与有机材料为复合黏结剂，配以多种助剂及铁红颜料，以水为稀释剂，经研磨而成。底漆与钢结构附着力强，耐水耐燃性优异。在火焰中不燃、不开裂、不脱落。耐热性超过 500℃，施工时无味无毒，是各种防火涂料的环保型配套底漆。可保证防火涂料在火焰中不会因底漆耐温性低而脱落。

• LB 钢结构膨胀防火涂料。该涂料以水乳胶树脂作黏结剂，配以各种防火隔热材料和化学助剂，以水为稀释剂，采用特殊的工艺制成，分为底层和面层涂料。

• SC-1 钢结构膨胀防火涂料。该涂料由有机树脂和磷酸盐等多种防火绝热材料与颜料、化学助剂等构成，用水作稀释剂，分为底层涂料和面层涂料。具有膨胀隔热性能突出、涂层薄、装饰性和耐湿热性等优点。

• SB-2 钢结构膨胀防火涂料。该涂料由水性树脂、有机和无机复合阻燃防火材料构成，以水为稀释剂，涂层薄，附着性较好，富有装饰性能。

• SS-1 钢结构膨胀防火涂料。该涂料以热塑性水乳胶作黏结剂，由多种硅酸盐、磷酸盐和富磷材料构成膨胀阻燃体系，以水为稀释剂。

• SWB 室外钢结构膨胀防火涂料。为了提高石化企业等建（构）筑物的耐火极限，满足《石油化工企业防火规范》GB50160—2008 等国家有关规范的要求，研制出的薄涂型 SWB 室外钢结构膨胀防火涂料，在黏结强度、耐水、耐化学腐蚀和耐冻融循环等性能上，同已有技术相比有重大突破。3～10 mm 厚的涂层，能将钢结构的耐火极限由 0.25 h 提高到 0.5～2.0 h。

• GJ-1 薄型钢结构膨胀防火涂料。

• WBA60-02 型钢结构防火涂料。

b. 超薄型钢结构膨胀防火涂料。

组成与性能特点。这类涂料的应用始于 20 世纪 90 年代中期，其构成与性能特点介于饰面型防火涂料和薄涂型钢结构膨胀防火涂料之间，其中的多数品种属于溶剂型，又叫钢结构防火漆。基本组成：基料，包括酚、醛、氨基酸、环氧树脂等（15%～35%）；聚磷酸铵等膨胀阻燃材料（35%～50%）；钛白粉等颜料与化学助剂（10%～25%）；溶剂和稀释剂（10%～30%）。

超薄型防火涂料的理化性能要求和试验方法类似于饰面型防火涂料，耐火性能试验同于厚涂型和薄涂型钢结构防火涂料,与厚涂型和薄型钢结构涂料相比,超薄型钢结构防火涂料粒度更小更细,装饰性更好,其突出特点是涂层更薄,一般涂刷 1~3 mm,耐火极限可达 0.5~1.0 h。

LF 溶剂型钢结构膨胀防火涂料。为适应建筑物中轻钢屋架、轻钢网架、压型彩涂屋面板等防火保护需要,研究开发出了 LF 溶剂型钢结构膨胀防火涂料;这种涂料具有涂层薄、可配制各种装饰色等特点。

c. 厚涂型钢结构防火涂料(H)。

组成与特点。这类涂料又称无机轻体喷涂材料或无机耐火喷涂物,基本组成:胶结料,包括硅酸盐、水泥、无机高温黏结剂等(10%~40%);骨料,即膨胀蛭石、膨胀珍珠岩或空心微珠、矿石棉等(30%~50%);化学助剂,即增稠剂、硬化剂、防水剂等(1%~10%);水分(10%~30%)。

根据设计要求,不同厚度的涂层,可满足防火规范对各种钢构件耐火极限的要求,涂层厚度一般在 7 mm 以上,干密度小、热导率低、耐火隔热性能好,能将钢构件的耐火极限由 0.25 h 提高到 1.5~4.0 h。

厚涂型防火涂料用于保护室内隐蔽的无装饰要求的钢结构以及耐火极限要求在 1.5 h 以上的钢结构,如商贸大厦、宾馆、写字楼、银行、医院、影剧院等。

主要品种和规格:LG 钢结构防火隔热涂料;TJG276 钢结构防火涂料;STI-A 钢结构防火涂料;ST-86 钢结构防火涂料;SB-1 钢结构防火涂料;SG-2 钢结构防火涂料;SWH 室外钢结构防火隔热涂料;STI-B 露天钢结构防火涂料;SJ-1 型高温隔热防火涂料;JG-276 钢结构防火涂料。

② 防火涂料的选用原则。

a. 当防火涂料分为底层和面层时,两层涂料应相互匹配,且底层不得腐蚀钢结构,不得与防锈底漆产生化学反应;面层若为装饰涂料,选用涂料应通过试验验证。

b. 必须有国家检测机构的耐火性能检测报告和理化检测报告,有消防监督机关颁发的生产许可证。选用的防火涂料质量应符合国家有关标准规定,有生产厂方的合格证,并应附有涂料品名、技术性能、制造批号、储存期限和使用说明等。

c. 室内裸露钢结构、轻型屋盖钢结构及有装饰要求的钢结构,当规定其耐火极限在 1.5 h 及以下时,应选用薄涂型钢结构防火涂料。

d. 室内隐蔽钢结构、高层全钢结构及多层厂房钢结构,当规定其防火极限在 2.0 h 及以上时,应选用厚涂型钢结构防火涂料。

e. 露天钢结构,如石油化工企业、油(汽)罐支撑、石油平台等钢结构,应选用符合室外钢结构防火涂料产品规定的厚涂型或薄涂型钢结构防火涂料。

f. 对不同厂家的同类产品进行比较选择时,宜查看近两年内产品的防火性能和理化性能检测报告、产品定型鉴定意见、产品在工程中应用情况和典型实例,并了解厂方技术力量、生产能力及质量保证条件等。

g. 选用涂料时,还应注意下列几点:

● 不要把饰面型防火涂料用于钢结构,饰面型防火涂料是保护木结构等可燃基材的阻燃涂料,薄薄的涂膜达不到提高钢结构耐火极限的目的。

● 不应把薄涂型钢结构膨胀防火涂料用于保护耐火极限要求在 2.0 h 以上的钢结构。薄涂型膨胀防火涂料之所以耐火极限不太长,是由自身的原材料和防火原理决定的。这类涂料含较多的有机成分。涂层在高温下发生物理、化学变化,形成炭质泡膜后起到隔热作用。膨胀泡膜强度有限,易开裂、脱落、炭质在 1 000℃ 高温下会逐渐灰化掉。

● 不得将室内钢结构防火涂料,未加改进和采取有效的防水措施,直接用于喷涂保护室外的钢结构。露天钢结构完全暴露于阳光与大气之中,日晒雨淋、风吹雪盖,必须选用耐火、耐冻融循环、耐老化,并能经受酸、碱、盐等化学腐蚀的室外钢结构防火涂料进行喷涂保护。

● 厚涂型防火涂料基本上由无机质材料构成,涂层稳定,老化速度慢,只要涂层不脱落,防火性能就有保障。对耐久性和防火性要求高的结构,宜选用厚涂型防火涂料。

h. 防火涂层厚度的确定:

● 按照有关规范对钢结构耐火极限要求,并根据标准耐火试验数据确定相应的涂层厚度。

● 根据标准耐火试验数据,即耐火极限与相应的涂层厚度,确定不同规格钢构件达到相同耐火极限所需的同种防火涂料的涂层厚度。按下式计算:

$$T_1 = \frac{W_m/D_m}{W_1/D_1} \cdot T_m \cdot K$$

式中　T_1——待喷防火涂料厚度(mm);

　　　T_m——标准试验时的厚度(mm);

　　　W_1——待喷钢梁质量(kg/m);

　　　W_m——标准试验时钢梁质量(kg/m);

　　　D_1——待喷钢梁防火涂层接触面周长(mm);

　　　D_m——标准试验时钢梁、防火涂层接触面周长(mm);

　　　K——系数,对钢梁,$K = 1$;对钢柱,$K = 1.25$。

公式限定条件:$W/D \geqslant 22$;$T \geqslant 9$ mm;耐火极限 $t \geqslant 1$ h。

● 根据钢结构防火涂料进行 3 次以上耐火试验所取得的数据作曲线图,确定出试验数据范围内某一耐火极限的涂层厚度。

● 直接选择工程中有代表性的型钢,喷涂防火涂料作耐火试验,根据实测耐火极限确定待喷涂层厚度。

● 防火涂层设计时,对保护层厚度的确定应以安全为第一,耐火极限应留有余地,涂层适当厚一些。如某种薄涂型钢结构防火涂料,标准耐火试验时,涂层厚度为 5.5 mm 刚好达到 1.5 h 的耐火极限,采用该涂料喷涂保护耐火等级为一级的建筑,钢屋架宜规定喷涂厚度不低于 6 mm。

4. 防火涂层施工方法

（1）一般规定

① 钢结构防火涂料是一类重要消防安全材料，防涂施工质量的好坏直接影响防火性能和使用要求。根据国内外经验，钢结构防火喷涂施工，应由经过培训合格的专业施工队负责，或者在研制防火涂料的工程技术人员指导下进行，以确保工程质量。

② 通常情况下，应在钢结构安装就位，与其相连的吊杆、马道、管架及其相关的构件安装完毕，并经验收合格之后，才能进行喷涂施工。如若提前施工，对钢构件实施防火喷涂后再进行吊装，则安装好后应对损坏的涂层及钢构件的节点进行补喷涂。

③ 喷涂前，钢结构表面应除锈，并根据使用要求确定防锈处理标准。除锈和防火处理应符合《钢结构工程施工质量验收规范》GB50205—2011中有关规定。对大多数钢结构而言，需要涂防锈底漆，防锈底漆与防火涂料不应发生化学反应。有的防火涂料具有一定防锈作用，如试验证明可以不涂防锈漆时，也可不作防锈处理。

④ 喷涂前，钢结构表面尘土、油污、杂物等应清除干净。钢构件连接处 4～12 mm 宽的缝隙应采用防火涂料或其他防火材料（如硅酸铝纤维棉、防火堵料等）填补、堵平。当钢结构已涂防锈面漆，涂层硬而光亮，会明显影响防火涂料黏结力时，应采用砂皮纸适当摩擦后再喷涂。

⑤ 施工钢结构防火涂料应在室内装饰之前和不被后期工程所损坏的条件下进行。施工时，对不需作防火保护的墙面、门窗、机器设备和其他构件应采用塑料布遮挡保护。刚施工的涂层，应防止雨淋、脏液污染和机械硬物撞击。

⑥ 对大多数防火涂料而言，施工过程中和涂层干燥固化前，环境温度应保持在 5～38℃，相对湿度不宜大于 90%，空气应流动。风速大于 5 m/s 时或雨后，不宜作业。化学固化干燥的涂料，施工温度、湿度可放宽，如 LG 钢结构防火涂料可在 -5℃ 施工。

（2）厚涂型钢结构防火涂料施工

① 施工方法与机具。一般采用喷涂施工，机具可为压送式喷涂机或挤压泵，配能自动调压的 0.6～0.9 m³/min 的空气压缩机，喷枪口径为 4～6 mm，空气压力为 0.4～0.6 MPa。局部修补可采用抹灰刀等工具手工抹涂。

② 涂料的搅拌与配置。

a. 由工厂制造好的单组分湿涂料，现场采用便携式搅拌器搅拌均匀。

b. 由工厂提供干分料，现场加水或其他稀释调配时，应按涂料说明书规定配合比混合搅拌，边配边用。

c. 由工厂提供的双组分涂料，按配制涂料说明书规定的配合比混合搅拌，边配边用；特别是化学固化干燥的涂料，配制的涂料必须在规定的时间内用完。

d. 搅拌和调配涂料，应使稠度适宜，即能在输送管道中畅通流动，喷涂后不流淌和下坠。

③ 施工操作。

a. 喷涂应分若干次完成,第一次喷涂基材面基本盖住即可,随后每次喷涂厚度为 5～10 mm,一般以 7 mm 左右为宜。必须在前涂层基本干燥或固化后再接着喷涂,通常情况下,每天喷一遍即可。

b. 喷涂保护方式、喷涂次数与涂层厚度应根据防火设计要求确定。耐火极限 1～3 h时,涂层厚度 10～40 mm,一般需喷 2～5 次。

c. 喷涂时,持枪手紧握喷枪,注意移动速度,不能在同一位置久留,造成涂料堆积流淌,输送涂料的管道长而笨重,应配一助手帮助移动或托起管道;配料及往挤压泵加料时均要连续进行,不得停顿。

d. 施工过程中,操作者应采用测厚仪检测涂层厚度,对未符合设计规定的厚度,应加涂或补涂涂层厚度。

e. 喷涂后的涂层要适当维修,对明显的乳突应采用抹灰刀等工具剔除,以确保涂层表面均匀。

④ 质量要求。

涂层应在规定的时间内干燥固化,各层间黏结牢固,不出现粉化、空鼓、脱落和明显裂纹。

钢结构的接头转角处的涂层均匀一致,无漏涂。

涂层厚度应达到设计要求。如某些部位的涂层未达到规定厚度值的 85％以上,或者虽达到规定厚度值的 85％以上,但未达到规定厚度部位的连续面积的长度超过 1 m 时,应补喷,使之符合规定。

(3) 薄涂型钢结构防火涂料施工

① 施工方法与工具。

a. 喷涂底层(包括主涂层,以下相同)涂料,宜采用重力(或喷斗)式喷枪,配能够自动调压的 0.6～0.9 m²/min 的空气压缩机。喷嘴直径为 4～6 mm,空压力为 0.4～0.6 MPa。

b. 面层装饰涂料,可以刷涂、喷涂和滚涂,一般采用喷涂施工。喷底层涂料的喷枪喷嘴直径为 1～2 mm,空气压力调为 0.4 MPa 左右,可用于喷面层装饰涂料。

c. 局部修补或小面积施工,或者机器设备已安装好厂房,不具备喷涂条件时,可采用抹灰刀等工具进行手工抹涂。

② 涂料的搅拌与调配。

a. 运送到施工现场的钢结构防火涂料,应采用便携式搅拌器予以适当搅拌,使涂料均匀一致。

b. 双组分包装的涂料,应按说明书规定的配比进行现场调配,边配边用。

c. 搅拌调配好的涂料,应稠度适当,喷涂后不发生流淌和下坠现象。

③ 底层施工操作与质量。

a. 底涂层一般应喷涂 2～3 遍,每遍间隔 4～24 h,待前遍基本干燥后再喷后一遍。头遍喷涂盖住底面 70% 即可,二、三遍喷涂每遍厚度以不超过 2.5 mm 为宜。每喷 1 mm 厚的涂料,耗湿涂料 $1.2 \sim 1.5 \ kg/m^2$。

b. 喷涂时手握喷抢要稳,喷嘴与钢基材面垂直或成 70° 角,喷口到喷面距离为 6～10 cm。要求回旋转喷涂,注意搭处颜色一致,厚薄均匀,要防止漏喷或过喷流淌。确保涂层完全闭合,轮廓清晰。

c. 喷涂过程中,操作人员要携带测厚仪检测涂层厚度,确保各部位涂层达到设计规定的厚度要求。

d. 喷涂形成的涂层是粒状表面,当设计要求涂层表面平整光滑时,待喷完最后一遍后采用抹刀或其他适当工具抹平处理,使外面均匀平整。

④ 面层操作与质量。

a. 当底层厚度符合设计规定,并基本干燥后,方可进行面层喷涂料施工。

b. 面层涂料一般涂料 1～2 遍。如头遍是从左至右喷,二遍则应从右至左喷,以确保全部覆盖住底涂层。面层涂料为 $0.5 \sim 1.0 \ kg/m^2$。

c. 对于露天钢结构的防火保护,喷好防火的底涂层后,也可选用适合建筑外墙用的面层涂料作为防水装饰层,用量为 $1.0 \ kg/m^2$。

d. 面层施工应确保各部位颜色均匀一致、接茬平整。

⑤ 薄涂型防火涂料施工要求。

a. 钢结构防火涂料的生产厂、检验机构、涂装施工单位均应具有相应资质,并通过公安消防部门的认证。

b. 防火涂料中的底层和面层涂料应相应配套,底层涂料不得腐蚀钢材。

c. 底涂层喷涂前应检查钢结构表面除锈是否满足要求,尘灰杂物是否已清干净。底涂层一般喷 2～3 遍,复遍厚度控制在 2.5 mm 以内,视天气情况,隔 8～24 h 喷涂一次,必须在前一遍基本干燥后喷涂。喷涂时,喷嘴应对钢材表面保持垂直,喷嘴至钢材表面距离以保持 6～10 cm 为宜。

d. 对于重大工程应对防火涂料进行抽样检验。每用 100 t 薄涂型防火涂料,应抽样检验一次黏结强度,每使用 500 t 厚涂型防火涂料,应抽样检验一次黏结强度和抗压强度。

e. 薄涂型面涂层施工时,底涂层厚度要符合设计要求,并基本干燥后方可进行面涂层施工;涂层一般涂 1～2 次,颜色应符合设计要求,并应全部覆盖底层,颜色均匀、轮廓清晰、搭接平整;涂层表面有浮浆或裂纹的宽度不应大于 0.5 mm。

f. 厚涂型防火涂层出现涂层干燥固化不好,黏结不牢或粉化、空鼓、脱落,钢结构的接头及转角处涂层有明显凹陷,涂层表面有浮浆或裂纹且宽大于 1.0 mm 等情况之一时,应铲除涂层重新喷涂。

5. 防火涂料涂装操作

① 防火涂料应随用随配。搅拌时先将涂料倒入混合机加水拌和 2 mim 后,再加胶黏剂及钢防胶充分搅拌 5～8 mim 使稠度达到可喷程度。

② 喷涂。

a. 正式喷涂前，应试喷一建筑层（段），经消防部门、质监站核验合格后，再大面积作业。

b. 喷涂完毕后自检，厚度不够的部分再补喷。

c. 施工环境温度低于5℃时不得施工，应采取外围封闭及加温措施，使施工前后48 h保持5℃以上为宜。

③ 涂装施工要点。

a. 涂刷前应对基层进行彻底清理，并保持干燥，在不超过8 h内尽快涂头道底漆。

b. 涂刷底漆时，应根据面积大小选用适宜的涂刷方法。不论采用喷涂法还是手工涂刷法，其涂刷顺序均为：先上后下，先难后易，先左后右，先内后外。保持厚度均匀一致，做到不漏涂、不流坠。待第一遍底漆充分干燥后（干燥时间不少于48 h），用砂、水砂纸打磨后，除去表面浮漆粉再刷第二遍底漆。

c. 涂刷面漆时，应按设计要求的颜色和品种进行涂刷。涂刷方法与底漆相同，如前一遍漆面留有砂粒、漆皮等，应用铲刀刮除。如前一遍漆过分光滑或干燥后时间过长（两遍漆之间超过7 d），为了防止离层应将漆面打磨清理后再涂漆。

d. 应正确配套使用稀释剂。当油漆黏度过大需用稀释剂稀释时，应正确控制用量，以防掺用过多，导致涂料内固体含量下降，使涂漆膜厚度和密实性不足，影响涂层质量。同时应注意稀释剂与油漆之间的配套问题，油基漆、酚醛漆、长油度醋酸磁漆、防锈漆等用松香水（即200号溶剂汽油）、松节油；中油度醇酸漆用松香水与二甲苯1∶1（质量比）的混合溶剂；短油度醇酸漆用二甲苯调配。如果错用就会发生沉淀离析、咬底或渗色等。

④ 防火涂料涂层厚度测定。

a. 厚度测量的圆盘始终保持与针杆垂直，并在其上装有固定装置，圆盘直径不大于30 mm，以保持完全接触被测试件的表面。当厚度测量仪不易抽入被测试件内时，也可用其他适宜的方法测试。

测试时，将测厚探针垂直插入防火涂层直至钢构件表面上，记录标尺读数。

b. 测点选定。

● 楼板和防火墙的防火涂层厚度测定可选相邻两纵横轴线相交形成的圆形的面积为一个单元，在其对角线上，按每米长度选一点进行测试。

● 钢框架结构的梁和柱的防火涂层厚度测定，在构件长度内每隔3 m取一截面为检测点。

● 桁架结构，上弦和下弦规定每隔3 m取一截面试验，其他腹杆每一根取一截面试验。

c. 测量结果。

对于楼板和墙面，在所选面积中，至少测出5个点；对于梁和柱，在所选择的位置中分别测出6个和8个点。分别计算出它的平均值，精确到0.5 mm。

6. 涂装的病态和防治措施

涂装过程及施工后经常出现的病态有：涂层不均匀、涂层厚度没有达到设计要求、漏涂、露底、裂缝、乳突、黏结强度差、空鼓、松散等。为克服和消除涂装的质量问题采取以下措施。

① 经检查,厚度未达到设计要求,应及时补喷,直至达到厚度要求,局部厚度不够可用刮涂方法局部加厚。

② 漏涂、露底的部位,应用喷涂或刮涂的方法,将漏涂和露底部位喷涂到规定厚度。漏涂和露底是防火涂料施工中绝对不能出现的质量问题,一定要严格把关,勤于检查。

③ 裂缝是在喷涂过程中经常出现的质量问题,裂缝的宽度及数量应遵照防火涂料施工质量要求规定严格控制,超过的部分裂缝应用面涂料修补。为了防止裂缝的产生,在喷涂时,应使涂层互相叠加,涂层中的各种纤维相互交错叠合,能使纤维起到抗裂作用;喷涂时切忌涂层过厚或过薄,过厚增加应力,以致涂层开裂,过薄以致涂层无纤维,在涂层干缩时,就会裂开。

④ 涂层与基材黏结性差,发生空鼓、脱层现象。为此,在喷涂施工前,应严格把住涂料质量关和施工质量关,不合格产品和过期产品不得使用,确保涂料良好的质量;喷涂前应严格按说明书要求,将涂料搅拌均匀,双组分中掺加的固化剂要与涂料混合均匀,喷涂前应检查钢基材表面是否有油污、污水、沾水粉尘等杂物,确保涂层与基体的黏结牢固。涂料喷涂后,应在适当的温度和湿度下进行养护干燥。夏季施工时,应防止太阳暴晒。冬季施工时,施工及养护不得低于 5℃,防止水性涂层结冻而造成涂层空鼓、脱层与粉化。已经空鼓、脱层的涂层,必须铲除,重新喷涂或刮涂到设计厚度。

八、检查未包装的钢构件

① 对涂装油漆全面复查,特别是对相对隐蔽部位涂层是否按涂装规范进行,同时对修复的涂层是否按修复规范进行,发现任何不符合规范要求的一律重新修复。

② 检查摩擦面的保护是否达到规范要求。

③ 虽然构件经验收合格后方可除锈、涂装,但在除锈、涂装时必须吊搬、翻身才能施工。因此,完全有可能将单个连接板和坡口衬垫板碰撞变形,故很有必要加强质量检查,发现问题及时进行修复。

④ 复查构件编号和商标,无论是出口或国内的构件都应按统一规定要求做好。对违规事例,质检人员应立即指出,并及时更改。

九、修正编号和包装

构件的编号和包装是钢结构加工制作全过中的后道工序,这项工作的质量体现了企业管理工作的水平。构件编号和包装等工作做好了,不仅体现了企业管理工作好的形象,同时还为施工现场清点构件号提供方便,利于实施安装。

1. 构件编号

① 钢结构各类构件编号代号(或按设计施工图和安装图所规定的图号结合构件实际编号)见表4-72。

表4-72 构件编号代号

名　　称	代　　号	名　　称	代　　号
柱	C	封墙柱	P
大梁	G	檩条	M
小梁	B	横向加固构件	D
垂直支撑	V	楼梯	S
水平克撑	F	桁架	T
吊杆	H	防压曲件	Z
吊车架	C_G	地板龙骨	N
糙架式梁	T_G	方管件	TS
工号钢件	W		

② 任何工程都有其规定编号要求,钢构件的编号可按下列规定进行(除原材料编号之外):钢构件的编号一般从放样号料开始到组装完成,大多以油漆手写于工件规定部位,便于组装查号,待构件总组装、焊接完工后,构件报验之前,用钢印编号以防油漆编号损坏,另外也可以用纸标注在工件的规定部位,按施工图纸标注全码号或用厂代码号,以上标注方法至少要具有两种,见图4-56。

2. 构件包装储存运输注意事项

① 任何钢结构工程的构件包装应按构件的特点和具体要求进行。船运、铁路、公路等运输方法中包括集装箱和构件裸运包装。

② 包装工作应注意以下几方面。

a. 专人负责。包装构件虽经验收,但在包装过程中大多数构件必须靠起重机械吊运,在起重吊运过程中往往会出现产品构件的涂层被碰坏,有时还会使构件产生变形和粘纸标注脱落。因此,在包装时,应对验收过的构件进行外观等方面的检查,对不符规范的构件必须认真做好修复工作,直至达到要求后方可将构件包装。

b. 包装、集堆和集装箱时,都必须按要求进行,即在构件之间设防护材料和防护措施。

c. 对裸运的构件严格做好工厂储存工作,使产品构件处于无碰撞状态,堆放横平竖直,装车时严禁产品乱扔,防止构件变形,捆扎牢固确保运输顺利。

d. 对集堆和集装箱构件,除了防护措施之外应在构件集外标明构件所属工程名称、工程编号、图纸号、构件号、件数、重量、外形尺寸、重心、吊点位置、制造单位、收货单位、地点、运输号码等内容。

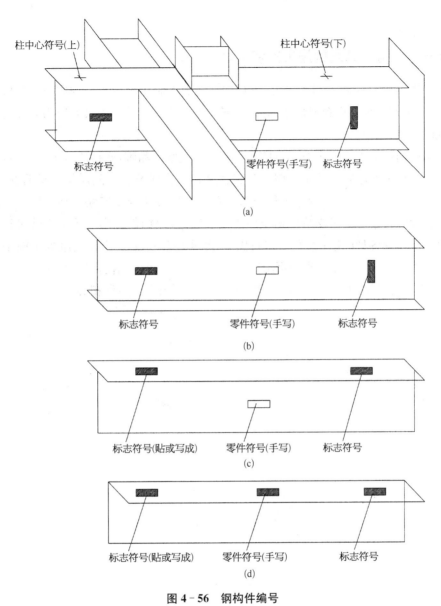

图 4 - 56　钢构件编号

(a) 钢柱；(b) 钢梁；(c) 钢桁架；(d) 钢腹杆

十、构件附资料发运出厂

钢结构工程结构件的制作是一个集体性制作过程,构件经验收合格后方可预拼装、发运,国内大多为分批发运出厂,国外钢结构工程项目要视项目大小确定发运方式,大的项目同样也是分批发运,小的项目一次性发运。无论何种发运方式都必须按所需要求做好构件附齐资料。所发构件运至目的地时,可随即按所附资料和施工图核对构件数量、规格及构件的编号,这样可便于施工现场查核实物,有利于施工安装,不至于等工。因此,必须做好分批发运和一次性发运所需资料的配齐,随构件一同交收件方办理签收手续后发运出厂。

十一、服务于钢结构施工安装工地

作为钢结构构件加工制作单位,重视构件在加工制作全过程中的质量是理所当然的事,产品质量好坏是体现企业形象的大事,对企业树立标志性形象具有极为重要的现实意义和发展意义。

钢结构构件加工制作企业不仅应在产品质量上坚持品牌,坚持质量第一,而且必须坚持对外服务至上的原则。这里讲服务是指钢结构制作成符合产品质量要求后的构件,发运至施工安装工地后,构件制作单位应派专业人员服务于施工安装工地。因构件虽然经预拼装和验收合格后方可交货发运至施工安装工地,但构件在实际施工安装过程中不可避免地还会出现各种问题(累积误差);因此,制作单位应派专业人员服务于施工安装工地。服务也存在一个质量问题,即结构加工制作单位不可以用任何借口、理由不愿服务于工地,应义不容辞协助施工安装单位解决施工工地所出现的各种相关问题。

第五章　近代钢结构构件 加工制作中的缺陷

本章节主要概述近代建筑钢结构构件在加工制作过程中存在的缺陷,如箱形体构件、BH 构件、劲性十字柱、桁架构件等,缺陷是指以上这些构件在加工制作过程中没有全方位按制作工艺规程和工艺规范施工,致使构件在制作中造成人工、辅材等严重浪费,降低了经济效益;更为严重的是对钢构件质量造成负面影响。钢结构在制作中存在的缺陷是钢结构加工制作行业中的顽疾通病。

第一节　钢结构箱体构件在加工制作中的缺陷

箱形柱和箱形桥梁构件在钢结构行业中是常见的构件,但技术要求高、难度大;因此,重视工艺规程在加工制作过程中全面实施于每道工序,是杜绝缺陷,确保钢结构加工质量的有效途径;具体应重视以下几方面施工内容。

① 箱形柱加工制作时必须按箱形柱加工制作工艺流程(图 5-1)。

② 按前文所述的钢结构构件制作综合工艺流程和工序顺序三个阶段所有相关工艺程序规范要求进行施工。

③ 大型桥梁箱形梁段件制作工艺流程见图 5-2。

箱形柱在加工制作过程中存在的缺陷和问题如下:

① 板材在切割前未做好对变形材料预处理(矫正)工作。

② 经气切割后的变形零件未经矫正(旁弯、波浪变形和消除气割后产生的应力)而进行组装,与钢结构构件加工制作工艺规程和工艺规范严重不符。

③ 箱形柱箱体内的整体内隔板是由单个内隔板为主,其四周都设有衬、垫板,与单个内隔板装焊连接成为整体内隔板。整体内隔板四周的衬、垫板共四件,其中两件为 SES 电渣焊焊道焊接所用,另两件扁钢垫板装焊于内隔板有坡口的部位。整体内隔板四周的衬、垫板与箱形体四块板相连接焊,其中两条只能焊电渣焊,其他的接触面均为 CO_2 气体保护焊(见前文节点件加工,箱形体内整体内隔板制作示图),整体内隔板对箱形柱箱体内的连接起主导定位依据作用。因此,其加工要求高于一般钢构件,所以整体内隔板的加工制作必须重视按工艺规程所规定的所有程序进行,具体制作流程如下:

单个内隔板按材质要求下料(有两条边开坡口)→单个内隔板四周衬、垫板按要求下

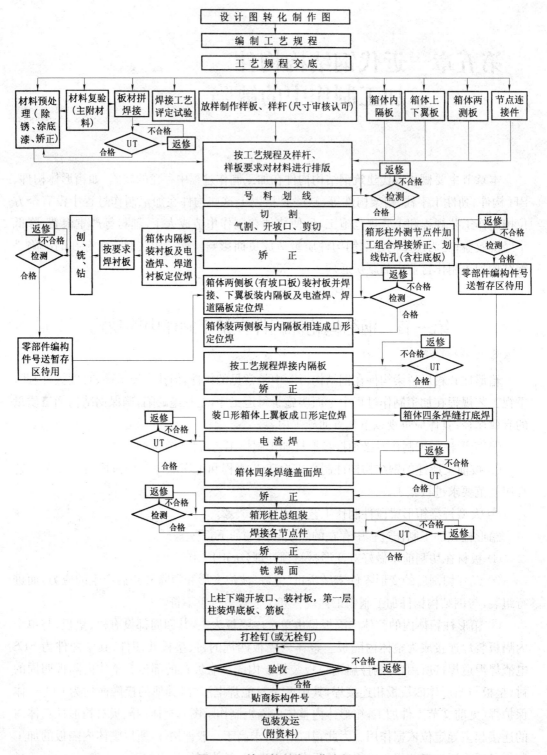

图 5-1 箱形柱制作工艺流程

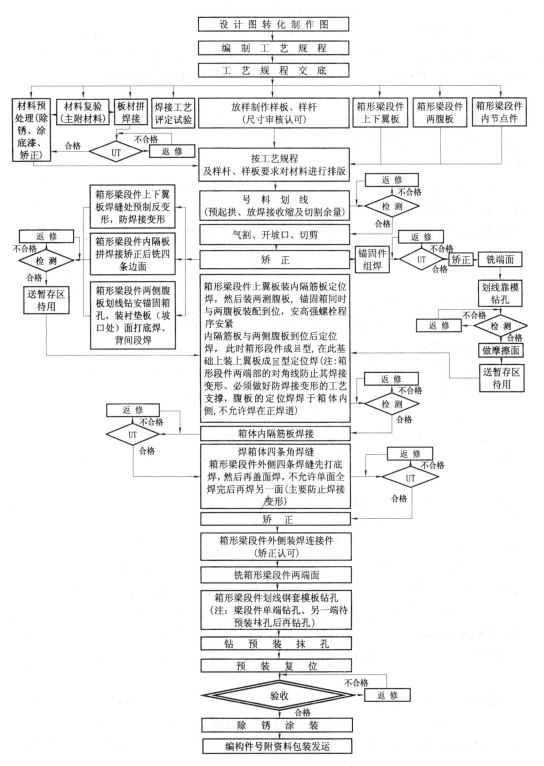

图 5-2　大型桥梁箱形梁段件制作工艺流程

料(重视放机加工余量)气割成条块和扁钢段件→矫正变形件→将符合要求的衬、垫板与单个内隔板四周装配连接(焊定位焊)→按焊接工艺规程要求焊衬、垫板与内隔板相连接处焊接→矫正焊接变形→将整体内隔板毛坯经机加工铣、刨四周与箱体内侧相连接的接触面精度→验收机加工后的每件整体内隔板加工质量(特别重视对角线的误差)→对质量认可后送半成品专存区待用。

严格按以上工艺规程程序加工制作的箱形柱箱体内整体内隔板是符合工艺规范要求的;可是在钢结构加工制作实际过程中有不少单位并未真正做到按工艺规范进行。具体事例如下:

单个内隔板下料→内隔四周(两件为 SES 所用)的衬、垫板气割成方条块和扁钢段件→衬、垫板 SES 衬板送机加工铣、刨(或不进行铣、刨)→依箱形体已装成的⌐槽为基准,先将单个内隔板安于⌐槽内与箱体三块板(两侧板和底盖板)之间,然后将衬、垫板方条块和扁钢段件一块块装贴于箱体内与箱体三块板内侧相连接⌐(焊定位焊)→焊接整体内隔板衬、垫板与所相连接部位的焊缝。按以上工艺程序在箱体⌐槽内将整体内隔板装配,是与工艺规程严重不符,只有将整体内隔板先制成整体毛坯,经机加工铣、刨四周并经验收合格后方可装配使用,装配时以整体内隔板为基准将箱形体四块板与整体内隔板装配结合。

施工管理者应知晓,如将箱形体三块板装配成⌐阶段时未成 90°,在这样的情况下强行将内隔板,衬、垫板和箱体三块板内侧装配成一体,这种构件既不是整体内隔板又不是箱形柱箱体,这样在后续将箱形体上盖板装配时只能采取强制成形(因内隔板处于各异状态),所以箱体板内侧致使杆件产生扭曲变形。

将已机加工铣、刨过的衬、垫板条块气割成段件直接与单个箱体板装配成整体内隔板(包括扁钢衬板)进行焊接,机加工铣、刨过的衬、垫板与箱体接触面都具有较高精度,将精度较高的接触面与单个箱体板四周装配焊接,则可能引起整体内隔板产生不成 90°,因箱体板装配定位是采用小三角尺测量箱体底板与两侧板角度的,这样的定位装配容易使箱体两侧板与底板不成 90°,在此状态下再经焊接,一旦产生焊接变形,会使预先机加工铣、刨的面失去精度,同时可能由于变形因素,使整体内隔板尺寸变化,特别是对角线是未知数。此阶段的整体内隔板又不可能进行机加工,如将较多超差(指对角线)整体内隔板不规范装配于箱体内,装配时只得采取强制成形,致使装配后箱形杆件产生翘曲变形,造成严重的质量后患。

以上违反工艺规程加工制作箱体内整体内隔板事例主要在于施工负责人对箱形体内整体内隔板所起作用没有足够的认识,在这里提示:整体内隔板对箱形柱和其他箱形构件起定位骨架连接主导性关键作用。因此,必须重视和执行按工艺规程所规定的程序加工制作箱形柱箱体内整体内隔板。

④ 箱形体 SES(电渣焊)焊道的上下盖板孔应开于无坡口的箱形体盖板上,见图5-3。但实际施工过程中某些制作单位将孔开于有坡口的两侧板上,这样的施工工艺影响下料气割坡口时无法一次性气割成功,见图5-4。这样不仅会影响气割工效,更会影响焊接纵向焊缝,因开孔位置的板料需割除,并需制成与纵向焊道相同坡口后方可焊接,箱形体纵向有四条焊缝,既浪费人工又损耗辅材。

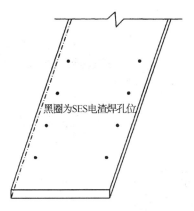

图 5-3　箱形柱盖板开 SES 孔为正确　　　图 5-4　箱形柱下料留 SES 孔为不正确

重视焊接工艺规范和焊接时具体操作程序,对工件经焊后减少变形或不变形至关重要。箱形柱一般都设有电渣焊内隔板(隔板焊完后),当箱体最后一件盖板装配成形并经定位焊后,其焊接程序极为重要,否则会引起焊件焊后变形。箱形柱整体装配成形后的焊接应按以下程序:

先将箱形柱四条纵向焊缝打底焊→电渣焊准备工作就绪到位→启动电渣焊(电渣焊需两台焊机对称同时焊接)→电渣焊焊缝 UT→返修合格或无须返修→清除电渣焊残留物→箱形柱四条纵向焊缝加打底焊和盖面焊→清除焊接残留杂物→修整缺陷部位并经检测合格。以上焊接程序是结合实际的焊接施工;但在实施中,有的制作单位对焊接工艺规范很不重视,如:怕麻烦,为了使焊件少翻身,而将纵向四条焊缝的单面两条焊缝打底焊和盖面焊同时进行,这种全焊完的焊接程序是最易使焊件产生变形的主要原因之一,易使焊接后的焊件产生严重的旁弯、拱度、扭曲(翘棱变形),单面焊完后翻身焊另一单面,虽然可抵御先焊时产生的变形,但无法消除所有存在的变形,因为先焊的单面刚性大。如四条纵向焊缝全焊完后再焊电渣焊,由于纵向焊缝焊时存在变形,再加上电渣焊焊接变形,致使杆件产生更严重的变形,对严重变形的焊件矫正难度大、浪费人工、辅材,并对安全工作带来不利。就算对变形焊件经矫正达到相关要求,但与未变形焊件相较,其表面和内在质量还是存在一定的负面影响。

第二节　BH 梁在加工制作中的缺陷

BH 梁构件在钢结构加工制作行业中是常见的加工制作构件。如未全面按工艺规程制作,则会出现各种意料内和意料外的问题;如严重的旁弯、拱度超标、腹板鼓泡、扭曲、翘棱变形,有时还会导致单个焊件(梁)整体失稳,即 BH 梁无法竖立只能卧倒。以下说明应重视哪些具体项目:

应按 BH 加工制作工艺流程,见图 5-5。

应按 BH 梁各工序规程和规范要求加工制作,具体按前文钢结构制作综合工艺流程和工序顺序三个阶段所有工艺规范要求进行施工。

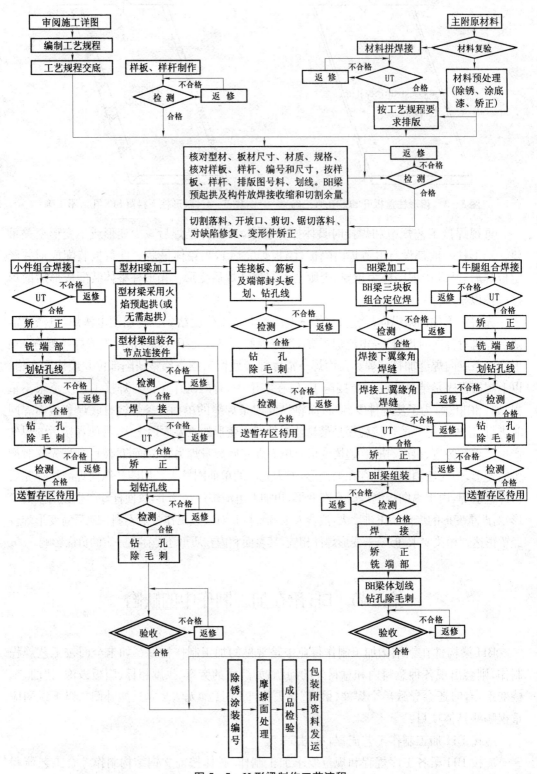

图 5-5　H 形梁制作工艺流程

BH 梁在加工制作中存在的缺陷和问题。

① 在下料前对变形材料（板材、型材）未预处理好（未经矫正机矫平、矫直），特别是不重视气割后的变形零件矫正和清除气割时所产生的应力工作，将不符合规范要求的变形零件进行装配，由于零件是变形体，装配时只能采取强制成形的措施。强制成形必然产生一股内在应力，因此使杆件产生先天性变形隐患。

② 对需焊接 UT 的 BH 梁的腹板加工坡口不当，如腹板厚度 $\delta=14$ mm、16 mm 的板材应加工成单面坡口（留 5 mm 钝边）；但在实际加工中往往被加工成对称 X 坡口，这样的对称坡口最易造成 BH 翼板焊后角变形，即翼板与腹板的倾斜变形。

③ 腹板厚度为 18～40 mm 的板材应加工成不对称坡口（坡口大的单边为板厚的 2/3）；而实际加工施工中，这些腹板也被加工成对称 X 坡口，这样的坡口更易引起严重的焊接变形。

④ 焊接时未按焊接工艺规程施焊。如单面或不对称坡口大多为先焊大坡口的打底焊，而不是包括盖面焊全焊完；如将大坡口焊缝全焊完再焊另一条焊缝，更会引起严重焊接变形。应先将大坡口单面打底焊焊至一定的厚度，将焊件翻身清根（或无须清根）后打底焊和盖面焊全焊完，然后将焊件再翻身焊大坡口单面加打底焊和盖面焊，直至焊接结束。

⑤ BH 形梁的杆件分上下翼缘板四条焊缝，焊接时无论有否坡口（一般坡口设于 BH 腹板上部，特殊情况腹板下部也有坡口）应先焊 BH 下翼缘板两条角焊缝，然后再按焊接坡口的程序焊上翼缘两条角焊缝。为什么应先焊下翼缘板两条角焊缝，有两方面的原因：一是先焊接的焊缝在冷却收缩时可使杆件往上起拱；二是先焊接的部位增强刚性，这样有利于焊上翼缘板两条角焊缝时不至于使杆件焊缝在冷却收缩时使 BH 梁下挠（梁之类的杆件允许无拱度，但绝对不允许下挠）。

第三节　劲性十字柱在加工制作中的缺陷

劲性十字柱是由 BH 和 T 形件组成的构件，在加工制作时，分 BH 和 T 形的制作，对截面小的 T 形单件同样是制成 BH 后，再将 BH 经气割分离成两个 T 形单件，对截面大的 T 形单件无须先制成 BH，可直接制成 T 形单件，然后将符合要求的 T 形单件与制成的 BH 装配成劲性十字柱丅、十杆件，经焊接等工序加工制成劲性十字柱部件，劲性十字柱加工制作过程中必须重视以下内容。

劲性十字柱的加工制作必须按制作工艺流程，见图 5-6。

劲性十字柱加工制作的各个工序规程和规范要求；按前文钢结构件制作综合工艺流程工序顺序的三个阶段所有工艺规范要求进行施工。

劲性十字柱在加工制作中的具体缺陷和问题。

① 钢板气割前后同样未对变形件矫正，这是钢结构构件加工制作过程中前两道工序最大的缺陷，也是钢结构构件加工制作行业中长期存在的共性问题，这一问题的出现主要在于施工管理者不重视变形材料和气割后变形零件的矫正工作，事实上，钢材预处理及下

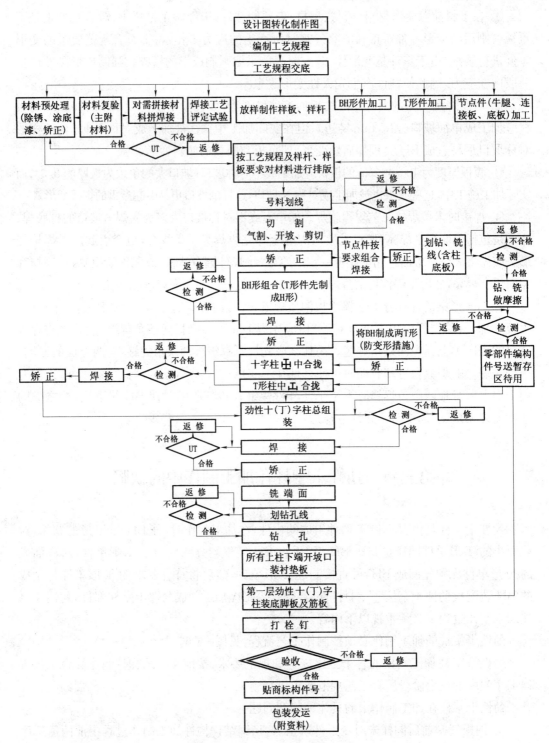

图 5-6 劲性十(丁)字柱制作工艺流程

料后变形件的矫正工作是钢结构构件在制作过程中对组装等工序工作能否顺利进行起致关性重要的作用。关于变形板材和气割后对变形零件矫正工作的重要性,可参见前文钢结构构件制作综合工艺流程工序顺序第一阶段(工艺流程工序顺序,气割后零件矫正)内容要求。

②劲性十字柱的单件,如 BH 与 T 形件的板材对接缝常发现在同一对接位置,这是不允许的,出现此问题主要在于板材排板不当。因此,重视材料排板工作不仅限于节约用料,更应重视板材拼接缝的错位,否则与钢结构构件加工制作焊接规范不符。

③劲性十字柱构件其柱身节点件(牛腿)部位较多,总组装后的焊接工作量较大,这是在钢构件加工制作实际事例中常见到的问题。

a. 劲性十字柱半成品在未总组装(未装节点件牛腿)前将柱身纵向焊缝焊完后的杆件送机加工铣端面,像这样先铣端面的工序除特殊情况之外,一般是不允许的。应将所有节点件总组装全就位,并将其所有焊缝焊接结束后,再送机加工铣端面。所谓特殊情况是指节点部件(牛腿)总组装全就位并经焊接后的杆件,由于节点件影响铣端面时机架的搁置,故在节点件(牛腿)未总组装之前先机加工铣端面。钢构件加工制作施工管理人员应考虑到对未经总组装焊接的半成品若先铣端面,后总组装焊接,应在机加工铣端面时必须预留焊接收缩余量,否则会使总组装焊接后的杆件长度尺寸缩短而影响质量。至于如何预留焊接收缩余量,则应视杆件节点层数确定焊接收缩余量(具体可参见钢结构构件制作综合工艺流程工艺规范要求第三阶段内容)。

在实际钢构件制作施工接触中,常见劲性十字柱在总组装焊接后的杆件发现总长度尺寸短缺,原因有二:一是板材下料时对气割嘴缝隙和机加工的余量未按规范预留;二是对杆件总组装焊接时的收缩余量未按规范预留。对尺寸短缺杆件只有采取焊接长肉补救措施,但焊接长肉的尺寸不宜超过 25 mm,焊材必须与母材相匹配,焊后做 UT 或 MT。

b. 节点件总组装后未经质检人员检查认可而进行焊接,故往往出现节点件层间尺寸、标高、角度等与施工图不符或严重超差,造成节点件焊后返工。因此,对总组装后的任何杆件必须坚持三级检查(自检、互检、交质检检查)认可后方可焊接。

第四节　桁架结构在加工制作中的缺陷

钢结构桁架结构无论过去和近代都称为非标结构,桁架结构的类型较多,一般桁架为型材制成,大型重荷载桁架大多为 BH 和 T、H 形型材制成。桁架构件一般都设有拱度和高强度螺栓连接孔,制作时需放大样制起拱度及制定位孔和定位靠模。当单个桁架构件制作验收合格后,设计规定构件还需进行预拼装,对制作时存在的累积误差及其他存在的相关问题进行进一步的修正和完善。经预拼装的整体桁架构件,必须经质检和监理检验认可后方可拆开,然后流向后道工序或直接送往施工安装工地。

桁架构件的加工制作看似一般,实际不是如此,从加工制作的实际情况而言,桁架构件比其他构件加工制作的工序和规范要求更为烦琐。

桁架构件加工制作必须按工艺流程进行,见图 5-7。

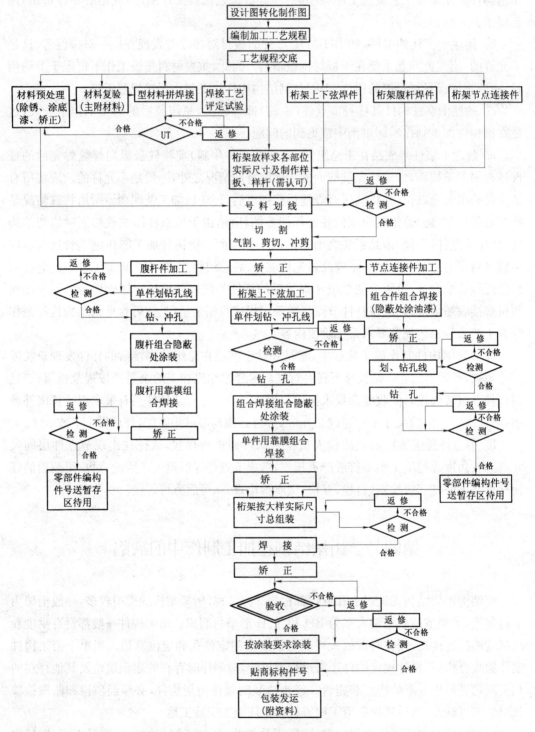

图 5-7 桁架构件制作工艺流程

　　桁架构件加工制作的工艺规范要求，按前文钢结构制作综合工艺流程和工序顺序三个阶段的工艺规范要求制作施工。

　　桁架构件在加工制作中常出现缺陷和问题有以下内容。

　　① 高层建筑钢结构桁架大多为 BH 梁制成的构件，设计时一般都要求构件起拱度；按设计起拱数值在平台上放大样求得起拱量，然后将求得的起拱量翻引于 BH 板料上划成弧形拱度线，气割时按拱度弧形线气割成拱度，按以上工艺过程制成的拱度应是符合工艺规范要求的。但在施工制作中大多先制成 BH，然后在 BH 下翼缘和腹板部位采用火焰热胀冷缩的原理用烤枪烤，使其冷却收缩成起拱度。火焰烤成的起拱度与放大样求得的起拱度存在根本上的区别，不宜采用火焰烤的工艺制成拱度因火焰烤成的拱度易逐渐下挠，放大样的起拱度一般不易下挠（除非是动载荷结构，时久也会有下挠状况）。所以，对重要构件的起拱度，不宜采用烤枪火焰烤成。

　　使用火焰用烤枪烤，是对变形（旁弯、鼓泡、扭曲等变形）构件的矫正。如钢构件需制成起拱度，但制成后的拱度超标，即拱度过大或拱度不够，对超标的拱度可采用火焰矫正法补救，将超标拱度经烤枪用火焰在杆件局部加热烘烤后使超标拱度部位受热胀冷缩的影响，而变为符合设计要求的起拱度（一般情况下不宜用烤枪火焰烤成拱度）。

　　② 型材制成的桁架构件，制作时首先对型材的预处理（变形材料矫正除锈涂底漆）按施工详图的大样求得起拱数值，制定起拱和单件各节点靠位板及孔的定位靠模。然后按大样各节点件尺寸，两单件组合，经焊接等工序制成符合要求的单个组合部件，然后按大样总组装整体桁架，经焊接等工序制成成品桁架。

　　实际施工中往往与工艺流程相反。

　　③ 需预拼装的桁架构件主要用于高层建筑因整体运输困难的桁架结构构件。

　　预拼装目的是通过预拼装检测单个构件在加工制作过程中误差的实际准确性，如单个构件的高强度螺栓孔位、孔距、孔的穿孔率、单个构件的节点尺寸、对角线、拱度等累积误差实际数值。对发现的问题按工艺规范要求进行修整并达到符合规定要求，最终使施工安装顺利进行。

　　如桁架连接为高强度螺栓，则预拼装时孔与孔连接的穿孔率极为重要，穿孔率得不到解决，等于预拼装工作没做。凡是需预拼装的桁架或其他构件，在预拼装时必须将所有节点连接板件全就到位，并固定，才能检查出穿孔率，参见节点预拼装规范示图 4-52。

　　可是，在高层建筑重型钢结构桁架构件制作施工过程中，接触到的实例常令人不满。如钢结构桁架拱度的制作，全都采用火焰烤成，而不是放样下料时起拱于板料上。不仅如此，在预拼装时未将上下连接板的孔与构件本身的装配孔配对安上，即只将上面一件连接板与构件孔相配安上，参见不规范示意图 4-53。这些实际施工中存在的缺陷和问题，严重违反了制作和预拼装的规范要求。

第五节　焊接施工中的缺陷和问题

焊接是钢结构构件在制作施工中起连接作用的特殊工序。除一般螺栓和高强度螺栓、铆钉连接外,钢结构构件的制成是由若干个零件制成部件,再由若干个部件组合成整体,它们之间的连接靠焊接起关键性连接作用(包括现场构件施工安装连接)。

焊接是 20 世纪初发展的技术,已有一百多年历史,但至今在焊接施焊中还是存在不应存在的缺陷和问题,具体内容在下文论述。

一、定位焊的缺陷

① 长久以来,钢结构构件加工制作单位对定位焊的焊工根本未按规范要求上岗使用,大多数单位用铆工代替定位焊工,严重违反了焊接规范要求,常由于焊接操作者的随心所欲,导致各种五花八门、奇形怪状的焊缝出现。

② 定位焊的部位未清除氧化皮、铁锈、油污和垃圾,应预加热的部位未按规范要求加热(注:预加热温度应高于正式施焊预热温度)。

③ 定位焊的焊高和长度的制定随心所欲(注:定位焊的焊缝高应为设计焊缝高的2/3,焊缝长度宜大于 40 mm、间距宜为 500～600 mm)。

对定位焊焊时存在的气孔、裂纹等未作自检和修整处理,急于将定位焊焊件流向下道工序。

二、焊接过程中存在的问题

① 非手工电弧焊引弧板和引出板宽度应大于 80 mm,长度宜为板厚的 2 倍且不小于100 mm,厚度应与焊件坡口相同(埋弧焊可全参照以上引弧板和引出板的规定)。

在实际施工制作过程中发现有很多单位对焊接施工装配引弧板和引出板工作很不重视;其一,根本不装引弧板和引出板;其二,所装引弧板和引出板与规范要求差距太大(未与正焊道坡口相对应);其三,引弧板和引出板装配是按规范要求装配,但焊接时操作者未由引弧板外侧约 60 mm 处启动焊接,逐步引向内侧正焊道施焊,焊缝焊至尾端时也应向引出板外侧引焊 60 mm,这样才能确保焊件两端部焊缝熔透,操作者启焊时由焊件端部母材开始,终点焊也是焊件端部,这样等于没装引弧板和引出板,最后造成焊件两端部焊缝未熔透或少焊而返修。

② 在实际施工中有一定数量的单位在使用焊条时与构件母材不匹配,如应用 E50 型系列焊条,却使用 E43 型系列焊条,同时对所用焊条未按规范要求进行预加热和保温措施(注:低氢型焊条烘焙温度应为 350～380℃,保温时间应为 1.5～2 h,烘干后应放于保温桶内进行 110～120℃缓冷,在大气中放置不超过 4 h,焊条烘干不宜超 2 次)。

③ 未按手工电弧焊、CO_2 保护焊的要求装配引弧板和引出板。引弧板和引出板焊缝引出长度应大于 25 mm,其宽度应大于 50 mm,长度宜为板厚的 1.5 倍且不小于 30 mm,

厚度不小于 6 mm。

④ 焊接前对焊件未经检查确认焊缝坡口,如(衬、垫板装配是否露出 8 mm),表面焊道周边约 50 mm 周围是否清除铁锈、氧化皮、油污、垃圾,装配质量包括焊件两端部装配引弧板和引出板的质量是否达到规范。

⑤ 焊接前未做好对焊件母材的预加热工作,导致首焊部位在焊道两侧和前进方向有明显水分渗出,必然影响焊接质量。

⑥ 钢结构构件加工制作无论在任何季节施焊,都得对焊件母材进行预加热处理,具体应注意以下几方面:

a. 焊件母材厚为 6~10 mm 的板材,一般只需去除水分(只需焊件加热后稍存热量即可);

b. 焊接作业区环境温度低于 0℃时,应将焊件焊接区各方向大于或等于两倍钢板厚度(8~20 mm)且不小于 100 mm 范围内母材加热至 30℃以上方可施焊;

c. 如焊件母材为中厚板(20~60 mm),其加热温度在 80~100℃;如焊件母材为特厚板(60 mm 以上),其加热温度需焊接技术负责人专题确定加热方案并经有关部门认可后实施。

关于对焊件母材的加热,看似很普遍的工作,实际并非如此,如遇重要工程项目构件的焊接,其材质又需 Z 向要求的母材、厚度属特厚(60 mm 以上)板或母材厚(20~60 mm),在施焊时对焊件母材的加热温度得当与否,则与焊接质量有直接关系。如加热温度不当往往会使焊缝产生裂纹。因此,重视对焊件母材的加热温度,是钢结构构件加工制作焊接工艺规程中不可缺少的重要内容之一,必须严格执行。

以上存在的缺陷是钢结构加工制作焊接过程中严重的问题,必须下决心加强技术管理,清楚产生问题的根源,只有这样才能减少上述问题的出现。

第六章　展开放样实例

有关放样的基本理念和相关要求在前文钢结构件制作综合工艺流程第一阶段放样工序工艺规程要求内容里已作论述,本章主要讲述展开放样实例,如各类异形管、球体、螺旋体等构件的展开放样。

第一节　可展表面和不可展表面

一、可展表面

构件的表面能全部平整地摊平在一个平面而不发生撕裂或皱褶,这种表面称为可展表面。可展表面除平面外,还有柱面和锥面等。

1. 柱面

设一根直线在空间沿着某一固定的曲线平行移动,所形成的曲面称为柱面,如图6-1a、b所示,运动着的直线称为母线,母线沿着那个固定的线称为导线,母线在各个位置上称为素线。如用一平面与柱面垂直线相交,那么平面(正断面)与柱面的交线,称为正断线。正断线必与素线垂直。

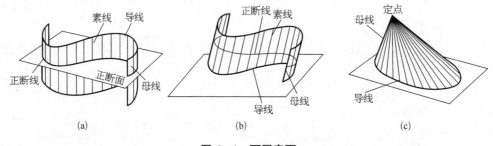

(a)　　　　　　　　(b)　　　　　　　　(c)

图6-1　可展表面

根据柱面形成的特点,在柱面上所有的素线都互相平行,相邻两根非常接近的素线形成的面,可以看为平面,所以柱面是有由许多狭小的平面组成,因此可展。只要知道正断线和各素线的实长,以及正断线与素线的相对位置,就可以作出该柱面的展开图。

2. 锥面

设一根直线(母线),在空间沿着某一固定的曲线(导线)始终经过某定点移动时,所形成的面称为锥面,如图6-1c所示。导线可以是平面曲线,也可以是空间曲线。

由锥面的形成特点可知,锥面的素线都相交于一点。取两个非常接近的素线所构成的面可以看作是一个三角形平面,所以锥面是有许多小的三角形平面组成,具有可展性。只要知道各小三角形三条边的实长,就可以作出该锥面的展开图。

综上所述,可展表面的性质是:凡以直线为母线,相邻两条素线能构成一个平面(两素线平行或相交),这样的曲面,是可展表面。

二、不可展表面

如果构成的表面不能自然平整地展开摊平在一个平面上,就称为不可展表面,如圆球、圆环的表面和螺旋面等。

1.球面

球面可以设想有一条半圆弧的母线,以直径为轴线旋转而成,由于球面的母线是曲线,所以球面是在轴向和垂直于轴线的方向都是弯曲的,即双向弯曲。显然双向弯曲的表面是不能摊平在平面上的,因此球面是不可展的。同样,圆环表面也是如此。

2.圆柱正螺旋面

若曲面上相邻两素线在空间并不平行,而是呈交叉状态,则它们不能组成一平面,所以不能展开在平面上,圆柱正螺旋面就是这种情形,是不可展表面。

由上分析,可以总结出不可展面的性质是:凡以曲线为母线或相邻两素线在空间呈交叉状态,这样的表面是不可展表面。

如果我们把不可展表面分割成许多小块,每一块看作只在一个方向弯曲,而在另一方向近似看作为直线,这样便能进行展开,所以不可展表面能作近似展开。

任何形状表面的展开放样法有平行线法、放射线法和三角形法三种。

第二节　平行线展开法

一、平行线法展开的基本原理

平行线法的展开原理是将构件的表面看作由无数条相互平行的素线组成,取两相邻素线及其两端线所围成的微小面积作为平面,只要将每一小平面的真实大小,依次顺序地画在平面上,就得到了构件表面的展开图。所以只要构件表面的素线或棱线互相平行的几何形体,如各种棱柱体、圆柱体和圆柱曲面等都可用平行线法展开。

二、棱柱管件的展开

图 6-2 为上口斜截的四棱柱管,各棱线相互平行,它由四个面组成,只要顺序画出四个面的实际大小,即得其展开图,作图步骤如下:

① 作棱柱的投影图,并在各棱线处标上 1、2、3、…、6 代号,由投影图分析可知,主视图的形状就是四棱柱管前后两面的实形,棱柱的底线与各棱线垂直,所以展开时以主视图底线的

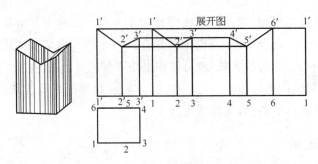

图 6-2   上口斜截四棱柱管的展开

延长线(正断线)展开,在其上量取俯视图上 1、2、3、…、6、1 各点,通过每个点作垂线。

② 在各垂线上量取主视图相应各棱线的高度,得 1′、2′、3′、…、6′、1′各点,用直线连接各点得展开。

图 6-3 为上下口平行斜截的四棱柱管,由两投影图分析可知,主视图的平行四边形即为四棱柱前后两面的实形,而在左右两侧的实形为矩形。展开时不能沿底线的延长线而应按垂直于棱线的正断线进行展开,作图步骤如下:

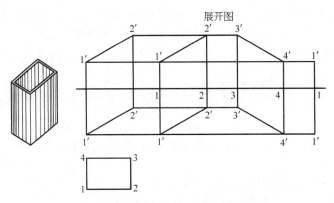

图 6-3   上下口平行斜截四棱柱管展开

① 在主视图上的任一位置引一与棱线垂直的水平线(正断线)作为展开线在其上量取 1、2、3、4、1 各点,并过点作垂线。

② 在各垂线的上下两部分相应量取各棱线的高度,得 1′、2′、3′、4′和 1′各点,用直线连接各点得展开图。

三、圆管件的展开

图 6-4 为上口斜的圆管,展开时在圆管表面取许多相互平行的素线,把表面分成许多小四边形,依次画出各四边形得展开图,展开步骤如下:

① 将俯视图上的圆周作 12 等分,将各等分点向俯视图作投影线,则相邻两投影线组成一小的梯形,每一小梯形作为一平面。

② 延长主视图的底线作为基准线,将圆周展开在延长线上得 1、2、3、…、7 各点,过各点作垂线并量取各素线的长度,然后用光滑曲线连接各点得展开图。

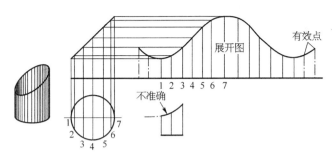

图6-4　斜口圆管的展开

为了保证曲线两端部的准确性,必须在曲线两端部之外加作几点,使曲线延伸过去,如图6-4中双点划线所示,这些点称有效点。

由于展开图上每一梯形平面代表了圆管曲面的一部分,所以圆周等分数越多,则每一小梯形曲面越接近于平面,作得的展开图越准确,但作图过程也相应地烦琐,所以等分数随圆管的直径大小而定,也可根据直径计算其周长,再将求得的周长作等分,这样作得的图形较精确。

在展开放样中,由于受地理位置和钢板面积的限制,作图方法可适当简化,将俯视图的上下两部分对称,可画一半,同时将俯视图紧靠主视图,这样就紧凑了。

图6-5为两端平行斜截的圆柱管,圆管的底线与圆管表面的素线并不垂直,因此展开时不能沿底面作延长线,必须沿正断线,就是在圆管中的任一位置作轴线的垂线,圆管的周长展开在此线上,然后引各点的垂线,在垂线上量取各对应素线的长度,用光滑的曲线连接各点得展开图。

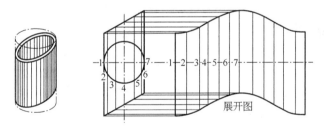

图6-5　斜圆柱管的展开

四、等径圆管弯头的展开

1. 两节等径圆管90°弯头的展开

图6-6为一个两节等径圆管90°弯头的立体图和投影图,每节都是相同的斜口圆管,所以只要展开一节就行,展开方法与上述斜口圆管相同,任意角度的两节圆管也用同样的方法展开。

如果第二节展开时,以素线7为接缝,则展开形状如图中的双点划线所示,它与第1节展开图可拼成长方形。

2. 三节等径圆管90°弯头的展开

图6-7为三节等径圆管90°弯头的立体图和投影图。为了使各节的断面形状和直径

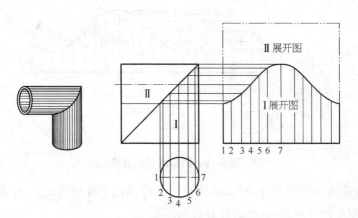

图 6‑6　两节等径圆管 90°弯头的展开

相同,在分节时必须使两端两节的中心角为中间节的一半,即中间一节相当于端头的两节,所以端节的中心角 $\alpha = \dfrac{90°}{4} = 22.5°$,中间的中心角为 $45°$。然后根据弯头半径 R、直径 d 作出各节的轮廓线,投影图作好后,用平行法展开,由于端头一节为中间节的一半,所以展开图的大小也为中间节的一半。如把端节的展开形状做出样板,则中间节的展开图就可根据样板划出。

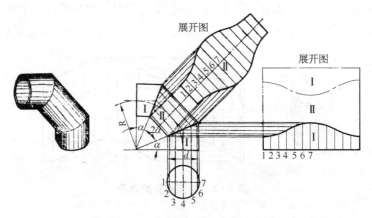

图 6‑7　三节等径圆管 90°弯头的展开

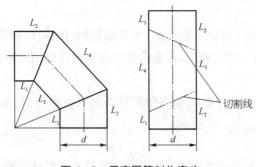

图 6‑8　用直圆管制作弯头

如果将各节的接缝错开 180°布置,则各节的展开图拼起来后为一长方形,如图中双点划线形状。

若把图 6‑8 所示的三节圆管,拼接时旋转 180°,就可拼成一直管。所以也可用现成的直圆管制作弯头,只要在直管上按 $L_3 = 2L_1$;$L_4 = 2L_2$ 划出斜切口线,割后再反向拼接,即成弯头。

3. 多节等径圆管弯头的展开

为使弯头的过渡更趋圆滑,以减少管内流体阻力,常采用四、五或更多节,此时各节的大小仍应遵循上面所述的规律,即中间各节相等为一整节,端头一节为中间节的一半(半节)。

例如五节 90°圆管弯头,共有 2 个半节,3 个整节,每一整节相当于两个半节,所以共有 8 个端节,设端节的中心角为 α,则 $\alpha = \dfrac{90°}{8} = 11.25°$,中间节中心角为 22.5°。对于任意角度的多节弯管,其端节的中心角计算可以归纳成如下公式

$$端节中心角\ \alpha = \frac{弯头角度}{2 \times 中间节数 + 2}$$

根据所求的角度,作出分角线和投影图,进行展开。

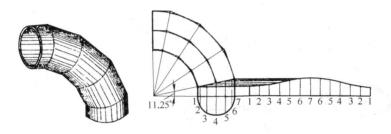

图 6-9 五节等径圆管 90°弯头的展开

五、等径圆管补料弯头的展开

图 6-10 为等径圆管补料弯头,由于弯头的夹角较小,利用补料使弯角圆滑,以减小管内气流的阻力。展开时先作出弯头及补料的投影,画出圆管的 1/2 断面图并等分,得等分 1、2、3、…、7,过各等分点分别引圆管的素线交结合线各点,再过各点补料管的素线,并作出补料管的断面图,使 2-2″等于 2′-2″,3-3″等于 3′-3″,…,6-6″等于 6′-6″。然各在补料管轴线的垂直线上量取补料管断面图的周长,并过 1′、2′、3′、…、7′各点引垂线,在各垂线上量取主视图中补料管各素线长度,连成光滑曲线后即得所求补料展开图。用同样的方法作出圆管的展开图。

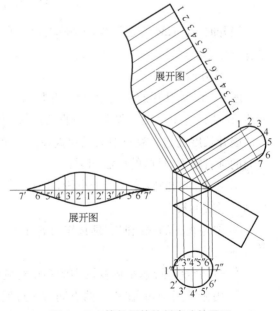

图 6-10 等径圆管补料弯头的展开

六、曲面的展开

1. 椭圆柱面的展开

图 6-11 所示的曲面实际是半只椭圆柱面,两口的投影为半圆形,所以用平行法展开,展开时必须先画出曲面的断面图。作曲面轴线的垂线 MM,将曲面的半圆周等分,得 1、2、3、…、9 各点,然后再作投影线及各点素线,并在 MM 垂线上量取 $2'-2''=2-2$、$3'-3''=3-3$、…、$8'-8''=8-8$,得 $1''$、$2''$、$3''$…、$8''$各点,连接后得曲面的断面图,断面为椭圆形。

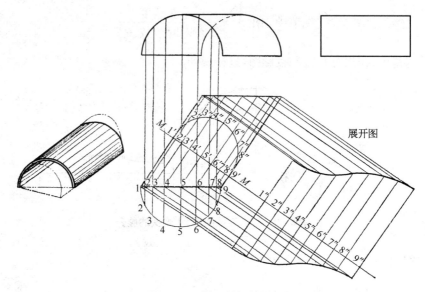

展开图

图 6-11 椭圆柱面的展开

展开时,作 MM 的延长线,把椭圆曲线展开在 MM 延长线上,得 $1''$、$2''$、$3''$、…、$9''$点。过各点作垂线,量取俯视图中各素线的长度,得各点,连接后得曲面的展开图。

2. 叶片的展开

图 6-12 为叶片的两投影,由于叶片与垂直投影面垂直,所以它在该面上的投影为一曲线,该曲线是由一段圆弧和一段直线组成,所以它属于柱面曲面,可用平行法展开。曲面的展开长度就是主视图中圆弧和直线的长度,曲面的展开高度就是俯视图中各投影点之间的垂直距离,具体的作法如下:

① 主视图的曲线分成若干小段,得 $1'$、$2'$、$3'$、…、$9'$各点,过各点向俯视图作投影线,得到各素线的长度。

② 取俯视图的底线向右延长作为展开线,将主视图中的曲线展开在延长线上,得 $1'$、$2'$、$3'$、…、$9'$点。

③ 过各点引垂线,把俯视图中的各点对应地投影到垂线上,得到各交点。

④ 由俯视图可知,在 4、5 两点间有一过渡点 P,为在展开图上定出该点的位置,必须另作一过 P 点的辅助线,辅助线在展开图上的位置根据主视图确定,把以上所求得的点

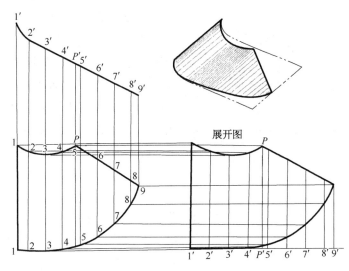

图 6 - 12　叶片的展开

连接后得叶片的展开图。

七、孔的展开

若管件上开有一定形状的孔,则在展开时也应作出孔的展开图。展开时必须确定孔在展开图中的位置,并在孔的范围内作一定的辅助线,辅助线与孔的交点,即为孔边界上的点。图 6 - 13 为圆柱管上开有一圆孔,其展开如下:

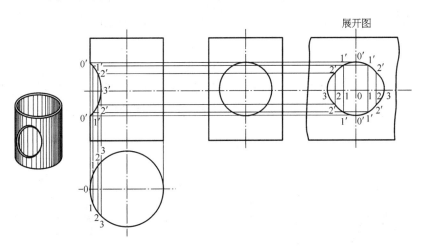

图 6 - 13　圆管上孔的展开

① 在俯视图孔位置的投影上取 1、2、3、⋯、1 点,过各点向主视图作投影线得 $1'$、$2'$、$3'$、⋯、$1'$各点。

② 在主视图中以孔中心的延长线作为展开线,取定 0 点的位置作为孔展开的中心,并分别向两边量取俯视图上孔的展开长度,得 1、2、3 点。

③ 过各点作垂线,在各垂线上量取主视图上各投影点的高度,得 $0'$、$1'$、$2'$、$3'$各点用

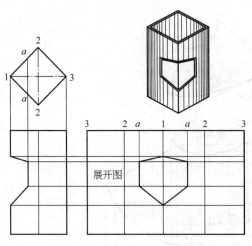

图 6-14　棱柱管上孔的展开

光滑曲线连接各点得孔的展开图。

图 6-14 为四棱柱管上开孔的展开图，展开方法同上。由于该孔是由平面截割而成，所以孔展开图上各点连接时用直线而不是曲线，这是不难理解的，因为当平面与平面相交时，其交线是直线而不是曲线。

综上所述，在作孔的展开图时，首先要定出孔的极限位置，即孔的左右与上下的边界位置，这样就有大概的轮廓，为了准确地作出孔的展开图，在极限位置间作许多辅线，以找出更多的点，使孔的展开形状更趋精确。

第三节　放射线展开法

一、放射线展开法的基本原理

放射线法适用于构件表面的素线相交于一点的形体，如：圆锥、椭圆锥、棱锥等表面的展开。放射线法展开原理是将构件的表面由锥顶起作出一系列放射线，将锥面分成一系列小三角形，每一小三角形作为一个平面，将各三角形依次画在平面上，就得所求的展开图。

现以正圆锥管为例说明放射线展开法的基本原理。正圆锥的特点是锥顶到底圆任一点的距离都相等，所以正圆锥管的展开后的图形为一扇形，如图 6-15 所示。它的展开图可以通过计算法或作图法求得，如图 6-15 所示。展开图的扇形半径等于圆锥素线的长

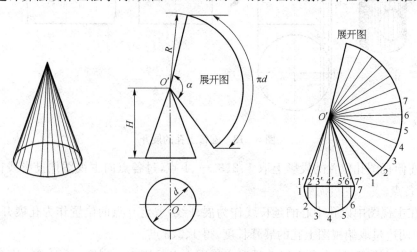

图 6-15　正圆锥管的展开

度 $\left(R = \sqrt{\left(\dfrac{d}{2}\right)^2 + H^2}\right)$；扇形的弧长等于圆锥底圆的周长 (πd)；扇形中心角 $\alpha = 360\pi d = 180\dfrac{d}{R}$。

　　用作图法画正圆锥管的展开图时，将底圆周等分并向主视图作投影，然后将各点与顶点连接，即将圆锥面划分成若干三角形，以 O' 为圆心，$O'-1'$ 长为半径作圆弧，在圆弧上量取圆锥底圆的周长便得展开图。

二、平口正圆锥管的展开

　　平口正圆锥是无锥顶的圆锥，上下口平行且垂直于锥管的轴线，主视图的投影为等腰梯形，俯视图的投影为两个同心圆，如图 6-16 所示。展开方法是先将完整正圆锥面展开成扇形，然后再减去被截掉的小圆锥面，其圆弧半径为 R_1，剩下的部分即为所求的展开图。

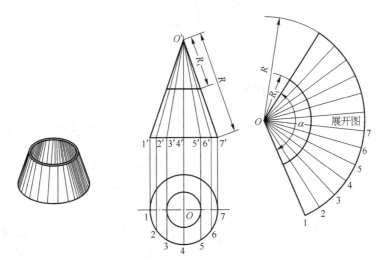

图 6-16　平口正圆锥管的展开

　　如果平口正圆锥管的上下口直径相差不多，则圆锥管的顶点离锥底较远，不能交于一点，此时不能用圆规作圆弧，而应改用另一种方法，如图 6-17a 所示，在锥管的主视图上，按顶底直径各作半个辅助圆，将锥管底圆周分成若干等分，得各等分点 1、2、3、…、7 各点向主视图作投影后得 $2'$、$3'$、…、$6'$ 各点，上口也作相应等分，然后将上下口各投影点对应相连，这样把锥管表面分成相等的几个等腰梯形（如 $3'$、$4'$、d'、c'）的展开图，即代表整个展开图的十二分之一。

　　等腰梯形的作法是：作一条水平线，在其上面量取 $3-4 = \overset{\frown}{3-4}$；作 $3-4$ 线的中垂线 O_1O_2，长度等于 $1-a$（即长锥管的素线实长）；以 O_2 为中点作 cd 直线平行 $3-4$，且等于 $\overset{\frown}{cd}$；依次连接 c、d、3、4 点，即得锥管十二分之一的展开图。

　　如要作出整个展开图，则以 d 为圆心，cd 长为半径作圆弧，再以 4 为圆心，$c-4$ 对角线长为半径作圆弧，两圆弧交于 e 点。再以 4 为圆心，$3-4$ 长为半径作圆弧，与 d 为圆心

d-3 对角线长为半径所作圆弧相交,得点 5,连接 d、e、5、4 点得又一个等腰梯形的展开图,依次作图,求得整个锥管的展开。这种方法由于作图误差的累积,精确度不高。

图 6-17b 为长锥管的近似展开法,正圆锥台的主视图为一梯形,展开时根据主视图画出 $ABCD$ 梯形,过 B 点作 AC 的垂线,垂足是 E 点,再作 $BF \parallel AC$,则 $AEBF$ 为一矩形,AB 为矩形的对角线,然后用大圆弧的作法画出圆弧。用同样的方法过 CD 点作圆弧,上下两圆弧之间的扇形即为所求正圆锥台展开图的一部分。

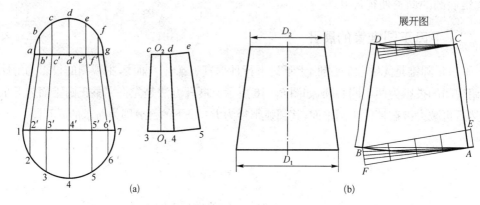

图 6-17 平口长锥管的展开

三、斜口正圆锥管的展开

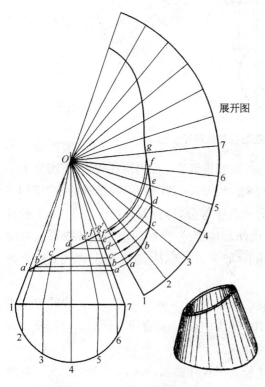

图 6-18 斜口正圆锥管的展开

斜口正圆锥管可以想象成一个具有锥顶的正圆锥管被斜平面截割锥顶后形成的。其展开过程是先作正圆锥管的展开,然后作出被截割锥顶部分的展开图,剩下的部分即为所求展开图,具体方法如图 6-18 所示。

先画出锥管的主视图和俯视图,将俯视图上的半圆周作六等分,然后画出整个圆锥面的展开图。作切口展开曲线时,需要知道锥顶切去部分素线的实长,如 Ob'、Oc' 等,但一般位置直线的投影不反映实长,因此需要解决求直线实长的问题。在主视图的投影中,只有 Oa'、cg' 的投影代表实长,其余的都不是实长,如求一般投影 Oc' 实长的方法是过 c' 点引水平线与投影图的轮廓线相交于 c 点,则 Oc 即为 Oc' 的实长,其余各线均用同样的方法求得,这种求实长的方法叫作旋转法。下面我们来分析用旋转法求实长的原理。

　　现以一般位置线段 O-3 的投影为例,说明用旋转法求实长方法(图 6-19a),设 O-3 绕 OO 垂直轴线旋转一周,则形成一正圆锥。

　　当 O-3 处于一般位置,则两投影中均不是实长,当 O-3 绕锥轴在锥面上旋转到最左位置,此时在水平投影中 O-3_0 成水平位置,且 O-3_0=O-3,图中的 O'-$3'_0$ 就是 O-3 的实长。

　　旋转法求实长的作图过程如图 6-19b 所示,把俯视图中的 O-3 线旋转到水平位置 O-3_0,再由 3_0 点向主视图作投影线与 $3'$ 点的水平线相交于 $3'_0$ 点,则 O'-$3'_0$ 即为线段 O-3 的实长。若在线段 O-3 上有点 C,则求作 OC 线段实长的过程和上面相同,由于 C 点是直线 O-3 上的一点,求线段 OC 实长时,只要在主视图中的 C' 点向左引到水平线与 O'-$3'_0$ 线(即正圆锥的轮廓投影)相交于点 C'_0,则 $O'C'_0$ 即为 OC 的实长。斜口正圆锥管作展开图时,各素线的实长就是应用这一原理求得的。实长求得后就能作出斜口的展开曲线了。

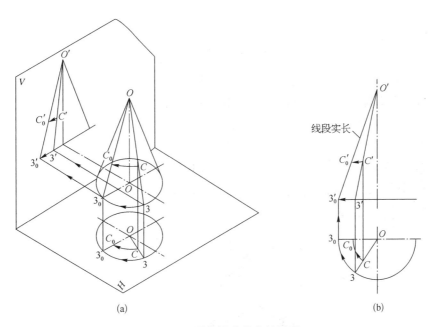

图 6-19　用旋转法求实长原理

(a) 作图原理;(b) 作图方法

四、斜圆锥管的展开

　　如果圆锥的轴线与底面不垂直,则该圆锥称为斜圆锥。斜圆锥的顶点至底圆的距离(即斜圆表面各素线的长度)都不相等,作展开图时必须分别求出各条素线的实长,先画出整个圆锥面的展开图,再画截去的顶部,图 6-20 所示为一斜圆锥管的展开图,步骤如下:

　　① 将底圆分成若干等分,各等分点 1、2、3、…、7 与顶点 O 连接,这样将斜圆锥面分成许多小的三角形。

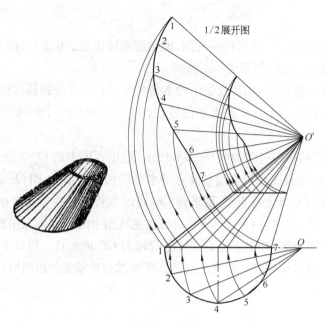

图 6 - 20 斜圆锥管的展开

② 用旋转法求出各条素线的实长,例如求 $O\text{-}2$ 实长时,在俯视图中以 O 为圆心,$O\text{-}2$ 为半径作圆弧与水平线相交,交点与顶点 O' 的连接线即为 $O\text{-}2$ 的实长,求出各素线的实长后,再利用等分圆弧长,依次作出各三角形得展开图,图中只画了一半展开图,另一半与其对称。

③ 用同样的方法作出截去顶部的展开图,图中的实线部分即为斜圆锥的展开图。

椭圆锥的展开方法与圆锥相同,棱锥的展开法实际上也与圆锥展开一样,因为作圆锥展开图时先要把圆锥表面分成若干个三角形部分,每个三角形近似看作平面,然后再画出三角形实形,所以这实际上是把圆锥近似看作棱边为相当多的棱锥。

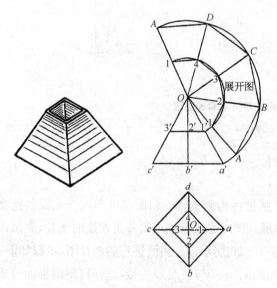

图 6 - 21 正四棱锥台的展开

五、正四棱锥台的展开

正棱锥展开时,由于各棱边的长度相等,所以能用放射线法作展开图,图 6 - 21 为正四棱锥台,展开时以四棱锥台的顶点为圆心,棱边的实长 Oa' 为半径作圆弧,在圆弧上顺次截取俯视图中四棱锥的底边,得 A、B、C、D、A 各点,并与顶点各点相连,再以顶点为圆心,顶点至 $1'$ 点长为半径作圆弧得 1、2、3、4、1 点,用直线连接各点得所求的展开图。

六、孔的展开

若在锥管的表面开有一定形状的孔,则在作圆锥表面的展开图时,也应作出孔的展开图。

图 6-22 正圆锥管的正面开有一方孔,展开时,应先由顶点 O' 与孔相切的 $O'-1'$ 与 $O'-2'$ 线,并延长与底面交于 a'、b' 点,以定出孔展开的边界位置,再将 a'、b' 点投影到俯视图的圆周上,得 a、b 点。因孔对称于 $O'O$ 线,故在展开图上作 $O'O$ 线为孔展开的基准线。在 O 点的两边量取 $\overset{\frown}{ab}$ 弧长,得 a、b 两点。连接 $O'a$、$O'b$,并在此线上找出 1、2 两点,此两点即为孔展开图上的边界点。用同样的方法作出 3、4 两点,显然仅有四个点还不能准确地描述孔的展开形状。分析方孔的展开形状可知,1、2 两点和 3、4 两点间的连线是以 O' 为圆心的圆弧,而 1、4 和 2、3 两点间的连接并非是简单的直线,所以还需找一些辅助点。为此在主视图上的 $1'-4'$ 和 $2'-3'$ 线间,作若干辅助线,在展开图上得辅助点 5、6,用光滑的曲线连接,1、5、6、4 和 2、5、6、3,得孔的展开图。其他形状孔的展开也用同样的作法。

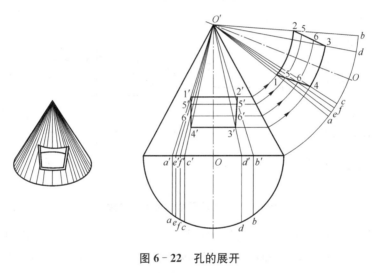

图 6-22 孔的展开

由于平行线法适用于展开表面的素线相平行的构件,而放射线法适用于展开表面素线相交于一点的构件,所以平行线法和放射线法在应用中各有一定的局限性。在实际展开中会碰到各种情况的构件,这些构件可以用三角形展开法。

第四节 三角形展开法

一、三角形展开法的基本原理

三角形展开法是将构件的表面分成一组或很多组三角形,然后求出各三角形每边的实长,并把它的实形依次画在平面上,得到展开图。必须指出,用放射线作展开图时,也是将锥体表面分成若干个三角形,但这些三角形均围绕锥顶;用三角形法展开时,三角形的划分是根据构件的形状特征进行的。用三角形法展开时,必须求出各素线实长,这是准确地作好展开图的关键,下面介绍线段实长的求法。

二、线段实长的求法

由投影原理可知,如果一线段与两投影面都倾斜,则该线段在两投影面上的投影都不是实长,求该线段实长的方法,除用前面所述的旋转法外,还可以用直角三角形法、直角梯形法和变换投影面法。

1. 直角三角形法

图 6-23 为线段 AB 对两个投影面都倾斜,所以它的两个投影 $a'b'$ 和 ab 都不是实长,从图中可知,如过 B 点,作 BC 垂直于 Aa,得直角三角形 ABC,直角边 $BC = ba$,另一个直角边 AC 就是 AB 两点的高度差 H,恰等于 AB 正面投影的两个端点 $a'b'$ 在垂直方向的距离 $a'c'$,由此可知,只要作两互相垂直的两直角边(图 6-23b)使 $B_1C_1 = ab$、$A_1C_1 = a'c' = H$,则斜边 A_1B_1 即为 AB 线段的实长。

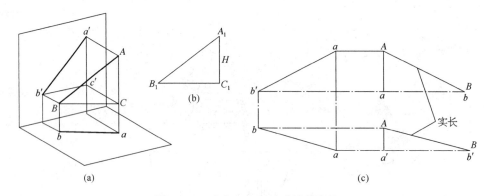

图 6-23　直角三角形法求线段实长

根据这样的原理,如果已知一线段的两投影,使用直角三角法求实长,其作图方法可归纳为如图 6-23c 所示,$a'b'$ 和 ab 为线段的两投影,求实长时只要作一直角,在直角的一边上量取投影图 ab(或 $a'b'$)长,则另一边上量取另一视图的投影差,则直角三角形的斜边即为线段 AB 的实长。

2. 直角梯形法

直角梯形法也是根据线段的投影原理(图 6-24),从另外一角度求其实长,由图 6-23a 中线段 AB 投影可知,AB 在垂直投影面投影为 $a'b'$,则 $Aa'b'B$ 为一直角梯形面,梯形的斜边即为 AB 的实长。同样,线段 AB 在水平投影面的投影为 ab,则 $ABbaA$ 也是一直角平面,梯形的斜边也是线段 AB 的实长。由此可见,只要根据线段投影,作出两直角梯形中的任意一个,就可求得线段的实长。作法如图 6-24 所示。

图 6-24a 为 AB 直线的两投影,作一水平线,量取主视图投影长 $a'b'$(图 6-24b),过 a'、b' 两点分别作垂线,在 a' 垂线上量取俯视图中的 Oa 之长,得 A 点,在 b' 垂线上量取俯视图中的 Ob 之长,得 B 点,连接 A、B 两点,AB 线段就是所求的实长。

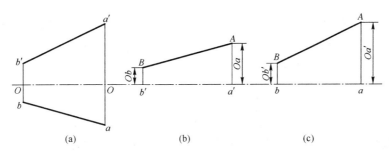

图 6-24 直角梯形法求实长

若在水平线上量取俯视图的投影 ab 长,则在垂线上应量取主视图的投影高,如图 6-24c 所示,同样也能求得线段实长。

3. 变换投影面法

对于一般位置的直线在三个基本投影面上的投影,都不是实长,如果另取一新的投影面,使其与空间直线平行,并与其中一基本投影面垂直,则根据正投影的方法,在新投影面上得到的投影,就是线段的实长。这就是变换投影面法求实长的基本道理。

图 6-25a 中直线 AB 处于一般位置,为求 AB 线的实长,加新投影面 P,使 P 面平行于 AB,且垂直于 H 面,这样在 P 面上所得的投影 a_1b_1,即为 AB 的实长,具体作法如下:

在水平投影上作轴线 O_1X_1 平行 ab(图 6-25b),再分别由 a、b 两点作 O_1X_1 轴的垂线,然后在垂线上分别量取主视图中 $h'a$ 和 $h'b$ 长,得 a_1、b_1 两点,a_1b_1 即为 AB 线在 P 面上的投影,等于 AB 的实长。

图 6-25c 的作法,是在 V 面上加新的投影面 P,使 P 垂直于 V,又平行于 AB,同样也能求得 AB 的实长。

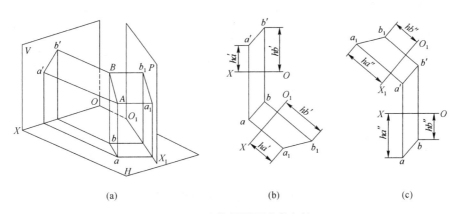

图 6-25 变换投影面法求实长

三、方口漏斗的展开

图 6-26 为倒置的方口形漏斗,上、下口扭转成 45°,它用八个等腰三角形平面组成,等腰三角形底边的实长(即方口的边长)在俯视图中可直接量得,各等腰三角形的腰长均相等,可根据两投影图旋转法求其实长,例如在俯视图中以点 2 为圆心,将 2-b 投影旋转

至水平位置,然后向上作投影,即得 $2-B$ 的实长。作展开图时,可以先作出三角形 $ab1$ 的实形,然后依次作各等腰三角形的展开图。

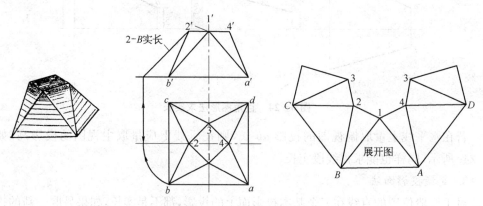

图 6-26 方口形漏斗的展开

四、上圆下方接管的展开

图 6-27 所示的接管,用来连接方管和圆管,它由四个三角形平面和四个局部锥面组成,为展开锥面,把圆周分成若干等分(图中 12 等分),然后把等分点与方底的四角按图示的方法相连,则锥面分成许多三角形,整个接管是由许多三角形组成,只要求出三角形各边的实长,即可画出各三角形的实形,作得展开图,具体作法如下:

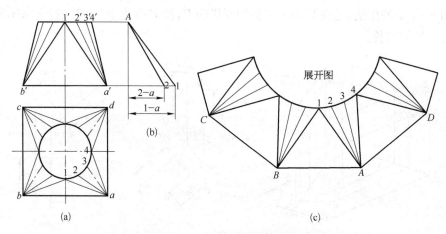

图 6-27 上圆下方接管的展开

用直角三角形法求 $1-a(4-a)$、$2-a(3-a)$ 的实长(图 6-27b),在直角边的高度方向量取主视图上投影线的高度差,得 A 点,在水平直角边上量取俯视图中的投影长,得 1、2 点,则斜边 $1-A$、$2-A$ 即为实长。

取 $AB=ab$,分别以 A、B 为圆心,$1-A$、$1-B(=1-A)$ 长为半径作弧交于 1 点,即得三角形 $AB1$ 的实形。再分别以 1 和 A 为圆心,$\overset{\frown}{12}$ 和 $2-A$ 为半径分别作弧交于 2 点。依次画出各三角形,然后用线光滑连接 1、2、3、4 各点,依次类推,作得整个接管的展开图。

图 6‐28 为上下口不平行的上圆下方接管,因主视图左右不对称,用直角三角形法求实长时,左面一组素线 4‐b、5‐b,必须以左边的接管高为直角边高度;而求右面一组素线 1‐a、2‐a 的实长时,应取其总高(图 6‐28b),实长求得后可从三角形 1AD 开始向两边展开。

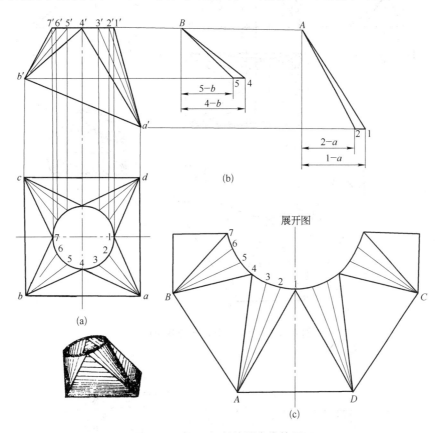

图 6‐28　下口倾斜的圆方接管展开

图 6‐29 为上口倾斜,下口水平的上圆下方接管,根据已知尺寸先画出主视图和俯视图。在主视图上画出上口半圆周并作等分,由各等分点作上口垂线,得交点 1′、2′、3′、⋯、6′ 各点。俯视图上的上口投影为椭圆,作此椭圆时,由主视图上的 1、2′、3′、⋯、7 向俯视图作投影线,以俯视图的水平中心线为起点,分别量取主视图中 2‐2′、3‐3′、⋯、6‐6′ 长,得 1、2、3、⋯、7 各点,用光滑曲线连接,得椭圆。然后用直角三角形法求实长,在垂直直角边上量取以主视图各线的投影高,在水平直角边上量取俯视图用的投影长,则斜边就是实长。然后根据求得的实长线从三角形 1AD 开始向两边作展开图。

当我们掌握了上面作图原理后,可将作图过程作一定的简化。例如俯视图中椭圆可不画,而以圆来代替,这样各线在俯视图中的投影仍不变,利用主视图中的投影长也能求得实长。

五、上下不同直径圆接管的展开

图 6‐30 所示为连接不同直径且斜交的两圆管的接头,此圆接管形状像圆锥,但实际上不是锥面,所以应采用三角形展开法。

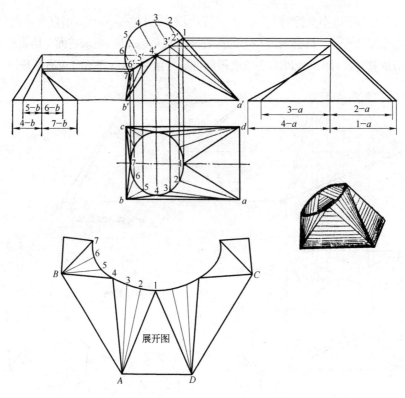

图 6-29 上口倾斜的圆方接管展开

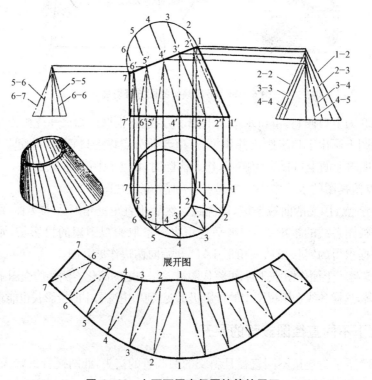

图 6-30 上下不同直径圆接管的展开

按投影图将顶圆和底圆分别作相同数量的等分(图中为 12 等分),得等分点 1、2、…、7 各点,在主、俯视图上分别作出各等分点的投影,用直线连接各对应的等分点,将表面划分成一系列小三角形,然后根据投影图,用直角三角形法求出各边的实长,依次作出各小三角形的实形,得所求的展开图。

六、圆顶长圆底接管的展开

图 6 - 31 是圆顶长圆底接管的主、俯视图,作展开图时,分别把顶底的 $\frac{1}{4}$ 圆周三等分,等分点为 $1'$、$2'$、$3'$ 和 1、2、3、4。连接各点把接管表面分成许多小三角形面。用直角三角形法求得各投影的实长(图 6 - 31b),然后按俯视图各线的连接顺序,从中间开始向两侧作展开求得各点,用曲线和直线连接各点,得展开图。

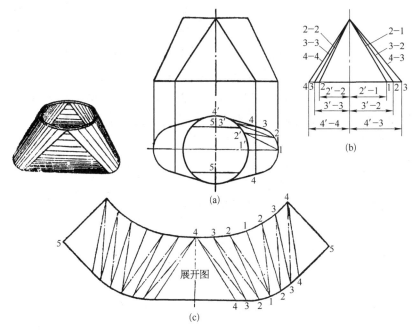

图 6 - 31　圆顶长圆底接管的展开

第五节　相贯体的展开

一、相贯线的基本概念

由两个或两个以上的基本几何体结合组成的构件,称为相贯体。两形体表面相交的线称相贯线。图 6 - 32 为两圆管正交所形成的相贯线,可知相贯线是相交的形体表面的公共线,所以也是相交形体的分界线,这是相贯线的基本特性之一。另外,由于几何体有一定的形状和范围,因此相贯线在空间总是封闭的,这是相贯线的又一基本特性。

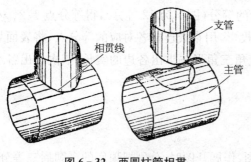

图 6-32　两圆柱管相贯

相贯体展开时,必须先作出相贯线,以确定基本形体的分界线,然后再分别作展开图。如图 6-32 所示的相交圆管,当作出相贯线后,即分成主管和支管两部分,再分别作展开图。由此可见,精确地作出相贯线,是相贯体展开时必须解决的问题。相贯线的作法有切线法、取点法、辅助平面和辅助球面法等多种。

二、切线法求相贯线及展开

切线法是通过作圆的公切线,画出两相交形体的轮廓形状,用直线连接两轮廓线的交点,求得所求相贯线的投影。切线法主要适用于截头圆柱和截头正圆锥的相接,并且交线在垂直投影面上反映为直线。

图 6-33a 为圆柱与圆锥相交。根据规定的交角 α 及圆锥的尺寸,作中心线,得 O_1、O_2、O_3 点,然后以 O_1、O_2、O_3 为圆心分别作圆,再顺次作圆的切线,得交点 a、b,连接 a、b 即得相贯线的投影。由图可知相贯线交线 ab 与 α 的分角线平行,但不重合,其间距随锥管锥度的增大而增大。当两锥管相交时,相贯线的投影也用同样的方法求得,如图 6-33b所示。等径圆管的相交是一种特例也可以用切线法求相贯线,见图 6-33c,这时相贯线与分角线重合。

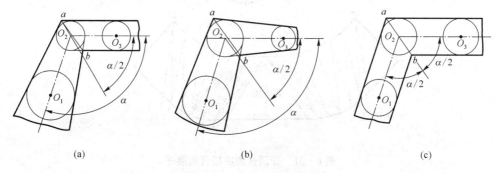

| (a) | (b) | (c) |

图 6-33　切线法求相贯线

图 6-34 为正圆锥管连接大小圆管组成的裤形三通,该三通因是正圆锥管与圆柱管相交,故其交线也用切线法求得。先画出主视图投影,以点 O_1、O_2 为中心画管Ⅰ、管Ⅲ的断面。分别连接两个圆的公切线,得管Ⅱ与管Ⅰ、Ⅲ两侧线的交点 F、G、M、$1''$、$2''$、$5'$、$1'$。连接 $2''-G$ 和 $1''-F$,得交点 3_0,则 $1''-3_0$、$2''-3_0$、3_0-M,$1'-5'$ 即为所求得的交线,交线得到后即可作各节的展开图,节Ⅰ和节Ⅲ用图示的平行线法展开,节Ⅱ是正圆锥管,用放射线法展开,在圆锥管轴线中间位置任取一垂直线,作半圆周,然后将圆周等分,各等分点向垂线作投影,再与顶点引连线进行展开,由于 3_0 点在圆锥体中离顶点最远,为在展开图上定出该点,必须添加 3_0 点的辅助线,才能得到正确完整的展开图。

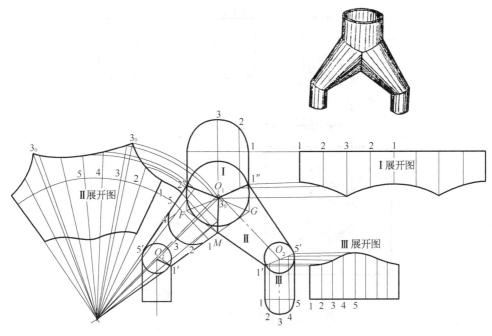

图 6‐34 裤形三通展开

三、取点法相贯线及展开

如果已知相贯线在一个或两个视图上的投影,则根据投影原理可求出相贯线在另一视图上的投影。作图时,先在相贯线上任意取一些点,根据点的投影原理和相贯线的性质,找出该点在其他视图上的投影,然后连接各点,求得相贯线,这就是取点法求相贯线的基本方法。

1. 圆管与方管直交的相贯线及展开

图 6‐35 为圆管与方锥管直交,相贯线在俯视中的投影已知为圆,所以可用取点法求相贯线在主视图上的投影,在俯视图相贯线上取 1、2、3、4 四点,分别向主视图作投影,点 1′ 在主视图上的投影为圆管与方锥的轮廓线交点,点 2′ 在方锥的棱线上,点 4′ 的位置与点 1′ 的高低相等,求点 3′ 的高低位置时可先在俯视图中过 3 点引水平辅助线,得与两棱线的交点。由两交点向上作投影,得辅助线在主视图上的投影,由于点 3 在辅助线上,所以就可定出点 3′ 的位置。用直线和曲线连接各点,就得主视图上相贯线的投影,接着可分别作出圆管Ⅰ和方锥Ⅱ的展开图。

2. 圆管与正圆锥直交的相贯线及展开

圆管与正圆锥直交(图 6‐36)时,相贯线在俯视图上的投影即为圆。在主视图上的投影可用取点法求得,把圆管的俯视图作八等分,得等分点 1、2、…、5,由各点向主视图作投影,为找出各点在主视图上的位置,俯视图上由 O 向各等分点引辅助线,并延长与底圆周相交,得 2″、3″、4″、5″ 各点,然后向主视图作投影,求出各辅助线在主视图上的投影,再由各等分点向主视图投影与相应辅助线形成交点,即为相贯线上的点,如图中 1′、2′、3′、4′、5′

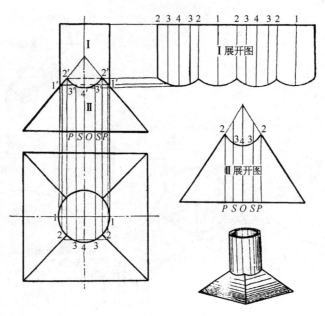

图 6-35　圆管与方锥直交的展开

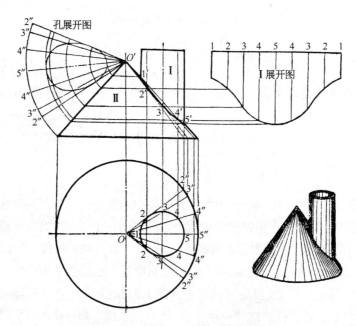

图 6-36　圆管与正圆锥直交的展开

点,连接各点后,即得主视图相贯线的投影。管Ⅰ用平行线法展开,正圆锥管Ⅱ上的孔用放射线法展开。

3. 正圆锥管与圆管直交的相贯线及展开

图 6-37 为正圆锥管与圆管直交,相贯线在左视图中的投影聚在圆柱的投影上,而在主视图中的投影需要求出。因此,可先在左视图的相贯线上取点,然后向主视图投影,找出各点,其作法如下:

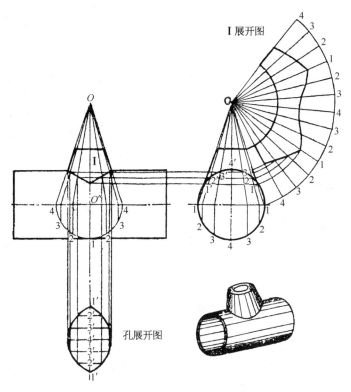

图 6 - 37　正圆锥管与圆管直交的展开

六等分左视图半圆周,等分为 1、2、3、4、…、2、1。由各等分点向 1 - 1 水平中心线投影,得交点并与 O 相连,其连线与圆周交于 1′、2′、3′、4′、…、2′、1′,这些点即为相贯线上的各点,并向主视图作投影。再以主视图 O'' 为中心,O'' - 1 为半径画半圆周,同样作圆周六等分,等分点为 4、3、2、1、…、4,标记时应按主、左视图的投影关系转过 $90°$。由各点向上投影与 4 - 4 线相交,其交点与 O' 相连,各连线与左视图的投影线对应相交,交点即为主视图相贯线上的点,连接后得相贯线。

锥管的展开图用放射线法作得,圆管的展开图采用平行线法作得。

四、辅助平面法求相贯线及展开

利用辅助平面截切相贯体,则得到两条截交线,其截交线的交点属于三面共点,也就是相贯线上的点。用许多辅助平面截切相贯体后可求得许多点,连接后即得相贯线。选择辅助平面时,必须使平面与两形体交线的投影为最简单的线段如圆或直线。

现以异径偏交圆柱三通管为例说明,如图 6 - 38 所示,将垂直管断面图的半圆分成四等分,由左视图的等分点向下引垂线(这些投影线好比一个个辅助平面截切两圆管)与管 Ⅱ 断面圆周相交,交点为 1″、2″、…、5″。再由各交点向左引水平线,与主视图上圆周等分点向下的投影线(即辅助平面与管 Ⅰ 的交线)对应相交,得 1′、2′、…、5′ 点,用曲线连接各点即得主视图相贯线的投影。然后用平行线法,分别展开管 Ⅰ 和管 Ⅱ。

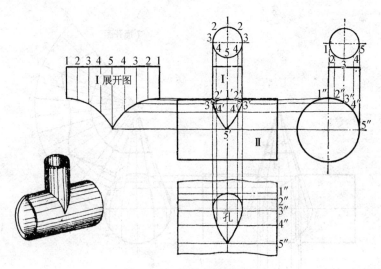

图 6－38　圆柱偏交的展开

五、辅助球面法求相贯线及展开

当球面与回转体（圆柱、圆锥等）相交，且球心位于回转体的轴上时，则其交线必为一垂直于该轴线的圆。当回转体的轴线平行于投影面时，交线（圆）在该投影面上的投影是直线。

图 6－39a 为球面与圆柱相交，球心位于圆柱轴线上的 O 点，则其交线为圆，其投影为直线 AB 和 CD。

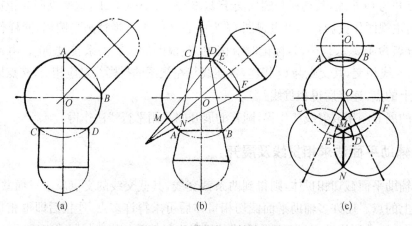

图 6－39　球面与回转体相交

图 6－39b 为球面与两锥体相交，球心位于圆锥体轴线上，并且平行于投影面，则交线为圆，其投影为直线 AB、CD、EF 及 MN。

图 6－39c 为四个相交的圆球，它们的交线也均为圆，当球心的连线平行于投影面时，则交线的投影为直线，如 AB、CM、MF 和 MN。

由上可知，辅助球面法的基本原理是：用辅助球面截割两相贯的回转体，得到两条交线,两交线的交点,既位于球面上,又位于两回转体上,所以该点即为相贯线上的点,用大小不同的辅助球面可求得许多点,用光滑的曲线连接各点,即得所求的相贯线。

图 6-40 为两相贯穿的圆柱,两轴线之垂直投影交于 O 点,且平行于垂直投影面,因此可用辅助球面求交线,以两轴交点为球心,以 R_1 为半径,作最小有效直径的球面,此球面分别与大小圆柱相交,两交线的交点为 7、$7'$ 点,它就是相贯线上的点,再以 O 为球心,以 R_4 为半径作最大有效直径的球面,求得 2 和 4 两点。同理点 1、3 也是相贯线上的点。

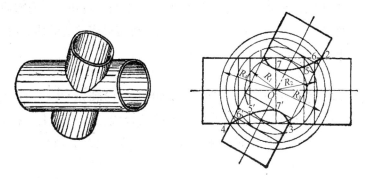

图 6-40 用辅助球面法作相贯线

以 O 为球心,取 R_2 为半径作辅助球面,求得 5、$5'$ 点;以 R_3 为半径作辅助球面,求得 6、$6'$ 点;为使相贯线画得精确些,可以再继续作辅助球面,可得到更多的点,然后用光滑曲线连接各点,即得相贯线的投影。

应用辅助球面法求两回转体的相贯线时,作图简便,但必须在两回转体轴线相交时才能应用,且两回转体的轴线所决定的平面必须平行于同一个投影面,所作的辅助球面不能超过最大有效球面或小于最小有效球面,否则将得不到相贯线上的点。

图 6-41 为两正圆锥管斜交,用辅助球面法求相贯线较简便,以点 O 为中心取几个适当的长度(R_1、R_2、R_3)为半径作辅助球面,得两交线的交点为 $1'$、$2'$、$3'$、$4'$、$5'$ 各点,用光滑曲线连接,即得相贯线在主视图上的投影,然后用放射线法分别作两锥管的展开图。

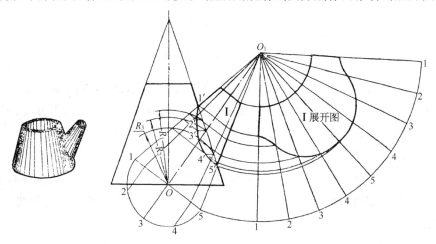

图 6-41 正圆锥斜交的展开

第六节　不可展曲面的近似展开

一、球体表面的近似展开

球体是典型的不可展曲面,它在两个方向都弯曲,所以不能自然地展开成为平面,只能作近似展开。将球体表面分割成若干小的曲面,每个曲面看作是单向弯曲,这样便能作出每一个小块曲面的展开图,将各小块下料成形后,拼接成完整的球体。由于分割方式的不同,也就有不同的展开方法。

1. 球体分瓣展开

球体的分瓣展开是球体展开的一种形式,如图6-42所示,先将俯视图圆周分成12等分。各等分点与中心O相连,各线即为分瓣的结合线在俯视图上的投影。用辅助圆的方法求出各结合线在主视图上的投影。由于分瓣大小相同,所以只要展开一个分瓣即可。

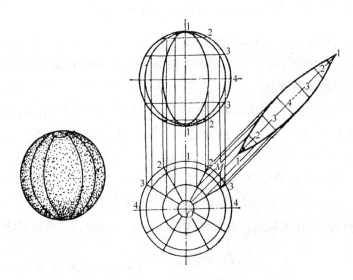

图6-42　球体的分瓣展开

在俯视图上取等分段中点M,在OM延长线上量取主视图上的半圆周长得1、2、3、4、…、1各点。过各点作垂线,并量取分瓣各处弧长,用曲线连接各点后得分瓣(球体展开图的十二分之一)的展开图。为避免接缝汇交于一点,在球的两端用小圆板连接。

2. 球体分带展开

球体分带展开是球体展开的另一种形式,如图6-44所示。将球体分割成若干横带,横带的数量根据球的大小而定,每节横带近似看作为正圆锥台,然后用放射线法作展开图。其作法如下:

将圆周分成16等分,具体为7个横带和两个大小相等的圆板Ⅰ。中间一个横带Ⅴ为

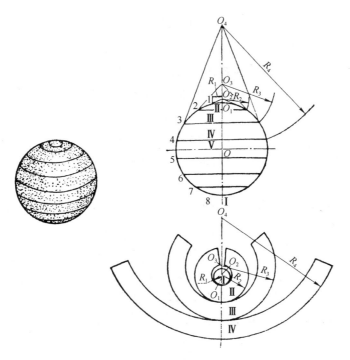

图 6-43 球体的分带展开

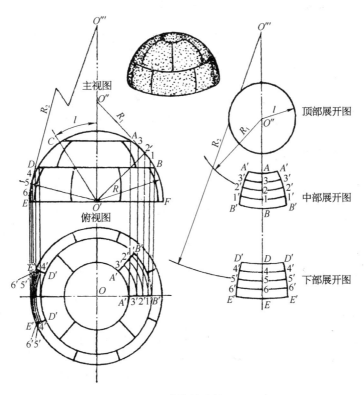

图 6-44 球体的分块展开

圆柱形，Ⅱ、Ⅲ、Ⅳ各横带为圆锥形，其展开为扇形。

现以横带Ⅳ为例，展开时在主视图上连接 4、3 两点并延长与垂直中心线相交得 O_4 点。取 O_4 为圆心 R_4 和 O_4-3 为半径作圆弧，自中点向两边各量取Ⅳ段大圆周的一半，得横带Ⅳ的展开图。其余各段的展开图也用同样的方法求得。

3. 球体分块展开

大直径球体由于受原材料尺寸和压力机吨位的限制，常采用分块展开下料的方法制造，即联合应用分瓣和分带的方法，将球体表面分成若干小块。为保证接缝的强度，各块应错开布置。

图 6-44 所示为半个球体的分块展开方法。在主视图中将半圆周三等分得等分点 A、B、C、D。连接 A、C 和 B、D，则半球分上、中、下三个球带。

把 A、B、C、D 点向下作投影至水平中心并作圆，各圆周作八等分，为使接缝交错布置，等分点应错开，各等分点与中心 O 引连接线，得各块在俯视图中的投影。然后根据俯视图中心的接缝向主视图投影，得主视图中接缝的投影。

由上作图可知，在同一球带中，各块大小相同，但顶部、中部和下部三块的大小不同，应分别作展开图。

顶部的展开：顶部展开为一圆板，是以弧长 L 为半径的圆。

中部分块的展开：将主视图中将 $\overset{\frown}{AB}$ 三等分，等分点 1、2、3 在俯视图中作圆弧。主视图中过 $\overset{\frown}{AB}$ 的中点 2 作 O'-2 线的重线得 O' 点。在展开图中以 O'-2 的长 R_1 为半径作圆弧。以 2 为基点，将 $\overset{\frown}{AB}$ 展开在垂直中心线上。并以 O' 为圆心，过各点作同心圆弧，在各圆弧上分别量取俯视图中各段弧长，得 B'、$1'$、$2'$、$3'$ 和 A' 点，用曲线连接后得中部分块的展开图。

下部分块的展开：方法与中部相同。将 $\overset{\frown}{ED}$ 三等分，得等分点 4、5、6 作 O'-5 的垂线，得 O''。展开图中以 O'' 为圆心，O'-5 的长 R_2 为半径作圆弧。以点 5 为基准，把 $\overset{\frown}{ED}$ 展开在垂直中心上，过各点作圆弧，并量取俯视图中各圆弧长得交点，连接后得下部分块的展开。

二、正圆柱螺旋面的近似展开

正圆柱螺旋面在机械制造、农机、建筑和化工等工业部门中应用很广。例如螺旋输送器中的转轴（又称绞龙）是由正圆柱螺旋面构成的，它是不可展曲面，只能用近似的方法展开。图 6-45a 为螺旋送料器的结构，螺旋面在制造时常按每一个导程的螺旋面展

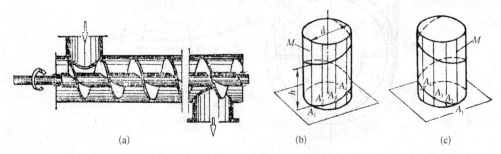

(a)   (b)   (c)

图 6-45 螺旋的应用和形成

开下料,然后焊接起来。为掌握其展开方法,应先了解圆柱螺旋线与螺旋面的形成原理和画法。

1. 圆柱螺旋线的形成及画法

当一点 A 沿着正圆柱的一条素线 M 作等速移动,而 M 又绕圆柱轴线作等速转时,A 点在空间的轨迹是一条圆柱螺旋线,如图 6-45b、c 所示。圆柱螺旋线的形状和大小是由下列三个要素决定:

① 圆柱直径 d——螺旋线直径。

② 导程 h——当素线 M 旋转一周,线上的 A 点沿轴向移动的距离。

③ 旋向——如果 A 点转动方向不变而素线 M 旋向不同时,所产生的螺旋线方向就不同。所以,螺旋线分右旋(图 6-45b)和左旋(图 6-45c)两种。

当螺旋线的三个要素确定后就可画出它的投影。

2. 正圆柱螺旋面的形成及画法

假设以直线 AB 为直母线,沿直径为 d 的正圆柱作螺旋线运动,如图 6-46 所示,并使直母线的延长线始终与圆柱轴线垂直相交,这样形成的曲面就是正圆柱螺旋面。

当直线 AB 运动时,A 点也形成一条圆柱螺旋线,螺旋的直径为 $D = d + 2AB$,它的导程 h 与原螺旋线相同。因此,只要根据已知尺寸 d、D、h 即可作出正圆柱螺旋面的投影,其作法见图 6-47。

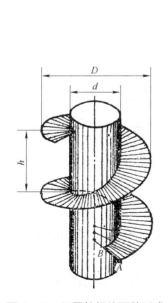

图 6-46　正圆柱螺旋面的形成

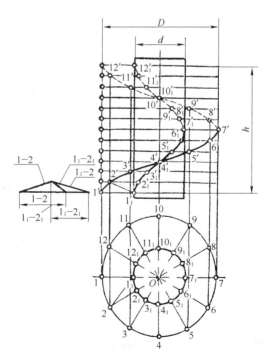

图 6-47　正圆柱螺旋面的画法

将圆周分成 12 等分,导程 h 也作相应等分,并引水平线。作直径为 d 的螺旋线 $1_1'$、

$2'_1$、$3'_1$、$\cdots$、$12'_1$各投影,并用光滑曲线连接。再作直径为 D 的螺旋线 $1'$、$2'$、$\cdots$、$12'$各点投影,用光滑曲线连接,两螺旋线组成的面即为所求的正圆柱螺旋面。

3. 正圆柱螺旋面的近似展开

正圆柱螺旋面的近似展开有三角法、计算法和简便画法多种。

(1) 三角形法。将正圆柱螺旋面分成若干个三角形,然后求出各三角形的实形,依次排列画出展开图。其作图步骤如下:

在一个导程内将螺旋面分成12等分,如图 6-47 所示,每一部分曲面 11_1、2_12 可近似地看作一个空间四边形。连接四边形的对角线,将四边形分成两个三角形,其中 $1-1_1$ 和 $2-2_1$ 就是实长,其余三边用直角三角形法求实长(如图 6-47 左面的实长图),然后作出四边形 11_12_12 的展开图(图 6-48a),在作其余四边形时可将 $1-1_1$ 和 $2-2_1$ 线延长交于 O,以 O 为圆心,$O-1$ 及 $O-1_1$ 为半径分别作大小圆弧,在大圆弧上截取 11 份的 $\widehat{12}$ 长,即得一个导程螺旋面的展开图。

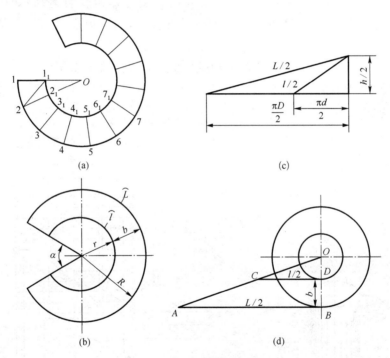

图 6-48 正圆柱螺旋面的展开

(a)、(b) 近似展开;(c)、(d) 简便画法

(2) 计算法。若已知螺旋面的外径、内径 d 和导程 H,可不画螺旋面的投影,直接用计算法作图。

图 6-48b 表示一个导程之间螺旋面的展开图,它是一个开口的圆环,其中:

$$r = \frac{bl}{l-1}, \quad R = r+b, \quad \alpha = \frac{2\pi R - L}{2\pi R} \times 360°$$

式中 b——螺旋面的宽度；

L、l——大、小螺旋线一个导程的展开长度，即 $L = \sqrt{h^2 + (\pi D)^2}$；$l = \sqrt{h^2 + (\pi D)^2}$

（3）简便画法。

① 分别作出大小螺旋线各半圆的展开长度，得 $\dfrac{L}{2}$ 和 $\dfrac{l}{2}$，如图 6-48c 所示。

② 作 $AB = \dfrac{1}{2}L$，过 B 点作 $BD \perp AB$，并使 $BD = \dfrac{B-d}{2} = b$。过 D 点作 $CD \parallel AB$，

并使 $CD = \dfrac{1}{2}l$。连接 AC 并延长使之与 BD 的延长线交于 O 点（图 6-48d）。

③ 以 O 为圆心，分别以 OD、OB 为半径作圆，则得正圆柱螺旋面一圈多一点的展开图，只要沿半径方向剪开便可加工成螺旋面。

第七节　板 厚 处 理

以上所述的各种展开中，没有考虑板厚的问题，但在实际展开中板料总有一定的厚度，尤其是当展开厚度较大，而构件尺寸又要求精确时，则必须要考虑板厚的因素，本节中以示图实例论述放样时板厚处理的问题。

一、中性层的概念

图 6-49 是将厚板卷弯成圆筒时的情形，圆筒的外层显然比内层的长度长，这是由于板料在卷弯时，金属的外层受拉而内层受压的缘故，那么在断面上由拉伸和压缩的过渡区间必有一层金属既不伸长也不缩短（图中的 $d_{平均}$ 直径处），这一层称中性层。因为中性层长度在弯曲前后不发生变化，可以作为展开的依据。

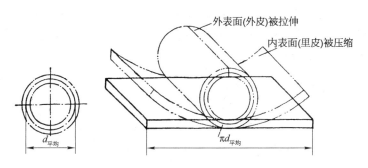

图 6-49　卷弯厚板时的变形

中性层的位置随弯曲的程度而定，当弯曲半径与板厚之比大于 4 时，此时中性层与中心线重合。一般弯成圆弧形的构件大多都是这种情况。

当板料弯成所折线形状时金属的变形要比圆弧形大，所以中性层的位置不在板厚的

中间。而是位于材料的内壁处,板展开长度一般近似按里皮的长度计算。

二、单件的板厚处理

单件的板厚处理,主要考虑其展开尺寸及构件的高度。图 6‐50a 为上圆下方的变形接管,板料有一定的厚度。展开时应以中性层尺寸为准,即圆口中取平均直径,方口取里皮尺寸。如果成形后上、下口进行加工修整,则放样高度可取总高;对于类似侧壁倾斜的零件都可参照这样的方法处理;最后根据板厚处理后的尺寸画出放样图(图 6‐50b),再进行展开。

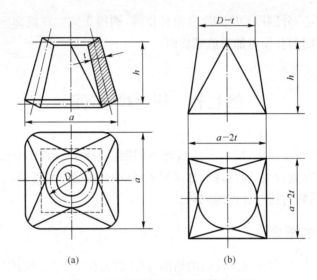

(a)　　　　　　　　　(b)

图 6‐50　厚壁上圆下方接管的展开

三、相贯件的板厚处理

若两节直角圆管弯头,用厚钢板卷制,而且直径又较小时,如果不经板厚处理的话,接口处会产生图 6‐51a 所示的现象,即两管拼接时,接口上半部是内表面(里皮)接触,下半部是外表面接触,中部有较大的缝隙。

图 6‐51b 为接缝密合时的情况,即圆管下部在外皮 A 处接触,圆管上部在里皮 B 处接触,中部在 O 处接触。接口处板厚而自然形成坡口,A 处的坡口在里,B 处的坡口在外。展开高度对左半部来说,因在 A 处接触,所以按圆管外皮高度为准;对右半部来说,因在 B 处接触,所以按圆管的里皮高为准;中间 O 处以圆管的板厚中心层高度为准。

展开放样时,圆管断面图的左半视图应在外皮圆周上作等分,各等分点向上投影求得外皮的高度;右半视图应在里皮圆周上作等分,各等分点向上投影求得里皮的高度,圆管的展开长度仍应以平均直径为准,然后将展开长度作相应等分,各等分点垂线上量取上述求得的高度,从而作出展开图。

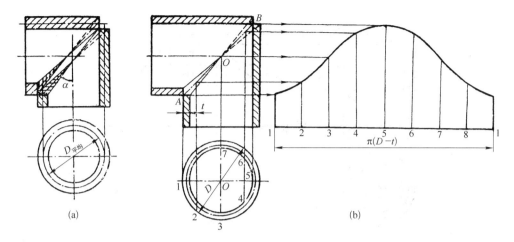

图 6‑51 厚壁直角圆管的板厚处理

(a) 未经板厚处理;(b) 板厚处理后展开

图 6‑52 为不等径直交三通管,当考虑板厚时,由左视图可知,小圆管的里皮与大圆管的外皮相接触,所以小圆管展开图中的高度应以里皮高度为准,大圆管上孔的展开图应以外皮尺寸为准;大小圆管的展开长度则应以平均直径为准。

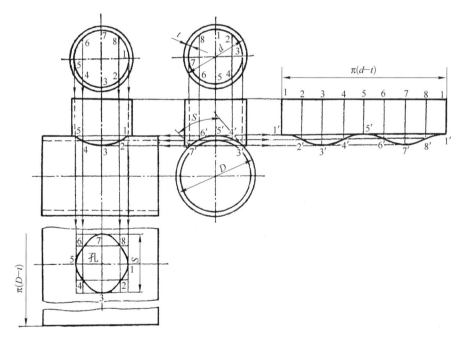

图 6‑52 不等径直交三通管的板厚处理

图 6‑53 是等径圆管 90°弯头,它在斜口接缝处的板也开成 X 形坡口,所以接口处是板厚的中心层接触;因此,在放样图中只画出板厚的中心层即可,展开高度同样按板厚中心处理。

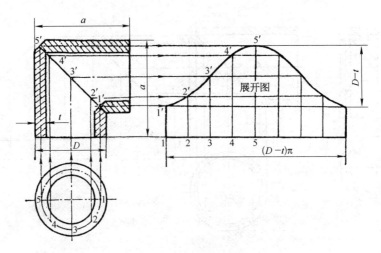

图 6 - 53 开 X 形坡口等径圆管 90°弯头的板厚处理

综合上面的例题,可得到相贯体板厚处理的一般原则: 展开长度是以构件中性层尺寸为准;展开图的各处高度是以构件接触高度为准,根据处理后的尺寸作放样图和展开图。

第七章 典型钢结构构件制作实例

钢结构构件类型品种较多,分典型结构和一般结构。所谓典型结构,就是在加工制造过程中的技术要求和加工的难度与一般构件有严格区别。典型结构在钢结构行业中属非标结构,其制造工艺与一般钢构件制造工艺相较有很多不同之处,特别是在加工程序和对操作者的技能等各方面要求都很高。本章主要叙述起重机箱形梁行车、压力容器、氧气球罐、煨弯悬臂梁轨道、胀管、铆接等典型构件的制作实例。

第一节 双梁桥式起重机箱形结构主梁制作

起重机分单梁和双梁,结构分型材和板制箱形体两类,用于工厂生产车间、仓库和露天起运各类重物。近代起重机设备除港口码头使用型材和板材相结合制成的结构之外,其他的起重机基本上都是板材制成的箱形体结构主梁。桥式起重机的主件是主梁,主梁广泛应用于箱形结构(露天起重行车也有单梁和双梁箱形结构)。无论何种体形构件截面和跨度大小,其制造工艺基本相似,不同之处在于主梁的拱度。

主梁箱形构件制造的具体要求按以下工艺规程施工。

箱形体主梁制造工艺流程,见工艺流程图 7-1。

箱形体主梁各主件的制造工艺要求如下。

1. 主梁制造的主要技术

主梁长度公差　　　　　　跨度 $L \pm 8$ mm

主梁上拱度　　　　　　　$f \leqslant \dfrac{1}{1\,000} \langle{}^{+0.3f}_{-0.1f}$

主梁旁弯　　　　　　　　$f \leqslant \dfrac{1}{1\,000}\langle$(只能向走台侧弯)

主梁扭曲　　　　　　　　以第一块长筋板处的上盖板为准$\leqslant 3$ mm

主梁腹板不平度　　　　　在 1 m 内允许鼓泡变形最大波峰值,对受压区为 $0.5t$;受拉区为 $0.9t$(t 为腹板厚度)

主梁盖板水平倾斜度　　　$\leqslant \dfrac{B}{250}$(B 为宽度)

主梁腹板的垂直倾斜　　　$\leqslant \dfrac{H}{200}$(H 为主梁高度)

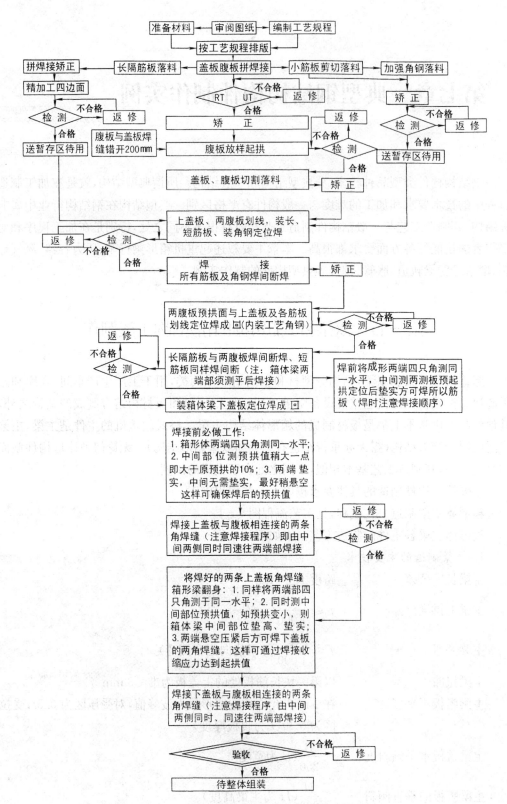

图 7-1 桥式起重机箱形体主梁制造工艺流程

2. 预制上拱度

当跨度为 22.5 m 时,预制上拱值为 64 mm,见图 7-2 预制上拱度。腹板预制上拱值64 mm,使腹板的上边线和下边线分别用圆规求得一个大圆弧形,其划线方法如图 7-3 所示。

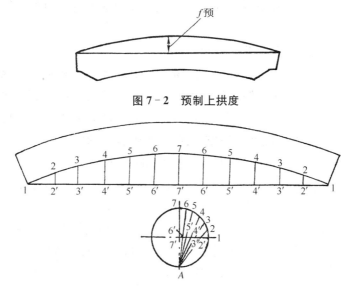

图 7-2　预制上拱度

图 7-3　大圆弧的画法

① 已知长度和上拱值,作大圆弧线。首先按腹板长度、宽度要求,将小块的钢板拼接起来,作为腹板的毛坯。腹板的对接焊缝必须经检测,检测方法采用射线 RT 探伤:一级焊缝达到 GB3323 的 AB 级 Ⅱ级;采用射线 RT 探伤的主要原因在于起重机行车主梁腹板板材较薄,一般为 6 mm 厚度,UT 探测器规范限定无法检测 6 mm 板材对接焊缝;对检测合格后变形焊缝必须严格做好矫正工作,不符要求的腹板不得装配。

② 在钢板上按图纸要求划出直线(实际就是大样),并将直线等分为若干等分,如图7-3所示,将直线分为 12 等分,得出等分点,1、2′、3′、4′、5′、6′、7′、6′、5′、4′、3′、2′、1 共 13个,从各点向上引垂直线。

③ 在直线的中心下部划十字线,以十字中心点为圆心,以 64 mm 为半径作圆,在四分之一圆弧上作六等分,将 A 点和圆弧上的各等分点连接成直线,与圆的水平中心线相交于 2′、3′、4′、5′、6′、7′各点,则 2′2、3′3、4′4、5′5、6′6、7′7 为相应点的大圆弧深度线。

④ 将上述各点的大圆弧深度线,分别量在对应点(共 13 个点)的垂直线上,截取 1、2、3、…、3、2、1 各点,将各点用光滑曲线连接起来,就是所求的大圆弧线,即腹板的下边的气割弧线。

⑤ 腹板的上边弧线是和下边的弧线平行的大圆弧线,即腹板上下两弧线相同,因此可用作平行线的方法作出腹板上边的气割弧线,这里不作详细介绍。上边线和下边线全作出后,将两弧线两端点分别连接起来就是腹板的两端边线。至此,腹板的展开放样划线全部完成。

⑥ 腹板下料主要按其所求得的上下拱度线进行气割,气割时应注意以下几方面:

a. 气割前,按腹板上下所求得的拱度弧线为准,制成近似弧线的气割机轨道。

b. 气割时,采用两台半自动气割机,对上下拱度弧线进行同时气割(不宜一台气割机单线气割,单线气割会使拱度变形)。

    c. 气割时操作者需时刻观察割嘴是否对准气割线,发现问题及时纠正。

    d. 气割后的腹板,进行检测其拱度值有否变动,如发现问题应及时修复,直至符合要求。

    e. 腹板两端长度断线在下料时暂不气割,待箱形梁装配焊接拱度全符合要求后方可按梁的总长气割。

    3. 箱形体主梁内隔板的制作

    筋板有两种:一种为长方形,另一种为三角形。筋板制作成形的质量,对箱形梁整体制作质量起关键主导作用。箱形梁体的上下盖板和两块腹板的装配成形主要靠内筋板起骨架连接作用,特别是长方形的内隔筋板,其作用更为重要。如内隔筋板质量差(筋板角度不成 90°),装配时只有采取强制成形,必然使梁产生扭曲变形。重视筋板的制作质量有以下几个方面。

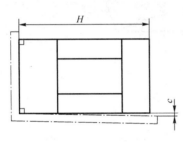

图 7-4 筋板的拼接

    (1) 长方形内隔筋板

    ① 长方形内隔筋板中间为长方形孔,整块筋板可用 4 块小板拼接成一块。见图 7-4。

    ② 拼接后的整块毛坯筋板,按焊接规范焊接,对焊接变形件必须矫平,未矫平的毛坯筋板不得流向下道工序。

    ③ 长方形毛坯筋板下料时四周边留放 3~5 mm 的机加工(铣、刨)余量,长方形筋板四周边不允许用剪切代替机加工(铣、刨)。

    ④ 机加工(铣、刨)时应注意:毛坯筋板允许数块堆叠,但块数不宜太多(6 mm 厚的板 6~8 块),堆叠毛坯筋板必须平整;铣、刨时工件严格夹紧固定,操作时经常察看工件固定状况。

    (2) 三角形筋板

    三角形筋板的制作,可以尽量采用利用料剪切下料;剪切后的变形件同样必须矫正后方可流向下工序。

    4. 箱形体主梁的装配

    装配工艺流程及具体程序见图 7-5。

    制作起吊超长扁担→上盖板吊至平台→在盖板上划筋板及工艺角钢定位线→筋板及工艺角钢就位焊定位焊→按焊接规范焊筋板及工艺角钢→矫正焊接变形→上盖板与筋板连接件就位于装腹板区域→腹板划线装工艺角钢定位焊→按焊接规范要求焊接腹板所装的工艺角钢→矫正工艺角

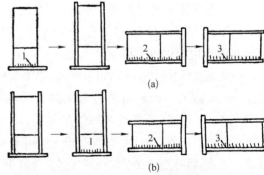

图 7-5 箱形梁的装配焊接顺序

钢焊接变形→上盖板杆件划中心线做硬印标记,并制腹板中心线与上盖板中心定位于一体的定位靠模,同时在腹板上划各筋板定位线,腹板装配就位时首先将拱度中心对准上盖板中心定位焊牢,然后分别将各筋板定位焊,此阶段的装配应重视腹板装配垂直稳定、安全可靠,因此,在装配过程中始终采取临时支撑抵住腹板的倾斜,避免产生意外事故→当第一块腹板与筋板、上盖板装完后,装第二块腹板(或两块腹板同时装配),具体装配要求与第一块腹板相同→将装配成形▯的半箱形体杆件内筋板与腹板焊接,该焊缝基本为间段焊,焊接时可卧倒平焊(图7-6),对大吨位的箱形主梁,其截面大而又超长(50 m)的梁在焊筋板时不宜卧倒焊接,因不易起吊翻身(易变形),无论卧倒或竖立焊接,焊时都必须将焊件四只角测平后方可焊接→筋板与腹板焊接后会产生杆件旁弯和腹板局部鼓泡变形,对变形适当进行矫正(矫正时特别注意火焰矫正的温度,

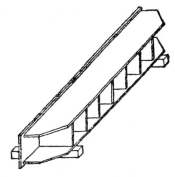

图7-6 焊接时梁的位置

温度不宜太高,否则会使被矫件产生更严重的鼓泡变形)→装下盖板时不应将上盖板在上部将下盖板与腹板装配,而是上盖板在下部装下盖板,装下盖板之前首先将▯箱体梁四只角测在同一水平面,同时做好下盖板与腹板连接部位定位线的划线工作,然后将下盖板装配就位→下盖板装配结束后将箱形体梁翻身,用测平仪将箱形体梁测平,中间部位垫实→焊接时先焊下盖板与腹板相连接的两条角焊缝,焊接可采用CO_2气体保护焊,每条焊缝两名焊工(共四名焊工)由中间部位对称同时往两端部进行焊接(焊材与板材相匹配,焊脚高符合设计要求)→下盖板两条角焊缝焊接结束后,将箱形梁180°翻身(上盖板在下部)焊接上盖板与腹板相连接的两条角焊缝,应在未焊接之前同样将箱形体梁四只角测在同一水平面,同时将箱形体梁两端头用物块垫实,使箱形体梁拱度中心部位离地面或平台面稍有空间(对焊接后的杆件拱度少变形或不变形起很大作用),在以上工作全做到位的基础上方可按施焊的要求进行焊接,对箱形体梁四条角焊缝全焊接结束后的杆件180°翻身→检测箱形梁体的拱度、扭曲、旁弯、腹板拨浪鼓泡变形和焊缝高度→对箱形体梁焊接后存在的问题进行修整符合要求后,将梁体卧倒,按箱形体梁的施工图实际长度尺寸,由梁的拱度中心往两端划梁的总长度气割线,清除打磨各类残物,箱形体主梁的制作完工。

第二节 压力容器制作

压力容器多为圆柱形或球形,其圆柱体结构两端采用钢板压制封头与圆柱体焊接成整体,在圆柱体上设进气(或进水)和出气(或出水)阀、安全阀、排污道、清扫维修门装置。无封头容器类型也很多,其特点是直径大、所有钢板厚薄不一,并且大多设置于露天,如煤气罐、石油储备油罐、油缸等储备结构。

一、压力容器的特点与分类

1.压力容器的特点

压力容器多数制成圆柱形或球形,除了承受容器内盛放的介质压力(工作压力)外,还需承受自重和其他附加设备重量的作用力,有时还受到高温或者低温的作用。

球形容器由于各点的应力均匀,所以它的各条拼接焊缝所受到的力基本相等,同样的容积它所用的材料最少(表面最小),强度又最好。由于球形制造比较复杂,所以除特殊场合外,一般都以圆柱形代替。圆柱形容器受力不均匀,根据受力分析,纵向焊缝所受到的应力要比环向焊缝的应力大一倍,所以在制造过程中对纵向焊缝的质量要特别注意。

2. 压力容器的分类

① 根据压力容器工作压力高低,可分为低压、中压、高压和超高压,见表7-1。

表7-1 容器压力等级的划分

压 力 等 级	规定压力数值范围(MPa)
低压容器	$0.1 < p < 1.8$
中压容器	$1.6 < p < 10$
高压容器	$10 < p < 100$
超高压容器	$p \geqslant 100$

② 根据容器壳体的层数的多少,分单层容器和多层容器。

二、压力容器的制造工艺

中、低压力容器的压力虽然低,但仍然承受一定的压力,所以制造中如发生严重的错边、未焊透、夹渣、气孔等缺陷,都会引起应力集中,导致容器损坏甚至发生爆炸。

图7-7所示为压缩空气储气罐,压缩空气通常储存在里面,然后经管道供应到需要的地方使用。一般来说压缩空气储气罐有储存和稳压的作用。利用扩容和离心力的作用分离出压缩空气中的油和水分;利用排污管排除积水。

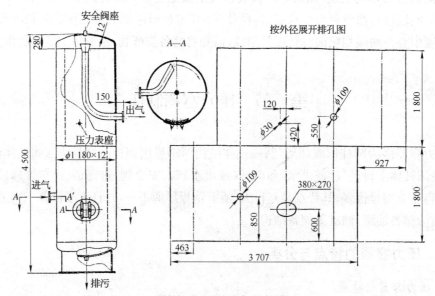

图7-7 压缩空气储气罐

储气罐的制造工艺流程如图7-8所示。

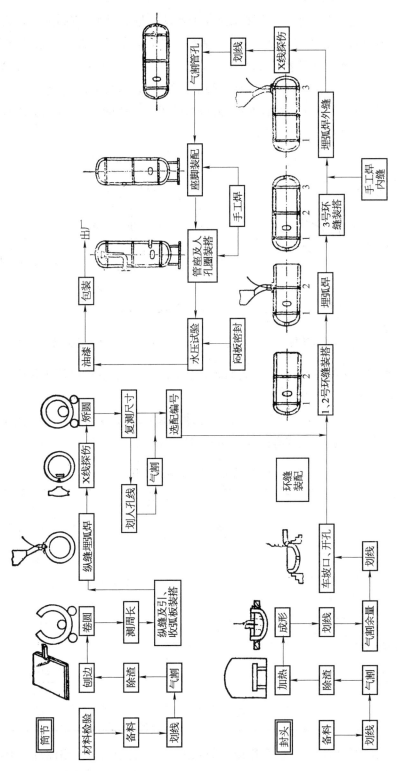

图 7 - 8 储气罐的制造工艺流程图

压缩空气储气罐的工作压力虽然不高,但制造时仍需严格注意制造质量:

① 封头材料应尽可能采用整块钢板制成,如果没有整块材料,应制成坡口将两块半圆形钢板拼焊而成(焊缝必须经探伤合格)。焊缝位置必须布置在直径或弦的方向,并且拼缝离封头中心的距离不应超过 $D/5$(D 为封头直径),如图 7-9 所示。因为在这个区域内,压延时受到的拉应力比转角处小些,所以焊缝边缘开裂的可能性比较小。

另外,由于毛坯较薄,为了减少起皱褶和鼓泡,除采用压边圈外,还应磨光毛坯边缘的拼缝高出钢板的部分,如图 7-10 所示。

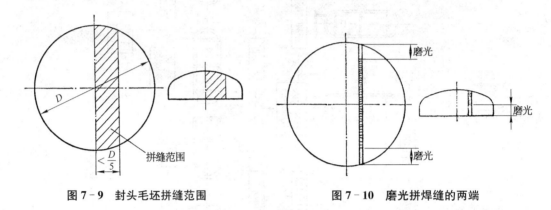

图 7-9 封头毛坯拼缝范围　　　　　　图 7-10 磨光拼焊缝的两端

压制时应根据封头的材料,对模具表面涂以合适的润滑剂,这样既能延长模具使用寿命,又使封头质量得到提高。

储气罐封头材料采用热压成形,加热温度和冲压终止温度参考表 7-2。热压成形后清除氧化皮,并仔细检查,不允许有凸起、凹陷、刻痕等缺陷。

表 7-2 常用材料的热作温度范围

材 料 牌 号	热作温度(℃)	
	加　　热	终止(不低于)
Q195、Q215、Q235、Q255、Q275	900～1 050	700
Q295、Q345、Q390、Q420、Q460	950～1 050	750
OCT13、ICT13	1 000～1 100	850
ICT18Ni9Ti、12CTIMOV	950～1 100	850
黄铜 H62、H68	600～700	400
铝及其合金 L2、LF2、LF21	350～345	250
钛	420～560	350
钛合金	600～840	500

② 筒节钢板的厚度较薄,所以采用冷卷($t < D/40$)。卷板时应严格注意对中,即钢板的纵向中心线辊筒轴线保持平行,否则会产生歪扭,尤其对钢板四周坡口已加工的,更应

注意这点。

两节纵焊缝错开距离,在图 7-7 中已作了规定,如因钢板尺寸不够,需要拼接时,每个筒节只允许有两条纵焊缝(即允许两块拼成),但要注意新增加的纵焊缝位置应远离管孔和相邻筒节的纵缝,相互错开的距离应大于 3 倍筒节壁厚,并且不小于 100 mm。筒节上管孔中心线距纵向及环向(横向)焊接边缘的距离应不小于管孔直径的 0.8 倍,如图 7-11 所示。

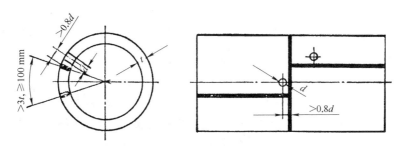

图 7-11　焊缝与管孔及焊缝与焊缝距离

在加工过程中如确实需钢板拼接,并且又满足以上条件时,还是需要征求设计部门同意后才可以进行。

另外,为了防止在卷板过程中产生裂缝,因此,在下料时,应尽可能消除导致应力集中的因素,尽量使毛坯弯曲线和钢板轧制方向垂直(图 7-12a),最大夹角也应小于 45°,如图 7-12b 所示。

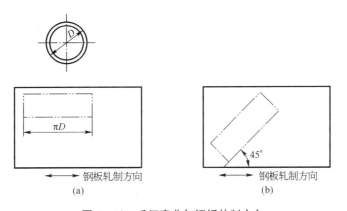

图 7-12　毛坯弯曲与钢板轧制方向

(a) 最佳下料方向;(b) 下料方向极限位置

③ 由于冷作加工零件的精度低、互换性差,所以在环缝装配前,要对封头和多个筒节进行编号,在环缝处用卷尺围的方法测量周长,并标注测得的尺寸,然后根据测量的结果进行选配,特别是对两块钢板拼接的筒节,还应注意筒节的纵缝位置,避免将纵缝布置在禁忌的位置上,造成废品。

环缝装接时,将相配的两端周长之差,除以 π(圆周率)即得出两者直径的差值,用该值的一半控制错边量,这样就能达到满意的装配精度。若是直接测量直径尺寸,由于冷作制品椭圆度很大,并且很不规则,会导致误差较大。

三、容器的焊接

由于焊接应力直接影响结构承载能力或抵抗破坏的能力,因此,减少焊接应力是极为重要的;通常有以下几种措施:

① 设计措施。尽量减少焊缝的尺寸(焊脚和焊缝高度);避免焊缝过分集中;焊缝间应保持足够的距离;采用刚性较小的接头形式以及避免应力集中区域等。

② 工艺措施。采用合理的焊接顺序和方法;降低接头的刚性;锤击焊缝局部加热以及预热等。

③ 焊后热处理以及清除内应力。

为调节和减少焊接应力,采用合理的焊接顺序和方向时应遵循以下基本原则:

① 按收缩量大小确定焊接顺序时,应先焊收缩量较大的焊缝,尽可能考虑焊缝能自由收缩。如焊接大型石油储油罐容器的底板和壁板时,应从中间向四周进行,如图 7-13 所示。

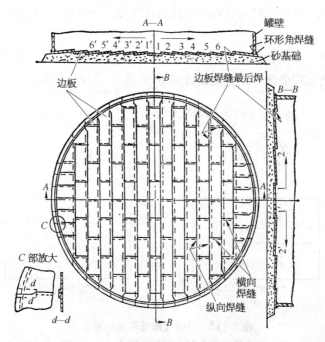

图 7-13　大型石油储油罐底的焊接顺序

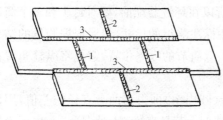

图 7-14　按焊缝长短确定焊序

② 按焊缝长短确定焊接顺序时,应先焊错开的短焊缝,后焊直通长焊缝,如储油罐壁板,如图 7-14 所示。

③ 按受力大小确定焊接顺序时,应先焊工作时受力较大的焊缝,使应力合理分布。

第三节　球形储氧罐制作

球形储氧罐是一种新型结构的压力容器,它与相同容量的压力容器比较,其优点是受力均匀、节省材料、占地面积小、成本低、外形美观;因此,在我国石油、化工和冶金等工业上的需要不断增加。本例介绍上海冶金系统球形储氧罐的制造。

一、球形储氧罐技术和材料要求

1. 球罐储存器的规格

① 容积:　　　　　　　$V = 135 \ m^3$

② 有效直径:　　　　　$Dg = 6\ 400 \ mm$

③ 工作压力:　　　　　$Pg = 3 \ MPa(30 \ kgf/cm^2)$

2. 材料

① 钢板材质:　　　　　$15 \ MnV(Q390)$

② 钢板厚:　　　　　　$\delta = 32 \ mm$

③ 钢板尺寸:　　　　　$2\ 500 \ mm \times 3\ 200 \ mm$

3. 技术要求

① 每块钢板均应进行外观和 UT(超声波探伤)检测合格,经确认合格后方可使用。

② 全部焊缝应尽量用埋弧自动焊焊接。

③ 焊缝应进行 RT(射线探伤)检测。

④ 制作完成后进行 4.5 MPa(45 kgf/cm²)水压试验及 3 MPa(30 kgf/cm²)气压实验。

二、氧气球罐制造工艺流程(图 7-15)

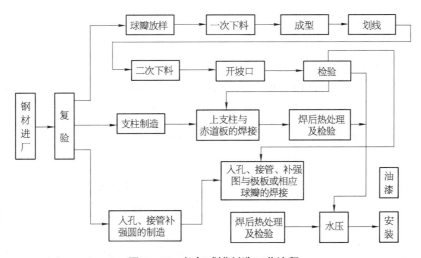

图 7-15　氧气球罐制造工艺流程

三、球体展开放样

1. 球体分段分瓣

根据板材尺寸情况,合理分段和分瓣。分段球体称之为赤道带;南、北温带;南、北极。赤道带、南、北极各等分为12块"球瓣"。分段见图7-16,分瓣见图7-17。

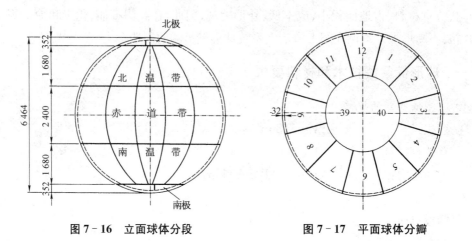

图7-16　立面球体分段　　　　　图7-17　平面球体分瓣

2. 球体1/4图展开球瓣示意

① 样板材料。

板厚:　　　　　　　　$\delta=1.5\,\text{mm}$

放样尺寸依照球体外径:　$D=6\,464\,\text{mm}$

② 放样法示意。

作水平及垂直线,交点为O,以O为圆心,以$(D/2+\delta)$长为半径作半圆见图7-18。

③ 按球体分段尺寸,作球体水平接缝线1-1,1-2。

④ 连接0-1,0-2;分别以1,2两点作球体外圆的切线,得R_1、R_2。

⑤ 作夹角为15°的直线$O-02$,分别量球体水平接缝上$A-1$、$B-2$的长度,以O为圆心作弧交$O-01$、$O-02$线,得A、A_1、B、B_1四个点。

⑥ 另作一水平及垂直线交点为O_1(图7-19)。以O_1为圆心,以图7-18中$\overparen{01-1}$实长加R_1长为半径,交于垂直线上得K点。以01为圆心,以图7-18中$\overparen{2-1-01}$实长加R_2长为半径交垂直线得Q点,图7-19为赤道展开示意。

⑦ 分别以K、Q点为圆心,R_1、R_2为半径作圆弧,得交点A、B。

⑧ 量图7-18中$B-B_1$、$A-A_1$、$01-02$长,分别在图7-19赤道展开示意图中以B、A、01为圆心作弧得B_1、B_1'、A_1、A_1'、02、$02'$。连接$\overparen{B_1A_102}$及$\overparen{B_1'A_1'02'}$。

⑨ 在图7-19中A_1、A'、$02'$、02为1/2赤道带球瓣展开示意,$B_1B'A'A_1$为南(北)温带展开示意。

⑩ 以Q为圆心,以南、北极球面弧长的一半为半径画圆,得南、北极展开示意。

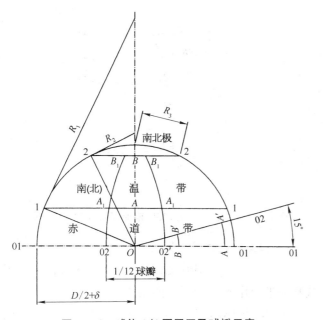

图 7-18 球体 1/4 圆展开及球瓣示意

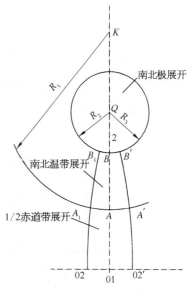

图 7-19 赤道展开示意

四、球体各段及球瓣展开放样法(1/4 放射线法)

1. 球体立面展开(图 7-20)

2. 球体各段展开(图 7-21)

3. 球体南(北)极展开(图 7-22)

4. 球体南(北)温带展开(图 7-23)

5. 球体赤道展开(图 7-24)

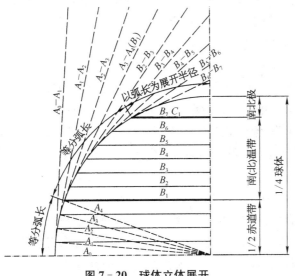

图 7-20 球体立体展开

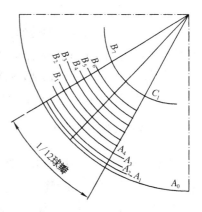

图 7-21 球体各段展开

图 7-22　南北极展开

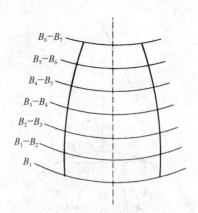

图 7-23　南北温带展开

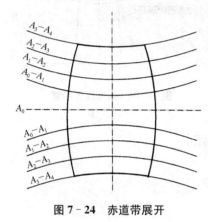

图 7-24　赤道带展开

6. 相关展示作图法说明

① 南（北）极展开作图。以 1/4 球体南（北）极段弧线长为半径作图，即得南（北）极展开图。

② 南（北）温带 1/12 球瓣展开作图。以南（北）温带 1/4 球体弧长作若干等分，然后以等分点为基准分别作水平接缝线的平行线以及圆弧的切线，并延长与垂直线相交，即得每小段的展开圆弧半径 R，相应的分瓣弧长，连接各交点，即得球瓣展开图。

③ 赤道带 1/12 球瓣展开图。与南（北）温带展开作图法相同，见图 7-24。

五、制作样板

粗下料的样板是以精下料样板尺寸为基础，在样板周边加放所需余量制成的样板，用于平钢板表面划线号料的精制样板是展开放样时的精确尺寸样板，该样板是待球体瓣段，经热压成球体弧形后二次下料，样板的制作具体要求如下。

① 绘制展开放样图。

② 用 $\delta=1.5$ mm 厚的镀锌薄钢板，按展开放样图的尺寸翻制在薄钢板上，然后用剪刀按连接线剪制成精下料的样板，也可采用 25×3 的扁钢制成粗、精下料的样板。

③ 样板制成后，应认真做好自检工作，然后交质检专职人员复核验收认可后方可使用。

④ 制好后的样板应平放，需存放在无物碰撞的位置，不得随意乱扔，专人管理。

六、球瓣划线号料

球瓣划线号料，分粗下料和精下料（又称二次下料），粗下料工序是精下料工序的工作基础。所谓粗下料，实际就是按已展开放样的球体各段分瓣尺寸（样板）再加气割缝隙余量和热加工时所需余量而制成的下料样板，该样板可称为初下料样板（用于平钢板表面划线号料）。按样板形状在钢板上号料，划气割线，具体要求有以下几个方面。

1. 球瓣粗下料

① 除对钢板逐件 UT 检测合格之外,还必须对钢板外观 VT 检测,检测其正反两面是否有明显缺陷,无缺陷板材方可划线号料。

② 南(北)极粗下料余量及吊攀位置见图 7 - 25。

③ 南(北)温带粗下料余量及吊攀位置见图 7 - 26。

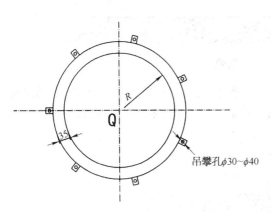

图 7 - 25　南(北)极粗下斜余量及吊环

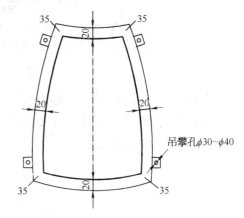

图 7 - 26　南(北)温带粗下料余量及吊环

④ 赤道带粗下料余量及吊攀位置见图 7 - 27。

⑤ 粗划线号料虽然是钢板处于平整状态下将样板覆其表面划线号料,但必须将样板与钢板表面紧贴后才可划线。

⑥ 划线完毕的钢板应及时在所划线的表面打上硬印记号,同时用油漆编写所需构件号,以便待后查号。

⑦ 切割:采用 CG1 - 30 型半自动气割机按预制球形状态的弧线轨道进行切割(轨道材料可采用扁钢、角钢),这样的切割工艺可提高切割质量和工效。切割后的工件在清除氧化渣的同时注意切割面是否有裂纹、夹渣等缺陷。

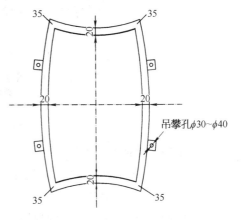

图 7 - 27　赤道带粗下料余量及吊攀位置

⑧ 切割后的工件如无任何缺陷可外发压模加工(有缺陷应在制造厂内按规范要求修复完好)。对符合规范要求的工件,用油漆写上"可模压"字样。

⑨ 对切割修整,并经检查的工件应按粗下料"球瓣"规格分别堆放,不允许混堆。

2. 球瓣精下料

精下料工序是将粗下料板瓣经热加工压制成弧形"球瓣",按精下料样板(留有气割缝隙余量的样板)在其"球瓣"弧形表面划线切割。

球瓣精下料的切割同样采用 CG1 - 30 型半自动气割机进行,但切割时须预制弧形气割轨道(轨道材料与粗下料相同)和气割胎架,见图 7 - 28。

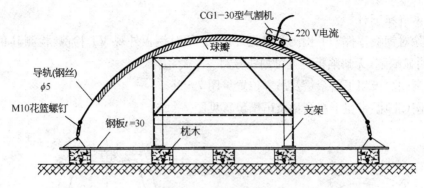

图 7–28 气割胎架

精下料时需两次切割才能成功；先切割对接缝，后切割对接缝的坡口，坡口的切割见图 7–29。由于球体是圆弧形，当球瓣装配成整体后，其外部的坡口自然形成，因此切割坡口时只需切割球瓣内侧大坡口。

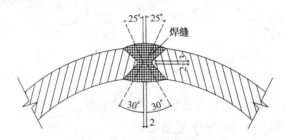

图 7–29 球体坡口及焊缝

说明：1. 图中虚线为坡口
　　　 2. 方格线为焊缝
　　　 3. 焊高为 5 mm，焊缝宽 36～38 mm
　　　 4. 钝边 2～3 mm，对接缝 2 mm

（1）南（北）极精下料程序

① 首先切割压制成弧形的南（北）极拼接缝，在粗下料时所放余量。

② 切割时注意气割缝的余量为 2～2.5 mm。

③ 气割时自动气割机拉长圆规切割南（北）极（包括气割坡口）。

（2）赤道带及南（北）温带精下料程序

① 先气割各分瓣带两侧，粗下料时余量见图 7–30。

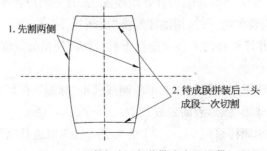

图 7–30 气切割（赤道带或南北温带）

② 将各分瓣按规范要求气割坡口。

③ 将各分瓣拼装成段件,即赤道带和南(北)温带。

④ 用半自动气割机对拼装成段的各分瓣两端进行整段圆形一次性气割。

七、球体拼装

球体拼装工序,是将精下料的球瓣按设计要求拼装成段件。球体拼装焊接过程需占用较大的用地和装配平台及焊接操作棚(风、雨寒冬天也可施工);同时考虑到球体整体拼装成形后其体积大、吨位重、起吊运输困难的问题,因此,在编制施工工艺方案时,应将装配焊接、起吊、就位等全方位综合考量。经由多种方案相较,得出:施工场地应为球体容器固定就位位置或相邻场地设操作棚为最佳方案。

1. 球体分段装配

① 预制装配钢平台,面积为 $40 \sim 60 \ m^2$,赤道带拼装平台见图 7 - 31。

② 活络支撑内架。

③ 抬拎巴杆、卷相机和其他起重设备配套。

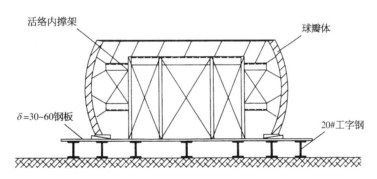

图 7 - 31　赤道带拼装平台

2. 赤道带装配胎架

见图 7 - 32。

3. 南(北)温带装配法

方法和赤道带装配相同;仅内胎架支撑上部尺寸进行适当调整即可。

4. 南(北)极装配法

先预制与球形容器曲率相同的弧形底架,然后将南极或北极的两块极瓣放在弧形底架上,可顺利与南温带或北温带对接缝成功对接。

5. 球体各段的装配合拢

南极和南温带、北极和北温带两段的装配方法:当南(北)温带装配完成后,其段件留活络胎架上,将南极或北极瓣件吊置活络胎架顶部的弧

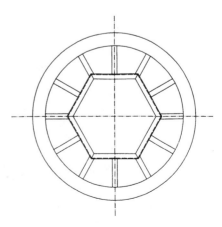

图 7 - 32　赤道带拼装胎架

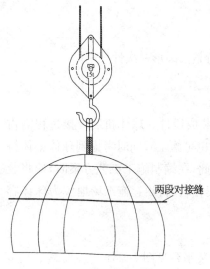

图 7-33　两段对接

形托架上,与南温带或北温带对接就位装配。

6. 已装配好的南极南温带和赤道带的装配

对接时用 15 t 吊车将南极与南温带装配好的一段,起吊移位于赤道带上进行装配,见图 7-33 所示。

7. 将已拼装好的南极南温带赤道带和已拼装好的北极北温带进行球体总装配合拢

(1) 总装配主要设施机具

① 施工焊接操作棚全套(钢柱 4 根、钢屋架 4 榀、平台 6 件、门型支撑 4 付、钢梯 2 件),球体操作临时棚及钢座盘,见图 7-34。

② 50 t 电动转胎一套(50 t 托轮 4 件、JZQ-500、JEQ-350 型减速箱各一台、3.5 kW 电磁调速电动机一台、钢座盘一件),见图 7-34。

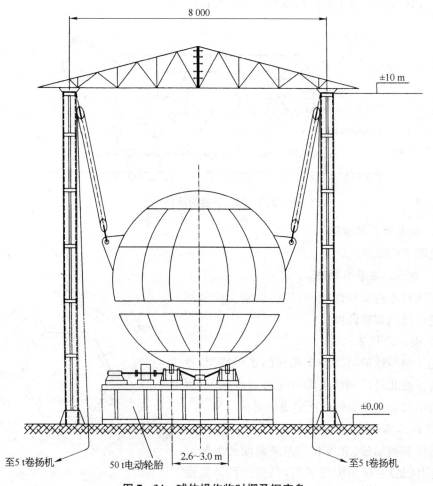

图 7-34　球体操作临时棚及钢座盘

③ 50 t 水平转胎顶升台一套(50 t 油压千斤顶 3 只、钢珠 60 只、焊接转盘 2 件)。

④ 5 t 电动卷相机 5 台,1.5 t 卷相机 2 台。

⑤ 30 t 四门滑轮 8 只,15 t 三门滑轮 4 只。

⑥ 3 t、5 t、1.5 t 神仙葫芦各 4 只。

⑦ 15 t 齿条起重机 2 只。

⑧ 长道木 80 根,短道木 30 根,走管 20 根。

⑨ 3 m 托板及走板各一副。

(2) 总装配合拢方法

先利用焊接施工棚四根钢柱顶部,设置四副 30 t 滑轮,用四台 5 t 卷相机将装配好的南极南温带赤道带为上段组合件吊起,另用一台 5 t 卷相机将已装配好的北极北温带为下段组合件拖进焊接施工棚起吊放于转胎上,然后把上段降下与上段装配合拢,见图 7-31~图 7-34。

(3) 总装配合拢注意事项

① 每段水平环缝处,在未装配前必须用钢卷尺对上下段对接口圆周尺寸围量,掌控上下口周长尺寸,利于对接装配时周长对口边借位,使周长误差借位于全周长环缝区域。

② 下段球体运进就位于胎架后,必须用道木将四周面垫实,防止变形。

③ 南北温带和赤道各段球瓣的纵向焊缝必须对齐,以便埋弧自动焊连续施焊的同时可增加纵向焊缝在同一线条的美观。

④ 球体环焊缝的偏差(不直度)≤3 mm,纵焊缝的偏差(不直度)≤6 mm。

八、球体焊接

球体焊接主要埋弧自动焊。

1. 焊接机具

① 焊机用 EK-1000 型自动埋弧焊机(控制箱接触器需改进)。

② 焊接电源用直流下降特性弧焊机,最大焊接电流 1 100 A。

③ 碳弧气刨(包括专用直流焊机一台)。

④ 0.6M3 移动式空压机一台(用于碳弧气刨)。

⑤ 手工焊采用直流焊机两台。

⑥ 小型电热烘箱一台。

⑦ 焊丝除锈及盘丝机一台。

⑧ 排废气风机及软梯、对讲机各一套。

2. 焊接材料

① 焊丝材质和规格:采用 ϕ5 mm H08 MnA 或 Q390(以前为 15 MnV),H08 MnA 或 H10 Mn2 焊丝。

② 焊剂:采用 330 中锰、高硅、低氟焊剂或 SJ101。

3. 操作人员配备

① 三人负责自动焊机头操作。

② 电动转胎操作专人负责及监护各一人,维修两人。

③ AP‑1000 型多头焊机专人负责。

④ 焊丝、焊剂规范管理一人负责。

4. 焊接施工

(1) 焊接分布

纵向焊缝 12 条,环焊缝 4 条。

(2) 焊前准备

① 预制树立球体在焊接时运转中心标杆(设于回转胎架中心线的前端),竖一根约 4 m 高的定位标杆,用于球体纵缝焊接运转时对准中心。

② 球体内部的坡口按容器坡口的要求为不对称坡口,即内部角度大,按前文所述坡口预加工要求操作。预制坡口存在的问题必须进行修复,如坡口的角度、宽度小于规范要求,则应采用碳弧气刨将不符规范的局部坡口采用气刨修复。

③ 球体对接缝打底焊。检查球体纵向、环向所有对接缝的间隙,拼接缝≥1.5 mm 者无须打底焊;对接缝>1.5 mm 者需用手工焊打底焊。

④ 打底焊焊条采用牌号 J502 低氢型普碳钢焊条,如板材为 Q345 钢板应用牌号 J507、J502 低氢型焊条。

⑤ 埋弧焊焊丝同样为 H08 MnA 或 H10 Mn2,焊剂为 H330(中锰、高硅、低氟焊剂)。

(3) 焊接球体的程序

① 先焊球体内拼接焊缝,后焊球体外拼接焊缝。

② 焊接球体内拼接焊缝时,应先焊纵向焊缝;待纵向焊缝全部焊完后再焊水平环缝(球体外部拼接焊缝的焊接程序与内部相同,先焊纵向焊缝,后焊水平环焊缝)。

(4) 球体内纵向拼接焊缝的焊接

① 球体所有拼接缝,对需封底焊的部位全焊完成的球体起吊就位于回转胎架上,并调整定位,使球体纵向拼缝对准中心标杆(球体纵轴垂直于回转架中心)。

② 在球体内沿着焊缝侧边处,装设埋弧焊焊机机头施焊运行的活络磁钢轨道(其形状与球体相同),槽形磁钢活络轨道见图 7‑35。

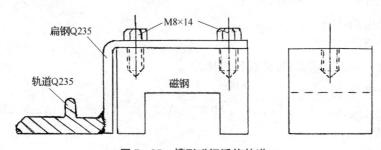

图 7‑35　槽形磁钢活络轨道

③ 将 EK-1000 型自动埋弧焊机机头吊进球体内就位于活络磁钢轨上，然后在机头通电的同时使机头空载试运行（运行位置稍上坡为好），调整焊丝输出口导电子是否对准焊道中心，经调整使活络磁钢轨道、机头、导电子正常，同时清除焊道内一切杂物（按容器要求打磨焊道使母材呈亮光）。

④ 球体外部底部内施焊焊缝位置外侧预制活络托转盘，转盘内装满焊剂紧托球体，这样可预防焊穿。

⑤ 焊接时，每条焊缝应确保连续施焊，第一层次的焊接，球体的旋转方向如为顺时针方向，则第二层次（无论是底层焊或盖面焊）其机头方向应调头，即由顺时针调为逆时针旋转（与第一层次的焊接方向不一致）。这样的焊接方法使焊缝金相组织致密、焊接质量良好，同时成形美观、工作效率高。焊接过程操作必须时刻关注导电子处于焊道中心位置，如偏离应及时调整机头。

当第一条纵向焊缝焊完后，使球体回转至纵轴与胎架中心垂直位置，用液压（千斤顶）水平转胎顶升台，将球体顶升至回转架，四只托轮脱离后再启动转架转盘，使球体水平旋转借位 180°对称位置，把第三条纵向焊缝焊道对准中心定位标杆，降下液压顶升台，使球体就位于回转架的四只托轮上，按第一条焊缝焊接要求进行焊接。第三条纵向焊缝选择在第二条拼缝的 90°位置处。

第四、五、六各条纵向拼焊缝的焊接，按以上顺序进行。

（5）球体内环缝的焊接

将球体纵向轴转至水平位往下约 500 mm 左右，顶升球体脱离回转架四只托轮，启动转盘使球体作水平方向旋转，待球体环缝与定位中心标杆成 30°倾角位置（图 7-36）状态，下降顶升台使球体位于回转架托轮上然后安设导轨及埋弧焊机机头，具体焊接要求与纵向拼缝焊接相同。

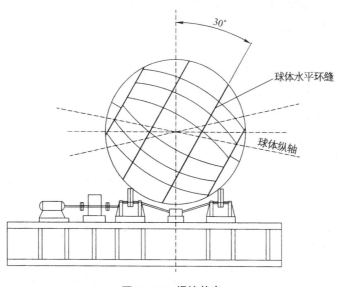

图 7-36　焊接状态

（6）球体外纵缝的焊接

① 球体外纵向拼接缝坡口。采用碳弧气刨,将球体纵向焊缝根部的残焊层清除,将球体外的纵向拼缝刨成坡口,坡口应为板厚的 1/3～2/3,见图 7-29 所示球体焊缝及坡口。

② 球体外纵向拼缝的焊接。焊接机具和焊接工艺与球体内相同,不同之处是焊接机头设于球外,顶部进行焊接。

（7）球体水平环缝口的焊接

水平环缝的焊接是先内后外。

① 外水平环缝坡口采用碳弧气刨,按要求刨成所需坡口。

② 焊接工艺及具体的要求参考前文球体内外纵向拼缝焊接要求,见图 7-29。

（8）球体焊接参数和规范要求

焊接参数见表 7-3。

表 7-3　焊接参数

焊缝位置	焊接层次	空载电压（V）	负载电压（V）	小车速度（m/h）	送丝速度（m/h）	电流(A)
球体内焊缝	第一层次	55	40	18	87.5	800
	第二层次	60	43	16	87.5	1 000～1 200
球体外焊缝	第三层次	65	45～48	18	103	1 000～1 200
	第四层次	68	50	16	111	1 300

焊接规范：

① 由于球体钢板为 Q390 材质(以前为 15 MnV),在施焊时要求在室温 10℃以上的气温条件下进行,以防焊缝受温度的影响产生裂纹。

② 焊接操作棚可防雨、防风雪又能抗寒风袭击正在施焊的球体焊缝。

③ 球体每条焊缝在施焊时,每一层次的焊接,要求一次性焊完。所以要求对所有焊缝逐条连续焊接,直至球体全部焊缝结束。还应保持球体周围内保持一定的温度(适当采用盖物将球体包封保温,使球体焊缝温度缓慢冷却)。确保不至于因受自然空间气温和焊件温度差变化而使焊缝产生裂纹。施焊时必须安排三班制连续进行焊接,在焊接过程中遇特事需暂行,其时间应尽量短些,最长不超过 2 h;如超时再焊接,则必须将焊件加热至适时温度后方可进行。

④ 选择可行性焊接规范是确保质量的前提。要达到焊接顺利进行必须做好施焊前的试验焊接工作,即针对球体的板厚、材质做试板,由此得出埋弧焊机车速、电流、电压和送丝速度等参数,这样的试验现称为焊接工艺 PQR(工艺评定),择焊接工艺评定内容中最佳参数为规范进行施焊。

（9）球体焊接完工后水压试验

球形储氧罐的水压试验是采用 Sy-600 型电动试压泵进行试压,试验压力是工作压力的 1.5 倍。

先将球形容器放水灌满至顶部水管出水为止,然后进行密封,启动试压泵,边加压边检查。当水压加压 3 MPa(30 kgf/cm²)时停 5 min 全面检查,然后再加压为 5 MPa (50 kgf/cm²),保持压力 1 min,如情况良好,随时降压至 3 MPa(30 kgf/cm²),在保持压力的情况下用锤子轻轻敲击球体外壳,经 20 min 检查未见异常,即可认为氧气球罐容器试压合格。

(10) 球体安装定位

见图 7-37。

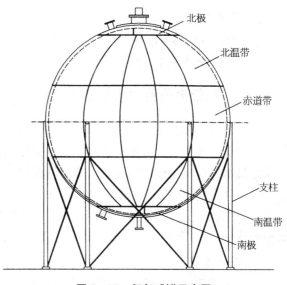

图 7-37　氧气球罐示意图

第四节　煨弯悬臂梁轨道制作

某年上海某钢结构构件加工厂,承接上海石洞口电厂钢结构框架结构件的加工制作项目,构件中有两根同一规格的轨道,需煨弯成形状不一的悬臂梁轨道,安装于结构悬空空间,使用于起重机械吊运重物运行轨道。

轨道材料由日本进口(共两根),材质为 Q390(相当旧钢牌号的 15MnV,15MnTi,16MnNi)的低合金高强度结构钢,又称镇静钢,强度较高,耐磨性好,但韧性和塑性不如优质碳素结构钢;轨道的规格截面高为 800 mm,轨道上下面厚度为 35 mm,轨道筋板厚度为 16 mm。像这样特殊的钢轨道,需加工煨弯成 S 形和 U 形,这在钢结构加工制作史上比较罕见,煨弯的难度大而多,具体有以下情况:轨道类材质易脆裂,不可任意煨弯;煨弯工艺编制烦琐,掌握煨弯要点极其困难;煨弯时加热温度极难控制,加热温度是煨弯全过程中的关键性问题之一,稍有疏忽必使煨弯工作失败;煨弯时必须采用外力才可煨弯成形,但外力的使力程序和使力的尺度不易掌控;煨弯后的悬臂轨道梁两端面误差±1.5 mm 和整体无挠翘的要求较难达到,只要某一个环节处理不当,如加热温度(过高)或千斤顶使力过大或未按煨弯程序使力,就会使煨弯的悬臂轨道制件产生扭曲或挠翘,特别是会产生裂纹或断裂(这是煨弯轨道最大的风险)。因此,每个参与煨弯的人员必须严格掌控和发挥各自应有的技能作用,做好以下实际工作。

一、人员组织(11 名)

① 选择煨弯负责人兼现场总指挥人员 1 名。

② 煨弯操作者 6 名。

③ 起重吊运、移位配合煨弯,2 名起重工。

④ 配合煨弯 2 名辅助工。

二、编制煨弯悬臂梁轨道工艺规程

煨弯悬臂梁轨道虽然工序不多,但内容烦琐复杂,各类风险多,需较高技能经验要求。最重要的在于现场煨弯指挥者的实际煨弯技能经验和指挥要恰到好处。本例中煨弯工件材料由日本进口,只有两根,万一在煨弯过程中由于各种原因和因素考虑不周或操作不当而使煨弯件产生裂纹或断裂,致使悬臂梁轨道煨弯失败而造成煨弯件报废,就连补救的材料都没有,对指挥煨弯者而言压力很大。悬臂梁轨道煨弯工艺应由以下实际经验事例掌控煨弯全过程。

1. 放大样

按施工图几何尺寸放 1:1 的大样,求得各煨弯节点尺寸和煨弯样板、样杆,对所放大样和样板、样杆及起始和终末的定位线必须经质检专职人员检验认可,否则不得使用。样板的求得应以轨道面宽度 1/2 的内侧由 R 切线为起点划样板弧线。样杆的实长应由 R 切线为起点,以轨道面中心为准量取实际尺寸(图 7-38、图 7-39)。

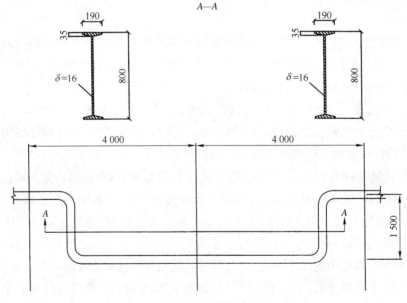

图 7-38 悬臂轨道煨弯图(一)

2. 工艺准备

① 布设 50 m² 的操作钢平台。

② 预制煨弯所需钢结构胎架,见图 7-40、图 7-41。

③ 煨弯工具:大功能烤枪 6 把(2 把备用),50 t 千斤顶 4 只(轨道面上下侧各 1 只)。

④ 统一指挥,分工明确;在轨道两侧上下对称 4 把烤枪(各侧上下 2 把)。

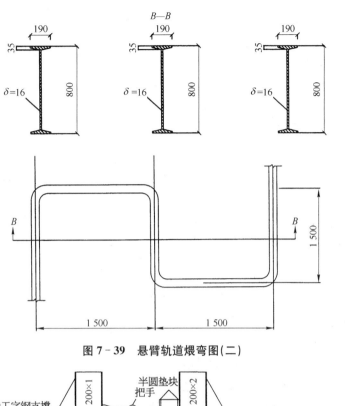

图 7-39　悬臂轨道煨弯图(二)

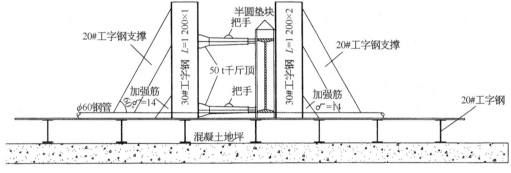

图 7-40　煨弯胎架立面示意图

⑤ 煨弯件的移位靠胎架平台的 ϕ60 mm 直径布设钢管滚动移位,所有滚动钢管应基本处于同一水平位置。

三、煨弯技术要点

① 煨弯起始加热点应在放大样时求得 R 切线点的外侧约 150 mm 处(图 7-41)与内侧同时加热,不宜以起始线为准在内侧加热,否则会影响所煨弯节点 R 过渡不顺,当弯至终末的加热要求与起始相同。

② 只加热轨道上下面,轨道筋板 δ=16 mm 厚度无须加热,因轨道上下加热时,加热热量导入筋板区域,虽然温度未达 600℃,但热影响区已处于完全可以达到弯曲成形的温度。当开始煨弯轨道上下面时,筋板很自然地随之弯曲成形,实践证明筋板无须加热完全正确。

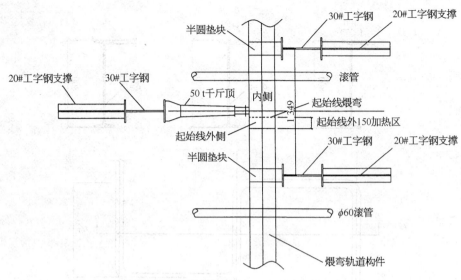

图 7 - 41 煨弯胎架平面示意图

说明：需数根钢滚管，利于煨弯运行方便

③ 加热温度始终严控在 600～700℃不得超过。对严控温度无经验者可用测温器检测，这是煨弯工作中重之重的关键问题。

④ 操作千斤顶使力也是关键问题之一，起始煨弯时的程序极其严格，即起始煨弯不允许一次性使力使足使弯件成形，这样的煨弯往往使弯件产生裂纹甚至断裂。起始煨弯和煨弯过程中都必须坚持：一步使力使弯件松动；二步使力使弯件稍变形；三步使力使弯件基本煨弯到位稍有偏差，待煨弯中煨矫正确；煨弯轨道必须坚持使力缓慢，逐步成形。在煨弯时，用千斤顶使力尺度应做好标记，免得处于无目标状态下使力，这样既提高质量，又提高生产效率。

第五节 胀 接 工 艺

胀接是利用管子和管板变形以达到密封和紧固的一种连接方式。它可以采用不同的方法（如机械方法）来扩胀管子的直径，使管子产生塑性变形，管板壁产生弹性变形，利用管板孔壁的回弹对管子施加径向压力，使管子与管板的连接接头具有足够的胀接强度（拉脱力），保证接头工作时（受力后）管子不会从管孔中被拉出来；同时还应具有较好的密封强度（耐压力），在工作压力下保证设备内的介质不会从接头上泄漏出来。

一、胀接的结构形式

1. 光孔胀接

光孔胀接（图 7 - 42a）一般用于工作压力小于 0.6 MPa（6 kgf/cm²），温度低于 300℃，胀接长度小于 20 mm 的场合。

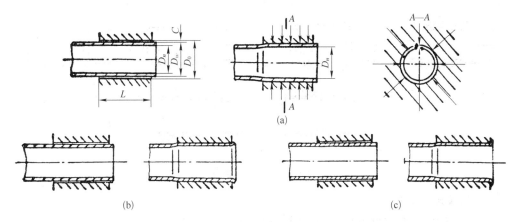

图 7 - 42 胀接接头

(a) 光孔胀接;(b) 扳边的管端;(c) 翻边的管端

2. 翻边胀接

翻边胀接有以下两种形式。

（1）扳边

管端扳边成喇叭口（图 7 - 42b），扳边是为提高接头胀接强度，通过除了胀紧外，还进行管端扳边，形成喇叭形。经胀紧和扳边后的管子，其拉脱力为未扳边管子的 1.5 倍。扳边角度越大，强度越高，一般扳边角度取 12°～15°。但应注意扳边时，喇叭口的根部应在管板管孔边缘上，甚至伸入孔内部 1～2 mm，如图 7 - 43 所示。如果喇叭口根部的位置在管孔外就起不到加强连接的作用。

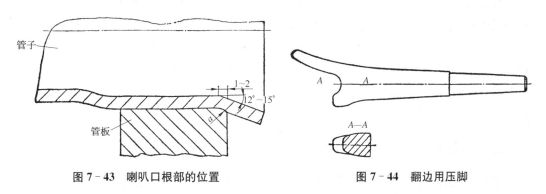

图 7 - 43 喇叭口根部的位置　　　　**图 7 - 44 翻边用压脚**

（2）翻边

管端翻边（拨头）时采用压脚工具，如图 7 - 44 所示，把压脚装在铆钉枪上，使管端已扳边管口翻打成图 7 - 42c 所示的半圆形。这种形式多见于火管钢炉的烟管，主要为了防止管端被高温烟气烧坏，并减少烟气流动阻力及增加接头强度。

3. 开槽胀接

开槽胀接是用于胀接长度大于 20 mm，温度小于 300℃，压力小于 3.9 MPa（39 kgf/cm²）的设备上，由于工作压力较高，管子的轴向压力增大，故采取加大胀接长度，另一方面如图 7 - 45a 的开槽方法，使管子金属在胀接时能镶嵌到槽中去，以提高接头的抗拉脱力。

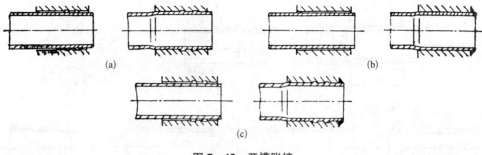

图 7-45 开槽胀接

4. 胀接加端面焊

随着工作压力和温度的提高,单靠胀接的方法是不能满足要求的;因此,必须要采取胀接后再加端面焊的方法,提高接头的密封性能。

根据胀接接头的工作压力和温度的高低,它有如下两种形式。

(1) 光孔胀接加端面焊

一般用在工作压力低于 7 MPa(70 kgf/cm²),温度低于 350℃ 或分质极易渗透的场合,此时胀接强度虽然达到要求,但密封性能达不到使用要求;因此,接头端面还要增加密封焊来保证其密封性能,如图 7-45b 所示。

(2) 开槽胀接加端面焊

当温度进一步提高后,如果仍采用光孔加端面焊时,由于温度升到 400℃ 以上会引起金属蠕变,使胀管所造成的径向压力松弛,导致胀接接头失效;所以用开槽的方法,在胀接时让金属镶嵌到槽中,此时虽然高温蠕变能使胀接失效,但由于开槽的结果,镶嵌在孔中的凸缘能造成足够的抗拉脱力,再加上端面焊,则密封性能得到进一步的提高,如图 7-45c 所示。是先焊还是先胀呢? 如先胀后焊,则难免胀管用的润滑剂会进入间隙内,在焊接的高温下,会产生气体,引起焊缝气孔而影响质量。如先焊后胀,胀接时是否会使焊缝开裂? 实践证实,只要胀管过程控制得当,是不会产生焊缝开裂的;因此,采用先焊后胀比较好。

二、胀管器

胀管器的种类很多,有螺旋式、前进式、后退式,还有游标尺胀管器、自动停止式胀管器、自动胀管器等,它们结构不同,因此使用方法与特点也就不同,最常用的是前进式胀管器和后退式胀管器两种。

1. 前进式胀管器

这种胀管器有两种类型,一种是只能胀管不带扳边功能的,叫前进式胀管器。另一种既能胀管同时还能进行扳边的,叫前进式扳边胀管器,它们是由一个胀壳,一根胀杆和三个或三个以上的胀子所组成。在前进式胀管器中,还多一个扳边滚子,见图 7-46。

胀管器零件的几何形状正确与否,以及加工精度的高低,直接影响到胀接接头的质量,因此,必须掌握主要零件结构和特点,便于正确选用合适的胀管器,以保证胀接接头质量。

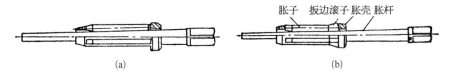

图 7 - 46　前进式胀管器

(a) 前进式胀管器；(b) 前进式扳边胀管器

(1) 前进式胀管器的组成零件

① 胀子。前进式胀管器如图 7 - 47a 所示，其胀子呈锥形。

选用胀子的粗细，一般以胀子的大头直径(d_1)为准，$d_1 = 0.32D_n$（管子内径）。如果选用较粗的胀子，它与管子内壁的接触面积虽然增大，管子的变形比较均匀，但对于一定直径的管子来说，胀杆直径必然要变细，会导致胀杆强度不够，很容易折断。

胀子的工作长度 $L_1 = L + \Delta$（式中的 Δ 在图 7 - 47a 中为尺寸 $A + B$），即为管板厚度 L 加管子伸出的长度与伸入管板 3～5 mm 长的总和。

胀子锥度 K_1 一般取 1：55，对于 $D_n < \phi 12$ mm 时取 1：66。

胀子的硬度一般为 55～58 HRC。

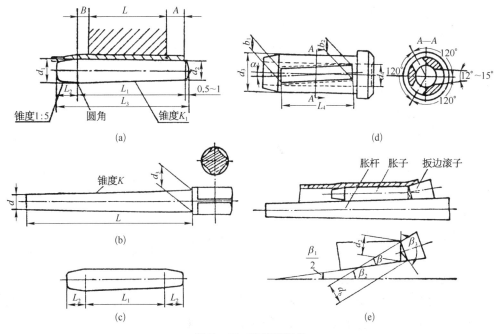

图 7 - 47　胀管器零件

(a) 前进式胀子；(b) 胀杆；(c) 后退式胀子；(d) 胀壳；(e) 扳边滚子

② 胀杆。选用胀杆的粗细（图 7 - 47b），是以胀杆小头直径 $d = 0.3D_n$ 为准，其锥度 K 等于 2 倍于胀子的锥度 K_1，即 $K = 2K_1$，其长度 L 由下式计算：

$$L = (0.06D_n + C + aD_n)\frac{1}{K} + L_1$$

式中　C——管子与管孔单面间隙(mm);

　　　a——系数,按表 7-4 选取。

胀管的硬度一般为 58~60HRC。

表 7-4　系数 a 值

管子内径 D_n(mm)	10~20	21~30	31~50	51~70
系数 a	0.1	0.1~0.09	0.09~0.08	0.08~0.06

③ 胀壳。见图 7-47d,胀管结构由胀管器的类型决定,它是用于把胀子安放在胀壳槽内,所以两尺寸基本相似。胀壳槽与胀壳轴线倾斜或一个左旋 α 角,α 角的大小直接影响胀接时胀杆的进给速度。一般当 $D_n < 12$ mm 时,取 $\alpha = 1°$;当 $D_n > 12$ mm 且 < 40 mm 时,取 $\alpha = 1°20'$;$D_n > 40$ mm 时取 $\alpha = 2°$。

当胀壳直径较大或结构许可时,可以增加胀壳槽数,使管子扩胀时更均匀,但这样又会使制造复杂,并增加成本。

胀壳长度 L_4 为胀子长度 L_3 加上适当间隙,即:

小头宽度　$L_4 = L_3 + (0.1 \sim 0.15)$

　　　　　$b_1 = d_1 - (0.2 \sim 0.3)$

大头宽度　$b_2 = d_2 - (0.2 \sim 0.3)$

　　　　　$d_4 = d_3$(胀杆大头直径)

　　　　　$d_5 = d + 2d_1$

④ 扳边滚子。如图 7-47e 所示,扳边滚子和胀杆组合后,扳边滚子外侧的圆锥形,它的扳边角度 $\beta_2 \approx 12° \sim 15°$:

$$\beta_2 = \frac{\beta_1}{2} + \beta = 12° \sim 15°$$

式中　β——半边滚子锥角;

　　　β_1——胀杆锥角。

扳边滚子与胀子衔接处,不允许存在凸出或凹进及缝隙等,否则在胀接过程中容易使管子内壁胀子和扳边滚子的工作分界点处形成切口(有害的凸起痕迹),影响胀接质量。

(2) 前进式胀管器的工作原理

前进式胀管器的胀杆和胀子形状都是圆锥形的,只是它们的锥度不同,胀杆锥度 K 为两倍的胀子锥度 K_1,这样配合起来的外侧面正好为圆柱形,如图 7-48a。当胀杆向前推进(进给)一个距离,则胀子外侧直径 D_n 增加到 D_n',如图 7-48b。胀杆进给越多,则胀子外侧直径增加越大。胀管时,将胀管器塞入管内(图 7-49),开始胀时留有适当装置距离,然后推进胀杆,使胀杆、胀子、管子内壁都相互贴紧。

然后(图 7-49A—A 剖面)用扳手或胀管机带动胀杆做顺时针方向旋转,则胀子作反方向转动,在管子内壁辗压,迫使管壁金属延展,管径增大。由于胀杆有自动进给功能,当胀管器旋转时除向管内前进外,胀子的外侧不断增大,直到胀接终了为止。当胀接结束时,胀壳

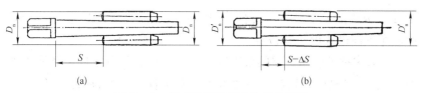

图 7 - 48 胀杆和胀子组合和进给情况

（a）进给前的组合；（b）进给后的变化

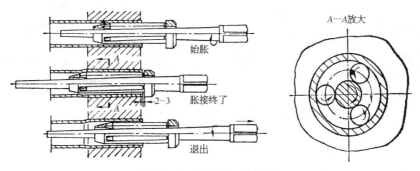

图 7 - 49 胀管器工作情况

与管端之间还保留有 2～3 mm 的间隙，以避免发生摩擦。在胀管器退出时，只要将胀管器作逆时针方向旋转，胀杆就会自动退出。

胀杆的自动进给，是通过胀壳槽中心线倾斜一个左旋角 α 而实现的，因此，它使槽中的胀子与配合的胀杆也相交成一α角。图 7 - 50 表示胀杆相对于胀子运动的状况。当胀杆绕 $O\text{-}O$ 轴旋转时，与其配合的胀子就绕与 $O\text{-}O$ 轴成 α 角的 $O'\text{-}$

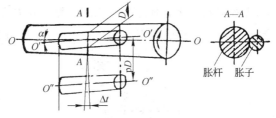

图 7 - 50 胀杆和胀子的相对运动

O'轴反转，如果将胀杆表面展开，则胀子旋转一圈后的位置为 $O'\text{-}O''$，即胀子相对胀杆向后移动一段距离：$\Delta l = \pi D \tan \alpha$，实际上胀子被限制在胀壳斜槽内不能向后移动，因为它反而推动胀杆向前移动 Δl，从而实现胀杆自己推进。

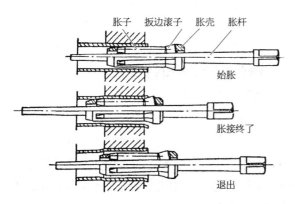

图 7 - 51 前进式扳边胀管器工作情况

2. 前进式扳边胀管器

前进式扳边胀管器的工作原理和前进式胀管器除胀管功能相同外，前者还多一个扳边功能，就是将胀好的管接头管端扩成 24°～30° 的喇叭形，以提高接头的胀接强度（拉脱力）。

由于胀杆能自动进给，因此胀壳也被胀子带着向前移动，所以扳边滚子除自身能向前进给外，同时又被胀壳推着向前，不断地在管口上辗压，使其扩胀成喇叭形，如图 7 - 51 所示。

由于胀子和扳边滚子布置的方式不同,所以前进式扳边胀管器又分以下两种。

(1) 串联布置前进式扳边胀管器

见图 7-52a,这种扳边胀管器的扳边滚子和胀子串联放置在同一条胀壳槽中。在胀壳的三条槽中,在两条槽内分别放入扳边滚子及胀子各一个,而在另一条槽中,只有一个较长的胀子,这种布置方式,一般适用于管子直径为 $\phi60$ mm 以下的胀管器上。

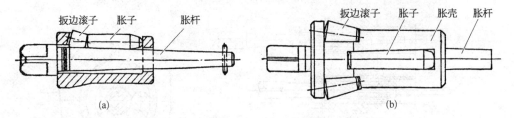

图 7-52 前进式扳边胀管器

(a) 串联布置;(b) 平行布置

(2) 平行布置前进式扳边胀管器

如图 7-52b 所示,扳边滚子与胀子分别安置在各胀壳槽中,相互错开,这种布置方式在胀接过程中比串联布置方式要好,因为胀子和扳边滚子工作的分界点,不会在管子内壁形成有害的凸起痕迹(图 7-53b),所以扳边滚子在滚动时不会受阻碍(图 7-53a),但这种结构在小直径胀管器上难以布置,因此都用于管子直径为 $\phi76$ mm 以上的胀管器。

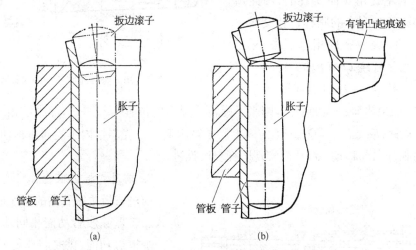

图 7-53 胀子与滚子工作的分界点对管子内壁的影响

(a) 平滑过渡;(b) 形成有害的凸起痕迹

3. 后退式胀管器

(1) 采用后退式胀管器的原因

在管板厚度大、管子直径又小的情况下,采用前进式胀管器时,将会遇到以下问题:

① 由于管子直径小,胀接长度又长,所以胀管器必然又细又长,胀子越长则受到的阻力就越大,较细的胀杆在工作时承受的阻力较大,容易折断。

②　如果把胀子做得较短,采用分段胀接,这样将会使胀接质量不稳定,胀接长度难以控制。另外胀管器工作时是由外向管内前进的,管子受到胀子辗压后,伸长量是向管板里面延伸的,所以会将管板向外顶出,影响装配质量。

由上分析,用短胀子前进式胀管器进行分段胀接,胀管器细长,工作处于受压状态,所以稳定性差,容易损坏。

如果将胀管器的受压状态改成受拉状态工作,而且工作是连续的,那么其强度和使用寿命将会大大地提高,这种形式的胀管器即为后退式胀管器。后退式胀管器类型较多,现举比较实用的两例加以说明。

(2) 后退式胀管器结构

后退式胀管器的胀子如图 7-47c 所示,两端都做成过渡段,这样无论是前进还是后退均不受阻碍。

图 7-54 为分开式后退式胀管器,结构比较简单。胀杆 1 和定位圈 9、胀壳 10、螺钉 11、弹簧圈 12、定位盖 13、轴承 14、轴承外壳 15、胀子 16 等组成一组前进式胀管器。胀接分两次进行,首先将外壳 8 向左推动,使钢球 7 让开,接套管 6 和胀壳 10 可以分开,然后将胀子部分送到胀接长度末端,开始即按顺时针方向转动胀杆 1,使该部分管子胀紧并达到应有的胀接率;再将定位螺母 2、止推弹簧 3、弹簧 4、单向推力球轴承 5、接套管 6、钢球 7、外套壳 8 装在胀管器上,移动定位螺母 2 将单向推力球轴承 5 推向胀杆 1,按理胀杆 1会松脱出来,但由于被定位螺母 2 顶住,所以胀子始终保持原来的胀接率,胀管器逐步由内向外退出(退出原理和前进式胀管器向前进给原理相同,只不过方向向反),这样沿途将管子胀紧。所以定位螺母 2 除能定位外,还能调节胀接率。当定位用的螺钉 11 旋松后,

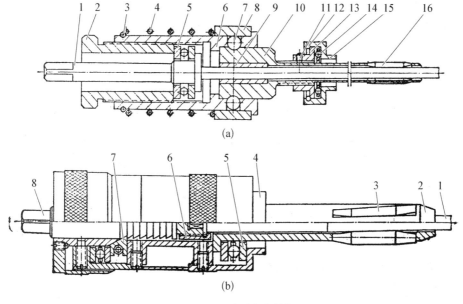

(a)

(b)

图 7-54　后退式胀管器

(a) 分开式;(b) 整体式

定位盖 13 与胀壳 10 配合的螺纹就能旋转,因此,可以用螺纹的螺距为级数来控制胀接长度,旋紧螺钉 11 就能限位。

图 7-54b 是整体后退式胀管器,它虽与图 7-54a 在构件上有所不同,但胀接原理基本一样。在胀接时,不要将胀接管器拆开来分两次进行胀接,而只要将胀子部分先伸到胀接长度最末端。开始按顺时针方向转动轮齿轴 8,由于方凖和螺母 6 的连接,则胀杆 1 跟随作顺时针方向旋转,产生前进式胀管器的胀接功能(胀壳 2 受到管端和定位套 4 及单向推力轴承 5 的限制,只有胀杆 1 能自由地向管内前进),将该处管子胀紧。

然后再将齿轴 8 按逆时针方向旋转,则胀杆 1 必然向外退出,由于齿轴的倒齿收到棘轮块 7 的阻挡只能旋转,不能后退,这样就保证胀接率始终不变,而胀杆 1、胀壳 2、胀子 3 同时旋转地退出管外,沿途将管子胀紧。

以上两种后退式胀管器各有它的优缺点,图 7-54b 的结构虽然工作时不需要拆开,直接就能完成胀接工作;但是由于笨重、加工困难和成本高,所以目前很少采用。

三、胀管的方法

胀接接头质量的好坏,以及胀接工作的顺利与否,与胀管前的准备工作是否完善有很大的关系。

1. 选择胀管器和其他工具

① 首先根据胀接接头管子的内径 D_n 和胀接长度 L,确定胀管方法,是采用前进式还是后退式的胀管方法,然后按管子内径大小和扳边与否,选定合适的胀管器。

② 如果管端需要翻边,可以根据管子直径和管子壁厚,选择合适的压脚。

③ 如果胀接接头数量不多,可采用手动胀接,即用扳手扳动胀杆进行胀接。扳手最好采用带棘的倒顺扳手,操作比较方便。当接头数量较多时,则应考虑使用机械胀接,提高生产效率,如图 7-55 所示。

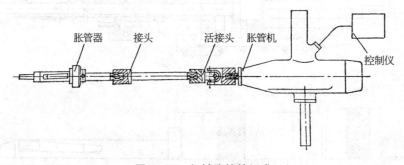

图 7-55 机械胀接的组成

④ 如果胀接位置的操作空间较少,可考虑选用合适的转向器,如图 7-56 所示。

2. 保持管子硬度

管子端部退失在胀管过程中,要求管子产生较大的塑形变形,而使管孔壁仅产生弹性变形,同时管端在扳边或拨头时不要产生裂纹;因此,要求管子端部的硬度必须低于管孔

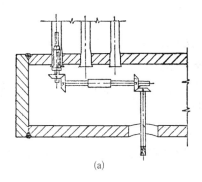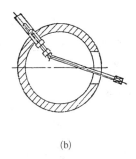

图 7 - 56　胀管用转向器

(a) 折角胀管；(b) 不同方向胀管

壁的硬度(碳钢管的硬度应比管板孔壁低 30HB)。当胀接管子的硬度高于管板的硬度，或管子硬度大于 170HB 时，应进行低温退火处理，以降低其硬度，提高塑性。

退火温度，碳钢管为 600～650℃，合金钢管为 650～700℃。

管子的退火长度，一般取管板厚度再加 100 mm。退火时，将管子的另一端堵住以防止因空气对流而影响加热。在加热过程中，还应该经常转动管子，使整个圆周受热均匀，避免局部过热。保温时间为 10～15 min，将取出后的管子埋在温热的干砂或石棉或硅藻土等保温材料中进行缓冷，待冷却到 50～60℃后取出空冷。

必须注意退火时温度不能超过其上限，以免减低管子金属的抗拉极限，影响胀接接头的强度；另外，加热用的燃料，不能采用含硫量较高的烟煤，以免管子金属产生脆性。

3. 检查和清理管孔及管端

管子与管孔壁之间不能有杂物存在，否则胀接后不但影响胀接强度，而且也很难保证接头的严密性；因此，在胀接前，必须对管孔及管端加以清理，做好以下工作。

① 清除管孔上的尘土、水分、油污及铁锈等，清除时可先用纱头(回丝)或废布将尘土、水分及油污擦净，然后再用钢玉砂布(铁砂皮)沿管子端部约 100 mm 长的圆周部位清擦，直至端部全部呈金属光泽为止，同时不允许有锈斑和纵向贯穿的刻痕(刀痕)，以及两端延伸到孔壁外的环向螺旋形刻痕存在；管孔边缘的锐边和毛刺也应刮除。

如管子数较多，可用机械法擦磨。

② 检查管端内外表面是否有凹陷、较深的锈斑和深的纵向刻痕、裂缝等缺陷，如有则应予报废。对于合格的管子，端部外表面用细锉刀进行修磨(修磨长度约为管板的厚度加 30～40 mm)直至全部发出金属光泽为止(如管子数量较多，也可用专用的抛磨装置)。管子经修磨后，尺寸应在允许范围内。

③ 已清理的管子和管孔进行尺寸测量，将个别尺寸偏大或偏小的进行编号、分类，以便于选配(直径偏大的管子选配偏大的孔)。经这样选配后，便能得到比较合理的间隙，保证胀管质量。

4. 管子初胀(定位)

为了保证产品装配后的尺寸符合要求，胀管时不能对每个接头一次全部胀好，而需要分两次进行,先初胀定位,然后进行复胀。

为了避免管子和管孔光亮的表面再次被氧化,必须尽可能地缩短清理后到开始初胀的间隔时间。若表面上有油迹时,可用丙酮等清洗,将清理好的管子,按规定的伸出长度和正确的方位(指弯形管子)塞进管孔;如结构条件许可,可用图 7-57 所示长度样板操作

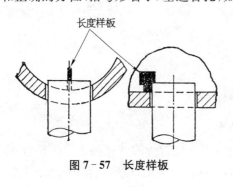

图 7-57 长度样板

更加省力,用已涂好黄油或二号机油的胀管器按管端扩大,当管子不再在管孔内晃动后,用小锤轻轻敲击管端,如果不再发出由于间隙所造成的嚓嚓声时,说明管壁基本已紧密接触,并无间隙存在,然后适当胀大 0.2～0.3 mm,这样可避免胀管用的润滑剂渗透到间隙中影响接头质量,这时管子虽已达到定位和紧固的目的,但还没有完全胀好。

5. 复胀和扳边(胀紧和扩喇叭口)

管子经初胀后各处尺寸基本固定,然后进行复胀。当初胀结束后,仍需防止接合面再次被氧化,故初胀与复胀的间隔时间也应尽可能缩短。

复胀就是将已经初胀的管接头再次进行胀紧,达到规定的胀接率,若管端还需扳边的就可采用前进式扳边胀管器进行,这样使胀紧和扳边同时完成,将管端扩成需要的喇叭形。

6. 胀紧程度的控制

为了得到良好的胀接接头,在胀接时管子的扩胀量必须控制在一定的范围内。当扩胀量不足(欠胀)时,就不能保证接头的胀接强度和密封性,若扩胀量过量(过胀),就是指管孔的四周过分胀大而失去弹性,就不能对管子产生足够的径向压力,密封性和胀接强度均相应降低。所以欠胀或过胀都不能保证质量。

管子的扩胀程度用胀率来表示,它有两种表示方法。一种是内径增大率 H,就是管子在管孔中,在间隙已清除的情况下,再扩胀的量(纯挤压量)与管孔直径的比值。扩胀量与两倍管子壁厚的比值,就叫管壁减薄率 ε。它们也可用下面两种计算公式表示:

$$内径增大率\ H = \frac{(D'_n - D_n) - (D_o - D_w)}{D_o} \times 100\%$$

$$管壁减薄率\ \varepsilon = \frac{(D'_n - D_n) - (D_o - D_w)}{2t} \times 100\%$$

式中　D'_n——管子胀接后的内径(mm);

　　　D_n——管子胀接前内径(mm);

　　　D_w——管子胀接前外径(mm);

　　　D_o——胀接管孔的直径(mm);

　　　t——管子胀接前的壁厚(mm)。

经验证明：在胀管时，当胀接率起初增加时，接头强度和密封性都随着它的增加而增加，但到了一定的极限后，随着胀接率的增加反而下降；因此，有一个最佳胀接率，如果超过此值，接头质量不但不会提高，反而下降，就是上面提到的过胀。

胀接率的另一种表示方式是用胀管器的装置距离 J 来表示。在实际胀管时，并不是测量每个管子的管径胀大量来计算胀接力的，而是以图 7-58 所示的方法，以胀管器的放置距离 J 来计算（图中 A 为胀壳顶部高度），因为前进式胀管器具有自动进给和胀大的特性，因此，当胀管器前进到一定的距离，管子就被胀大到一定的程度，所以胀接率的选定和胀管器的胀杆锥度 K 值有关，如果 K 值已知，就可通过下面的计算式算出胀管器的放置距离：

$$J = 1.2 \frac{HD_\circ}{K}$$

式中　J——胀管器的放置距离（mm）；

　　　H——内径增大率（%）；

　　　$D_\circ$——胀接前管孔直径（mm）；

　　　K——胀杆锥度；

　　1.2——考虑管子金属回弹而收缩的修正系数。

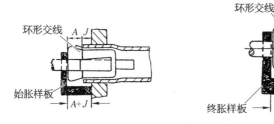

图 7-58　胀管器的放置距离

J 值除通过上式计算外，也可按表 7-5 查得。

表 7-5　胀管器的防治距离 J　　　　　　　　　　　　　　（mm）

管子外径	管　板　厚　度						
	20	25	30	25	40	45	50
38	18	11	10	9	9	9	—
17	147	14	12	11	11	11	
60	—	16	14	13	15	13	13
76	25	—	—	—	—	—	—
83	30	27	24	23	22	22	22
102	34	31	29	28	27	27	27
108	35	33	31	30	29	29	29

当管板厚度较薄时,由于金属塑性较大,这时胀接率可取得大一些,所以放置距离也相应地增大一点。

另外,管子的胀紧程度也可以不通过计算胀管率或胀管器的放置距离获得,而是凭操作者的手所感觉到力量,或者听胀管器这段时发出的声音以及观察管子变形情况来确定是否达到要求。因为当胀接率符合要求时,手臂的用力程度是一定的;还有因管孔受胀后周围发生弹性变形和轻微地塑性变形时,管板平面孔的周围便出现氧化层裂纹及剥落的现象,这时说明胀紧程度已达到要求,当然这需要凭借相当的经验才能判断。

7. 接头的胀接顺序

管子的胀接顺序妥当与否,直接关系到能否保证管板的几何形状,以及所在的位置是否达到公差要求,同时还关系到胀接其中一个接头时,对邻近的胀接接头松动程度的影响大小。

（1）集箱和汽包（圆弧形管板）的胀接顺序

在集箱或汽包上进行胀管时,应当采取反阶式胀管的顺序,见图 7 - 59a、b,因为它的本体就是圆弧形管板,并且在轴向的方向较长。在胀接过程中,管板受到胀接而引起扩张

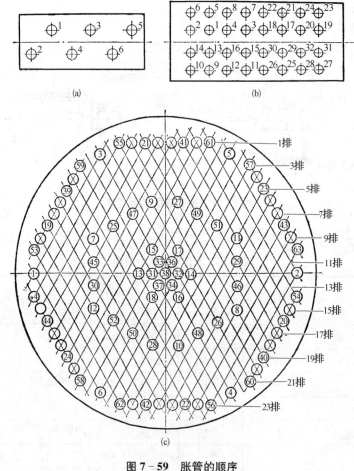

图 7 - 59　胀管的顺序

(a) 集箱；(b) 汽包；(c) 平面管板

伸长,如果渐次胀接,集箱或汽包将变成单侧伸长,由于自由膨胀的结果,使本体产生挠曲,因而改变了它的几何形状和位置。如因管子的牵制,使其得不到自由膨胀,则每个管子胀接接头只产生附应力,影响接头质量。只有采取反阶式顺序胀接,逐段定位,才能使每个接头的附加应力趋于均匀。

(2) 平面管板的胀接顺序

① 产生变形的原因与后果。平面管板多数用于管箱或 U 形管系与平面管板的连接,如果两头均为管的管箱,若胀接顺序不当,就会产生变形。

当胀接第一块管板时,由于管子在胀接过程中能自由地向另一端伸长,故不会引起管板变形。开始胀第二块(另一端)管板时,如胀接顺序不正确,将引起管板较大地变形,产生变形的原因是由于初胀的一些管子已将两管板的距离固定,如其他管子渐次胀接,则管子的轴向伸长受到管板的阻碍;因此,每根管子顶推管板使之变形。可能出现的变形有管板变成蝶形或弯曲以及管板倾斜(管子不垂直),管板的变形又将引起管板与密封面的密封失效,管板的变形还将妨碍管系顺利装进壳体。

② 正确的胀管顺序。平面管板正确的胀管顺序如图 7-59c 所示,在胀接编号为 1-6 号管子的过程中,必须保证管板与管子相互垂直。胀接 7-64 号管子时,为了增加管板的刚性,应首先胀接单数排管子,然后再胀接双数排管子(胀接顺序是从左至右,最好也采取反阶式顺序,以便每个接头上的附加应力均匀)。用图 7-59c 的顺序已适当地考虑到防止邻近的胀接接头发生松动的因素。

四、胀接接头的质量和缺陷

胀接质量的好坏,直接关系到产品能否可靠地运行和其使用寿命。

1. 影响胀接接头质量的因素

影响接头质量的好坏与以下一些因素有关,如管子扩胀程度的大小(胀接率)、管子与管板材料之间的关系、管子与管孔之间间隙的大小、接触面的情况、管子扳边凸出的长度及扩胀角度的大小、所采取的胀管方法和胀管速度,以及胀管器中胀子数量的多少等。为保证稳定的接头质量,需要掌握胀接过程的每个环节。

(1) 胀接率(胀紧程度)

胀接率不足或过量都不能保证质量,适宜的胀接率与管子的材料和直径及厚度大小有关。

一般在 $H=1\%\sim3\%$ 或 $\varepsilon=4\%\sim8\%$ 的范围内选取,厚壁管和有色金属管应采用较大的数值。在实际应用时,可按上述原则先选一个数值,然后试验几个接头,最后再确定应取的数值。

(2) 管子与管孔之间的间隙

间隙对胀接质量有决定性的意义,间隙的大小取决于管子和管孔尺寸组合后的结果。间隙太大,接头强度会大大降低,其原因是管子在初胀(定位)过程中受到过分地胀大,管子金属产生冷加工硬化,提高了弹性极限,所以管壁和孔壁就不能密切地接触。此外,间隙过大时,管子很难对准管孔中心,容易引起胀接偏斜和单面胀接。若间隙过小,则装配困难(尤其是弯的管子),因此,间隙大小要恰到好处。

在实际工作中应对每根管子和每个管孔进行尺寸测量、选配。对个别直径小于负公差不大的管子,可采取将其端部加热,然后用锥度为 1:25 的锥杆(或锥度相同的旧胀杆),在热态下压入管子内,使它胀大,但胀大的管子,壁厚仍应符合公差要求,并且端部还要进行低温退火,才可以使用。

最大容许间隙与管径和压力有关,可参考表 7-6。

表 7-6 最大容许间隙和管子直径及工作压力的关系

工作压力 (MPa)	管子外径(mm)							
	32	38	51	60	76	83	102	108
	最大间隙(管孔—管子外径)(mm)							
低于 3	1.2	1.4	1.5	1.5	2	2.2	2.6	3
高于 3	1	1	1.2	1.2	1.5	1.8	2	2

各种规格管子直径的公差,参见国家目前相关的规定,管孔直径上公差可按表 7-6 中的最大间隙来确定,而下公差则是在管子能比较方便地塞入管孔内的前提下,越小越好。

(3) 管端形状和伸出长度

在图 7-43 管孔边缘的 a 点处,管壁金属的"压入"(陷入)对管子今后的工作并无任何危险。

为了能使管端进行胀接和扳边,必须从管板中伸出适当的长度,如果太长,就会增加介质的流体阻力,使其根部形成死角,容易引起腐蚀。端部扩张太大容易产生裂纹,太短又会降低扳边的作用,具体长度可参考表 7-7。

表 7-7 管端伸出长度   (mm)

管子外径	38	51	60	76	83	102
管端伸出量	管端伸出长度					
正 常	9	11	11	12	12	15
最 小	6	7	7	8	9	9
最 大	12	15	15	16	18	18

(4) 管壁和孔壁的粗糙度

管壁和孔壁接触面的情况,对于胀接质量有很大的影响,如表面加工越粗糙、摩擦系数及啮合力增加越多,连接强度就越大;但由于管壁金属变形时很难填满粗糙表面,因此密封性能就差。

在实际工作中,通常胀接接头的连接强度,大大地超过工作压力所产生的拉脱力,但接头的密封性很难保证。因此,接触表面的粗糙度不宜太大,如果表面加工太光也是不恰当的,因为这样会使连接强度降得很低。

一般管孔表面进行精铰加工使粗糙度达 $\frac{3.2}{1.6}$(光洁度▽7),如管子数不多,管端表面可用细锉刀修磨。使粗糙度达到 $\frac{3.2}{}$(光洁度▽5)。若批量较大,则用管端抛光机进行粗抛。

(5) 接触面的宽度

在高压设备中,由于工作压力高,管板厚度一般在100 mm以上,并且为了降低设备重量,多数采用高屈服极限的低合金钢,所以胀接率要比中低压设备大。另外,当胀接区胀接长度大于40 mm时,连接强度不仅不增加,反而由于胀管器胀子的弹性变形使连接强度降低,因此需要改变管孔的形状,将胀接长度控制在40~45 mm,而不是用到全部管板的厚度。为了进一步增加连接强度,再在胀接区域内加工出1~2条深1~1.5 mm、宽3~5 mm的环形槽,如图7-60所示;这样,能使连接强度几乎比原来提高1.5倍。

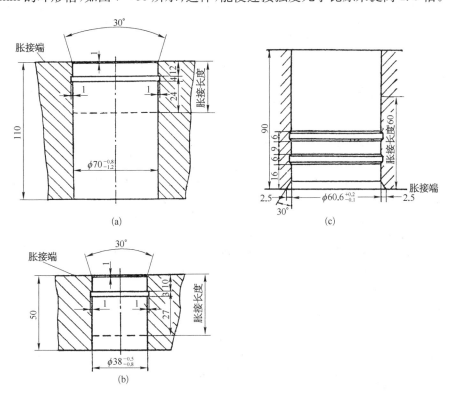

图 7-60 高压胀接管孔结构

(a) 单槽;(b) 单槽;(c) 双槽,并且口向下

在低压设备中,如果管板太薄,接头很容易被扩胀过量,另外管孔与管子接触带(接触面)的宽度小,也就不能造成严密的胀接接头;因此,管板不宜用得太薄,最小的管板厚度可按下面的经验公式确定:

$$l_{最小} = \frac{D_w}{8} + 5$$

式中　$l_{最小}$——最小管板厚度(mm);

D_w——管子外径(mm)。

例如,有一个汽包,它的壁厚为 10 mm,上面分别有管接头 100 根 $\phi51\times3$ 的管子,300 根 $\phi86\times4$ 的管子,4 根 $\phi108\times4$ 的管子,按上面公式验算其最小壁厚是否符合要求:

$$l_{最小} = \frac{D_w}{8} + 5, \quad l_1 = \frac{51}{8} + 5 = 11.38 \text{ mm}$$

$$l_2 = \frac{86}{8} + 5 = 15.75 \text{ mm}$$

$$l_3 = \frac{108}{8} + 5 = 18.5 \text{ mm}$$

从计算结果得知,如汽包上全部改为 $\phi51\times3$ 的管子,则汽包最小壁厚可选用 12 mm,这样即符合要求,又符合法规(锅炉监察规程规定,任何胀接管板最小厚度不得小于 12 mm)。如果考虑到 $\phi86\times4$ 的管子,则汽包壁厚应采用 16 mm。但是对于 $\phi108\times4$ 的管子,汽包壁厚按计算结果,最小需 19 mm,如果为了这 4 根 $\phi108\times4$ 的管子接头,而加厚气包显然是不经济的,所以当条件允许时,不符合 $\phi108\times4$ 的管子改为焊接结构,而其他仍用胀接,这样就比较经济合理。

2. 胀接接头的缺陷及其防止方法

胀接管子时,除正确选用胀管器,并遵守各种注意事项外,为了避免在胀接时产生大量的缺陷,在开始胀接几个管子后,应及时进行中间检查,发现缺陷应立即找出生产的原因,并加以清除。

接头不严密,接头未胀牢如图 7-61a 所示,管子胀大和未胀大的过渡区转变不明显,手摸管子内壁无凹凸的感觉。图 7-61b 的接头上端或下端有间隙存在,这是由于扩胀量不够,产生的原因有以下几种:

① 胀管过早停止胀接。

② 胀管器胀子长度不够,与管板厚度及管子直径不相称。

③ 胀管器的装置距离不当,比所需要的距离小。

④ 胀子的锥度与胀杆的锥度不相配(正常的配合是胀杆锥度比胀杆锥度大一倍,使三个胀子外缘正好组成圆柱形)。

⑤ 接头胀偏,管子的过渡区单面胀偏,而另一边转变不明显。此外,在胀子和扳边滚

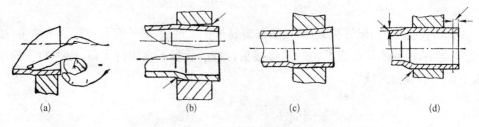

(a)   (b)   (c)   (d)

图 7-61 有缺陷的接头

(a) 接头未胀牢;(b) 接头有间隙;(c) 接头胀偏;(d) 接头过胀

子的工作分界点单边形成切口,如图 7-61c 所示。产生的原因是单边胀接,由于管子弯曲角度不准确,造成管子和管孔的不同心。

⑥ 管子在过渡区转变太剧烈,其原因是胀子结构设计不合理,过渡部分不正确。

⑦ 接头过胀,管端伸出量太长,在管板孔端面的一圈有明显的鼓起现象;管子下端(过渡区)鼓出太大,孔壁下端管子外表面被切,管子内壁起皮。这些现象都说明管子过分地胀大,如图 7-61d 所示。

⑧ 胀管后,管端内表面粗糙、起皮、夹层或压痕,造成的原因是由于胀子表面有裂痕或凹陷。

⑨ 喇叭边缘产生裂纹或断裂,产生的原因是:

a. 管端未经退火或退火不良。

b. 管子原材料存在隐形缺陷。

c. 管端伸出量太长或扩张量太大。

3. 胀接接头缺陷的补救方法

当管子扩张量不够时,可以进行重胀(补胀),如果经过三次补胀还达不到严密的要求时,就不能再继续补胀,再补胀也不能奏效,因为管子金属经过不止一次的扩胀变形,表面已经产生冷加工硬化而丧失弹性,补救的方法是将管子抽出检查,如果还可以用,则必须对管端进行低温退火,然后再使用。同时对管孔采用扩孔或镗孔的方法去掉硬化层。

对于有缺陷的管子,同样应按制造技术条件要求,将管端根据规定长度割掉,重新换接一段,并经过低温退火。对镗孔扩大的管孔,应将管子端部用锥杆扩大。

五、其他胀接方法

随着大容量高参数设备的不断涌现,对于管子与管孔连接的要求也越来越高,必须采用新方法来提高产品质量、减轻劳动强度、缩短制造周期、降低成本。其他胀接方法有液压胀管、爆破胀接等,这里介绍一下液压胀管。

液压胀管是新发展起来的一种胀管方法,它是靠液压控制(图 7-62)胀头进行胀接工作的。

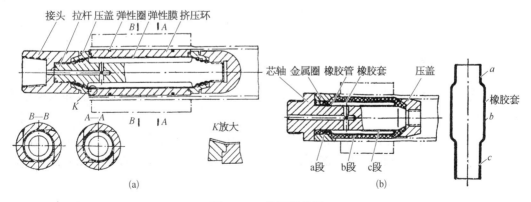

图 7-62　液压胀管器

(a) 液压胀头;(b) 橡皮套液压胀头

(1) 主要优点

① 胀管区管子与管孔的结合均匀。

② 胀接长度基本不受限制。

③ 不会损伤管子。

④ 一次可同时胀接多根管子。

⑤ 管板变形小，液压胀管的变形方向与机械胀管相反，如果经液压胀管后再进行机械胀管，则在一定程度上可消除管子作用于管板上的轴向力。

(2) 液压胀管原理(图 7-63)

在胀管前，液体经油路 1 送入胀头，并将增压器活塞推向右方的原始位置，转接控制阀使油路接通，于是高压泵产生的一次压力，由增压器转换成需要二次压力进行胀管，二次压力从一次压力表上间接显示，压力大小由调节温流阀来控制。如转换控制阀使液压系统与油路 3 接通即可卸载，就能将胀头从管中取出。

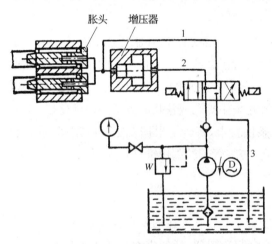

图 7-63　液压胀管原理

(3) 胀头工作原理

图 7-62a 为胀头的结构图，当高压油通过接头和拉杆油孔进入压力油腔，弹性膜在高压油的作用下使挤压环胀开扩胀管子(挤压环分为 4 片，胀前状态见 A—A 剖面，胀后状态见 B—B 剖面)。

图 7-62b 为另一种胀头结构，橡胶套的 c 段套在芯轴上，然后由里向外翻折，使 a 段也套在芯轴上形成压力油腔。最后，套上橡胶管，用金属圈锁紧，另一端用螺母压盖楔紧，工作原理同前，只是挤压环用橡胶套代替。

第六节　铆　接　工　艺

一、铆接概况

铆接是钢结构历史悠久的主要传统工艺。用于钢结构重要结构的连接，如大型桥梁等，20 世纪初的船舶、容器、屋架之类的结构连接基本采用铆接。铆接具有重新分布高应力的优点，故能减少结构产生损坏的危险。铆接不会有残余应力和构件的变形，因此，一些受强力的结构件及无法焊接的部位，仍要用铆接。近代对于构件厚度 4 mm 以下钢结构工程较多采用铆接结构。

钢结构构件虽然大部分都采用焊接，但由于铆接的刚性和塑性比焊接好，传力均匀可靠，且容易检查和维修，所以对于承受严重冲击或震动载荷的构件连接，某些异种金属的连接,以及焊接性能差的金属(如铝合金)连接,仍广泛应用铆接。

利用铆钉把两个或两个以上的零件或构件(通常为金属板或型钢)连接为一个整体,这种连接方法称为铆接。

铆钉的制造有锻制法和冷镦法两种,一般常用冷镦法制造,用冷镦法制成的铆钉,要经过退火处理。铆接时,使用工具连续锤击或用压力机压缩铆钉杆端,使钉杆充满钉孔并形成铆钉头,如图7-64所示。

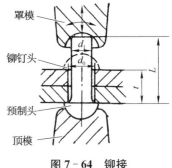

图7-64　铆接

二、铆接的种类

根据构件的使用要求和应用范围的不同,铆接可分为:

(1) 强固铆接

要求铆钉能承受大的作用力,保证构件有足够的强度,而对构件上的结合缝的平密度无特别要求;这类构件如:屋架、桥梁、车辆、立柱和横梁等。

(2) 紧密铆接

铆钉不承受大作用力,但对构件上的集合缝要求绝对紧密,防止漏水或漏气,一般常用于储藏液体或气体的薄壁结构的铆接;这类构件如水箱、气箱和储罐等(20世纪30年代广泛使用铆接,近代除桥梁结构之外,大多用焊接代替铆接)。

(3) 密固铆接

既要求铆钉能承受大的作用力,又要求构件上接合缝绝对紧密;这类构件如:压缩空气罐、高压容器和压力管路等。

三、铆接的构造

1. 铆接的形式

钢板铆接时,分搭接和对接两类。

搭接是把一块钢板搭在另一块钢板上进行铆接(图7-65)。

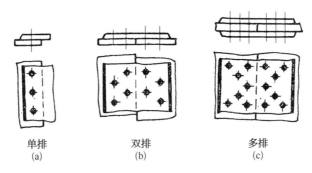

| 单排 | 双排 | 多排 |
| (a) | (b) | (c) |

图7-65　钢板的铆接

(a) 搭接;(b) 对接单搭板;(c) 对接双搭板

对接是将两块钢板置于同一平面利用盖板复接。盖板有单盖板和双盖板两种形式（图7-65b、c）。并根据主板上铆钉的排数有单排、双排、多排之分，排列的形式有并列和交错两种。

2. 角钢的铆接

角钢连接时，可采用角钢作盖板，以保证连接具有足够的刚度（图7-66a）。角钢的背棱必须除去棱角，以便与所连接的角钢能够紧密贴合。角钢的截面尺寸应与所连接的角钢的规格相同。大角钢如能在盖板上布置两排铆钉时，则可用平板作盖板复接。

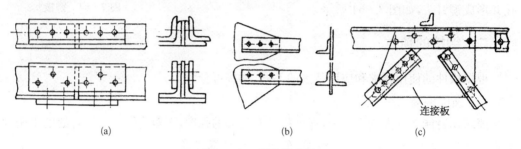

(a)   (b)   (c)

图 7-66　型钢的铆接

(a) 角钢对接；(b) 型钢和钢板的搭接；(c) 用连接板的搭接

槽钢和工字钢对接时用平板作盖板连接。当截面必须覆盖时，腹板及翼板上部均应安放盖板。

3. 型钢和钢板的铆接

型钢和钢板连接的标准形式是采用搭接（图7-66b）。当受力很大时，需要很多铆钉，为使连接紧凑起见，可借助于短角钢加固，短角钢与型钢间也用铆钉连接。

在桁架结构中，常用一块连接板将各杆件连接在一起（图7-66c）。

四、铆钉

铆钉分实心和空心两种，实心铆钉按钉头的形状有半圆头、平锥头、沉头、平头等多种形式，见表7-8。

表7-8　铆钉的形式

名　称	形　状	规格范围(mm)		应　用
		d	L	
实心铆钉	平圆头	2～36	3～200	用于承受较大横向载荷的铆缝
		0.6～16	1～110	
	平锥头	2～36	3～200	用于一般结构上或维修中
		2～16	3～110	

（续表）

名　称		形　状	规格范围(mm)		应　用
			d	L	
实心铆钉	沉　头		2～36	3～200	表面须平滑受载不大的铆缝
			1～16	2～100	
	半沉头		2～36	3～200	表面须平滑受载不大的铆缝
			1～16	2～180	
	平　头		2～6	4～30	用于薄板、有色金属的连接,适用冷铆
			1.2～10	1.5～50	
扁圆头半空心铆钉			1.2～10	1.5～50	铆接方便,钉头较弱,只适用于受载不大处
空心铆钉			1.4～6	1.5～15	重量轻,钉头弱,适用于轻载和异种材料的铆接

半圆头铆钉常用于承受较大横向载荷的接合缝,如桥梁、钢架和车辆等结构。沉头或半沉头铆钉用于表面必须平滑,并且受载不大的接合缝。空心铆钉由于重量轻,铆接方便,但钉头强度小,适用于轻载。

常用的铆钉有:钢铆钉,其材质为 ML2、ML3;铜铆钉,如 T3、H62;铝铆钉,如 L3、LV1、LV10、LF10。

在铆接过程中,铆钉需承受较大的塑性变形,所以铆钉材料应具有较好的塑性。为此,铆钉应进行热态和冷态的拉伸、弯曲和压缩等机械强度试验,同时还需进行铆钉头的成形及锤平等工艺性试验。

铆钉的拉伸试验在拉伸机上进行。弯曲试验时,将铆钉的钉杆在常温下弯曲成折叠形状,且要求在钉杆弯曲处不得发生裂纹。压缩试验分冷压和热压两种:冷压时,铆钉钉杆缩短原长度的 0.4～0.5 倍;热压时,铆钉钉杆缩短原长度的 0.5 倍以上,被压缩的材料边缘不得发生裂纹。铆钉在热态下作锤平试验时,将其加热到 1 000℃ 左右后进行,使铆钉头直径扩展至铆钉直径的 2.5 倍,要求其边缘不得有裂纹。

五、铆钉参数的确定

1. 铆钉直径

铆接时,若铆钉直径过大,铆钉头成形困难,容易使构件变形。若铆钉直径过小,则铆

钉强度不足。铆钉直径的选择,可根据构件的计算厚度来确定,而构件的计算厚度又必须遵循下列三条原则:

① 板料与板料搭接时,按较厚板料的厚度计算;

② 厚度相差较大的板料铆接时,以较薄板料厚度计算;

③ 钢板与型材铆接时,以两者的平均厚度计算。

铆钉直径还可按下列公式估算:

$$d = \sqrt{50 \times \sum t} - 4$$

式中　d——铆钉直径(mm);

$\sum t$——被铆件的计算厚度(按上述三条原则确定)(mm)。

被铆件的总厚度不应超过铆钉直径的5倍,同一构件上可采用不同直径的铆钉,但不要超过两种。

2. 铆钉长度

铆接时,若铆钉杆过长,铆成的钉头就会过高,而且在铆接过程中容易使钉杆弯曲。若钉杆过短,铆钉头成形不足,而影响铆接强度或影响构件表面。

钉杆长度(见表7-8)与铆钉直径、被铆件厚度、铆钉头的形状和钉孔间隙等因素有关。钉杆长度L可按下列经验公式进行计算:

半圆头铆钉　　　　　　　　　$L = 1.1t + 1.4d$

半沉头铆钉　　　　　　　　　$L = 1.1t + 1.1d$

沉头铆钉　　　　　　　　　　$L = 1.1t + 0.8d$

式中　L——铆钉杆长度(mm);

t——被铆件的总厚度(mm);

d——铆钉直径(mm)。

上述三种铆钉杆长度的计算值都是近似值。在大量铆接之前,经杆长计算后还需要进行试铆,如不符质量标准,可将杆长适当增减,再进行铆接。

3. 铆钉孔径

铆钉孔径与铆钉的配合,应根据冷拉、热铆方式不同而定。

在冷铆时,钉杆不易镦粗,为保证连接强度,钉孔直径应与铆钉直径接近。如板料与角钢等铆接时,孔径要加大2%。

在拉铆时,钉孔直径与铆钉直径的配合应采用动配合。如两者间隙太大会影响强度。

在热铆时,由铆钉受热变粗,且钉杆易于镦粗,为了穿钉方便,钉孔直径应比钉杆直径稍大。钉孔直径的标准见表7-9,多层板料密固铆接时,应先钻孔后铰孔,钻孔直径应比标准孔径小1~2 mm,以备装配后进行铰孔之用。筒构件必须在平板上(弯曲前)钻孔,孔径也应比标准孔径小1~2 mm,以备弯曲成筒形后铰孔。

表 7 - 9 钉孔直径 （mm）

铆钉直径 d		2	2.5	3	3.5	4	5	6	8	10	12	14	16	18	20	22	24	27	30	36
钉孔直径 d_0	精装配	2.1	2.6	3.1	3.6	4.1	5.2	6.2	8.2	10.3	12.4	14.5	16.5							
	粗装配	2.2	2.7	3.4	3.9	4.5	5.5	6.5	8.5	11	13	15	17	19	21.5	23.5	25.5	28.5	32	38

六、铆接设备

铆接常用的工具和设备是铆钉枪和铆接机。

1. 铆钉枪

铆钉枪主要由手把、扳机、管接头等组成（图 7 - 67）。枪体顶端孔可安装各种罩模或冲头，以便进行铆接或冲钉工作。

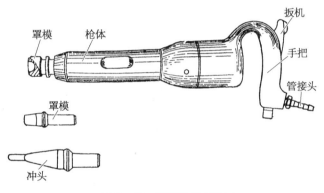

图 7 - 67　铆钉枪和罩模

铆钉枪是利用压缩空气作动力来推动枪体气缸内的活塞，当压缩空气输入后，能达到往复锤击的目的。

铆钉枪的优点是体积较小，操作方便，不受场地限制，尤其适合攀高作业。缺点是操作时噪声大，影响身体健康。

2. 铆接机

铆接机与铆钉枪不同，铆钉枪是利用锤击力量使钉杆变形，而铆接机是利用液压或气压产生压力使钉杆变形，并形成铆钉头；因此，在工作时无噪声。由于铆接机产生的压力较大而均匀，所以铆接质量和强度较高，同时钉头表面也光洁。

铆接机有固定式和移动式两种。固定式的铆接机生产效率高，但由于设备费用高，适用于专业生产。移动式铆接机工作灵活，应用广泛，这种铆接机分气动、液压和电动。

图 7 - 68 为液压铆接机，这是一种利用液压原理进行铆接的方式，其结构由机架 1、油缸 4、活塞 5、罩模 3 和顶模 2 等组成。当压力油经管道接头 8 进入油缸时，推动活塞向下运动，当活塞向下时弹簧 7 受压变形，活塞的下端装有罩模 3，铆钉在顶模和罩模间受压变形，铆接结束后依靠弹簧的弹力使活塞复回。密封垫 6 的作用是防止活塞漏油。整个

铆接机可由吊车移动,为防止铆接时振动,利用弹簧9
起缓冲(消振)作用。

七、铆接工艺

1. 冷铆

在常温状态下的铆接称为冷铆。冷铆前,为消除
硬化,提高材料的塑性,铆钉必经进行退火处理。用铆
钉枪冷铆时,铆钉直径不应超过 13 mm。用铆接机冷
铆时,铆钉最大直径不得超过 25 mm。铆钉直径小于
8 mm 时常用手工冷铆。

手工冷铆时,先将铆钉穿过钉孔,用顶模顶住,将
板料压紧后用手锤锤击镦粗钉杆,再用手锤的球形头
锤击,使其成半球状,最后用罩模罩在钉头上沿各方向
倾斜转动,并用手锤均匀锤击,这样能获得半球状铆
钉。如锤击次数过多,材料将产生加工硬化,致使钉头
产生裂纹。

冷铆的操作过程简化迅速,冷铆铆钉孔比热铆制
出的填充得紧密。

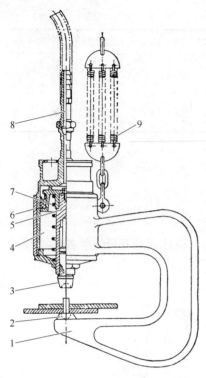

图 7‑68 液压铆接机

2. 拉铆

拉铆是冷铆工艺中另一种铆接方法。它利用手工或压缩空气作为动力,通过专用工
具,使铆钉与被铆件铆合。拉铆的主要材料和工具是抽芯铆钉和风动(或手动)拉铆枪(图
7‑69)。拉铆过程就是利用风动拉铆枪,将抽芯的芯棒夹住,同时枪端顶住铆钉头部,依
靠压缩空气产生向后的压力,芯棒的凸肩部分对铆钉产生压缩变形,形成铆钉头。同时,
芯棒的缩颈处受拉断裂而被拉出。

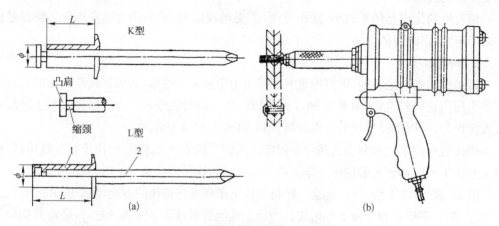

图 7‑69 拉铆

(a) 抽芯铆钉;(b) 拉铆示意图

（1）抽芯铆钉

抽芯铆钉是由空心铆钉1和芯棒2组成，如图7-69a所示。空芯铆钉的材料为防锈铝合金，芯棒的材料是低碳钢，称为抽芯铝铆钉。目前采用抽芯铝铆钉的型式有K型和L型两种。铆接后，铆钉头能密封的称为L型，不能密封的称为K型。无论是K型还是L型抽芯铝铆钉，每只铆钉能承受约3 MPa的拉力和2 MPa的剪力。抽芯铝铆钉的规格及铆接板厚见表7-10。

表7-10 抽芯铝铆钉的规格及铆接板厚 （mm）

K型铆钉规格($\phi \times L$)		3.2×8	3.2×10	4×8	4×10	5×10	5×12.5	5×15	5×20
铆接板总厚度	K_1	3	5	2.5	4.5	4.5	6.5	9.5	14
	K_2	4	6	4	5	6	8	11	15.5
L型铆钉规格($\phi \times L$)		4×8	4×10	4×12	5×10	5×15	5×20	—	—
铆接板总厚度	L_1	1	3	5	2.5	7.5	12	—	—
	L_2	2.5	4.5	6.5	4	9	12.5	—	—

（2）风动拉铆枪

风动拉铆枪的外形和拉铆示意图见图7-69b。当使用压力为0.25～0.6 MPa（压缩空气）时，可拉铆直径3～5.5 mm的专用铝铆钉。

（3）拉铆的操作工艺

拉铆的钉孔直径应比铆钉直接大0.1 mm左右，过大时会影响连接强度。拉铆时，根据芯棒的直径选定铆枪头子的孔径，并调整导管位置用螺母锁紧，使芯棒能自由插入导管的拉夹中，其内孔与芯棒选用动配合，然后将铆钉穿入钉孔中，套上风动拉铆枪，按动扳钮，将芯棒拉断，铆接即告完成。

拉铆时因不需要顶钉工具，所以可铆接复杂的构件（图7-70a）和容器（图7-70b）等，但拉铆必须应用特制的抽芯铝铆钉，所以仅用于轻载构件的连接。

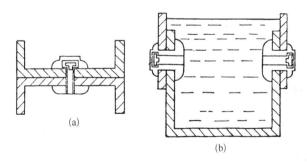

图7-70 拉铆的实例

（a）复杂的构件；（b）容器

3. 热铆

铆钉加热后的铆接称为热铆。当铆钉直径较大时应采用热铆，铆钉加热的温度取决于铆钉的材料和施铆的方式。用铆钉枪铆接时,铆钉需加热到 1 000~1 100℃;用铆接机铆接时,铆钉需加到 650~670℃。

热铆时,除形成封闭钉头外,同时铆钉杆应镦粗而充满钉孔。冷铆时,铆钉长度收缩,使被铆接的板件间产生压力,造成很大摩擦力,从而产生足够的连接强度(在未铆接前应预先确定铆接的孔,将其预装螺栓拆除,依序进行铆接)。

热铆时一般四人一组,分别作四个工序的操作,其中一人加热铆钉,另一人负责传递铆钉和穿钉工作,余两人分别负责顶铆钉和掌握铆钉枪,共同协作完成铆接任务。

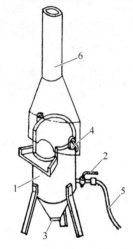

图 7-71 铆钉加热焦炭炉

(1)加热

铆钉的加热应在铆钉加热炉中进行。根据材料不同,铆钉加热炉有焦炭炉、煤气炉和电炉等,其中焦炭炉应用最广。

焦炭炉一般是利用压缩空气鼓风,也有鼓风机鼓风,焦炭炉的形状见图 7-71。它由炉身 1、除灰门 3、风管 5、开关 2、提环 4 和锥筒形炉罩 6 组成。炉体是用 4~6 mm 厚的钢板卷制而成。内部炉算有 5~8 mm 厚的钢板,在其中间压制直径约 150~200 mm 的凹球面,并钻有直径 7~8 mm 的小孔约 30 个左右,炉子上端装设提环作搬动用,炉底装置除灰门,供排除炉渣用。使用焦炭的优点是燃料中没有硫的成分,不会影响铆钉加热时的质量;同时使用方便,能任意调节加热的温度。缺点是与煤气炉或电炉加热相比铆钉产生的氧化铁皮较多。

铆钉加热的操作与注意事项:

① 加热炉的位置应尽量接近铆接施工现场。选用炭粒大小均匀(不宜太大)的焦炭作为燃料,并准备好加热用的工具(如火钩、火铲、水桶、夹钉钳等)。

② 炉内应分放数排铆钉,钉帽稍高;钉与钉之间相隔适当距离;缓火焖烧,温度控制在 900~1 100℃,铆钉应在整个长度上均匀受热。

③ 加热炉操作者必须掌控扔钉技术。对远距离的扔钉要正对接钉人方向掷扔,近距离者要向一侧掷扔。如果周围有人行走时,必须先打招呼,以防漏接和意外而发生人身伤害事故。

④ 加热过程中,要经常把夹钉钳浸入水中冷却。炉火不均时可用火钩调整,炉口上应套上锥筒形炉罩,使火焰导向上方。工作完后清炉熄火。

(2)穿钉

穿钉是将加热好的铆钉,迅速插入链接件孔内,以争取铆钉在所需温度进行铆接。穿钉的主要工具是穿钉钳和接钉筒(图 7-72)。穿钉钳用于钳住铆钉,必须轻巧灵活便于钳夹。接钉筒用于接住扔过来的铆钉,它的重量要轻,以便于操作。

穿钉时,用穿钉钳夹住铆钉,并在硬物敲击几下

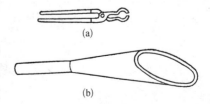

图 7-72 穿钉钳和接钉筒

(a)穿钉钳;(b)接钉筒

以除去氧化皮,然后将铆钉穿过钉孔(须活动着往钉孔穿入)。

（3）顶钉

顶钉是将铆钉穿入钉孔后,用顶把顶住铆钉头,它是铆接工作中重要的一环,如顶钉良好,则铆钉容易铆固、铆正。顶钉力小会造成铆钉缺陷。

顶钉的工具有手顶把和风顶把两类。

图7-73a是吊链顶把,适用于水平位置的铆接,它可任意更换顶模1,顶杆2自重大而顶力也大;吊链3根据水平钉孔的位置,可任意调节。

图7-73b是顶尖式顶把,适用于垂直位置的铆接,利用杠杆原理以顶尖4为支点施加顶力,顶模和顶尖的距离越近越好,顶尖的高度可任意调节,但顶模不得倾斜。

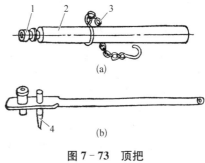

图 7-73　顶把

（a）吊链顶把;（b）顶尖式顶把

顶钉操作与注意事项:

① 在顶钉前,应将铆接处及周围的障碍物清除掉,根据铆接位置的不同情况准备好所需的顶把。

② 顶钉时,操作要迅速。顶把与铆钉头的中心应一致,顶模和钉头的四周接触要均匀,否则铆钉头容易发生偏斜和紧固不严。

③ 使用风顶把时,应掌握好开关,以免由于铆接时振动而使顶把失去作用;为了防止风顶顶尖的浮动,下面可垫放一块硬质木板。

④ 使用手顶把顶钉时,开始要施加较大压力,铆接过程中待钉杆不能退却后,压力可略减轻,并利用顶把的颤动撞打钉头,使钉头与构件表面密合。

⑤ 顶钉时,操作者不得站在铆钉枪的正面,以防铆钉或冲模和枪内冲击弹子冲出伤人,同时操作者必须带好手套和防护眼镜。顶把过热时,应浸入水中冷却。

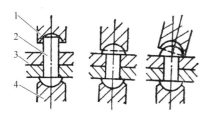

图 7-74　热铆过程示意图

（4）铆接过程

如图7-74所示。先用顶模4把铆钉2顶住,然后用铆钉枪上罩模1对准铆钉杆打击,开始时风门要小,待得钉杆镦粗后,再加大风门,先把钉杆打成蘑菇形,然后逐渐打成钉头形状,最后待铆钉枪上罩模绕着钉头转一周打击,使铆钉头圆周与连接件3表面密贴;但不许过分倾斜,否则会将构件表面打出压痕。

热铆时,注意压缩空气的压力应不低于0.5MPa。活塞和罩模必须保持清洁,然后装入气缸内。罩模用铁丝扎好,拴在手把处。停止铆接时,应及时将罩模和活塞卸除,同时将枪内的冲击弹子取出,并浸于机油罐内。

铆钉铆好后,先关闭风门,并用拇指按好开关,从铆钉头上取下铆钉枪。罩模与铆钉枪过热时,需浸入油中冷却。

为了保证铆接质量,在铆接前应仔细检查铆接件的紧密程度。装配螺栓的数量不应少于全部钉孔的 25%,并应合理地分布在铆接件上。

为防止被铆合的零件在铆接时可能移动,当还没有开始成行铆接前,最好沿铆接件全长上先铆几颗铆钉起固定位置的作用,然后铆接其他铆钉。

八、铆接缺陷分析及质量检查

1. 铆接缺陷分析

铆接时操纵不当或因其他原因,会造成铆接缺陷,可能产生的缺陷种类、原因及预防方法见表 7-11 所列。产生缺陷时,会削弱构件的连接强度,因此,必须将铆钉拆除后重铆。

表 7-11　铆接缺陷种类、原因及预防方法

序号	缺陷名称	图示	产生原因	预防方法	消除方法
1	铆钉头偏移或钉杆歪斜		1. 铆接时铆钉枪与板面不垂直 2. 风压过大,使钉杆弯曲 3. 钉孔歪斜	1. 铆钉枪与钉杆应在同一轴线上 2. 开始铆接时,风门应由小逐渐增大 3. 钻或铰孔时刀具应与板面垂直	偏心 ≥0.1d 更换铆钉
2	铆钉头四周未与板件表面结合		1. 孔径过小或钉杆有毛刺 2. 压缩空气压力不足 3. 顶钉力不够或未顶严	1. 铆接前先检查孔径 2. 穿钉前先消除钉杆毛刺和氧化皮 3. 压缩空气压力不足时应停止铆接	更换铆钉
3	铆钉头局部未与板件表面结合		1. 罩模偏斜 2. 钉杆长度不够	1. 铆钉枪应保持垂直 2. 正确确定铆钉杆长度	更换铆钉
4	板件结合面间有缝隙		1. 装配时螺栓未紧固或过早地拆除螺栓 2. 孔径过小 3. 板件间相互贴合不严	1. 铆接前检查板件是否贴合和孔径大小 2. 拧紧螺母,待铆接后再拆除螺栓	更换铆钉
5	铆钉形成突头及克伤板料		1. 铆钉枪位置偏斜 2. 钉杆长度不足 3. 罩模直径过大	1. 铆接时铆钉枪与板件垂直 2. 计算钉杆长度 3. 更换罩模	更换铆钉
6	铆钉杆在钉孔内弯曲		铆钉杆与钉孔的间隙过大	1. 选用适当直径的铆钉 2. 开始铆接时,风门应小	更换铆钉

(续表)

序号	缺陷名称	图　示	产　生　原　因	预　防　方　法	消除方法
7	铆钉头有裂纹		1. 铆钉材料塑性差 2. 加热温度不适当	1. 检查铆钉材质,试验铆钉的塑性 2. 控制好加热温度	更换铆钉
8	铆钉头周围有过大的帽缘		1. 钉杆太长 2. 罩模直径太小 3. 铆接时间过长	1. 正确选择钉杆长度 2. 更换罩模 3. 减少打击次数	$a \geqslant 3$ mm $b \geqslant 1.5 \sim 3$ mm 拆除更换
9	铆钉头过小高度不够		1. 钉杆较短或孔径过大 2. 罩模直径过大	1. 加长钉杆 2. 更换罩模	更换铆钉
10	铆钉头上有伤痕		罩模击在铆钉头上	铆接时紧握铆钉枪、防止跳动过高	更换铆钉

2. 铆接质量检查

检查铆接质量可用 0.3 kg 的小锤轻轻敲打铆钉头,以确定铆钉紧密程度是否合格,并用样板和目测做外观尺寸的检查。

各零件间的紧密程度可用厚薄规进行检验,发现铆钉松动或别的缺陷应铲除后重新铆接。铲除半圆形钉头时,可用风凿或氧气切割的方法(不可使连接件损伤),然后待钉杆冲出。

第八章　矫正钢结构各种变形件

钢结构构件在加工制作过中,由于各种因素致使构件产生各种状态的变形,这就需要对变形的构件进行矫正。

钢结构构件变形件的矫正技术,是极其重要不可缺少的一门专业技术。矫正技术应用灵活多变,从书本中难以学到确切可行的知识,例如火焰矫正时的加热温度,在很多资料中都不一致,普遍存在的问题是加热温度过高,温度过高虽然会使变形构件由不正确状态变为所需的正确状态,但也会对构件的表面及内在质量起到负面作用(氧化、脱碳、过烧)。

在钢结构构件加工制作单位,对变形件的矫正工作看似很普及,但由于操作者对变形件产生变形的原因、矫正时所选取的参数、矫正操作的要点等灵活掌握不够,所以经常出现矫正工作的失败甚至损坏构件和设备,还浪费了辅材、人工。可见,变形件的矫正,应理论与实际相结合,特别是要具有丰富的实际经验。

第一节　钢结构构件产生变形的原因

一、钢材变形

钢材表面存在的不平、弯曲、扭曲、波浪形缺陷,会对下料、制作零件、装配成形的质量形成影响;因此,在下料、切割之前,必须对有缺陷的钢材进行预处理(矫正等工作)。

在对钢材进行预处理前,应了解钢材变形的原因。钢材变形的原因大致有以下两个方面。

① 钢材残余应力引起的变形。在钢厂轧制钢材的过程中,可能产生残余应力,引起钢材变形。例如,轧制钢板时,由于轧辊沿其长度方向受热不均匀,或轧辊弯曲,或轧辊调整设备失常等,造成轧辊间隙不一致,引起板料在宽度方向的压缩不均匀,压缩大的部分其长度方向的延伸也大。热轧厚钢板时,由于金属的良好塑性和较大的横向刚度,延伸较多的部分克服了相邻延伸较少部分的作用,产生钢材的不均匀伸长。轧薄板时,由于薄板冷却比较快,所以轧制结束温度较低(600~650℃),此时金属塑性已降低。不同延伸部分的相互作用将使延伸较多的部分受相邻延伸较少部分的阻碍而产生压缩应力,而在延伸较少的部分中产生拉应力,延伸较多的部分在压缩应力作用下失去稳定而产生曲皱。同样,冷轧薄板时由于延伸不一致也会出现变形。

② 钢材在加工过程中引起的变形,例如将整张钢板割去某一部分后,由于使钢板在轧制时造成的内应力得到部分释放而引起变形。此外,因运输、存放不当等也会引起变形。

钢材的变形不能超过允许的偏差(钢材下料前的允许偏差见表8-1),否则必须进行矫正。

表 8-1　钢材下料前的允许偏差值　　　　　　　　　　　(mm)

偏　差　名　称	简　　　图	允　许　值
钢板、扁钢的局部挠度		$t \geqslant 14, f \leqslant 1$ $t < 14, f \leqslant 1.5$
角钢、槽钢、工字钢、管子的不直度		$f \leqslant \dfrac{L}{1\,000}$ $\leqslant 5$
角钢两边的不垂直度		$\Delta \leqslant \dfrac{b}{100}$
工字钢、槽钢翼缘的倾斜度		$\Delta \leqslant \dfrac{b}{80}$

二、制作的零件不符规范

钢结构构件在加工制作时,除了对钢材有质量要求之外,还必须严控下料加工后的零件质量,如果加工后的零件质量达不到钢结构构件加工制作的规范要求,则就很难保证钢结构产品的质量。钢结构构件大多由多个零件装配组合而成,零件的质量是构件加工制作的基础,我们对此应有足够的认识,重视零件的加工质量。

在钢结构构件加工制作过程中,有的管理者、操作者不重视零件质量,如有的单件只需下料就成零件,但下料气割时钢材受乙炔和氧气燃烧热量的影响,致使切割后的零件产生旁弯、扭曲、波浪变形,这些变形件必须严格做好矫正工作,使零件符合规范要求后才能流向装配工序。

在钢构件加工制作过程中往往忽视对变形零件的矫正工作,将不符规范要求的零件流向装配工序装配。由于零件质量差(处于变形状态),装配时必须采取强制成形,从而使装配后的杆件产生一股不均内应力,致使杆件可能引起各种状态的变形。

三、焊接变形

构件的变形在很大程度上是焊接所致,这里主要针对焊接变形而言。

　　焊接过程是在高温下完成的,气焊火焰温度可达 3 000℃,电弧焊温度则可达 6 000℃。因此,焊缝及其四周的钢板都被加热到高温,使金属发生膨胀,但这种膨胀因受到四周冷金属的约束而并不自由,结果产生塑性变形。冷却下来时,这一部分塑性变形不能恢复,导致结构件发生多种形式的变形,在构件内部也产生了残余应力。

　　如构件的变形超过设计所规定的范围,则必须矫正。实践证明,对某些构件变形后的矫正工作量甚至会大于装配、焊接的工作量;有些构件还会因变形严重而难以矫正。

　　残余应力对构件的质量有很大的影响,它会影响某些结构的机加工精度;另外,残余应力的存在将会引起焊接区域产生裂纹,甚至造成脆性破坏,使结构使用寿命大为缩短。

　　产生焊接变形的形式与原因如下。

　　(1) 焊接变形的形式

　　钢结构构件焊后发生的变形,大致分为结构的整体变形和局部变形两种。整体变形包括构件的纵向和横向缩短、弯曲、翘曲(扭曲);局部变形为凸变、波浪形、角变形、旁弯等多种。

　　焊接变形的基本形式如图 8-1 所示,图 a 是钢板对接焊后产生的长度缩短(称为纵向收缩)和宽度变窄(称为横向收缩)的变形;b 是钢板 V 形坡口对接焊后产生的变形;c 是焊接的 T 形梁发生的弯曲变形;d 是薄板对接发生的波浪变形;e 是焊接的 BH 梁发生的扭曲变形。以上这些变形都是基本的变形形式,各种复杂的构件变形都是这些基本变形的发展、转化和综合。

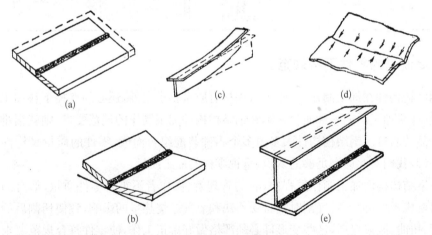

图 8-1　焊管变形的基本形式

　　(2) 焊接变形的原因

　　在焊接过程中对焊件进行局部的不均匀加热是产生焊接变形与应力的主要原因之一。焊接时焊缝和焊接热影响区的金属发生膨胀,由于四周较冷的金属阻止这种膨胀,因而在焊接区域内就产生压缩应力和压缩塑性变形;冷却时会产生不同程度的横向和纵向收缩,造成了焊接构件的各种变形。为了进一步掌握变形的规律,下面分别介绍各种变形的原因。

① 纵向缩短和横向缩短。如图8-2所示的BH梁焊后长度缩短,不仅是由于纵向焊缝引起的纵向缩短,更主要的是由于横向焊缝产生的横向收缩引起的纵向缩短。

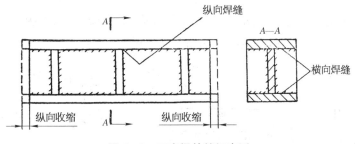

图8-2 工字梁的缩短变形

对于不同种类的电弧焊,在自由状态时的纵向和横向收缩,经验数值为 0.20%~0.40%。

② 角变形。如图8-3a所示的V形坡口对接,焊接发生了角变形,这是由于焊缝截面形状上下不对称引起的;图8-3b所示的角变形是由于焊缝仅在平板的一侧(上部),使平板发生翘起。

图8-4所示的X形坡口对接接头,虽然坡口是对称的,但如果按图中所示的顺序进行焊接,也会发生角变形,这是因为焊后正反两个方向的变形不能完全抵消。

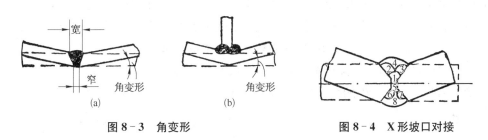

图8-3 角变形 图8-4 X形坡口对接

③ 弯曲变形。焊缝的布置不对称是产生弯曲变形的主要原因,因为不对称的焊缝将产生不对称的收缩。如图8-1c所示的T形梁,就是因为焊缝位于中心轴一侧,焊后焊缝纵向缩短引起弯曲变形。

④ 波浪变形。薄板焊接时容易发生波浪变形,产生波浪变形原因有两种:一是焊缝纵向缩短时薄板的边缘造成压力引起变形(图8-1d);二是焊缝横向缩短造成,如图8-5所示的隔板,就是角焊缝的横向收缩引起了波浪变形。

⑤ 焊接顺序不当。对于焊缝较多而又复杂的钢结构构件的焊接,其焊接顺序的选择是一个很重要的问题,如果选择不当,焊接时构件会产生较大变形并在构件中存在较大内应力。

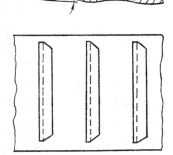

图8-5 隔壁板的波浪变形

确定焊接顺序时,一般应考虑以下几个问题:

a. 尽可能使焊接能自由收缩。大型构件的焊接应从中间向四周进行,采取分段退焊法。

b. 收缩量大的焊缝先焊。图8-6a所示焊件应先焊横焊缝(主要从实际出发,有时也可先焊纵焊缝),后焊横焊缝,焊接顺序如图8-6b所示。

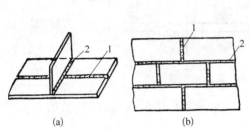

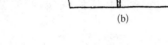

图8-6 收缩量大的焊缝

图8-7 对称合理的焊接顺序

c. 采取对称合理的焊接顺序。在焊接如图8-7所示的BH梁时,如先焊图8-7a中的1、2焊缝,后焊4、3焊缝,则将产生较大的弯曲变形。这是因为焊接变形有一定的规律,虽然焊接规范相同、焊缝对称布置,但因为先焊的焊缝引起的变形量大,故对称焊缝所引起的变形量一般不能相互抵消,最后的变形方向,总是与最初焊的焊缝所引起的变形方向一致。若先焊1、4后焊2、3焊缝,虽不会引起明显的弯曲变形,但会产生翼板的角变形(如图中虚线所示)。在图8-7b中,如先焊1、2焊缝的一部分(在多层焊时先焊完1、2焊缝的一、二层),然后焊好3、4焊缝,最后焊完1、2焊缝,这样就可以使先焊的焊缝所产生的变形被后焊的焊缝产生的变形抵消。同时,还应认真做好在装配前的反变形工作,见图8-8所示。

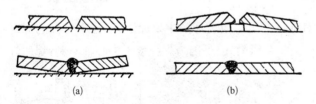

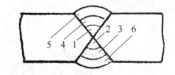

图8-8 钢板对焊时的反变形法

图8-9 X形坡口焊缝的焊接顺序

X形坡口的焊缝的焊接顺序如图8-9所示。这种施焊顺序可使正反变形的大部分互相抵消,剩余的角变形很小,虽然这种焊接顺序比较麻烦,但对焊件减少变形或不变形起关键作用,故在焊接时必须按这样的顺序进行。

以上讲述了钢结构在加工制作中产生变形的基本类型和变形的主要原因。钢构件超规范严重变形,在很大程度上是焊接顺序不当所致。在钢构件加工制作企业中,对焊接管理者、操作者而言,在施焊过程中应按焊接工艺顺序进行施焊。

第二节 钢结构构件变形矫正方法

这里所讲述矫正,是对钢结构构件在加工制作中,由于各种原因致使杆件产生各种状态的变形所进行的矫正;至于钢材的变形矫正,这里仅对钢板略述。

一、矫正工作概述

钢结构构件在加工制作中出现加工件的变形是常见的问题,但由于变形件的变形形态、变形程度不同,矫正时应根据其变形的实情,确定矫正的方法、矫正的步骤、矫正过程中应注意的事项以及是否需要外力配合等全方位的周全考量,这是矫正工作初始阶段必做的工作。对变形复杂的工件矫正,指挥者必须将矫正方案向操作者说明,把自己的方案变为操作者的行动,首件矫正时,指挥者应亲自示范,详细交底,然后察看矫正工作全过程。前文所言,矫正工作看似很普及,但真正掌控这门技术很难,熟练运用这门技术更难。因此,对任何变形件的矫正,特别是对复杂变形件的矫正,万不可盲目进行。例如,某一个钢构件加工制作单位在制作箱形体构件时,由于焊接程序不当而引起杆件产生翘曲,领班者亲自动手对变形件矫正,经数日矫正不仅未矫好,反尔越矫越变形严重,这说明矫正操作者所掌握的矫正技术欠佳。

矫正工作在钢结构件加工制作过程中,占了五道工序之多,说明矫正工作在钢构件加工制作过程中的重要性。我们从事钢结构构件加工制作的同行们必须高度重视,认真实践,不断总结和提高矫正专业技术的水平,将熟练的技能运用于钢结构构件加工制作全过程中。

二、钢结构变形件矫正的常用方法

1. 手工矫正

手工矫正是采用锤击方法进行,由于手工矫正操作灵活简便,所以对变形件尺寸不大的杆件,在缺乏或不方便使用矫正设备的场合下,基本都用手工矫正。手工矫正的工具主要是手锤、大锤和型锤等,其设备为钢平台。

① 手锤(锒头)的锤头(图 8-10a)分圆头、直头和横头,其中圆头用得最多。常用手锤的大小有 0.25 kg、0.5 kg、0.75 kg 和 1 kg 等。手锤的木柄选用比较坚固的木材制成,如檀木、白蜡木等;手锤柄的长度为 300~350 mm;木柄断面呈椭圆形,中间稍细,这样便于握紧和减轻手的震动;木柄装入锤头后,用倒刺的楔子敲入锤孔中紧固(图 8-10b)以防锤头脱出伤人。

锤击薄钢板或有色金属板材,其表面精度要求高的工件时,为了防止产生锤痕,应采用铜锤、铝锤或橡皮锤等。

② 大锤的锤头有平头、直头和横头三种;大锤的重量(kg)有 3、4、6、8、10、12、14、16、

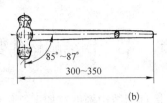

85°~87°

300~350

楔子

图 8-10 手锤

(a) 手锤锤头; (b) 手锤的安装

18 等数种。大锤的木柄长度为 1 000~1 300 mm,随操作者的身高和工作情况而定。根据工作情况不同,大锤的打击法分抱打、抢打、横打和仰打四种,每种又分左右两面锤。

抱打右面锤时,用左手紧握柄的后端前 20~30 mm,右手握于锤柄中部约二分之一处,为了使大锤运用自如,打锤时右手可顺锤柄的后半部作上下方法滑动。如继续进行时,则应充分利用大锤落下时的弹力,这样易将大锤举起,以减少体力的消耗。

抢打右面锤时,左手握紧锤柄的端部,右手握锤柄的中部。大锤打下时右手须移至锤柄端部,待将大锤抢起时,则右手又须移位锤柄的中部;大锤向下打击时,右手应加力压。

打大锤时须注意安全,大锤的四周不准有障碍物;击锤前应检查锤柄是否打入铁楔,有否松动或裂纹;严禁戴手套打锤;起锤时先看前后左右是否有行人,避免两人面对面站立。

(a)　　　　(b)　　　　(c)

图 8-11 平锤、型锤和摔锤

(a) 平锤; (b) 型锤; (c) 摔锤

③ 平锤、型锤和摔锤(图 8-11)。

平锤用于修整平面,即矫正凸起的鼓泡变形,如用大锤直接打击,易产生锤痕,用平锤后大锤打击平锤的顶端,其下部与变形件表面接触,可保护变形工件的表面。

型锤用于弯曲或压槽。

摔锤分上下两个部分,与其他锤一样装有木柄,供握持用,主要用于矫正型材工件。

④ 平台是矫正用的基本设备,用于支承矫正的工件;平台为长方形,其尺寸有 1 000 mm×1 500 mm、2 000 mm×3 000 mm 或用钢材制成更大尺寸,平台高度为 300 mm 左右。

2. 机械矫正

机械矫正是在专用矫正机上进行的,钢板的矫平、型材的矫直、BH 上下翼板焊接后角变形的矫正,都是采用矫正机或将机械改进装置增设胎具后进行,如千吨液压机改进后就可矫正特厚的板件和特殊变形的工件。

机械矫正除了 BH 采用专用矫正机之外,大多是矫正钢材。因此,这里对机械矫正不进行详述。

3. 火焰矫正

火焰矫正不仅用于材料的预处理工序,而且因其操作方便灵活,所以广泛用于矫正钢结构构件在加工制作过程中的变形。

（1）火焰矫正原理

火焰矫正是在钢构件弯曲、不平、扭曲部位用火焰在局部加热的方法进行矫正。

钢构件金属有热胀冷缩的特性，当局部加热时，被加热部位金属受热膨胀，但由于周围温度低，膨胀受到阻碍；此时，加热部位的金属受压缩应力，当加热温度为 600～650℃ 时，压缩应力超过屈服极限，产生压缩塑性变形。停止加热后，金属冷却缩短，结果加热部位金属纤维要比原先的短，因而产生了新的变形。火焰矫正就是利用金属局部受热后所引起的新的变形去矫正原先的变形。因此，了解火焰局部受热时所引起的变形规律，是掌握火焰矫正的关键。

图 8-12 为钢板、角钢、丁字钢在加热前、加热中、加热后的变形情况，图中的三角形为加热区域，由于受热处的金属纤维要缩短，所以型钢向加热一侧发生弯曲变形。

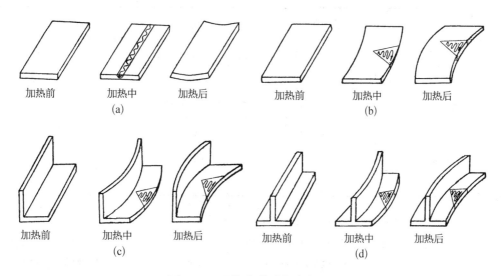

图 8-12　型钢加热过程中变形

(a)、(b) 钢板；(c) 角钢；(d) 丁字钢

火焰矫正时，必须使构件因加热产生的变形与原变形的方向相反，才能抵消原来的变形而得到矫正。

火焰矫正加热的热源，通常是采用氧—乙炔或丙烷气焰，因为氧—乙炔或丙烷气焰温度高、加热速度快。

（2）火焰矫正时的加热位置与方式

① 加热位置、火焰热量与矫正的关系。火焰矫正的效果，取决于火焰加热的位置和火焰的热量。不同的加热位置可以矫正不同方向的变形，加热位置应选择在金属较长的部位，即构件变形的局部外侧。如果加热位置选择不当，非但不能起到应有的矫正效果，而且可以产生新的变形，与原有的变形叠加，变形将更大。

用不同的火焰热量加热，可以获得不同的矫正变形的能力。若火焰热量不足，就得延长加热时间,使受热范围扩大,这样不易矫正,所以加热速度越快、热量越集中,矫正能力也越强,矫正变形量也越大。

低碳钢和低合金高强度钢火焰矫正时,常采用 600～650℃加热温度。一般加热温度不宜超过上限温度,以免金属在加热时过热,以上的加热温度用于钢板厚度较厚的变形件,如厚度大于 10 mm 的钢板变形件矫正其旁弯、拱度、扭曲、鼓泡(包括板厚 6 mm 的薄板件鼓泡变形)等变形件的矫正。火焰加热矫正变形件是一项应变性极强的技术,如一概而论按规定加热温度加热到 600～650℃,有时对矫正不利,因变形件有的部位只需加热到约 300℃或更低时也起到矫正作用(实践得知)。宝贵的经验来自实践,加热过程中钢材的颜色变化所表示的温度见表 8-2,测温器或测温涂笔也可用于确定金属表面加热温度。

表 8-2　钢材表面颜色及其相应温度(在暗处观察)

颜　　色	温　度　(℃)	颜　　色	温　度　(℃)
深褐红色	550～580	亮樱红色	830～900
褐红色	580～650	橘黄色	900～1 050
暗樱红色	650～730	暗黄色	1 050～1 150
深樱红色	730～770	亮黄色	1 150～1 250
樱红色	770～800	白黄色	1 250～1 300
淡樱红色	800～830		

② 加热方式有点状加热、线状加热和三角形加热三种。

a. 点状加热。加热的区域为一定直径的圆圈点状,称为点状加热。根据构件变形情况可加热一点或多点。多点加热常用梅花式,这样的加热大多用于 BH 腹板鼓泡变形的矫平;也可用于矫正 BH 拱度,即在上下翼板中心拱度处加热圆圈点状(实践证明效果不错),梅花式的加热点状见图 8-13a,各点状直径 d 在厚板加热时要适当大些,薄板要小些,一般不应小于 20 mm。

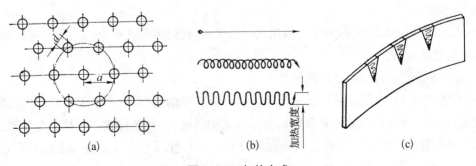

图 8-13　加热方式

(a) 点状加热;(b) 线状加热;(c) 三角形加热

变形量越大,点状之间的距离 a 应越小,一般为 80～100 mm。加热点状的直径 d 大小,前文述明最小不应小于 20 mm,但最大的加热点状圆圈 d 应为 40～45 mm,点状加热圆圈不宜太大,太大会对板材起坏的作用,因加热件烘烤时间长,无论对钢材表面和内在质量都起到负面的影响。在实际工作中有很多钢结构构件加工制作企业在这方面的基础知识不够,加热点状圆圈直径极不规范,有时多达 200 mm,实属野蛮操作。

b. 线状加热。加热时火焰沿直线方向移动或同时在宽度方向作一定的横向摆动,称为线状加热(图 8-13b),一般有直通加热、链状加热和带状加热三种。

加热线的横向收缩一般大于纵向收缩,其收缩量随着加热线宽度的增加而增加,加热线宽度一般为钢材厚度的 0.5～2.5 倍。线状加热一般用于变形较大的构件。

c. 三角形加热。加热区域呈三角形,称三角形加热(图 8-13c),由于加热面积较大,所以收缩量也较大,并由于沿三角形高度方向的加热宽度不等(三角形高度为被矫件截面的 2/3),所以收缩量也不等,因而三角形加热常用于刚性较大构件弯曲变形的矫正。

在实际矫正工作中,常在加热后浇冷水急冷加热区,以加速金属的收缩,提高矫正的效率,这与单纯的火焰矫正法相比,功效可提高四倍以上,这种方法又称水火矫正法。图 8-14 所示为水火矫正法的示意图,水火矫正的温度与钢板厚度密切相关,当矫正厚度为 4～6 mm 厚的钢构(Q235 和

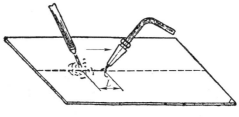

图 8-14 水火矫正

Q345 的材质钢构件)变形件时,加热温度为 550℃,此时水火之间的距离 L 应小些,为 25～30 mm;当矫正厚度大于 8 mm 的钢构变形件时,加热温度取 600～650℃。至于对火焰矫正加热后的用冷水急剧冷却的问题,在有关资料中都认为不可用冷水急剧冷却,但未详述具体原因。在这里明确论证:(一)用冷水急剧冷却不会引起材质任何变化(由国外相关资料和专家论述);(二)用冷水急剧冷却主要会产生应力,所以相关资料认为不可采用冷水急剧冷却;可是在钢构件制作施工矫正中,无论是 Q235 或 Q345 材质的变形件在矫正时,实际操作中都用冷水急剧冷却;(三)火焰矫正加热处用冷水急剧冷却不是野蛮操作,重大钢结构工程构件加工制作过程中,对变形构件矫正时也是采用冷水对加热部位急剧冷却。如上海黄浦江杨浦大桥钢结构工程的构件加工制作,该钢结构桥梁工程结构应该讲比其他钢结构工程的重要性更大些。该工程于 1992 年年底正处于寒冬季节开工,钢结构母材为德国 StE355(Q345b)的低合金高强度结构钢。对桥梁构件的加工制作,既有箱形梁又有 BH 梁等构件,虽然采取措施防止变形,但不可能没有变形件的出现,为了对变形件进行矫正,当时特邀国外矫正专家和国内相关权威一起商讨火焰矫正时对加热部位可否采用冷水急剧冷却收缩的问题,经专家和与会单位权威人士及相关部门充分发表各自意见,最后一致同意火焰矫正时加热部位是可以采用冷水急剧冷却收缩的;(四)火焰矫正时,加热部位不可采用冷水急剧冷却收缩的钢材是有的,淬硬倾向较大的材料(如 12MoAlV 钢)就不可采用冷水急剧冷却收缩;但是在实际钢结构工程材料制作

施工中,一般不会使用如此材质的钢材。

(3) 钢板的火焰矫正

在运输和制作产品的过程中,薄钢板特别容易变形,变形的状态为钢板中部凸起,或边缘呈波浪形等。当矫正钢板中部凸起的变形时,可先将钢板置于平台上,用卡子将钢板四周压紧,见图8-15,然后用点状加热法加热凸处的周围,加热的次序见图8-15a中的数字所示;也可采用线状加热法,加热次序如图8-15b中的数字,从中间凸出的两侧开始,然后逐步向凸起处围拢。矫正后只要用大锤沿水平方向轻击卡马,便能松开取出钢板。

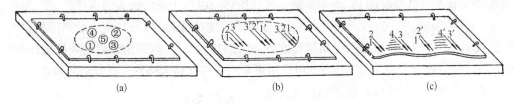

图8-15 薄钢板的火焰矫正

(a)、(b) 薄板中部凸起的矫正;(c) 薄板边缘波浪形的矫正

如果钢板的四周边缘呈波浪变形时,可用上述同样的方法矫正,也就是将钢板置于平台上,用卡子压紧三条边,则波浪形变形集中在一边上,然后用线状加热法先从凸起的两侧平的地方开始,再向凸起处围拢,加热次序如图8-15c所示。加热线长度一般为板宽的1/2～1/3,加热线距离视凸起的宽度而定,凸起越高,则变形越大,距离应越近,一般为50～200 mm。如经第一次加热后尚有不平,可重复进行第二次加热矫正,二次加热线位置应与第一次错开。

在上述矫正工作中,可采用冷水冷却以提高矫正效率。

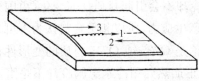

图8-16 厚钢板的火焰矫正

矫正厚钢板发生的弯曲变形,应先将钢板凸起处朝上放于平台,找出凸起的最高位置,然后用氧—乙炔焰在最高位置处进行线状加热,如图8-16所示。加热温度为600～650℃,加热深度不要超过钢板厚的1/3,使厚度方向产生不均匀收缩,上部的收缩大,下部的收缩小,从而使钢板矫正;待温度下降至400℃左右时用垫物垫在加热区,锤击垫物,可使变形加速矫平。如果在钢板厚度方向上温度一致,则就达不到冷却收缩矫平的目的,所以加热时必须采用较强的火焰,以提高加热速度。如果一次加热未能矫平,可进行第二次加热,直至矫平为止。厚钢板变形件的矫正,也可用锤直接击于凸处的部位使纤维收缩变短而矫平,但锤必须平击于钢板表面。

综上所述,薄板中部凸起,边缘呈波浪形、弯曲等变形的矫平见图8-17。

薄板中间凸起,说明中间的纤维比四周长,即通常所说的四周紧、中间松,矫正时锤击板的四周,由凸起的周围开始逐渐向四周锤击,图8-17a所示的箭头表示锤击位置,越往边锤击的密度越大,锤击力也越重,薄板四周的纤维伸长,则中间凸起的部分就会消除。

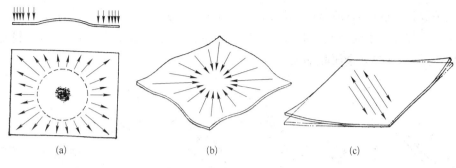

图 8-17　薄板的矫平

(a) 中间凸起；(b) 边缘成波纹形；(c) 对角翘

必须注意，如果直接锤击凸处，则由于薄板的刚性差，锤击时凸处被压下，并使该凸处的纤维进一步伸长，其结果适得其反，凸起的现象更加严重，所以对薄板切忌直接锤击凸处。矫正薄钢板，可选用手锤或木槌；矫正合金钢板，应用木槌或紫铜锤。

若薄板表面相邻处有几个凸起处，则应先在凸起的交界处轻轻锤击，使若干个凸起合并成一个，然后再锤击四周而矫平。

如果薄板四周呈波纹状，这就说明薄板中间部分的纤维比四周短，即板的四周松而中间紧，如图 8-17b 所示，应从四周向中间逐步锤击，如图中的箭头所示，且锤击点的密度向中间应逐渐增加，锤击力也逐渐加重，使中间处纤维伸长而矫平。矫正时手锤、大锤和平锤相结合，手锤直接击在板材表面，大锤击在平锤的顶部，平锤底平面击在板材表面使板材矫平。

如果薄板发生扭曲等不规则变形，例如在平台上检查薄板时，发现对角翘起，如图 8-17c所示，则应沿另一没有翘起的对角线进行锤击，使其延伸而矫平。

矫正薄板是一项难度较大的操作，需要有丰富的经验，在矫正时，首先分析并判明薄板的哪些部位松(纤维长)，哪些部位紧(纤维短)，松的部位往往凸起，而紧的部位往往紧贴平台面，所以矫正时应锤击紧贴平台面的那些平的部分，使其延伸，并不断翻转检查，直到矫平为止。

(4) 型钢的火焰矫正

型钢局部的弯曲变形一般都可以用火焰加热法来矫正。根据矫正原理，加热位置必须取在型钢弯曲部位的凸起处，图 8-18 列举了型钢和管子矫正时的加热位置。图8-18a 为槽钢局部向上弯曲，矫正时在槽钢的两边同时向一个方向进行线状摆动加热，加热宽度视变形大小而定。图 8-18b 为工字钢的水平弯曲，矫正时可在工字钢上下两翼板的凸起处，同时进行三角形加热，使其纤维收缩而矫正。图 8-18c 为丁字钢的弯曲变形，丁字钢可看作由水平和垂直的两块板组合而成，从图中可以看出，两块都发生弯曲，其弯曲变形主要是由垂直板引起的，所以只要能把垂直板矫正，水平的变形也就自然地得到矫平，整个型钢的变形也就消失；因此，必须以垂直板作为加热对象，采用三角形加热法进行矫正。三角形斜边一般为 $20°\sim30°$，主要视变形件截面的大小确定，截面大的杆件应将三角形尖顶放长,宽度不宜放宽(一般为 80～100 mm)。图 8 - 18d 为管子的弯曲变形,矫平可采用点状加热管子的凸面,加热速度要快,每加热一点后迅速移到另一点,一排加热后可另取一排,使加热处金属收缩而矫直。

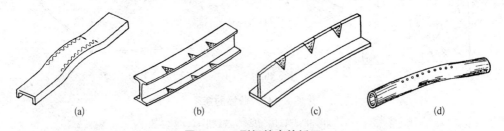

图 8 - 18 型钢的火焰矫正

(a) 槽钢的矫正;(b) 工字钢的矫正;(c) 丁字钢的矫正;(d) 管子的矫正

三、高频热点矫正

高频热点矫正是在火焰矫正的基础上发展起来的一种新工艺,它可以矫正任何钢材的变形,尤其对一些尺寸较大、形状复杂的变形工件效果更显著。

高频热点矫正法的原理和火焰矫正法相同,所不同的是热源不用火焰而是用高频感应加热。当用交流电通入高频感应圈后,感应圈随即产生交变磁场。当感应圈靠近钢材时,由于交变磁场的作用,使钢材内部产生感应电流,由于钢材电阻的热效应而发热,使温度立即升高,从而进行加热矫正。用高频热点矫正时,加热位置的选择与火焰矫正相同。

加热区域的大小决定于感应圈的形状和尺寸,而感应圈的形状和尺寸又决定于工件的形状和大小。感应圈一般不宜过大,否则因加热速度减慢、加热面积增大会影响矫正的效果和质量。加热时间应根据工件变形的大小而定,变形大则时间长些,一般为 4～5 s,温度约 800℃。感应圈采用 6 mm×6 mm 纯铜管,制成宽 5～20 mm、长 20～40 mm 的矩形,感应圈内应通水冷却。

高频热点矫正与火焰矫正相比,不但效果显著,而且生产率高,操作方便。

第三节　火焰矫正特殊变形杆件的方法与实例

一、火焰矫正操作要点

火焰矫正时应分析变形件产生变形的原因、变形的程度和判明采用何种矫正方法,同时确定加热的部位和火焰加热的尺度,即一次加热矫正成功,还是需二次加热矫正成功。如果对变形件不加分析盲目进行火焰加热矫正,虽然有时也会使变形件矫好,但矫正过程中走了弯路,浪费人工和辅材,降低了经济效益;而更多的时候往往不能顺利矫正,还会导致杆件报废。

火焰矫正加热温度的控制极为重要。火焰矫正时,要视变形杆件材料的厚度、截面的大小和变形的程度确定火焰矫正时加热温度。常规火焰矫正加热温度为 600～650℃,但这个加热温度是指 10 mm 以上厚度板材变形件的矫正,而不能应用于所有变形件的矫正,具体列举如下:

① 矫正 BH 梁腹板的鼓泡变形(厚度为 6 mm)时,加热温度应为 500～550℃。因板材较薄,如加热温度为常规温度,必然使板材两面温度相等,达不到单面热胀冷缩的效果,起不到矫正作用。

② 火焰矫正 BH 上下翼板旁弯或拱度时,加热温度应采用常规温度(600～650℃);如 BH 腹板上的筋板装焊后产生倾斜变形需矫正,则在变形筋板的凸出焊缝上部线状加热至 300℃左右即可,无须使加热部位为红色。

③ 如矫正 BH 梁上下翼板与腹板的倾斜,当梁的腹板厚度为 6 mm,其加热温度为 300℃左右,加热部位为角焊缝下部腹板与焊缝交界处;当梁的腹板厚度为 8 mm 时,其加热温度为 500～550℃,加热部位与 6 mm 腹板相同。

烤枪操作要点如下:

① 操作烤枪时,必须要戴防护用品,如手套、防护眼镜及其他。

② 乙炔、氧气管不可漏气,连接接头应紧固。

③ 气阀开关灵敏性能好,烤枪火焰嘴不可松动摇摆,必须紧固使用。

④ 烤枪火焰嘴的火焰炬与加热杆件表面约 50 mm,如距离过近会使加热部位表面氧化损坏,氧气不宜太足,太足同样会导致杆件表面氧化烧坏(过烧)。

火焰加热与外力相结合矫正变形杆件。变形杆件的矫正大多为机械矫正和火焰矫正两种,如 BH 四条角焊缝焊后使上下翼板与腹板产生角变形,此类变形在正常情况下都采用机械矫正(除机械无法矫正之外),但机械矫正也不是对所有 BH 都适用。例如,特厚板只有设置胎具与压机相结合才可矫正;又如截面小的 BH 经焊接不仅产生角变形,大多数都产生拱度变形,对 200～300 mm 截面的 BH,除需解决角变形之外,还需矫正拱度。钢结构在制作过程中对变形杆件的矫正普遍采用火焰矫正,说明火焰矫正很普及,但对某些截面小的变形件矫正,单靠火焰加热还不够,应与外力相结合矫正。如 200～300 mm 截面的 BH 矫正变形拱度时,应采用千斤顶设置固定支撑,再用火焰在变形拱度处规范加热,这样才能将拱度变形件矫正。这里所举事例,并不是讲火焰加热矫正不适用于小截面BH 拱度变形,而是说采用火焰加热与外力相结合的方法可提高矫正功效(六倍以上)。因为 BH 截面 200～300 mm,在加热矫正拱度时,其加热热量易传给无须加热的一面(因截面小),导致两面温差很小,故冷却收缩力也小,致使矫正功效降低。因此,火焰加热矫正时,应结合变形杆件的实际情况,决定采用何种矫正方法,这样才能提高矫正工作功效。

二、矫正钢结构构件综合变形件的顺序

钢结构构件在加工制作过程中,由于各种原因致使部分杆件产生各种变形状态,这里

列举未装焊筋板的 BH。在实际施工中常遇见单个变形件存有综合变形状态,所谓综合变形是指杆件上存有旁弯、翼板与腹板倾斜、翼板角变形、腹板拱度超标(上拱、下挠),整个构件扭曲变形。在单一一个杆件上出现以上综合变形状态,应该讲该杆件变形严重,对严重变形的杆件予以矫正,应加以重视,具体的矫正流程如下:

首先采用矫正机或压机矫平角变形→矫正翼板与腹板的倾斜→矫正腹板凹凸鼓泡变形→矫正旁弯变形→矫正拱度超标→矫正扭曲变形→修整各部位缺陷→矫正结束。

三、矫正变形件实例

1. 矫正 BH 梁严重翘曲失稳

矫正 BH 梁严重翘曲失稳的杆件,操作复杂、难度大,设法矫正前,应分析这样的变形件是由哪些原因产生的,然后确定矫正的方法和措施。某年秋天某厂扩建厂房时,在加工制作最后阶段发现在吊钩吊起 BH 梁使之竖立时,吊钩一松,BH 梁随即倒下,见图 8-19a。

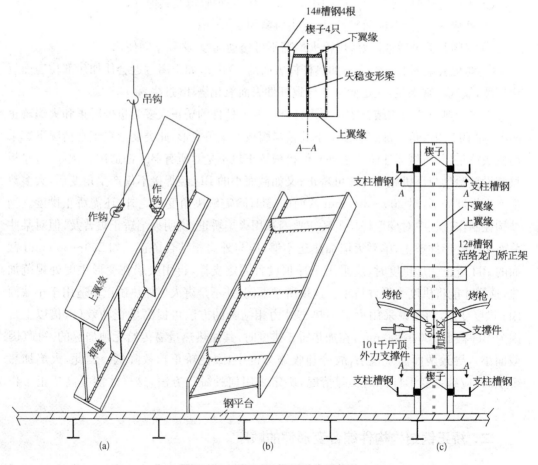

图 8-19 矫正 BH 梁严重失稳杆件

像这样严重失稳的杆件,失稳原因有三:一是 BH 梁上下翼板和腹板在装配前未做好单个零件矫正工作,装配时强制成形而产生一股应力;二是该 BH 梁经对鼓泡变形锤击矫正后,虽然鼓泡矫平了,但梁的刚性减弱(平时所讲杆件变软);三是 BH 梁四条角焊缝焊后产生的不均残余应力,使上下翼板产生变形,任何 BH 梁的翼板都是起稳定作用的,如翼板变形必然会使整个梁失稳。因此,矫正这样失稳的梁,主要方法是在上下翼板某部位准确地消除引起变形的残余应力,特别是要在梁的下翼缘板上找出其变形翘曲的残余应力(因下翼缘板的宽度比上翼缘板窄,最易产生变形)。失稳、翘曲的梁只能卧倒放于平台上,放在平台上的状态见图 8-19b。

具体矫正措施,首先将变形杆件采用吊钩吊起竖立(上翼缘板朝下靠在钢平台面上),见图 8-19c,两端部用支撑,四立柱将杆件夹紧定位,然后将吊钩放松。开始矫正下翼缘板的旁弯,当矫旁弯最后一个加热部位时,发现加热部位变形热胀往相反方向热胀,正常的热胀凸显变形是往加热部位方向凸显,可这次是在加热部位的对面(未加热部位)凸显突出变形,实属罕见。产生杆件翘曲失稳变形的不规律残余应力,在这一部位对杆件起极坏作用,当火焰矫正在这一部位加热时,加热的热胀冷缩的收缩力小于该部位原有残余应力作用力时,则必然在边加热边随残余应力大的方向凸显变形。当不正常变形终止后,在该部位用活络龙门矫正架定位于变形中心,此时采用火焰与外力相结合,在该中心部位两侧(各侧 300 mm 共 600 mm)对整块翼缘板厚度上下全加热至 600~650℃,边加热边用千斤顶使力,这样将该部位的残余应力全消除,消除残余应力与以往矫正有所区别,即不必矫枉过正,只需目视平直即可,经加热和外力作用,该变形部位达到直度要求后,使其冷却定型,翘曲失稳变形杆件矫正工作顺利结束。

2. 矫正 BH 梁扭曲变形

前面述及有关 BH 梁严重翘曲失稳变形件的矫正,此例主要概述 BH 梁四条角焊缝焊完后产生扭曲变形的矫正。某年春上海冶金工业扩建厂房(钢结构),其中有 100 多件 BH 吊车梁(截面约 1 800 mm),在加工制作过程中出现 8 件梁扭曲,这与翘曲失稳变形的梁相似,即当梁需起吊竖立时,吊钩一松梁就倒下,不同之处在于此例倒下的梁能很平整地放在平台上,而失稳的梁无法放平于平台(图 8-19b),这就是扭曲与失稳的区别。

对扭曲变形梁的矫正,在这里明确提示:只要消除BH梁四条角焊缝焊后产生的不均残余应力,就可使BH梁竖立,扭曲消失,这是数十年反复实践得知的经验,望同行们遇到类似问题不要走弯路;具体采取何种矫正方法见图8-20。

具体矫正顺序和要点:

① 把 BH 扭曲梁吊至钢平台上,吊钩铆吊不松,定位夹柱与梁靠紧,根部与平台焊牢,上部将楔子与夹柱、梁打紧后,方可将吊钩放松,见图 8-20 所示点。

② 采用四根烤枪同时对四条角焊缝加热,加热温度为 300℃,用水滴在加热部位后,水泡飞走即可(特别注意严控温度,否则梁的腹板会产生鼓泡变形)。

③ 上下四条角焊缝加热结束后,梁暂放于矫正时的原处。

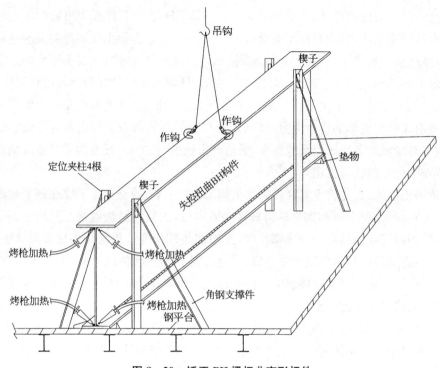

图 8-20 矫正 BH 梁扭曲变形杆件

④ 待加热的梁冷却后可将楔子松掉,此时的扭曲变形梁变为符合要求的半成品,BH梁扭曲消失,单件梁可竖立,矫正结束。

3. 矫正 BH 梁腹板鼓泡变形

① BH 已装焊筋板的吊车梁鼓泡变形矫正,BH 梁筋板装焊结束后,腹板相关部位存在鼓泡变形,这是常见事例,但怎样矫正其变形,则关系到矫正的方法、矫正的技能,最终都与质量相关。装焊筋板完工的 BH 梁鼓泡变形矫正,大多为人工与火焰相结合,火焰点状加热的温度、位置、采用的工具、锤击先后顺序等,都牵涉矫正的质量,具体见图 8-21 说明。

② BH 梁四条角焊缝焊结束,腹板角变形、翼板与腹板的倾斜全都矫正好,但腹板存在鼓泡变形,像此类鼓泡变形的矫正,大多采用人工锤击矫正法,其实采用火焰加热与外力相结合矫正更为合理,即胎具相结合矫正腹板鼓泡变形,见图 8-22、图 8-23 活络矫正胎具(BH 梁截面在 2 000 mm 左右的构件,其腹板的鼓泡变形应在未装焊筋板前矫正好)。

③ 截面大的 BH 大板梁(如截面在 2 m 以上的梁)腹板存在鼓泡变形,按规范要求应将鼓泡矫好后再装焊筋板,但任何工作都得从实际情况考虑问题,即截面大的梁要想将腹板鼓泡变形矫好后再装筋板,也许与实不符。因截面大,腹板的面积也大,这就无法确定鼓泡变形的程度;因面积大,刚性弱,正面视往下凹鼓泡,将梁翻身检查同样是下凹鼓泡,像这样的鼓泡也可以认为不是鼓泡,因为梁腹板面积大自重量大等因素,使梁腹板刚性弱而自然而然往下凹这很正常。

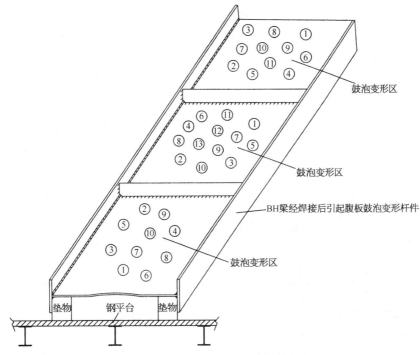

图 8 - 21 BH 梁筋板焊接后产生腹板鼓泡变形矫正

说明:

1. 筋板焊接完工后存在鼓泡变形,该变形的矫正大多为人工与火焰相结合的矫正方法。

2. 矫正时必须将矫正件四只角及中心位置角焊缝处垫高,用物垫实悬空,不允许使上下翼缘板在矫正时受力,否则会使矫件矫完后失去刚性而产生扭曲(实践得知)。

3. 矫正时必须用平锤与变形鼓泡接触,不允许锤击在鼓泡表面以免产生伤痕。

4. 火焰点状圆与圆之间的距离为 100 mm,点状火焰圈直径为 40~45 mm,$t=6~8$ mm 厚的腹板其火焰点状圆圈直径为 15~20 mm,加热温度 500℃,不超过 550℃。

5. BH 腹板鼓泡变形内的圆圈内数字是火焰点状矫正时先后的顺序。

6. 每个圆圈加热后的矫正,应由圆状边缘先矫,最后矫圈状点中心(采用平锤)。

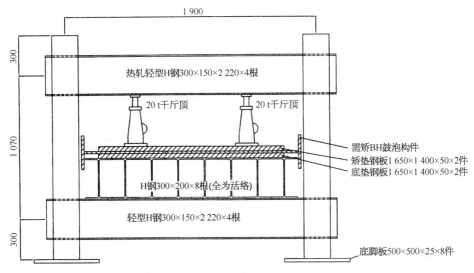

图 8 - 22 矫正 BH 梁鼓泡变形立面图

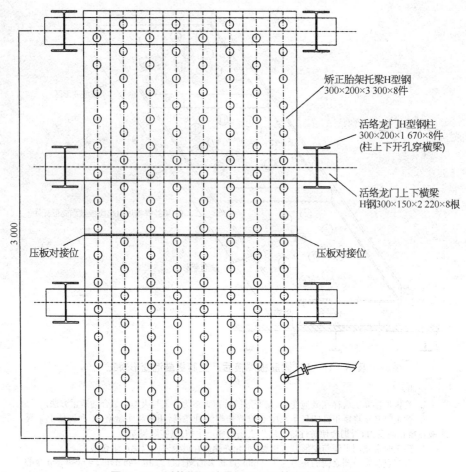

矫正胎架托梁H型钢
300×200×3 300×8件

活络龙门H型钢柱
300×200×1 670×8件
(柱上下开孔穿横梁)

活络龙门上下横梁
H钢300×150×2 220×8根

压板对接位

压板对接位

3 000

图 8-23 活络矫正胎具矫正 BH 鼓泡变形平面图

说明:

1. 矫正 BH 腹板鼓泡变形胎具全为活络结构。

2. 需使用时可随装随用,无须时可拆卸堆存,不占场地。

3. 胎具使用时可边加热边矫正。

4. 加热时在有孔的压板孔内点状加热,点状圆圈直径约 30~35 mm;加热温度视腹板厚度确定,如6~8 mm 厚腹板,加热至 500℃ 左右;如超过 8 mm 以上腹板,加热温度为 600~650℃。

5. 矫正压板孔为 φ60 mm(需钻孔),孔与孔间距为 100 mm,边使用外力 20 t 千斤顶压紧,上下横梁可移位矫正;所有立柱都可以移位矫正。

6. 加热后在外力千斤顶压紧的情况下可用冷水急剧冷却,提高矫正功效。

因此,凡是 BH 截面大的梁应设法先矫翼板角变形、翼板与腹板倾斜,在此基础上可设法装焊筋板。通过焊筋板可达到焊接收缩,而增强腹板的刚性,待筋板焊接结束后,检查腹板鼓泡变形状况,如此阶段发现鼓泡变形,则应确属鼓泡变形。对鼓泡变形矫正采用火焰点状与外力相结合为好,矫正时可将筋板之间空间垫高(因筋板影响矫鼓泡变形),放于图 8-22 胎架上矫正(该胎架主要矫正未装焊筋板的 BH 鼓泡)。

4. 矫正桥梁箱形体端面变形

桥梁箱形体构件,在加工制作过程中发现几乎不发生杆件扭曲失稳变形的问题,就连旁弯也很少出现。这是因为桥梁箱形体的板材较厚,箱体内隔板多而厚,再加上体内中间部位设有高强度螺栓锚固箱,截面大、箱体梁纵向尺寸短(约 6 000 mm),基础条件良好使得加工制作中少出问题。但是,桥梁箱形体杆件在加工制作中易出现箱体端面对角线误差和两侧腹板成弧形变形,主要原因在于箱形体端面内往里约 2 000 mm 内无任何节点件,当焊接箱形体外侧四条角焊缝时,必然引起焊缝任意收缩变形(同时未做好焊接前防止焊接变形的工艺支撑)。

(1) 矫正弧形变形

① 先矫正箱形体端部两侧腹板弧形变形,图 8 - 24 所示为矫正腹板弧形变形示意。

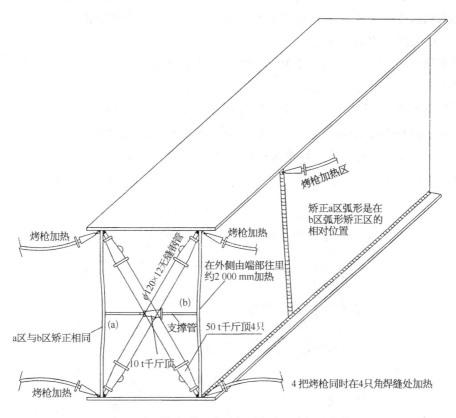

图 8 - 24　大型桥梁箱形体端部对角线和腹板弧形的矫正

② 梁腹板变形状态与矫正采取何种方法和加热位置密切相关,该箱形梁端部腹板的变形都是往内成弧形变形,因此应采用火焰线状加热法。

③ 对腹板往内弧形变形的矫正可采用图 8 - 24 示意的箱体梁截面方向烤枪加热区竖直加热示意条带加热,但必须在变形部位中间采用 10 t 千斤顶与支撑往外顶紧,使变形部位平整,然后在内侧线状加热,加热宽度约 20 mm,不宜太宽,太宽会导致箱形梁端部截面缩小,在加热部位 a、b 位置相同。如一次未矫平,可第二次加热,应注意温度为 500°左右即可;同时注意操作要迅速,否则会影响矫正效果。

(2) 矫正对角线误差

该箱形梁的对角线当时相差 7 mm,具体矫正方法见图 8 - 24。

① 矫正变形杆件对角线误差有一定难度,桥梁箱形梁对角线的矫正更困难,矫正时必须结合杆件实物变形程度和杆件结构的特性来选用正确的矫正方法。箱形体对角线变形件的矫正,通常只有采取火焰矫正与外力相结合的方法。

② 采用 50 t 千斤顶 4 只,$\phi 120 \times 12$ 厚的无缝钢管 2 根,烤枪 4 把,操作者 4 名,指挥者 1 名,冷却水管 1 根。

③ 千斤顶使力部位应由端面稍往内侧为好,这样可边矫正边测量对角线变形状况,千斤顶的使力必须基本相等,全使力到位后,上下四只角在力点外侧加热至 600~650℃,可用冷水急刷冷却。经 2~3 次加热矫正,最终使对角线符合规范要求。

5. 矫正箱形柱的扭曲变形

矫正箱形柱扭曲变形,也是较为麻烦的一项工作,不能只是在变形件上用烤枪,按其扭曲的方向采用火焰矫正法的斜线线状加热,在扭曲方向的相反部位将线状直线改为斜式横向摆动加热,这样的方式不能说不起作用,但在实际矫正工作中成功率很低。

矫正箱形柱扭曲变形,应采取火焰加热与外力相结合的方法才能达到应有功效,具体矫正方法见图 8-25,示图中千斤顶为外力使力的方向和位置,矫正设备、矫正顺序、人员和相关要点提示见以下具体内容。

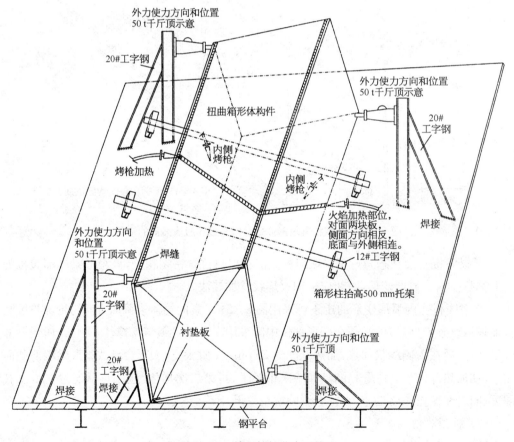

图 8-25 箱形柱扭曲变形矫正

（1）设备

① 图 8-25 中四处千斤顶为 50 t（上下各两点，在使力时力度大小相等方向相反）。

② 烤枪四把，其他配套。

③ 焊机一台，割刀一把（全备用）。

④ 自来水管一根，冲水冷却使用。

（2）人员配备

指挥者一名，烤枪操作者四人，千斤顶两人，起重工、行车另配使用。

（3）矫正工作顺序和要点提示

① 在钢平台上在矫件总长度中心两侧搭设 500 mm 高的托架（托架间距约 1 000 mm），该托架起两个作用：一是当火焰加热箱形体下部腹板时，可使烤枪操作者察看加热状况；二是在箱形体中间部位加热后，箱形体四块板强度处于零状态，如中间部位无托架，受梁自重影响，会使箱体往下产生新的弯曲变形，增加矫正弯曲工作量。

② 托架设制后，将扭曲箱形杆件吊在托架上然后将箱形体两端定位，设定位不等于定死，而是使变形杆件在定位件范围内可活动，这样可使外力发挥应有功效作用。

③ 在定位可靠的基础上，按图 8-25 示图所示尖头方向和位置，设千斤顶使力于支撑立柱架，支撑架与钢平台焊牢（共四只支撑架）。支撑架设好后，将千斤顶按方向、按力点使力，真正做到使力尺度相等方向相反的要求；此时，外力使力是在火焰未加热的状态下。

④ 在四只千斤顶全使力的情况下，四把烤枪同时对称加热，加热温度为 600～650℃，边加热边使力，必须注意使力尺度，否则又会使变形杆件产生相反方向过量变形；因此，在千斤顶使力过程中，应间断性检查扭曲变形状况，检查时解除外力并停止加热；可用线锤吊线检查杆件端头中心线扭曲程度，如尚未矫正到位，应及时继续使用千斤顶并在中间部位加热；此阶段的使力应注意矫柱必须过正，也就是千斤顶使力后，使新的变形往相反方向过量，然后解除外力检查，如发现矫正还未到位，应及时过量使力直至检查认可（无外力的情况下检查认可，杆件冷却时应在千斤顶使力到位状态下冷却）。

6. 矫正行车箱形梁扭曲

行车箱形梁的特点是腹板较薄，在制作时最易产生扭曲变形，主要是因为箱形梁内隔筋板未成 90°、板材不平，特别焊接顺序不当，焊后必然严重扭曲、旁弯、拱度（上或下拱度）变形，像这样的构件变形，矫正顺序应先矫正扭曲变形，后矫超标的上拱或下拱度，最后矫正旁弯。矫扭曲变形，采用火焰与外力相结合的方法，图 8-26 所示为行车箱形梁扭曲矫正方法。

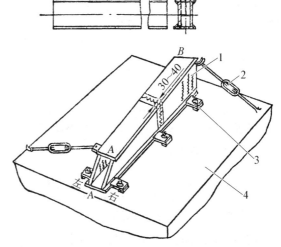

图 8-26 箱形梁扭曲的矫正方法

1—加热线；2—拉紧螺栓；3—螺栓压板；4—平台

（1）矫正扭曲变形

首先把工件吊放于钢平台上，梁的下部与钢平台采用压板压紧，两端部设外力工具，如花栏螺栓或神仙葫芦，上与箱形梁盖板（端部）受力点，下与钢平台受力点。外力使力后使梁体扭曲变为正确状态，此时考虑到矫正如此的变形件，应注意矫枉必须过正的道理，也就是说只将扭曲件在外力作用下使其由不正确状态变为正确状态还不够，应往相反方向增加新变形，其变形尺度为原扭曲度的 20%（该值为矫枉过正值），需过量矫正是因为当外力解除后扭曲变形件会有一定程度的回弹。

当外力在使力至一定程度下，在扭曲箱形梁中间部位内隔板焊缝位置外侧，内隔板与梁腹板连接焊缝外侧处跳隔板位加热，即上盖板下部外侧两腹板面部进行火焰加热，其加热方式为线状摆动式，宽度为 20～30 mm，加热温度 500～550℃，温度不宜太高，宽度不宜太宽，否则都会引起腹板鼓泡变形。具体操作，应采取边加热边使外力，在上盖板下部两侧两腹板全加热结束和外力全到位后，稍候约 2～3 min 解除外力，使扭曲箱形梁处于自然状态下检查扭曲状况，如发现尚有扭曲，必须求得扭曲值，利于二次矫正做到心中有底。

第二次矫正扭曲与第一次要求相同，但火焰加热位置不允许在原位，第二次火焰加热的部位应在扭曲箱形梁中间部位另一内隔板（焊缝）外侧两腹板面局部区域，加热温度要求与第一次相同。必须注意不允许在梁体内，两块内隔板之间无筋板的外侧加热，这样不仅不利于矫正扭曲，相反会导致腹板严重鼓泡变形。正常情况下，扭曲箱形梁经二次矫正，其扭曲状态会消失，达到矫正目的。

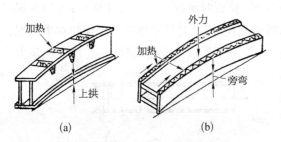

图 8 - 27　箱形梁上拱和旁弯的矫正

(a) 上拱的矫正；(b) 旁弯的矫正

（2）矫正上拱超标

加热位置分布在凸起的一面（即上盖板）上部，在梁的内隔筋板焊缝外侧每相隔一处跳位加热，在上盖板面上采用火焰线状摆式加热，其宽度为 20～30 mm，长度等于盖板宽度，加热温度 500～550℃，同时在两侧腹板上部采用火焰三角形加热，三角形上部宽度为 80 mm，高等于腹板的 1/4～1/3，若一次未矫好可换位于箱形体内隔筋板焊缝外侧两腹板局部加热，直至成功，如图 8 - 27a 所示（矫下拱超标的梁与矫上拱超标的方法相同，但加热位置相反）。

（3）矫正旁弯

当旁弯值在 30～60 mm 范围内，矫正时把旁弯杆件卧倒，使旁弯凸出朝上，在凸出两块盖板的边缘上整条加热即可。当旁弯值超过 80 mm 时，则需外力配合加热，方法同上。所谓外力，就是将旁弯梁卧倒在钢平台上，在凸起的部位加压重物，见图 8 - 27b。

第九章 钢结构施工与安全生产

第一节 钢结构构件生产制作安全

钢结构生产的现场环境,不管是室内还是室外,往往处于一个立体的操作空间之下,安全生产尤为重要,尤其在室内流水生产布置条件下,生产效率很高,工件在空间大量频繁地移动,工件多由行车等起吊设备在空间作纵横向、垂直向的线性运动,其移动几乎遍及生产场所每一角落。

为了方便钢结构制作、操作者的工作,构件均宜搁置在一定高度上。任何堆放的搁置架、装配组装胎架、焊接胎架等都应与地面离开 0.4～1.2 m。因此,操作者除了在安全通道外,随时随地都处于被重物包围的空间内。

在制作大型钢结构,或高度较大、中心不稳的狭长构件或超大构件时,结构和构件有倾倒和倾斜的可能性,因此必须十分重视安全生产事故的发生。除操作者应有自身防护意识外,各方位都应加以照看,以避免安全事故的发生。

在钢结构生产各个工序中,很多都要使用剪、冲、压、锯、钻、磨等机械设备,是人与机器直接接触的操作,被机械损伤的事故时有发生。机械损伤事故的概率仅次于工件起运中坠落的事故,必须进行必要的防护和保护。钢结构生产制作中的安全防护包括以下内容。

① 自身防范。必须按国家规定的有关劳动法规条例,对各类操作人员进行安全教育,特别是特殊工种必须持证上岗。对生产场地必须留有安全通道。进入现场,无论是操作者或生产管理人员,均应穿戴好劳动防护用品,并应注意观察和检查周围的环境。为安全生产,加工设备之间要留有一定的间距作为工作平台和堆放材料及工件之用。

② 他人防范。操作者必须严格遵守各岗位的操作规程,以免损及自身和伤害他人,对危险源应做出相应的标志、信号、警戒等,以免现场人员遭受无意损害。

③ 所有构件的堆放、搁置应稳固可靠,欠稳定的构件应设支撑或固结定位,各构件(如吊车梁、屋架、桁架等)的并列间距应大于其自身高度,以免多米诺骨架式的连续倒塌。构件安置要求平稳、整齐,达到横平竖直的要求,堆垛不得超过两层。

④ 索具、吊具要定时检查,不得超过额定荷载。焊接构件时不得留存连结起吊索具。被碰损过的钢丝绳,一律不得使用,正常磨损股丝应按规定更新。

⑤ 所有钢结构制作中半成品和成品胎具的制造和安装,应进行强度验算,切不可凭经验自行估算。

⑥ 所有钢结构生产过程的每一道工序或工步中所使用的乙炔、氧气、丙烷、电源,都必须有安全防护措施,必须定期检测是否出现泄漏和接地是否完好。

⑦ 起吊构件的移动和翻身,只能听从一人指挥,不得两人并列指挥或多人参于指挥。起重物件移动时,不得有人在本区域投影范围内滞留、停立和通过。

⑧ 所有制作现场安全通道必须畅通。

第二节　钢结构制作场地的环境卫生

钢结构制作场地的环境卫生,归结为一点就是,应有效地防止污染源的产生。钢结构构件本身并不对环境卫生有直接的影响,但在生产过程中所用的机械、动力、检测、设备、辅料等会引起污染,所以控制污染源的产生是首要的。

① 机械噪声。在老厂房内生产时,噪声必须限制在 95 dB 以下。目前,对某些机械噪声源还无法根治和清除的情况下,应重点控制并采取相应的个人防护,以免给操作人员带来职业性疾病。

② 粉尘。粉尘含量应严格控制在 10 mg/m³ 卫生标准内,操作者应佩戴上良好和完善的劳动防护用品。

③ 油漆细雾。油漆场地应空气流通,通风良好,操作者应做好完善的个人防护,尤其应注意有机物的毒性散发和有害金属含量的控制。

④ "RT"检测。在钢结构构件加工制作生产企业中,采用射线进行无损检测是不可避免的,放射源成为环境卫生最大的危害。因此,在密切型生产区域使用时一定要有时间限制,一般以夜间拍片为好,并应在检测区域内划定防范警戒线,远离控制操作。有条件时最好作铅房隔离。

⑤ 污染和污物。1992 年使用瓶装乙炔之前,乙炔发生器使用单位的排污最大,现在电石污染已基本清除。

对钢构件制作厂的环境卫生,总的原则应按照企业工种劳动保护条例规定实施,以确保钢结构构件制作的安全和环境卫生。

第三节　电焊安全技术

现代焊接技术中,利用电能转化为热能来加热金属的焊接方法,得到了广泛普及,电能加热的热源形式很多,如电弧的热、等离子弧的热、电阻热和电子冲击工件表面放出的热等。

1. 电弧的焊接性质

电弧是两电板间持久有力的一种放电现象。放电同时产生高热(温度可达 6 000℃)

和强烈弧光。电弧产生的热可用来焊接、切割和炼钢等；我们还必须认识到电弧的危害性，因为电弧的温度很高，它不仅能引起可燃物质燃烧，使金属熔化和飞溅，构成危险的火源，而且在有着爆炸危险的场所，或在高处作业的地面上存放易燃易爆物品的情况下，电弧热是一种十分有害的不安全因素。

为了使电弧在焊条与构件之间保持连续稳定的燃烧，两电板间要有较高的电压，加强气体的电离作用和传递具有较大动能的电子，这个电压称为空间电压，交流焊机为 60～80 V，直流焊机为 55～90 V，这样可以保证容易引弧。引弧后所需的电压就变得低些了，一般为 16～35 V，这个电压称工作电压。

电弧各部分（电弧可分为弧柱、阴极区和阳极区）所产生的热量是不同的，弧柱中温度可达 6 000℃，两电板的温度可达 3 500～4 200℃。

2. 焊接电源

按照电源的不同，焊接设备可分为交流焊机和直流焊机两类，直流焊机又可分为旋转直流焊机和整流式焊机。焊机的内部结构、工作原理和技术参数是各不相同的。

焊接设备包括焊接电源、控制箱及调节机构等。交流电焊机种类很多，一般常用的有漏磁式、电抗式、复合式、动圈式四种。目前最广泛使用的直流焊机是两极式类型直流焊机。

3. 焊条

焊条是由药皮和钢丝两部分组成的。钢丝（焊芯）用来传导焊接电源，它熔化后形成焊缝中的主要填充金属。药皮是焊条重要组成部分，它由一定数量和不同用途的矿石、铁合金、化工原料（有的焊条还含有机物）混合而成。

我国目前生产的焊条，按化学成分可分为酸性焊条和碱性焊条两大类。酸性焊条药皮中主要含有二氧化钛、氧化铁、二氧化硅等酸性氧化物，焊条药皮的氧化较强，焊接过程中对铁锈、油脂的敏感性不大，抗气孔能力强。碱性药皮焊条中主要含碳酸钙、氧化钙、碳酸镁及二氧化锰等碱性氧化物，并含有较多的铁合金作为脱氧剂和渗合剂，使焊条具有足够的脱氧能力，焊缝中含氧量低（与酸性焊条比），抗裂性能高，所以碱性焊条多用于重要物件的焊接。

4. 安全特点

手工电弧焊操作者接触电的机会比较多，在更换焊条时，手要与电板接触，电器装置有毛病，防护用品有缺陷及违反操作规范等，都有可能发生触电事故。焊条及焊件在焊接电弧高温下，将会发生物质蒸发、凝结和气化，并产生大量烟尘，同时还会产生臭氧、氮氧化物等有毒气体，在通风条件差的情况下长期工作，易使人中毒。弧光中的紫外线和红外线，会引起眼睛和皮肤疾病。

电弧焊接过程中还会引起爆炸和火灾事故，产生的主要原因有：电焊机、电气线路有不完好之处，附近堆放有易燃易爆物品等。

5. 电焊工具和安全操作要求

（1）焊钳和焊枪

焊钳和焊枪是手弧焊和气电焊、等离子弧焊的主要工具，它与焊工操作是否方便和安全有直接关系,所以对焊钳和焊枪提出下列要求。

① 结构轻便易于操作,手弧焊钳的重量不超过 600 g。

② 有良好绝缘性能和隔热能力。手柄要有良好的绝热层,以防发热烫手;气体保护焊的焊枪应用隔热材料包裹保护;焊钳由夹条处开始至握柄连接处止,间距为 150 mm。

③ 焊钳和焊枪与电缆的连接必须简便牢靠,连接处不得外露,以防触电。

④ 等离子焊枪应保证水冷却系统密封,不漏气、不漏水。

⑤ 手弧焊钳应保证在任何斜度下都能夹紧焊条,更换方便。

(2) 焊接电缆

焊接电缆是连接焊机和焊钳(枪)、焊件等的绝缘导线,应满足下列安全要求。

① 焊接电缆应具有良好的导电能力和绝缘外层,一般是用纯铜芯(多股细线)线,外包胶由绝缘套制成,绝缘电阻不小于 1 mΩ。

② 轻便柔软,能任意弯曲和扭转,便于操作。

③ 焊接电缆应具有较好的抗机械损伤能力以及耐油、耐热和耐腐蚀能力。

④ 焊接电缆的长度应根据具体情况决定。太长使电压降增大,太短对工作不利,一般电缆长度为 20～30 m。

⑤ 要有适当截面积。焊接电缆的截面积应根据焊接电缆的大小按规定使用,保证导线不致过热而烧坏绝缘层。

⑥ 焊接电缆应用整根的,中间不应有接头。如需短线接长时,接头不应超过两个;接头应用铜导体做成,坚固可靠,绝缘良好。

⑦ 严禁利用厂房的金属结构、管道、轨道或其他金属搭接起来作为导线使用。

⑧ 不得将焊接电缆放在电弧附近或炽热的焊缝旁,以避免烧坏绝缘层,同时应避免碾压、摩擦等。

⑨ 焊接电缆与焊机的接线必须采用铜(或铝)线鼻子(接线端子),以避免二次端子板烧坏,造成火灾。

⑩ 焊接电缆的绝缘情况,应隔半年进行一次定期检查。

⑪ 焊机与配电盘连接的电源线,因电压较高,除应保证良好的绝缘外,还须确保电源线长度不应超过 3 m。如确需较长导线时,应采取间隔的安全措施,即应离地面 2.5 m 以上沿墙用瓷瓶布设。严禁将电源线沿地铺设,更不能落入泥水中。

(3) 安全操作

为了防止触电事故的发生,除按规定穿戴防护工作服、防护手套和绝缘鞋外,还应保持干燥清洁。操作过程中,应注意下列几个安全问题。

① 焊接工作开始前,应首先检查焊机和工具是否完好和安全可靠,如焊钳和焊接电缆的绝缘是否有损坏的地方,焊机的外壳接地和焊机的各接线点接触是否良好,不允许未进行安全检查即开始操作。

② 在狭小空间工作时,为防止触电,必须穿绝缘鞋,脚下垫有橡胶绝缘板或其他绝缘衬垫,最好两人轮换工作,以便互相照看,否则需一名监护人员,随时注意操作人员的安全

情况,一旦遇到危险情况,应立即切断电源,进行抢救。

③ 身体出汗而使衣服潮湿时,切勿靠在带电的钢构件上,以防触电。

④ 工作地点潮湿时,地面应铺设橡胶板或其他绝缘材料。

⑤ 更换焊条一定戴上手套,不要赤手操作。

⑥ 在带电情况下,为了安全,焊钳不得夹在腋下去搬被焊工件或将焊接电缆挂在脖颈上。

⑦ 推拉闸刀开关时,脸部不允许直对电闸,以防止短路造成的火花烧伤面部。

⑧ 下列操作,必须切断电源才能进行:

a. 改变焊机接头时;

b. 更换焊件改接二次回路时;

c. 更换保险装置时;

d. 焊机发生故障需进行检修时;

e. 焊接工作地点搬动焊机时;

f. 工作完毕或暂时离开工作现场时。

6. 气焊与气割的安全问题

气焊是利用可燃气体与氧气混合燃烧的火焰加金属的一种熔化焊,常用可燃气体是乙炔;气割是利用可燃气体与氧气混合燃烧的预热火焰,将金属加热至燃烧点,并在氧气射流中剧烈燃烧而将金属分开的加工方法,气割过程实际上是被切割金属在纯氧中的燃烧过程,而不是熔化过程,常用可燃气体为乙炔或液化石油气(丙烷)。

火灾和爆炸是气焊和气割的主要危险。

气焊与气割操作中用来加热金属的主要能源为乙炔、氧气、液化石油气等,都属于可燃易爆的危险品,主要设备乙炔瓶(以前为乙炔发生器)、氧气瓶、液化石油气瓶都属于压力容器。由于气焊与气割操作中需要与危险物品和压力容器接触,同时又使用明火,当焊接设备或安全装置有缺陷,或违反操作规律时,就极易构成火灾和爆炸的条件,发生安全事故。

在气焊火焰的作用下,尤其是气割时氧气射流的喷射,使火星、铁熔珠和熔渣等四处飞溅,容易造成安全事故。较大的熔珠、火星和熔渣等,能飞到操作点 5 m 以外的地方,引燃工作地周围的可燃物和易爆物品,引发火灾和爆炸。登高的气焊与气割作业,存在高处坠落以及落下的火星引燃地面的可燃物品等不安全因素。

气焊的温度高达数千度,被焊金属在高温作用下蒸发成金属烟尘和有害的金属蒸气。如焊接合金钢时,除产生有毒金属蒸气外,焊粉还扩散发出氟盐和氯盐的燃烧产物。

气焊设备除以上所提到的压力容器之外,还包括焊炬、减压器及胶管等。

(1)指示装置安全使用要求

① 压力表。

a. 气焊和气割工作中经常观察压力表的指示值,乙炔压力表指示值不大于最高工作压力 0.15 MPa(相当以前乙炔发生器最高工作压力值);

　　b. 经常注意检查压力表指针转动与波动情况,如发现有不正常现象时,应立即停止工作,对压力表进行检修或更换新的压力表;

　　c. 压力表一定要保持洁净,表盘上玻璃明亮清晰,表盘刻度要清楚易见,以便观察指针指示的压力值,否则不得使用;

　　d. 压力表的连接管要经常或定期地进行吹洗,以防堵塞;

　　e. 压力表必须按规定经计量部门检验校正后方可使用,超过应校限期的压力表,应重新进行检验校正,否则不得使用。

　　② 氧气表。氧气表的作用是将瓶内高压气体变为工作需要的低压气体,并保持输出气体的压力和流量稳定不变。

　　a. 新的氧气表,必须有出厂合格证,已用的氧气表要作定期检验,已超过定期检验期的不得继续使用;

　　b. 安装氧气表前,要微开氧气瓶阀,吹净瓶口处杂质,随后关闭瓶阀,并开始装表,瓶口不可直吹人体,同时要将调压电螺杆松开;

　　c. 装卸氧气表时,一定要拧紧,并注意防止管接头有滑丝、漏气现象,以免因装表不牢而射出,待正常后再接氧气胶带;

　　d. 开启氧气瓶阀时,要缓慢拧开,以防止因高压氧流作用而引起静电火花;

　　e. 一定要注意氧气表不得沾有油脂,若沾有油脂则必须擦洗干净后再使用;

　　f. 应经常检查氧气表的工作情况,如发现有故障一定要及时修理,修好后再用。

　　③ 气瓶。用于气焊和气割的氧气瓶属于压缩气瓶,乙炔瓶属于溶解瓶,液化石油气瓶属于液化气瓶,使用时应根据各类气瓶的不同特点,采取相应的安全措施。

　　(2) 氧气瓶的安全使用要求

　　① 出厂前:必须按照《气瓶安全规程》的规定,严格进行技术检验,合格后方可使用。

　　② 防震:在储运和使用过程中,一定要避免剧烈震动和撞击,尤其是严冬季节,在低温情况下,金属材料易发生脆裂造成气瓶爆炸。搬运气瓶时,应用专门的抬架和小推车,不得肩背手扛,禁止直接使用钢绳、链条、电磁吸盘等吊氧气瓶。要轻装轻卸,严禁从高处滑下或在地面滚动。运输时,气瓶必须有护圈并戴好瓶帽。使用和储存时,应用栏杆和支架加以固定,防止气瓶突然倾倒。

　　③ 散热:防止氧气瓶直接受热,应远离高温、明火和熔融金属飞溅物等 10 m 以上。

　　④ 防静电火花和绝热压缩:主要针对开启瓶阀和减压器的操作。因气瓶里的氧气一般均含有部分水和锈皮等,当瓶阀和减压器开得过快时,氧气高速流动的水滴和固体微粒会与管壁产生摩擦而出现静电火花。绝热压缩的危险在于:高压气流的冲击,将使减压器内局部空间(高压室或低压室)的气体突然压缩,瞬时产生的热量会使温度剧增,很可能使橡胶软隔膜、衬垫等材料着火,甚至会使铜和钢等金属燃烧,造成减压器完全烧坏,还会导致氧气瓶爆炸。

　　⑤ 留有余气关紧阀门:留有余气的目的是使气瓶保持正压,可防止可燃气体进入瓶内,同时便于瓶内气体成分化验。

⑥ 超过检验期限的气瓶不得使用：按照安全规程规定，氧气瓶必须做定期性技术检验，规程规定每三年检验一次。

⑦ 当瓶阀或减压器发生冻结时，只能用热水或蒸气解冻，绝对不能用火烘烤或用烧红金属烫。

⑧ 防油：氧气瓶阀不得沾有油脂，同时也不能用沾有油脂的工具、手套和油污工作服等接触阀门或减压器等。

⑨ 与乙炔瓶的距离不得小于 3 m。

（3）乙炔瓶的使用、运输和储存安全技术要求

乙炔瓶虽然比乙炔发生器安全很多，但在运输、储存和使用过程中，由于受震动、填物下沉、直接受热，以及使用不当、操作失误等，也会发生爆炸事故。所以使用乙炔气瓶时，各方面都要采取必要的安全技术措施。每三年进行一次技术检验。

① 使用时的安全技术要求：

a. 禁止敲击、碰撞；

b. 要立放不能卧放，以防丙酮漏出，引起着火爆炸。气瓶立放，15～20 min 后才能开启瓶阀使用。拧开瓶阀时，不要超过 1.5 转，一般情况只拧 3/4 转；

c. 不能靠近热源和电源及电源设备，夏季要防止曝晒，与明火距离一般不小于 10 m；

d. 瓶阀冻结，严谨用火烤，必要时可用 40℃ 以下的温水解冻；

e. 吊装、搬运应使用专用夹具和防震的运输车，严禁用电磁起重机和链绳吊装搬运；

f. 严禁放置在通风不良及有放射性射线的场所，且不得放置在橡胶等绝缘体上；

g. 工作地点不固定且移动较频繁时，应装于专用小车上，乙炔瓶和氧气瓶应尽量避免放置在一起；

h. 使用时要注意固定，防止倾倒，严禁卧放使用，局部温度不要超过 40℃；

i. 必须装设专用的减压器、回火防止器；开启时，操作者应站在阀口的后侧，动作要轻缓；

j. 使用压力不得超过 0.15 MPa，输气流速不应超过 1.5～2.0 m³/(h·瓶)；

k. 严禁铜、银、汞等及其制品与乙炔接触，必须使用铜合金器具时，合金含铜量低于 70%；

l. 瓶内气体严禁用尽，必须留有不低于表 9-1 规定的剩余压力。

表 9-1　剩余压力与环境温度关系

环境温度（℃）	<0	0～15	15～25	25～40
剩余压力（MPa）	0.05	0.10	0.20	0.30

② 运输乙炔瓶的安全技术要求：

a. 应轻装轻卸，严禁抛、滑、滚、碰；

b. 车船装运时应妥善固定，汽车装运乙炔瓶，横向排放时，头部应朝向一方，且不得超过车厢高度；直立排放时，车厢高度不得低于瓶高 2/3；

c. 夏季要有遮阳设施,防止曝晒,炎热地区应避免白天运输;

d. 车上禁止烟火,并应备有干粉或二氧化碳灭火器;

e. 严禁与氯气瓶、氧气瓶及易燃物品同车运输;

f. 严格遵守交通和公安部门颁布的危险品运输条例及有关规定。

③ 储存乙炔瓶的安全技术要求:

a. 使用乙炔瓶的现场,储存量不得超过 5 瓶;需要储存超过 5 瓶但不超过 20 瓶时,应在现场或车间内用非燃烧体或难燃烧体墙隔成单独的储存间,储存间应有一面靠外墙;超过 20 瓶的储存,应设置乙炔瓶库;储存量不超过 40 瓶的乙炔库房,可与耐火等级不低于二级的生产厂房毗连建造,其毗连的墙应是无门、窗、洞的防火墙,并严禁任何管线穿过;

b. 储存间与明火或散发火花地点的距离不得小于 15 m,且不应设在地下室或半地下室;

c. 储存间应有良好的通风、降温等设施,要避免阳光直射,要保证运输道路畅通,在其附近设有消防栓和干粉或二氧化碳灭火器(严禁使用四氯化碳灭火器);

d. 乙炔瓶储存时,一般要保持竖立位置,并有防止倾倒的措施;

e. 严禁与氯气瓶、氧气瓶及易燃易爆物品同间储存;

f. 储存间应有专人管理,在醒目的地方应设置"乙炔危险"、"严禁烟火"的标志。

(4) 焊炬的安全使用要求

① 使用前应首先检查其射吸性能,射吸性能不正常,必须进行修理,否则不得使用。

② 射吸性能检查正常后,还需进行漏气检查,焊炬的所有连接部位不得有漏气现象。

③ 在前两项检查合格的基础上,进行点火检验。点火方法有两种:一种是先给乙炔气,另一种是给氧气。比较安全的电火方法是先给乙炔,点火后立即给氧气并调节火焰。

④ 停火时,应先关乙炔后关氧气,这样可防止火焰倒吸和产生烟灰。

⑤ 发生回火时,应急速关闭乙炔,随后立即关闭氧气,这样倒吸的火焰在焊炬内会很快熄灭。

⑥ 焊炬的各连接部位、气体通道及调节阀等处,均不得沾染油脂。

⑦ 焊炬停止使用后,应拧紧调节手轮并挂在适当位置,或卸下焊炬和胶管。

⑧ 为贪图使用方便而不卸胶管的做法是不允许的(焊炬、胶管和气源做永久性连接),同时也不允许连有气源的焊炬放在容器里或锁在工具箱内。

(5) 割炬的安全使用要求

① 气割前应将工件表面的漆皮、锈层、油水污物等清理干净。工作场地是水泥地面时,应将工件垫高以防锈皮和水泥爆溅伤人。

② 点火试验。如果点火后,火焰出现突然熄炬现象,说明割嘴没有装好,这时应松开割嘴进行检查。

③ 停火时,应先关掉切割氧,接着再关掉乙炔,最后关掉预热氧。发生回火时,应立即关掉乙炔,再关预热氧和切割氧。

（6）胶管的安全使用要求

① 使用前,必须将胶管内的滑石粉吹除干净,以防止气路被堵塞。

② 使用和保管时,应防止与酸、碱、油类以及其他有机溶剂接触,以防胶管损坏。

③ 使用中应避免受外界挤压等机械损坏,不得将管身折叠,不得与炙热的工件接触。

④ 如果回火火焰烧进胶管,则该胶管不可继续使用,必须更换新胶管。

⑤ 气割时,气瓶阀应全部打开,以保证足够的流量和稳定的压力,这样可防止回火和倒燃进入氧气胶管引起爆炸着火。

⑥ 氧气胶管为红色,乙炔胶管为黑色。氧气与乙炔胶管不得相互混用,或以其他类型的胶管代替。所用胶管必须符合国家标准要求。

⑦ 胶管的长度不应过长,过长会增加不安全因素。

⑧ 胶管接头严控数量,不宜过多 1～2 只,用金加工的速接管对接胶管外用钢丝扎紧,对接处不允许漏气。

7. 焊工个人保护措施

为了防止电焊弧光对眼睛、皮肤的伤害,电焊工必须装备符合要求的面罩、手套,穿好工作服、工作鞋。面罩里护目镜片的性能及用途见表9-2;焊工个人保护措施的种类及用途见表9-3。

表9-2　国产护目玻璃的牌号及用途

玻璃牌号	颜色深浅	用　　　途
12	最暗	供大电流使用,250 A 以上
11	中等	供中等电流使用,100～350 A
10	最浅	供小电流使用,100 A 以下

表9-3　个人保护措施的种类及用途

保护用具	用　　　途
保护眼镜	在气焊、气割、电渣焊、电阻焊时,用来保护眼睛不受强光及射线伤害
头盔、面罩	在电弧焊、等离子焊、等离子切割、碳弧气刨时,用来保护眼、鼻、口及面部等不受强光及射线伤害
口罩	在电弧焊及打磨焊缝、碳弧气刨、等离子焊、等离子切割时,避免口腔、鼻腔吸入粉尘
护耳器	在风铲清根、等离子切割时,降低噪声,保护耳膜
通风头盔	在封闭容器内施焊、切割时,对眼、鼻、口及面部都起保护作用
工作服	在电弧焊、等离子焊、等离子切割时,保护躯干和四肢
工作帽、毛巾	在电弧焊、等离子焊、等离子切割、碳弧气刨时,防止飞溅,防止火星掉在头发内和脖颈内
手套、绝缘鞋和鞋盖	防止焊接、切割时的触电及灼伤

8. 高空焊接的安全技术

① 必须使用标准的安全带,并将安全带系牢。

② 使用符合要求的梯子,搭好跳板及脚手架。

③ 在攀登爬高时,必须先用手试一下攀登物是否牢靠。

④ 登高作业,手把软线要绑紧在固定地点,不应缠在身上或搭在肩上。

⑤ 高空作业的下方,火星所及的地面上,应彻底清除易燃物和易爆物。

⑥ 高空作业地点接近高压线或裸导线时,必须停电或采取防止触电的措施。

⑦ 高空作业时,不应使用高频引弧器。

⑧ 患有高血压、心脏病等及酒后的焊工,不应实施高空作业。

⑨ 高空作业时,要设监护人,密切注意焊工动态,电源开关应设在监护人近旁,遇有危险立即拉闸,并进行营救。

第四节　钢结构矫正作业的安全与注意事项

1. 矫正作业安全生产的主要技术途径

矫正作业的安全生产涉及每个矫正工的自身安全,矫正作业变化繁复,使用设备、工具多样,矫正作业时经常一人指挥、多人配合;安全生产主要途径如下。

① 执行标准化管理,从实际出发合理布置工作场地,体现文明生产的科学性、可靠性。做到道路通畅,操作后场地整洁。

② 提高矫正工的各项基本素质,实行先培训考核、后上岗操作的管理制度。

③ 用制度使矫正操作规程标准化,建立必要的安全检查机构,并与群众性的自我监督相结合。

④ 努力实现矫正作业机械化、自动化,采用先进设备减轻劳动强度,提高生产效率,防止人身、设备事故。

⑤ 推行合理科学的防变形工艺,制作先进工夹模具,防止或减少变形。

⑥ 采用各种保护装置,设计制作带有安全机构的矫正模具。

2. 矫正作业注意事项

(1) 多辊钢板矫正机操作注意事项

① 由多人操作,保养一般由 2～3 人前后配合。

② 开车前加油部位需润滑,开空车检查各部位是否正常。

③ 材料规格过厚过薄、过大过小都不准进入轧辊,一般 11 辊矫平机材料不得小于 300 mm×500 mm,19 辊钢板矫平机材料不得小于 100 mm×150 mm。

④ 钢板矫平机只许一张一轧,禁止两张以上叠起来轧。

⑤ 操作时适当调节轧辊高低,控制间隙。

⑥ 钢板只能前进后出,不能倒轧以防钢板卷入轧辊。开倒车时应先停车,并关照好

后面操作者才能进行。

⑦ 发现钢板卷入轧辊,应立即停车并设法排除故障。

⑧ 矫平机只准轧平钢板不允许用于轧圆弧形钢板。

（2）撑直机矫正注意事项

① 撑直机应放置在人少和安全的地方,操作前应空车试车撑直,调整压力。

② 操作时应将工件顶牢,两侧禁止站人。

③ 操作时应根据工件材料性能及冷热情况,适当加压撑直防止工件断裂伤人。

④ 按开关听从指挥,互相配合协调一致。

⑤ 矫正时,手要放在工件外侧防止压伤手指。

⑥ 两人以上搬长工件时要密切配合慢慢放下。

⑦ 推工件进入撑直机不要将手放在下面,防止滚筒擦伤手。

（3）火焰矫正注意事项

① 新工人未经考试合格无操作证不准独立作业,需由老师(或师傅)带领作业。

② 工作前必须检查矫具、皮管、接头及气瓶等附件是否良好,禁止用金属物敲阀门。

③ 操作前应先检查场地,清除易燃易爆物及影响安全的物品,氧气瓶、乙炔瓶安全牢固,禁止接触油脂,不准将气瓶撞击,不准放在强烈阳光下及高温处。

④ 拆装减压器及开启瓶阀时,身体及头部不准对着出气口。

⑤ 点火时面部及手离开火嘴以防火焰伤到。

⑥ 发生回火或鸣爆应立即将乙炔瓶、氧气瓶开关关闭,待矫炬冷却后再开氧气吹掉矫炬内黑灰后再点火操作。

⑦ 不准在带电设备、有压力的液体或气体以及易燃易爆有毒的容器上进行火焰矫正,矫正容器要有出气孔,有油类物质时要洗净之后再矫正。

⑧ 气瓶中气量最少保留 0.5 大气压,气瓶解冻只能用蒸气或热水,严禁用火焰。

⑨ 皮管穿越通道要加盖保护物,矫炬和皮管接头要经常检查防止移动。

⑩ 离开工作场地应存放好烤枪、皮管,关闭气阀,并检查场地周围,熄灭火种。

⑪ 不把矫炬放在热工作物上,操作时要防止火焰喷射到氧气瓶、乙炔瓶或易燃易爆物上。

（4）BH 变形矫正注意事项

① 由专人专管矫正机和专人操作。

② 使用前,必须空负荷试运行,检查设备是否正常,然后根据 BH 翼板、腹板的厚度调整压轮的间隙。

③ 根据 BH 实物调整的间隙,先进行试矫明确实际状况,经试矫确认其规范符合要求后再进行批量矫正。

④ 当矫正截面大的 BH 梁时,应带吊钩铆吊移位矫正(吊钩不放松随矫正机运行),这样可确保安全,否则大截面的梁在矫正运行时竖立不稳,有可能会出意外事故,危及人身安全和设备。

⑤ 矫正角变形梁,矫正完毕后的堆放,无论是竖立或卧放,都必须注意第一件梁堆放的牢靠性。如是竖立应底面平稳,外侧两端和中间部位设牢靠支撑(支撑下端不可移动);如是卧放应注意叠放层数一般为两层,不宜太高,否则危极安全。

⑥ 坚持文明生产,做好现场环境卫生工作,对矫正机每天做好清理垃圾、润滑加油、维护保养工作。

第五节　涂装施工安全技术

1. 涂装防火防爆

涂料的溶剂和稀释剂都属易燃品,具有很强的易燃性,这些物品在涂装施工过程中易形成漆雾和有机溶剂蒸气,达到一定的浓度时易发生火灾和爆炸。

常用溶剂爆炸界限见表 9-4。

表 9-4　常用溶剂的爆炸界限

名　称	爆　炸　下　限		爆　炸　上　限	
	容量(%)	密度(g/m³)	容量(%)	密度(g/m³)
苯	1.5	48.7	9.5	308
甲苯	1.0	38.2	7.0	264
二甲苯	3.0	130.0	7.6	330
松节油	0.8	—	44.5	—
漆用汽油	1.4	—	8.0	—
甲醇	3.5	46.5	36.5	478
乙醇	2.6	49.5	13.0	338
正丁醇	1.68	51.0	10.2	309
丙酮	2.5	40.5	9.0	218
环己酮	1.1	44.0	9.0	—
乙醚	1.85	—	34.5	—
醋酸乙酯	2.18	80.4	11.4	410
醋酸丁酯	1.70	80.4	15.0	712

2. 涂装安全技术

(1) 一般要求

① 施工前要对操作人员进行防火安全教育和安全技术交底。

② 涂装操作人员应穿工作服,戴乳胶手套、防尘口罩、防护眼镜、防毒面具等;患有慢性皮肤病或对某些物质有过敏反应者不宜参加施工。

（2）防火防爆要点

① 配制使用乙醇、苯、丙酮等易燃材料的施工现场应严禁烟火严禁使用电炉等明火设备，并应备有消防器材。

② 配制硫酸溶液时，应将硫酸注入水中，严禁把水注入硫酸中；配制硫酸乙酯时，应将硫酸慢慢注入酒精中，并充分搅拌，温度不得超过 60℃，以防酸液飞溅伤人。

③ 防腐涂料的溶剂常易挥发出易燃易爆的蒸气，当蒸气达到一定浓度后，遇火易引起燃烧或爆炸，施工时应加强通风降低积取浓度。

（3）防尘防毒要点

① 研磨、筛粉、配料、搅拌粉状填料，宜在密封箱内进行，并有防尘措施，粉料中二氧化硅在空气中的浓度不得超过 $2\ mg/m^3$。

② 酚醛树脂中的游离酚，聚氯基甲酸酯涂料含有的游离异氰酸基，漆粉树脂漆含有的酚，水玻璃材料中的粉状氟硅酸钠，树脂类材料使用的固化剂如乙二胺、间苯二胺、苯磺酸酰氯以及丙酮等溶剂均有毒性。现场除自然通风外，还应根据情况设置机械通风，保持空气流通。使用有害气体含量小于允许含量极限。

3. 安全注意事项

① 涂料施工的安全措施主要要求：涂漆施工场地要有良好的通风，如在通风条件不好的环境涂漆时，必须设安全通风设备。

② 因操作不慎，涂料溅到皮肤上时，可用木屑加肥皂水擦洗；最好不要用汽油或强溶剂擦洗，以免引起皮肤发炎。

③ 使用机械除锈工具（如钢丝刷、粗挫、风动或电动除锈工具）清除锈层、工业粉尘、旧漆膜时，为避免眼睛被沾污或受伤，要戴上防护眼镜，并佩戴防尘口罩，以防呼吸道感染。

④ 在涂装对人体有害的油漆（如红丹的铅中毒、挥发型漆的溶剂中毒等）时，需佩戴防尘口罩、封闭式眼罩等保护用品。

⑤ 在喷涂硝基漆或其他挥发较大易燃物的涂料时，严禁使用明火，严格遵守防火规程，以免失火或引起爆炸。防火涂料应储存在阴凉的仓库内，仓库温度不宜高于 35℃，并不低于 5℃，严禁露天存放。

⑥ 高空作业时要戴安全带，双层作业时要戴安全帽；仔细检查胎具、跳板、脚手杆件、吊钩、作钩、绳索、吊篮、梯子、安全网等施工用具有无损坏，捆扎是否牢固，有无腐蚀或搭接不良等隐患。

⑦ 施工场所的电线，要按防爆等级的规定安装；电动机的起动装置与配电设备，应为防爆式，且要防止漆雾飞溅在照明灯泡上。

⑧ 不允许把安装涂料、溶剂或用剩的漆罐开口放置；浸染涂料或溶剂的破布及废棉纱等物，必须及时清除；涂漆环境或配料房要保持清洁、畅通。

⑨ 现场使用的油料必须设置专人管理。防腐涂料施工中擦过溶剂和涂料的棉纱、棉布等物品存放在带盖的铁桶内，并定期处理。

⑩ 操作人员涂漆施工时,如感觉头痛、心悸或恶心,应立即离开施工现场,在通风良好的环境里换吸新鲜空气,如仍感到不适,应速去医院检查治疗。

4. 施工现场消防要点

① 现场的消防安全应由施工单位负责;建设单位应督促施工单位做好消防安全工作。

② 施工现场实行逐级防火责任制,施工单位应确定一名施工现场防火负责人,全面负责施工现场的消防安全工作。

③ 施工组织设计和施工方案应包括的内容:

a. 建设工程位置、建设层数、面积、高度、跨度、结构形式、特点、施工工艺、方法、使用材料等;

b. 生产生活用火区(如锅炉房、茶炉房等)位置;

c. 各种临时建筑的位置、结构、防火间距和建筑用途;

d. 易燃、可燃材料的存放地点、堆放体积等;

e. 工地消防给水管道、临时消防主管道和室外消防栓的位置、管径;消防车道宽度和消防泵的位置(包括泵的型号,规格);供电线路架设方位及电压等;

f. 配备消防器材的数量和种类。

④ 施工现场应遵守下列规定:

a. 因施工需要搭设的临时建筑应符合防火要求,不得使用易燃材料;

b. 使用电气设备和化学危险品必须符合技术规范和操作规程,严格防火措施,禁止违章作业;施工作业用火必须经保卫部门审查批准,领取用火证后方可作业,用火证只能在指定地点和限定时间有效;

c. 施工材料的存放、保管应符合防火安全要求,易燃材料必须专库储存;化学易燃物品和压缩可燃气体容器等应按其性质设置专用库房分类堆放;

d. 安装电器设备,进行电、气割作业等,必须由合格的电工、焊工等专业技术人员操作;

e. 冬季施工使用电热器,须有工程总站提供的安全使用技术资料,并经施工现场防火负责人同意,重要工程和高层建筑冬季施工用的保温材料不得采用可燃材料;

f. 施工中使用化学易燃物品时,应限定领料,禁止交叉作业;禁止在作业现场分装、调料;禁止在工程内使用石油气钢瓶、乙炔发生器;

g. 非经施工现场消防负责人批准,任何人不得在施工现场住宿;

h. 设置消防车道,配备相应的消防器材和安排足够的消防水源;

i. 施工现场的消防器材和设施不得埋压、圈占挪作他用,冬季施工须对消防设备采取防冻保温措施。

⑤ 施工现场存在重大火险隐患,经消防监督机关指出后,不按要求整改的,消防监督机关有权责令其停止施工,立即改进;属违反治安管理行为的,由公安机关依照《中华人民共和国治安管理处罚条例》实行处罚;对引起火灾,造成严重后果,构成犯罪的,依法追究刑事责任。

第六节　高空作业安全措施

高空作业,是从相对高度的概念提出的。根据国家标准规定,凡在有可能坠落的高处进行施工作业时,当坠落高度距离基准面在 2 m 及 2 m 以上时,该作业就是高空作业。所谓基准面,指坠落下去的底面,如地面、楼面、楼梯平台、相邻较低的建筑物的屋面、基坑的底面、脚手架的通道板等。底面可能高低不平,所以对基准面的规定为,发生坠落到达最低着落点的水平面,最低着落点指的是在坠落中可能跌落的最低点。由于关系到人身安全,因此做出这种严格的规定是必要的。需要说明的是,如果处于四周封闭状态,那么即使在高空,例如在高层建筑的居室内作业,也不能算高空作业。按照上述的定义,建筑施工中有 90% 左右的作业都称为高空作业。进行各项高空作业必须做好各种必要的安全防护措施。

1. 建筑施工高处作业的要求

① 每个工程项目中涉及的所有高空作业的安全措施及其所需料具,必须列入工程的施工组织设计,并经上级主管部门审核。

② 单位工程的高空作业安全技术应建立相应的责任制,施工前应逐级进行安全技术教育及交底,落实所有安全技术措施和人身防护用品,未经落实不得进行施工。

③ 高空作业中的安全标志、工具、仪表、电气设施、设备,必须在施工前进行检查,确认其完好方能投入使用。搭设高空作业安全设施的人员,例如架手工、附着式整体爬架提升工等,必须经市级专门培训机构培训,经考核合格后方可上岗,并定期进行体格检查。

④ 攀登和悬空作业人员,必须经过专业技术培训及专业考试合格,持证上岗,并定期进行体格检查。

⑤ 施工中对高空作业的安全技术设施,发现有缺陷和隐患时,必须及时解决;危及人身安全时,必须停止作业。

⑥ 施工作业场所有坠落可能性的物件,应一律撤除或加以固定;高空作业中所用的物料均应堆放平稳,不妨碍通行和装卸;随手用工具应放在工具袋内;作业中的走道内余料应及时清理干净,不得任意乱掷或向下丢弃;废弃物件禁止抛掷。

⑦ 雨天和雪天进行高空作业时,必须采取可靠的防滑、防寒和防冻措施,凡有冰、雹、雪均应及时清除;进行高空作业的高耸建筑物,应先设置避雷设施;遇 6 级以上强风、强雾恶劣天气,不得进行露天攀登与悬空作业;暴风雪及台风暴雨后,应对高空作业安全设施逐一加以检查,发现问题立即修理完善。

⑧ 高空作业设施搭拆过程中应设警戒区派人监护,严禁上下同时拆除。

⑨ 高空作业人员的衣着要灵便,但绝不可赤膊裸身,脚下要穿软底的防滑鞋,绝不能穿拖鞋、硬底鞋和带钉易滑的靴鞋。

⑩ 钢结构吊装前,应进行安全防护设施的逐项检查验收,验收合格后方可进行高空

作业。

⑪ 高空作业安全设施的主要受力杆件,应按一般结构力学公式进行力学计算,强度及刚度计算按现行有关规范进行,但钢受弯构件的强度计算不考虑塑性影响,构造上应符合现行相应规范的要求。

⑫ 高空作业应建立和落实各项安全生产责任制,对高空作业安全设施应做到防护要求明确、技术合理、经济实用。

2. 临边作业的要求

建筑施工中的"五临边"是指深度超过 2 m 的楼、沟、坑的周边,无外脚手架的屋面和框架结构楼层的周边;龙门架、井字架、外用电线和脚手架与建筑物的通道两侧边;楼梯口的梯段边;尚未安装栏板、楼梯的阳台;卸料平台、挑平台的周边。临边的不安全因素很多,是施工中防止人、物坠落伤人的重点部位,临边作业的安全防护主要为设置防护栏、架设安全网。

① 基坑周边,尚未安装栏杆或栏板的阳台、料台与挑平台周边、雨棚与挑檐边,无外脚手架的屋面与楼层周边及水塔周边,柱顶工作平台,拼装平台等处,都必须设置防护栏杆。

② 多层、高层及超高层楼梯口和梯段边,必须安装临时护栏;顶层楼梯口应随工程结构进度安装正式防护栏杆。

③ 井架与施工用电梯和脚手架等与建筑物通道的两侧边,必须设防护栏杆,地面通道上部应装设安全防护棚。

④ 各种垂直运输接料平台,除两侧设防护栏杆外,平台口还应设置安全或活动防护栏杆,接料平台两侧的栏杆必须自上而下加挂安全主网。

⑤ 防护栏杆具体做法及技术要求,应符合建筑《建筑施工高处作业安全技术规范》JGJ80—91 有关规定。

3. 洞口作业的安全防护措施

建筑施工过程中,由于施工工艺的需要或安装设备的需要,往往在建筑物的某些部位留有各式各样的孔与洞,施工人员在洞与孔边的高处作业统称为洞口作业。

施工现场因工程和工序需要而产生的孔洞,常见的有楼梯口、电梯井口、出入口(通道口)、预留洞口,这就是常称的"四口"。一般尺寸较小(短边尺寸大于 2.5 cm,小于 25 cm)的为孔,尺寸较大的称为洞,建筑物的孔有可能造成物料从中坠落,而洞还可能造成施工人员的坠落,无论孔还是洞都必须进行防护。

① 板与墙的洞口必须设置牢固的盖板、防护栏杆、安全网或其他防坠落的安全防护管理。

② 电梯井口必须设防护栏杆或固定栅门,电梯井内应每隔两层并最多隔 10 m 设一安全网。

③ 施工现场通道附近的多类洞口与坑槽等处,除应设置防护设施与安全标志外,夜间还应设红灯示警。

④ 桁架间安装支撑前应加设安全网。

⑤ 洞口防护设施具体做法及技术要求,应符合《建筑施工高处作业安全技术规范》JGJ80—91有关规定。

4. 攀高作业的安全防护措施

现场登高应借助建筑或脚手架上的登高设施,也可采用载人的垂直运输设备;进行登高作业时,可使用梯子或采用其他攀登设施。

① 柱梁和行车梁等构件吊装所需的直爬梯及其他登高用的拉攀件,应在构件施工图或说明内做出规定,攀登用具在结构构造上必须牢固可靠;供人上下的踏板其使用荷载应大于1 100 N。

② 梯脚底都应垫实,不得垫高使用,以防止受荷后发生不均匀下沉或梯脚与垫物之间的松脱,产生危险;同时采取加包扎、钉胶皮、锚固或夹牢等防滑措施,以防滑跌倾倒。梯子上端应有固定措施。梯子种类和形式不同,其安全防护措施也不同。

立梯:工作角度以 $75°±5°$ 为宜,梯子上端应固定使用,踏板上下间距以 30 cm为宜,不得有缺档。

折梯:上部夹角以 $35°～45°$ 为宜,铰链须牢固,并有可靠的拉撑措施。

固定式直爬梯:应用金属材料制成,梯宽不应大于 50 cm,支撑应采用不小于L70×6的角钢,埋设与焊接均必须牢固。梯子顶部的踏棍应与攀登的顶面齐平,并加设1～1.5 m高的扶手。攀登高度以 5 m为宜,加设护笼,超过 8 m必须设置梯间平台。梯子如需接长使用,必须有可靠的连接措施,且接头不得超过 1 处,强度不得低于单梯梁的强度。

移动式梯子:应按现行的国家标准验收,合格后方可使用。

③ 作业人员应从规定的通道上下,不得在阳台之间等非规定过道进行攀登,也不得任意利用吊车臂架等施工设备进行攀登。上下梯子时必须面向梯子,且不得手持器物。

④ 钢柱安装登高时,应使用钢挂梯或设置在钢柱上的爬梯。钢柱的接柱应使用梯子或操作平台。

⑤ 登高安装钢架时,应根据钢柱高度在两端设置挂梯或搭设钢管脚手架。梁面上需行走时,其一侧的临时护栏栏杆可采用钢索,当改为扶手绳时,绳的自由下垂度不应大于 $L/20$,并应控制在 100 mm以内。

⑥ 在钢屋架上下弦登高操作时,三角屋架应在屋脊处,梯形屋架应在两端,设置攀高时上下的梯架;材料可选用毛竹或原本;踏步间不应大于 40 cm,毛竹梢径不应小于70 mm;钢屋架吊装前,应在上弦设置防护栏杆,在屋架下弦设置安全网,吊装完毕后,即将安全网铺设固定。

5. 悬空作业的安全防护措施

在周边临空状态下,无立足点或无牢靠立足点的条件下进行的高处作业,称为悬空作业。针对悬空作业的特点,必须首先建立牢靠的立足点,并在作业面周边设置防护栏,下部张挂安全网,作业过程中佩戴安全带并挂扣在牢靠处。

① 悬空作业处应有牢固的立足处,并必须视具体情况配置防护栏网、栏杆或其他安

全设施。

② 悬空作业所用的索具、脚手架、吊篮、吊笼、平台等设备,均需经过技术鉴定或验证。

③ 钢结构吊装,构件应尽可能在地面组装,并搭设进行临时固定、电焊、高强度螺栓连接等工序的高空安全设施,随构件同时起吊就位。拆卸时的安全措施,也应一并考虑和落实。高空吊装大型构件前,应搭设悬空作业所需的安全设施。

④ 进行预应力张拉时,应搭设站立操作人员和设置张拉设置用的牢固可靠的脚手架或操作平台。预应力张拉区域应指示明显的安全标志禁止非操作人员进入。

⑤ 悬空作业人员必须戴好安全带。

6. 交叉作业的安全防护措施

① 结构安装过程各工种进行上下立体交叉作业时,不得在同一垂直方向上操作,下层作业的位置必须处于依上层高度确定的可能坠落范围半径之内,不符合以上条件时,应设置安全防护层。

② 楼层边口、通道口、脚手架边缘等处,严禁堆放任何拆下构件。

③ 结构施工自二层起,凡人员进出的通道口(包括井架、施工用电梯的进出通道口)均应搭设安全防护棚。高层超出 24 m 层上的交叉作业,应设双层防护。

④ 由于上方施工可能坠落物件或处于起重机臂杆回转范围之内的通道,在其受影响范围内,必须搭设顶部防止穿透的双层护廊。

7. 防止起重机倾翻的措施

① 起重机的行驶道路必须坚实可靠;起重机不得停置在斜坡上工作,也不允许起重机两个履带一高一低。

② 严禁超载吊装;超载有两个危害,一是断绳重物易坠,二是"倒塔"。

③ 禁止斜吊,斜吊会造成超负荷及钢丝绳出槽,甚至造成拉断绳索和翻车事故;斜吊会使物体在离开地面后发生快速摆动,可能会砸伤人或碰坏其他物体。

④ 尽量避免满负荷行驶,构件摆动越大,超负荷就越多,就可能发生翻车事故;短距离行驶,只能将构件离地 30 cm 左右,且要慢行,并将构件转至起重机的前方;拉好溜绳,控制构件摆动。

⑤ 有些起重机的横向与纵向的稳定性相差很大,进行吊装工作必须熟悉起重机纵横两个方向的性能。

⑥ 双机抬吊时,要根据起重机的起重能力进行合理的负荷分配(每台起重机的负荷不宜超过其安全负荷量的 80%),并在操作时统一指挥。两台起重机的驾驶员应互相密切配合,防止一台起重机失重而使另一台起重机超载。在整个抬吊过程中,两台起重机的吊钩滑车组均应基本保持垂直状态。

⑦ 绑扎构件的吊索须经过计算,所有起重机工具应定期进行检查,对损坏物品作出鉴定,绑扎方法应正确牢靠,以防吊装中吊索破断或从构件上滑脱,使起重机失重而倾斜。

⑧ 风载易造成"倒塔",工作完毕轨道两端设夹轨钳,遇有大风或台风警报,塔式起重

机拉好缆风。

⑨ 避免机上机下信号不一致而造成事故。

⑩ 避免由于各种机件失修而造成事故。

⑪ 避免轨道与地锚不符要求而造成事故。

⑫ 避免安全装置失灵而造成事故,塔式起重机应安有起重量限位器、高度限位器、幅度指示器、行程开关等。

⑬ 下旋式塔式起重机在安装时,必须注意回转平台与建筑物的距离不得小于0.5 m。

⑭ 群塔作业,两台起重机之间的最小架设距离应保证在最不利位置时,任一台的臂架都不含与另一台的塔身、塔顶相撞,并至少有2 m的安全距离;处于高位的起重机,吊钩升至最高点时,钩底与低位起重机之间在任何情况下,其垂直方向的间隙不得小于2 m,两臂架相临近时,要相互避让,水平距离至少保持5 m。

⑮ 塔式起重机不准在弯道处作业。

8. **防止高空物体坠落伤人的措施**

① 为防止高处坠落,操作人员在进行高空作业时,应正确使用安全带。安全带一般高接低用,即将安全带绳端挂在高的地方,而人在较低处操作。

② 在高处安装构件时,要经常使用手撬棍校正构件的位置,这样可防止因撬棒滑脱而引起的高空坠落。

③ 在雨季或冬季,构件上常因潮湿或积冰雪而容易使操作人员滑倒,需清扫积雪后再安装,高空作业人员必须穿防滑鞋方可操作。

④ 高空作业在脚手板上通行时,应思想集中,防止踏上探头板而从高空坠落。

⑤ 地面操作人员必须戴安全帽。

⑥ 高空操作人员使用的工具及安装用的零部件,应放入随身携带的工具袋内,不可随便向下丢掷。

⑦ 在高空用气割或电焊切割时,应采取措施防止割下的金属或火花落下伤人。

⑧ 地面操作人员应尽量避免在高空作业的下方停留或通过,也不得在起重机的吊杆和正在吊装的构件下停留或通过。

⑨ 构件安装后,必须检查连接质量,无误后,才能摘钩或拆除临时固定工具,以防构件掉下伤人。

⑩ 设置吊装禁区,禁止与吊装作业无关的人员入内。

9. **防止触电的措施**

① 电焊机的手把线质量完好,如有破皮情况,必须用胶布严密包扎。电焊机的外壳应该接地。

② 使用塔式起重机或长吊杆的其他类型起重机时,应有避雷防触电设施。轨道式起重机当轨道较长时,每隔20 m应加装一组接地装置。

③ 各种起重机严禁在架空输电线路下面工作,在通过架空输电线路时,应将起重臂落下,并确保与架空输电线的垂直距离符合表9-5的规定。

表 9–5 起重机与架空输电线的安全距离

输电线电压(kV)	与架空线的垂直距离(m)	水平安全距离(m)
1	1.3	1.5
1~20	1.5	2.0
15~110	2.5	4
154	2.5	5
220	2.5	5

④ 电气设备不得超负荷运行。

⑤ 用手操作电动工具的作业人员应戴绝缘手套或站在绝缘台上。

⑥ 严禁带电作业。

10. 吊装安全技术措施

① 在主要施工部位、作业点、危险区都必须挂有安全警示牌;夜间施工配备足够的照明,电力线路必须由专业电工架设及管理,并按规定设红灯警示,并装设自备电源的应急照明。

② 冬季施工时,认真落实季节施工安全防护措施,做好与气象台的联系工作;雨季施工有专人负责发布天气预报,并及时通报全体施工人员。储备足够的水泵、铅丝、篷布、塑料薄膜等备用材料,做到防患于未然。汛期和台风暴雨来临期间要组织相关人员昼夜值班,及时采取应急措施。风雨过后,要对现场的大型机具、临时设施、用电线路等进行全面的检查,当确认安全无误后方可继续施工。

③ 新进场的机械设备在投入使用前,必须按机械设备技术试验规程和有关规定进行检查、鉴定和试运转,经验收合格后方可使用。大型起重机的行驶道路必须坚实可靠,其施工场地必须进行平整、加固,地基承载力必须满足要求。

④ 吊装作业应规定危险区域,摆放明显安全标志,并将吊装作业区封闭,设专人加强安全警戒,防止其他人员进入吊装危险区域。吊装施工时要设专人定点收听天气预报,当风速达到 15 m/s(6 级以上)时,吊装作业必须停止,并做好台风雷雨天气前后的防范检查工作。

⑤ 施工现场必须选派具有丰富吊装经验的信号指挥人员、司索人员,作业人员施工前必须检查身体,患有不宜高空作业疾病的人员不得安排高空作业。作业人员必须持证上岗,吊装挂钩人员必须做到相对固定。吊索具的配备做到齐全、规范、有效,必须检查合格后才可使用。吊装作业时必须统一号令,明确指挥,密切配合。构件吊装时,当构件脱离地面时,暂停起吊,全面检查吊索具、卡具等,确保各方面安全可靠后进行起吊。

⑥ 吊装的构件应尽可能在地面组装,做好组装平台并保证其强度,组装完的构件要采取可靠的防倾倒措施。电焊、高强度螺栓等连接工序的高空作业时,必须设临边防护及可靠的安全措施。作业时必须系挂好安全带,穿防滑鞋,如需在构件上行走时则在构件上

必须预先挂设钢丝、缆绳,且钢线绳用花揽螺栓拉紧以确保安全。在操作行走时将安全带扣挂于安全缆绳上。作业人员应从规定的通道和走道通行,不得在非规定通道攀爬。

⑦ 禁止在高空抛掷任何物件,传递物件用绳拴牢。高处作业中的螺杆、螺母、手动工具、焊条、切割小件等不得随意放置,必须放在完好的工具袋内,并将工具袋系好固定,以免物件发生坠落击伤地面人员。

⑧ 现场焊接时,要制作专用挡风堡,对火花采取接火器接取等严密的处理措施,以防火灾、烫伤等。

⑨ 焊接操作时,施工场地周围应清除易燃易爆物品或进行覆盖隔离,下雨时应停止露天作业。电焊机外壳必须接地良好,其电源的拆装应由专业电工进行,并应设单独的开关,开关放在防雨的闸箱内。焊钳与把线必须绝缘良好,连接牢固;更换焊条应戴手套。在潮湿地点工作应站在绝缘板或木板上。要换场地或移动把线时应切断电源,不得手持把线爬梯登高。划分动火区域,现场动火作业必须执行审批制度,并明确一、二、三级动火作业手续,落实好防火监护人员。电焊工在动用明火时必须随身带好"二证"(电焊工操作证、动火许可证)"一器"(消防灭火器)"一监护"(监护人职责交底书)。气割作业场所必须清除易燃易爆物品,乙炔气和氧气存放距离不得小于 3 m,使用时两者不得少于 10 m。

⑩ 施工时应尽量避免交叉作业,如不得不交叉作业时,应避开同一垂直方向作业,否则应设置安全防护层。

⑪ 施工现场应整齐、清洁,设备材料、配件按指定地点堆放,并按指定道路行走,不准从危险地区通行,不能从起吊物下通过,与运转中的机器保持距离。下班前或工作结束后要切断电源,检查操作地点,确认安全后方可离开。

附录一　钢结构常用英汉词汇

A

actual capital	实际资本
additional condition	附加条件
advance payment	预付货款
advice of payment	付款通知
after service	售后服务
agency	代理关系
agency agreement	代理合同、代理关系协定
agent	代理人
air tight	防锈气、密封
aisle	(车间的)跨、工段
alloyed steel	合金钢
allowable stresses	允许应力
alteration	更改、变更
amend	修正
amendment	修正
amount	总额、金额、总值
amplitude	振幅、幅度
analytically	分析上的
anchor bolt	地脚螺栓
angle steel	角钢
anti-corrosive	防锈
approval	标准、批准
approved drawing	认可图
approximate	近似，大约的

arbitration	仲裁
area	面积、表面
argon arc welding	氩弧焊
arm	手柄
arrangement drawing	布置图
assembly	组合、装配、安装
attachment	附件
axis	中心线、轴线

B

backing board	垫板
bale	包、捆
bank	银行
bargain	契约、合同、交易
base price	基价、基本价格
basis of price	买卖价格
bean	梁
be sealed	密封
bevel	斜角、斜面
bid	进价、递盘、报价
bid bond	投标保证金
bid price	递价、出价、标价
bill of lading	提单
blocking	屏蔽、保护
blowhole	砂眼、气孔
board of directors	董事会、理事会
bolt	螺栓
bolted connection	栓接接头
boom	吊杆、悬臂
bow	弯曲
bracing angle steel	支撑角钢
bracket	托架
brand	商标
build up	加厚
bulk	散装
butt weld	对接焊缝

buyer	卖方、买主

C

calibration	校准
capped steel	半镇静钢
carbon	碳（刨）
care of（c/o）	转交
cargo	船货、货物
cash against documents	凭单据付款、交单付款
certificate of origin	产地证明书、原产地证明书
certification	证明（书），确认
certificate	证明（书）检验（合格）证
C. I. F.	到岸价格（成本、保险费加运费价）
certificated	合格的
checkered plate	网纹钢板、花纹钢板
check list	检查（核对）表
chemical constitutions	化学成分
Chromium	铬 Cr
circumference	周长
client	顾客、买主
coating thickness meter	漆膜测厚仪
code number	仪号
coiled steel	带钢
cold saw	冷锯
colour shade	色调
colour test	着色探伤
combined shipment	混合装载
coming into force	生效
complex steel	合金钢
compression member	承压构件
compressed gas	压缩空气
condition	品质、状态、条件
confirm	确认
connection	连接、接头
consignee	受托人、收货人、代销人
consignor	承包人

Copper	铜
cord	弦
correction	修正
corridor	走廊、通道
corrosion resistant	防腐蚀
couplant	耦合剂（介质）
crane	行车
crater	弧坑
cross brace	交叉支撑
cross section	横断面
cruciform	十字形的
cubic metre	立方米

D

damage	损害、损失
date of contract	签约日期
dead load	静载荷
deadline	截止时间（最后）期限
dead weight	自重
decibel	分贝
defect	缺陷
deflection	偏差、偏移、挠曲、挠度
deform	变形
deformation	构件变形
delivery	交货、交割
density	密度、比重
descale	除锈
design specifications	设计手册
designation	名称、牌号
destination	目的地、目的港
detail drawing	详图
deviation	（上、下）公差
diagonal	对顶的、斜的
diagonal bracing(brace)	斜撑
diameter	（外）直径
die	冲模（冲剪）

dimension	尺寸
dirt collector	吸尘器
discrepancy	不一致,不符
document of shipping	装货单据,运输单证
due to	应付……的款,欠……元款
drawing	图纸
drill	钻孔
drying oven	烘箱
duplicate	副本、复本、第二联
duplicate copy	第一幅本、副本
dye penetrant	着色渗透

E

eaves	屋檐
echo	回波、反射波
effective period	有效期
electrical welding	电焊
electro slag welding	电渣焊
elevation	标高、海拔
elevator	升降机、电梯
elongation	延伸率、伸张度
embossed steel	凸形花纹钢
erection	安装、装配
erector	安装(装配)工人
estimate	概算、预算、估价单
evidence	证据、凭证
exceed	大于
execution drawing	施工图
extend	延长、展期
external packing	外包装
ex works	工厂交货价

F

fabricate	制造
fabrication factor	制造
fastener	紧固件

ferrous	黑色金属
figure	图
fillet welding	角焊
fire extinguisher	灭火机
fittings	附件
flame cutting	气割
flange	凸缘、法兰
flange plate	翼缘板
flat	平面
flam	裂缝、缺陷
floor beam	横板梁、横梁
foam	泡沫
FOB	离岸价格、船船交货价格
foreign substance	杂质
foreign market	国外市场
foreign trade	对外贸易,国际贸易
forge	锻造
formed	成形、成形加工
forward	从正向处
frame	框架、构架
freight	运费、货物
functional design	功能设计
fusion	熔化(解、合、变)
fusion welding	熔(融)焊
fusion temperature	熔化温度、熔点
fusion zone	母材熔合区

G

galvanized	镀锌的
gear box	齿轮箱、减速器
girder	大梁
gas welding	气焊
girt	围(墙)梁,柱间梁
goods	货物、商品
grinding	磨、砂轮机
groove	槽、企口

gross weight	毛重
guarantee	保证书
gusset plate	三角撑板,结点板

H

handle with care	小心轻放
handling	装卸、处理
handrail	栏杆
hanger	吊架
hardness test	硬度试验
head	封头
heat number	熔炼炉号
heat resisting	抗热
heat treatment	热处理
heavy industry	重工业
hexagonal	六角(边)
highrise	高耸建筑
highway	公路
hoist	卷扬机
hole	孔
horizontal	水平的
horizontal beam	水平梁
hot dip	热镀
humidity	湿度
hydrostatic pressure test	水压试验

I

illustrate	说明
illustration	插图
inertia	惯性、惯重
inflammable	易燃的
inspection	检查、调查
inspection certificate	检验证书
intensity	强度、光强
invitation for tender	招标

J

jig	夹具
joint weld	接头焊缝
joist	托梁、工字梁、工字钢、搁栅

K

keep away from moisture	防潮
kerosene	煤油
kip	千磅
kips per square foot	千磅 每平方英尺
kips per square inch	千磅 每平方英寸

L

lap	搭接
layout	(布置、外形、示意)图
list	清单
live load	动(负)载、活(负)载
load	(荷、负)载

M

magnetic particle testing	磁粉、探伤(试验)
Manganese	锰
manual welding	手工焊
marking	划线
maximum	最大
mechanical performance	机械性能
member number	构件编号
member	构件、焊件
metre	仪表
mild	低碳的
mild steel	软(低碳)钢
microamp	微安
mill	铁(床)
millimetre	毫米
minimum	最小

| miscellaneous | 杂的、杂项的、其他 |
| Molybdenum | 钼 |

N

net weight	净重
Nickel	镍
Nitrogen	氮
non-destructive test	无损探伤
non-ferrous metal	有色金属
notching	开槽、开缺口
normalize	正火、常化
nut	螺母

O

| overhead welding | 仰焊 |
| overlap | (焊接)飞池、焊瘤 |

P

pack	包装
paint	油漆
parallel	平行
permissible variation	允许误差
perpendicular to	(与……)垂直(正交、成直)
perspective drawing	透视图
Phosphorus	磷
pit(pitting)	凹点
plasma	等离子体
plate welded structure	板焊结构
post heat	焊后加热
prepared edge	坡口
primer	底漆
probe	探头、测头
procedure	工艺
property	性能、特性
pry	杠杆
prying force	杠杆力

pounds per square foot	磅每平方英尺
pounds per square inch	磅每平方英寸
purlin	檩(条),木行条
purlin brace	檩(条)撑

Q

quench	淬火

R

rack	导轨、滑轨
radiograph inspection	射线探伤
radius	半径
railing	栏栅,扶手
refraction	折射(度)
reinforcement plate	筋板
repair	返修、修理
replacement	更换
residual stress	残余应力
resistant	耐磨
review	审查
revise	修改
right side up	朝上
rigid	刚性的
rivet	铆钉
riveted joint	铆接接头
roof	屋顶、屋面
rough	毛坯
row	排
rust	锈
run-off-tab	引板

S

sampling	抽样试验
scatter	使消散、使分散
scheme	方案
scrape	刮、擦

screen	屏障,屏蔽物
screw thread	螺纹
seamless (steel) tube	无缝(钢)管
sensitivity	灵敏度,感光度
service bolt	定位螺栓
shapes	型钢
shell	筒体,壳
shear	剪切力,剪应变
shield metal-arc welding	保护金属极电弧焊
site	工地,现场
sketch	草图
slope	斜(度)
slot	狭孔,缝槽
spatters	飞溅物
spring steel	弹簧钢
square steel	方钢
stairway	楼梯,梯子
stanchion	立柱,支柱
steel grade	钢种
stiffener	加劲杆(板,条)
straightness	平直度
stress	压力,应力
specification	说明
structural analysis	结构分析
stub	(粗)短(支)柱
strut	(支)柱、支撑杆
strut beam	支梁
submerged arc welding	板接埋弧焊
Sulfur	硫
support	支架
symmetrical	对称的

T

tack welding	点焊
technical specification	技术说明
tee joint	T 形接头

temper	回火
templet	样板
tensile	受拉的，拉伸的
tensile strength	抗拉强度
the throat of the weld	有效焊接厚度
thickness	厚度
thread	螺纹
thin plate	薄板
tier	层
Titanium	钛
to indicate with	标明
tolerance	公差
tooling	模具
torsion	扭转、转矩、挠曲
toughness	韧性、刚度
track record	跟踪记录
transverse	横向的
transverse girder	横向梁
tread	踏板
truss	木行架

U

ultrasonic inspection	超声探伤
up to	小于、等于

V

valve	阀门
Vanadium	钒
vertical welding	立焊、直立的
vibration	振动、振荡
visual examination	目视检查
volume	体积

W

wall thickness	壁厚
warehouse	仓库

warranty period	保用期
wavy	波纹状
web	腹板
web stiffener	梁腹加劲件
welding electrodes	焊条
wide flange beam	翼缘工字钢
wind force	风力
wooden crate	木箱
working cycle	加工周期
workpiece	工件

Y

yard	码
yellow brass	黄铜
yield	弯曲
yield point	屈服点
yoke	架、座
yoke shifter	齿轮拨叉

附录二　钢结构常用法定计量单位的名称和符号

量 的 名 称	单 位 名 称	单 位 符 号		其他表示示例或说明
		国 际	中 文	
长度	米	m	米	公里为千米的俗称
	千米(公里)	km	千米(公里)	
面积	平方米	m^2	米^2	
体积	立方米	m^3	米^3	
	升	L(l)	升	$1\ L = 1\ dm^3 = 10^{-3}\ m^3$
质量	千克(公斤)	kg	千克(公斤)	人民生活和贸易中，质量习惯称为重量
	吨	t	吨	
时间	秒	s	秒	
	分	min	分	
	[小]时	h	时	

(续表)

量 的 名 称	单 位 名 称	单 位 符 号		其他表示 示例或说明
		国 际	中 文	
速度	米每秒	m/s	米/秒	
加速度	米每二次方秒	m/s²	米/秒²	
密度	千克每立方米	kg/m³	千克/米³	
力,重力	牛[顿]	N	牛	kg·m/s²
压力,压强	帕[斯卡]	Pa	帕	n/m²
应力	牛顿每平方毫米	N/mm²	牛/毫米²	MPa(兆帕)
能量,功,热	焦耳	J	焦	N·m
功率	瓦[特]	W	瓦	J/s
力矩	牛顿·米	N·m	牛·米	
平面角	弧度	rad	弧度	
	[角]秒	″	秒	
	[角]分	′	分	
	度	°	度	
旋转速度	转每分	r/min	转/分	r 为"转"的符号
角速度	弧度每分	rad/s	弧度/秒	
热力学温度	开[尔文]	K	开	表示温度差或温度
摄氏温度	摄氏度	℃	摄氏度	间隔时:1℃＝1 K
热导率(导热系数)	瓦特每米开尔文	W/(m·k)	瓦/(米·开)	
比热容(比热)	焦耳每千克开尔文	J/(kg·K)	焦/(千克·开)	
频率	赫[兹]	Hz	赫	S⁻¹
电流	安[培]	A	安	
电位,电压,电动势	伏[特]	V	伏	W/A
电阻	欧[姆]	Ω	欧	V/A
电荷量	库[仑]	C	库	A·S
电容	法[拉]	F	法	C/V
电导	西[门子]	S	西	A/V
电阻率	欧姆·米	Ω·m 或 Ωm	欧·米	
磁通量	韦[伯]	Wb	韦	V·S
磁通量密度, 磁感应强度	特[斯拉]	T	特	Wb/m²
电感	亨利	H	亨	Wb/A

附录三　螺栓、孔、电焊铆钉的表示方法

名　　称	图　　例
永久螺栓	
高强螺栓	
安装螺栓	
圆形螺栓孔	
长圆形螺栓孔	
电焊铆钉	
膨胀锚螺栓	

注：1. 细"＋"线表示定位线。

2. M 表示螺栓型号。

3. ϕ 表示螺栓孔直径。

4. d 表示膨胀螺栓、电焊铆钉直径。

5. 采用引出线标注螺栓时，横线上标注螺栓规格，横线下标注螺栓孔直径。